高职高专计算机任务驱动模式教材

网络操作系统项目化教程
(Windows Server 2008 R2)

黄林国　主　编　朱　剑　季勇军　副主编

清华大学出版社
北京

内 容 简 介

本书基于"项目引导、任务驱动"的项目化专题教学方式编写而成,体现"基于工作过程""教、学、做一体化"的教学理念。本书内容分为 14 个工程项目,具体内容包括:网络操作系统的安装和环境设置、虚拟机技术及应用、域和活动目录的管理、用户和组的管理、组策略、文件系统和共享资源、磁盘管理、网络负载平衡和服务质量、打印机管理、DNS 服务、DHCP 服务、Web 和 FTP 服务、流媒体服务、远程桌面服务。每个项目案例按照"项目提出"→"项目分析"→"相关知识点"→"项目实施"四部分展开,读者能够通过项目案例完成相关知识的学习和技能的训练。所有项目案例均来自企业工程实践,具有典型性、实用性、趣味性和可操作性。

本书可作为高等职业院校和高等专科院校"网络操作系统"课程的教学用书,也可作为成人高等院校、各类培训班、计算机从业人员和爱好者的参考用书。

图书在版编目(CIP)数据

网络操作系统项目化教程:Windows Server 2008 R2/黄林国主编. —北京:清华大学出版社,2019
(2022.6重印)

(高职高专计算机任务驱动模式教材)

ISBN 978-7-302-51756-6

Ⅰ. ①网… Ⅱ. ①黄… Ⅲ. ①Windows 操作系统-网络服务器-高等职业教育-教材
Ⅳ. ①TP316.86

中国版本图书馆 CIP 数据核字(2018)第 271436 号

责任编辑:张龙卿
封面设计:徐日强
责任校对:李 梅
责任印制:杨 艳

出版发行:清华大学出版社
    网　　　址:http://www.tup.com.cn,http://www.wqbook.com
    地　　　址:北京清华大学学研大厦 A 座　　　　邮　编:100084
    社 总 机:010-83470000　　　　　　　　　　邮　购:010-62786544
    投稿与读者服务:010-62776969,c-service@tup.tsinghua.edu.cn
    质量反馈:010-62772015,zhiliang@tup.tsinghua.edu.cn
    课件下载:http://www.tup.com.cn,010-83470410

印 装 者:三河市金元印装有限公司
经　　销:全国新华书店
开　　本:185mm×260mm　　　印　张:28.75　　　字　数:693 千字
版　　次:2019 年 1 月第 1 版　　　印　次:2022 年 6 月第 4 次印刷
定　　价:69.80 元

产品编号:082036-01

编审委员会

出版说明

我国高职高专教育经过十几年的发展，已经转向深度教学改革阶段。教育部于 2012 年 3 月发布了教高〔2012〕第 4 号文件《关于全面提高高等教育质量的若干意见》，重点建设一批特色高职学校，大力推行工学结合，突出实践能力培养，全面提高高职高专教学质量。

清华大学出版社作为国内大学出版社的领跑者，为了进一步推动高职高专计算机专业教材的建设工作，适应高职高专院校计算机类人才培养的发展趋势，2012 年秋季开始了切合新一轮教学改革的教材建设工作。该系列教材一经推出，就得到了很多高职院校的认可和选用，其中部分书籍的销售量超过了三四万册。现根据计算机技术发展及教改的需要，重新组织优秀作者对部分图书进行改版，并增加了一些新的图书品种。

目前，国内高职高专院校计算机相关专业的教材品种繁多，但符合国家计算机技术发展需要的技能型人才培养方案并能够自成体系的教材还不多。

我们组织国内对计算机相关专业人才培养模式有研究并且有过丰富的实践经验的高职高专院校进行了较长时间的研讨和调研，遴选出一批富有工程实践经验和教学经验的"双师型"教师，合力编写了该系列适用于高职高专计算机相关专业的教材。

本系列教材是以任务驱动、案例教学为核心，以项目开发为主线而编写的。我们研究分析了国内外先进职业教育的教改模式、教学方法和教材特色，消化吸收了很多优秀的经验和成果，以培养技术应用型人才为目标，以企业对人才的需要为依据，将基本技能培养和主流技术相结合，保证该系列教材重点突出、主次分明、结构合理、衔接紧凑。其中的每本教材都侧重于培养学生的实战操作能力，使学、思、练相结合，旨在通过项目实践，增强学生的职业能力，并将书本知识转化为专业技能。

一、教材编写思想

本系列教材以案例为中心，以技能培养为目标，围绕开发项目所用到的知识点进行讲解，并附上相关的例题来帮助读者加深理解。

在系列教材中采用了大量的案例，这些案例紧密地结合教材中介绍的各个知识点，内容循序渐进、由浅入深，在整体上体现了内容主导、实例解析、以点带面的特点，配合课程采用以项目设计贯穿教学内容的教学模式。

二、丛书特色

本系列教材体现了工学结合的教改思想，充分结合目前的教改现状，突出项目式教学改革的成果，着重打造立体化精品教材。具体特色包括以下方面。

（1）参照和吸纳国内外优秀计算机专业教材的编写思想，采用国内一线企业的实际项目或者任务，以保证该系列教材具有更强的实用性，并与理论内容有很强的关联性。

(2) 准确把握高职高专计算机相关专业人才的培养目标和特点。

(3) 每本教材都通过一个个的教学任务或者教学项目来实施教学,强调在做中学、学中做,重点突出技能的培养,并不断拓展学生解决问题的思路和方法,以便培养学生未来在就业岗位上的终身学习能力。

(4) 借鉴或采用项目驱动的教学方法和考核制度,突出计算机技术人才培养的先进性、实践性和应用性。

(5) 以案例为中心,以能力培养为目标,通过实际工作的例子来引入相关概念,尽量符合学生的认知规律。

(6) 为了便于教师授课和学生学习,清华大学出版社网站(www.tup.com.cn)免费提供教材的相关教学资源。

当前,高职高专教育正处于新一轮教学深度改革时期,从专业设置、课程体系建设到教材建设,依然有很多新课题值得我们不断研究。希望各高职高专院校在教学实践中积极提出对本系列教材的意见和建议,并及时反馈给我们。清华大学出版社将对已出版的教材不断地进行修订并使之更加完善,以提高教材质量,完善教材服务体系,继续出版更多的高质量教材,从而为我国的职业教育贡献我们的微薄之力。

编审委员会
2017 年 3 月

前 言

微软的 Windows 操作系统一向以操作简单、界面友好而受到用户的青睐,尤其是在中小型计算机中,几乎是 Windows 一统天下。自从 Windows Server 2008 推出之后,因其强大的功能、较低的资源占用率、安全稳定的性能而深受广大用户的好评。Windows Server 2008 R2 又在 Windows Server 2008 的基础上进行了一次重大升级,不仅更加强化了原有的功能,而且还大大增加了系统的扩展性,降低了资源占用率,从而使网络服务器的效率得到更大的提高。

本书根据高职高专的人才培养目标,结合高职高专教学改革的要求,本着"工学结合、项目引导、任务驱动、教学做一体化"的原则,以项目为单元,以应用为主线,将理论知识融入实践项目中,是为高职高专院校学生学习知识和提高技能量身定做的教材。

本书以 Windows Server 2008 R2 网络服务器在企业网络管理中的应用为主线,结合编者多年来的教学及实践经验,以服务器管理与配置的典型项目为载体,从实用性出发,全面而系统地介绍了 Windows Server 2008 R2 网络服务器的管理与配置的技巧和技能。

本书具有以下特点。

(1) 体现"项目引导、任务驱动"教学特点。从实际应用出发,从工作过程出发,从项目出发,采用"项目引导、任务驱动"的方式,通过"项目提出"→"项目分析"→"相关知识点"→"项目实施"四部分展开。在宏观教学设计上突破以知识点的层次递进为理论体系的传统模式,将职业工作过程系统化,以工作过程为参照系,按照工作过程来组织和讲解知识,培养学生的职业技能和职业素养。

(2) 体现"教、学、做一体化"的教学理念。以学到实用技能、提高职业能力为出发点,以"做"为中心,"教"和"学"都围绕着"做"展开,在学中做,在做中学,从而完成知识学习、技能训练和提高职业素养的教学目标。

(3) 本书体例采用项目、任务形式。全书设有 14 个工程项目,每一个项目再划分为若干任务。教学内容安排由易到难、由简单到复杂,层次推进,循序渐进。学生能够通过项目学习,完成相关知识的学习和技能的训练。每个项目均来自企业工程实践,具有典型性和实用性。

(4) 项目、任务的内容体现趣味性、实用性和可操作性。趣味性使学生始终保持较高的学习兴趣和动力;实用性使学生能学以致用;可操作性保证每个项目、任务能顺利完成。本书的讲解力求贴近口语,让学生感到易学、乐学,在宽松的环境中理解知识、掌握技能。

(5) 紧跟行业技术发展。网络操作系统的相关技术发展很快,本书着力于当前主流技术和新技术的讲解,与行业联系密切,使所有内容紧跟行业技术的发展。

(6) 符合高职学生的认知规律,有助于实现有效教学,提高教学的效率、效益、效果。本书打破了传统的学科体系结构,将各知识点与操作技能恰当地融入各个项目(任务)中,突出现代职业教育的职业性和实践性,注重培养学生的实践动手能力,以便适应高职学生的学习特点。同时,在教学过程中注意情感交流,因材施教,调动学生的学习积极性,提高教学效果。

(7) 本书中相关任务操作对实验环境的要求比较低,采用常见的设备和软件即可完成,便于实施。为了方便操作和保护系统安全,本书中的所有任务操作均可在 Windows Server 2008/Windows 7 虚拟机中完成。

本书由黄林国担任主编,朱剑、季勇军担任副主编,全书由黄林国统稿。参加编写的还有解卫华、娄淑敏、黄倩、王振邦、凌代红、张丽君、陈邦荣、林龙、滕圣敏、夏文明、沈爱莲、张康、牟维文、陈波、林仙土等。

为了便于教学,本书提供的 PPT 课件等教学资源可以从清华大学出版社网站(http://www.tup.com.cn)的下载区免费下载。

由于编者水平有限,书中难免存在疏漏,敬请读者批评指正。联系方式 huanglgvip@21cn.com。

编　者

2018 年 10 月

目　录

网络操作系统的安装和环境设置

项目学习目标

(1) 了解 Windows Server 2008 各个版本的特点及相关特性。

(2) 了解 Windows Server 2008 R2 的安装方式以及安装前的准备。

(3) 掌握 Windows Server 2008 R2 的安装过程以及系统的启动和登录。

(4) 掌握 Windows Server 2008 R2 的基本工作环境配置方法。

1.1 项目提出

在某天晚上的一次突然停电事故中,某公司的 UPS 出现了故障,并导致 Windows Server 2003 服务器发生故障——服务器不能正常启动。经过认真检查后发现硬盘 0 磁道损坏,需要更换新的硬盘。另外,考虑到 Windows Server 2003 操作系统存在一些功能缺陷,难以满足当前工作的需要,建议在更换硬盘的同时升级服务器的操作系统,作为网络管理员,你该如何去做?

1.2 项目分析

服务器上常见的网络操作系统主要有 Windows Server 2008 R2、UNIX、Linux 等,每种操作系统各有所长。

可以将操作系统更换为 Windows Server 2008 R2,利用 Windows Server 2008 R2 的新功能来弥补之前 Windows Server 2003 系统的功能缺陷。

在进行 Windows Server 2008 R2 系统安装之前,应该规划系统的安装方式,由于硬盘已经被损坏,需要更换新的硬盘,因此,采用全新安装 Windows Server 2008 R2 的方式。

1.3 相关知识点

1.3.1 网络操作系统概述

网络操作系统(NOS)是使网络中计算机能够方便而有效地共享网络资源,为网络用户提供所需各种服务的软件与协议的集合。通过网络操作系统屏蔽本地资源与网络资源的差异性,为用户提供各种基本网络服务功能,完成网络共享系统资源的管理,并提供网络系统的安全性服务。

计算机网络依据 ISO(国际标准化组织)的 OSI(开放系统互联)参考模型可以分成 7 个层次,用户的数据首先按应用类别打包成应用层的协议数据,接着该协议数据包根据需要和协议组合成表示层的协议数据包,然后依次成为会话层、传输层、网络层的协议数据包,再封装成数据链路层的帧,并在发送端最终形成物理层的比特(bit)流,最后通过物理传输媒介进行传输。至此,整个网络数据通信工作只完成了 1/3。在目的地,与发送端相似的是,需将经过网络传输的比特流逆向解释成协议数据包,逐层向上传递解释为各层对应原协议数据单元,最终还原成网络用户所需的并能够为最终用户所理解的数据。而在这些数据抵达目的地之前,它们还需在网络中进行几上几下的解释和封装。

可想而知,一个网络用户若要处理如此复杂的细节问题,所谓的计算机网络也大概只能待在实验室里,根本不可能像现在这样无处不在。为了方便用户,使网络用户真正用得上网络,计算机需要一个能够提供直观、简单,屏蔽了所有通信处理细节,具有抽象功能的环境,这就是网络操作系统。

网络操作系统的主要功能如下。

(1) 文件服务。文件服务是网络操作系统最重要、最基本的功能,它提供网络用户访问文件、目录的并发控制和安全保密措施。文件服务器以集中方式管理共享文件,网络工作站可以根据所规定的权限对文件进行读/写以及其他各种操作,文件服务器为网络用户的文件安全与保密提供了必需的控制方法。

(2) 打印服务。打印服务可以通过设置专门的打印服务器来对网络中共享的打印机和打印作业进行管理。通过打印服务功能,在局域网中可以安装一台或多台网络打印机,用户可以远程共享网络打印机。

(3) 数据库服务。数据库服务是现今最流行的网络服务之一。一般采用关系型数据库,可利用 SQL 命令对数据库进行查询等操作。

(4) 通信服务。局域网主要提供工作站与工作站之间、工作站与服务器之间的通信服务。

(5) 信息服务。局域网可以通过存储转发方式或对等方式提供电子邮件等服务。目前,信息服务已经逐步发展为文件、图像、视频与语音数据的传输服务。

(6) 分布式服务。分布式服务将网络中分布在不同地理位置的网络资源组织在一个全局性的、可复制的分布数据库中,网络中多个服务器都有该数据库的副本。用户在一个工作站上注册,便可与多个服务器连接。对于用户来说,网络系统中分布在不同位置的资源是透明的,这样就可以用简单的方法去访问一个大型互联局域网系统。

(7) 网络管理服务。网络操作系统提供了丰富的网络管理服务工具,可以提供网络性能分析、网络状态监控、存储管理等多种管理服务。

(8) Internet/Intranet 服务。为了适应 Internet 与 Intranet 的应用,网络操作系统一般都支持 TCP/IP 协议,提供诸如 HTTP、FTP 等 Internet 服务。

1.3.2 Windows Server 2008 的新特性

基于微软 NT 技术构建的操作系统现在已经发展了 6 代: Windows NT Server、

Windows 2000 Server、Windows Server 2003/2008/2012/2016。据专家测试结果显示，Windows Server 2008 的传输速度比 Windows Server 2003 快 45 倍，这只是 Windows Server 2008 功能强大的一个体现。Windows Server 2008 保留了 Windows Server 2003 的所有优点，同时还引进了多项新技术，如虚拟化应用、网络负载均衡、网络安全服务等。

Windows Server 2008 操作系统中增加了许多新功能，并且易用、稳定、安全、强大，主要表现在以下几方面。

1. 虚拟化

虚拟化技术已成为目前网络技术发展的一个重要方向，而 Windows Server 2008 中引进了 Hyper-V 虚拟化技术，可以让用户整合服务器，以便更有效地使用硬件，以及增强终端机服务(TS)功能。利用虚拟技术，客户端无须单独购买软件，就能将服务器角色虚拟化，能够在单计算机中部署多个系统。

硬件式虚拟化技术可完成高需求工作负载的任务。

2. 服务器核心

Windows Server 2008 提供了服务器核心(Server Core)功能，这是个不包含服务器图形用户界面的操作系统。和 Linux 操作系统一样，它只安装必要的服务和应用程序，只提供基本的服务器功能。由于服务器上安装和运行的程序和组件较少，暴露在网络上的攻击面也较少，因此更安全。

3. IIS 7.0

IIS 7.0 与 Windows Server 2008 操作系统绑定在一起，相对于 IIS 6.0 而言是最具飞跃性的升级产品。IIS 7.0 在安全性和全面执行方面都有重大的改进，如 Web 站点的管理权限更加细化了，可以将各种操作权限委派给指定管理员，极大地优化了网络管理。

4. 只读域控制器

只读域控制器(RODC)是一种新型的域控制器，主要在分支环境中进行部署。通过 RODC，可以降低在无法保证物理安全的远程位置(如分支机构)中部署域控制器的风险。

除账户密码外，RODC 可以驻留可写域控制器驻留的所有 Active Directory 域服务(AD DS)对象和属性。客户端无法将更改直接写入 RODC。由于更改不能直接写入 RODC，因此不会发生本地更改，作为复制伙伴的可写域控制器不必从 RODC 导入更改。管理员角色分离指定可将任何域用户委派为 RODC 的本地管理员，而无须授予该用户对域本身或其他域控制器的任何用户权限。

5. 网络访问保护

网络访问保护(NAP)可允许网络管理员自定义网络访问策略，并限制不符合这些要求的计算机访问网络，或者立即对其进行修补以使其符合要求。NAP 强制执行管理员定义的正常运行策略，包括连接网络的计算机的软件要求、安全更新要求和所需的配置设置等内容。

NAP 强制实现方法支持 4 种网络访问技术，与 NAP 结合使用来强制实现正常运行策略，包括 Internet 协议安全(IPSec)强制、802.1X 强制、用于路由和远程访问的虚拟专用网络(VPN)强制以及动态主机配置协议(DHCP)强制。

6. Windows 防火墙高级安全功能

Windows Server 2008 中的防火墙可以依据其配置和当前运行的应用程序来允许或阻止网络通信，从而保护网络免遭恶意用户和程序的入侵。防火墙的这种功能是双向的，可以同时对传入和传出的通信进行拦截。在 Windows Server 2008 中已经配置了系统防火墙专用的 MMC 控制台单元，可以通过远程桌面或终端服务等实现远程管理和配置。

7. BitLocker 驱动器加密

BitLocker 驱动器加密是 Windows Server 2008 中一个重要的新功能，可以保护服务器、工作站和移动计算机。BitLocker 可对磁盘驱动器的内容加密，防止未经授权的使用者通过运行并行操作系统或运行其他软件工具绕过文件和系统保护，或者对存储在受保护驱动器上的文件进行脱机查看。

8. 下一代加密技术

下一代加密技术（Cryptography Next Generation，CNG）提供了灵活的加密开发平台，允许 IT 专业人员在与加密相关的应用程序［如 Active Directory 证书服务（AD CS）、安全套接层（SSL）和 Internet 协议安全（IPSec）］中创建、更新和使用自定义加密算法。

9. 增强的终端服务

终端服务（TS）包含新增的核心功能，改善了最终用户连接到 Windows Server 2008 终端服务器时的体验。TS RemoteApp 将终端服务器上运行的程序与用户桌面完全集成，允许远程用户访问在终端服务器上运行的应用程序。这些应用程序能够通过网络入口进行访问或者直接通过双击本地计算机上配置的快捷图标进入。和终端服务安全网关一起应用，使用户通过 HTTPS 访问远程桌面和远程应用程序，而不受防火墙的控制。

10. 服务器管理器

服务器管理器是一个新功能，将 Windows Server 2003 的许多功能替换合并在一起，如"管理您的服务器""配置您的服务器""添加或删除 Windows 组件"和"计算机管理"等，使管理更加方便。

1.3.3 Windows Server 2008 的版本

纵观微软公司的 Windows 服务器操作系统的发展历程，Windows 2000 Server、Windows Server 2003 均提供了多个不同的版本，Windows Server 2008 也继承了这一点，提供了多个不同的版本，它们都各有不同的特性。Windows Server 2008 在 32 位和 64 位计算机平台中分别提供了标准版、企业版、数据中心版、Web 服务器版，而安腾版只有 64 位版本。

（1）Windows Server 2008 Standard Edition（标准版）：这个版本提供了大多数服务器所需的角色和功能，也包括全功能的 Server Core 安装选项。

（2）Windows Server 2008 Enterprise Edition（企业版）：这个版本在标准版的基础上提供了更好的可伸缩性和可用性，附带了一些企业技术和活动目录联合服务。

（3）Windows Server 2008 Datacenter Edition（数据中心版）：这个版本可以在企业版的基础上支持更多的内存和处理器，以及无限量使用虚拟镜像。

（4）Windows Server 2008 Web Server（Web 服务器版）：这是一个特别版本的应用程

序服务器,只包含 Web 应用,其他角色和 Server Core 都不存在。

(5) Windows Server 2008 Itanium(安腾版):这个版本是针对 Intel Itanium 64 位处理器而设计,针对大型数据库、各种企业和自定义应用程序进行优化。

除了以上 5 个版本,Windows Server 2008 在标准版、企业版和数据中心版的基础上还开发了两类版本系统:一类是不拥有虚拟化的 Hyper-V 技术的服务器,称为无 Hyper-V 版;另一类是以命令行方式运行的 Server Core 版本,这种版本的服务器系统能够以更少的系统资源提供各种服务。

Windows Server 2008 R2 是微软服务器操作系统的下一代版本,功能和特性基于 Windows Server 2008 扩充现有的技术并且加入全新的功能来让企业增加其服务器基础结构的可靠性和弹性,能更好地支持虚拟机迁移,且 IIS、网络和远程桌面服务等也获得了极大提高,增加了很多新功能,包括 Hyper-V 2.0、IIS 7.5,同时增加了扩展性,降低了内存占用量,提高了文件传输速度,只支持 64 位版本,采用 Windows 7 界面等。

此外,Windows Server 2008 R2 可改善电源管理和精简 IT 管理工作,节约高达 18% 的电力和制冷成本。

1.3.4　Windows Server 2008 R2 的安装方式

Windows Server 2008 R2 有多种安装方式,分别适用于不同的环境,选择合适的安装方式可以提高工作效率。除了常规的使用 DVD 启动安装方式以外,还有升级安装、远程安装及 Server Core 安装。

1. 全新安装

目前,大部分的计算机都支持从光盘启动,通过设置 BIOS 支持从 CD-ROM 或 DVD-ROM 启动,便可直接用 Windows Server 2008 R2 安装光盘启动计算机,安装程序将自动运行。

2. 升级安装

如果计算机原来安装的是 Windows Server 2003 或 Windows Server 2008 等操作系统,则可以直接升级成 Windows Server 2008 R2,此时不用卸载原来的 Windows 系统,只要在原来的系统基础上进行升级安装即可,而且升级后还可以保留原来的配置。升级安装一般用于企业对现有生产系统的升级,通过升级可以大大减少对原系统的重新配置时间。

3. 远程安装

如果网络中已经配置了 Windows 部署服务,则通过网络远程安装也是一种不错的选择,但需要注意的是,采取这种安装方式必须确保计算机网络具有 PXE(预启动执行环境)芯片,支持远程启动功能。否则,就需要使用 rbfg.exe 程序生成启动软盘来启动计算机进行远程安装。

在利用 PXE 功能启动计算机的过程中,根据提示信息按下引导键(一般是按 F12 键),会显示当前计算机所使用的网卡的版本等信息,并提示用户按下 F12 键,启动网络服务引导。

4. Server Core 安装

Server Core 是新推出的功能。确切地说,Server Core 是微软公司新推出的革命性的功能部件,是不具备图形界面的纯命令行服务器操作系统,只安装了部分应用和功能,因此会更加安全和可靠,同时降低了管理的复杂度。

通过 RAID 卡实现磁盘冗余是大多数服务器常用的存储方案,既能提高数据存储的安全性,又能提高网络传输速度。带有 RAID 卡的服务器在安装和重新安装操作系统之前,往往需要配置 RAID。不同品牌和型号服务器的配置方法略有不同,应注意查看服务器使用手册。对于品牌服务器而言,也可以使用随机提供的安装向导光盘引导服务器,这样将会自动加载 RAID 卡和其他设备的驱动程序,并提供相应的 RAID 配置界面。

在安装 Windows Server 2008 R2 时,必须在"您想将 Windows 安装在何处"对话框中单击"加载驱动程序"超链接,在打开的"选择要安装的驱动程序"对话框中为该 RAID 卡安装驱动程序。另外,RAID 卡的设置应当在操作系统安装之前进行。如果重新设置 RAID,将删除所有硬盘中的全部内容。

1.3.5 Windows Server 2008 R2 安装前的准备

在安装 Windows Server 2008 R2 之前,应收集所有必要的信息,好的准备工作有助于安装过程的顺利进行。

1. 系统需求

安装 Windows Server 2008 R2 的计算机必须符合一定的硬件要求。按照微软公司官方的建议配置,Windows Server 2008 系统的硬件需求如表 1-1 所示。

表 1-1 Windows Server 2008 R2 系统的硬件需求

硬　件	需　　求
处理器	最低配置:1.4GHz(x64 处理器) 建议配置:2GHz 或以上
内存	最低配置:512MB RAM　　建议:2GB RAM 或以上 建议配置:8GB(基础版)、32GB(标准版、Web 版)或 2TB(企业版、数据中心版和安腾版)
可用磁盘空间	最低配置:10GB(基础版)或 32GB(其他) 建议配置:40GB 或以上
光驱	DVD-ROM 光驱
显示器	支持 Super VGA(800 像素×600 像素)或更高解析度的屏幕
其他	键盘及 Microsoft 鼠标或兼容的指向装置 Internet 访问(可能需要付费)

2. 切断非必要的硬件连接

如果当前计算机正与打印机、扫描仪、UPS(管理连接)等非必要外设连接,则在运行安装程序之前要将其断开,因为安装程序将自动监测连接到计算机串行端的所有设备。

3. 检查硬件和软件兼容性

为升级启动安装程序,执行的第一个过程是检查计算机硬件和软件的兼容性。安装程序在继续执行前将显示一个报告,使用该报告以及 Relnotes.htm(位于安装光盘的\Docs 文件夹)中的信息来确定在升级前是否需要更新硬件、驱动程序或软件。

4.检查系统日志

如果在计算机中安装有 Windows XP/2003,建议使用"事件查看器"查看系统日志,寻找可能在升级期间引发问题的最新错误或重复发生的错误。

5.备份文件

如果从其他操作系统升级至 Windows Server 2008 R2,建议在升级前备份当前的文件,包括含有配置信息(例如,系统状态、系统分区和启动分区)的所有内容,以及所有的用户和相关数据。建议将文件备份到各种不同的媒介,如磁带驱动器或网络上其他计算机的硬盘,而尽量不要保存在本地计算机的其他非系统分区。

6.断开网络连接

网络中可能会有病毒在传播,因此,如果不是通过网络安装操作系统,在安装之前就应拔下网线,以免新安装的系统感染上病毒。

7.规划分区

Windows Server 2008 R2 要求必须安装在 NTFS 格式的分区上,全新安装时直接按照默认设置格式化磁盘即可。如果是升级安装,则应预先将分区格式化成 NTFS 格式,并且如果系统分区的剩余空间不足 32GB(基础版为 10GB),则无法正常升级。建议将 Windows Server 2008 R2 目标分区至少设置为 40GB 或更大。

1.4 项目实施

1.4.1 任务 1:安装 Windows Server 2008 R2 操作系统

1.任务目标

学会在一台计算机上全新安装 Windows Server 2008 R2 操作系统的方法。

2.任务内容

(1)使用安装光盘启动系统。

(2)安装 Windows Server 2008 R2 操作系统。

3.完成任务所需的设备和软件

(1)满足硬件要求的计算机 1 台。

(2)Windows Server 2008 R2 相应版本的安装光盘或镜像文件。

4.任务实施步骤

1)使用安装光盘启动系统

步骤 1:因为需要从光驱引导进行安装,所以以重新启动系统并设置计算机的 BIOS,并把光盘驱动器设置为第一启动设备,保存设置并重启系统。

步骤 2:将 Windows Server 2008 R2 安装光盘放入光驱,重新启动计算机。如果硬盘内没有安装任何操作系统,计算机会直接从光盘启动到安装界面;如果硬盘内安装有其他操作系统，计算机就会显示 Press any key to boot from CD or DVD...提示信息，此时按任意键即可从 DVD-ROM 启动。

2）安装 Windows Server 2008 R2 操作系统

步骤 1：启动安装过程之后，显示"安装 Windows"对话框，如图 1-1 所示，然后选择安装语言和输入法。

图 1-1　"安装 Windows"对话框

步骤 2：单击"下一步"按钮，出现是否立即安装 Windows Server 2008 R2 的界面，如图 1-2 所示。

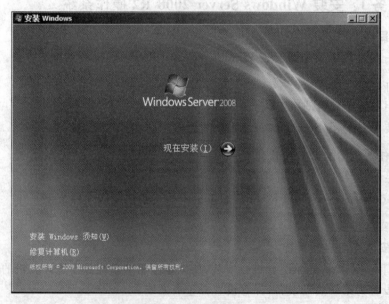

图 1-2　"现在安装"界面

步骤3：单击"现在安装"按钮，出现"选择要安装的操作系统"界面，如图 1-3 所示，在操作系统列表框中，列出了可以安装的操作系统。这里选择"Windows Server 2008 R2 Enterprise(完全安装)"，即可安装 Windows Server 2008 R2 企业版。

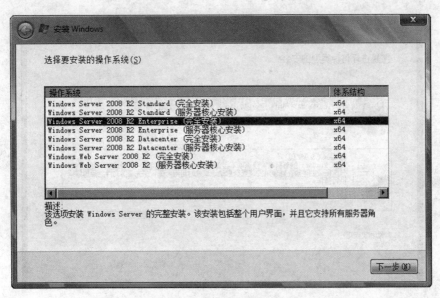

图 1-3　"选择要安装的操作系统"界面

步骤4：单击"下一步"按钮，出现"请阅读许可条款"界面，如图 1-4 所示，查看许可条款信息之后，选中"我接受许可条款"复选框。

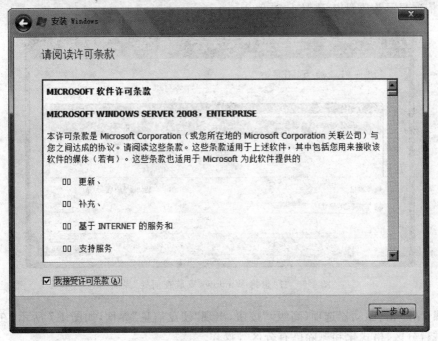

图 1-4　"请阅读许可条款"界面

步骤5：单击"下一步"按钮，出现"您想进行何种类型的安装？"界面，如图1-5所示。"升级"安装用于从Windows Server 2003升级到Windows Server 2008 R2，且如果当前计算机没有安装任何操作系统，则该选项不可用；"自定义（高级）"安装用于全新安装。

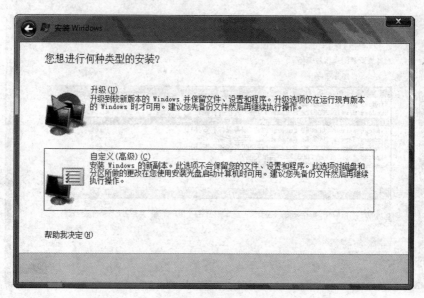

图1-5　"您想进行何种类型的安装"界面

步骤6：选择"自定义（高级）"安装选项，出现"您想将Windows安装在何处？"界面，如图1-6所示，该界面中显示了当前计算机上硬盘的分区信息。如果服务器上安装有多块硬盘，则会依次显示为磁盘0、磁盘1、磁盘2……

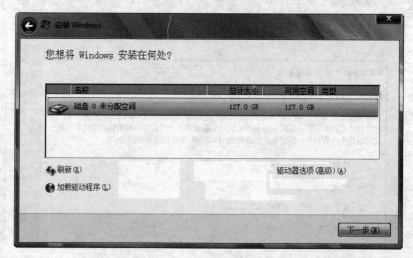

图1-6　"您想将Windows安装在何处"界面

步骤7：单击"驱动器选项（高级）"按钮，出现"硬盘信息"界面，如图1-7所示，在此可以对硬盘进行分区、格式化和删除已有分区等操作。

步骤8：对硬盘进行分区，单击"新建"按钮，在"大小"文本框中输入分区大小，例如40000MB，如图1-8所示。单击"应用"按钮，弹出自动创建额外分区的提示，如图1-9所示，

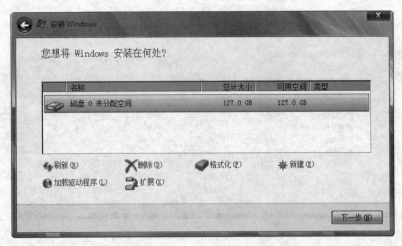

图 1-7　"硬盘信息"界面

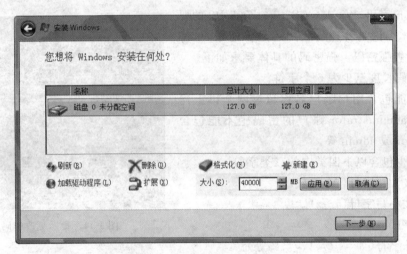

图 1-8　创建 40000MB 的分区

图 1-9　创建额外分区的提示信息

单击"确定"按钮,完成系统分区(第一分区)和主分区(第二分区)的建立。其他分区照此操作。

步骤 9：选择第一分区来安装操作系统,单击"下一步"按钮,出现"正在安装 Windows..."界面,如图 1-10 所示,开始复制文件并安装 Windows。

步骤 10：在安装过程中,系统会根据需要自动重新启动。安装完成,第一次登录时会要

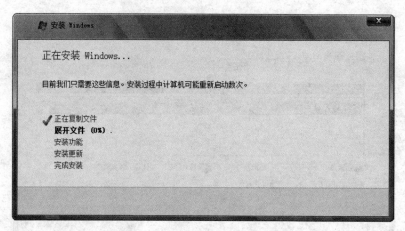

图 1-10 "正在安装 Windows..."界面

求更改密码，如图 1-11 所示。

对于账户密码，Windows Server 2008 R2 的要求比较严格，无论是管理员账户还是普通账户，都要求必须设置强密码。强密码的具体要求如下。

（1）密码长度至少为 6 个字符。

（2）不能包含用户账户名称超过两个以上连续字符，如 administrator 账户的密码中不能包含 administrator 或 admin 等。

（3）至少包含以下四类中的三类字符。

- 英文大写字母（A～Z）。
- 英文小写字母（a～z）。
- 数字（0～9）。
- 特殊字符（如#、&、!、@、%等）。

图 1-11 提示更改密码

例如，使用类似于 P@ssw0rd 这样的密码，这个密码中有字符、数字和特殊符号，长度还在 6 位以上，这样的密码才能满足密码的策略要求。如果是单纯的字符或数字，不管密码有多长，都不会满足密码策略要求。

步骤 11：按要求输入密码，按 Enter 键，即可登录到 Windows Server 2008 R2 系统，并默认自动启动"初始配置任务"对话框，如图 1-12 所示。

【说明】 在"初始配置任务"对话框中能够完成以下功能：设置时区，配置网络，提供计算机名和域，启用自动更新和反馈，下载并安装更新，添加角色及其他功能等。

新安装的 Windows Server 2008 R2 必须激活才能正常使用，否则只能够试用 30 天，这也是微软防止盗版的一种方法。Windows Server 2008 R2 为用户提供了两种激活方式：密钥联网激活和电话激活。前者可以让用户输入正确的密钥，并且连接到 Internet 进行校验激活，后者则是在不方便接入 Internet 时通过客服电话获取代码来激活 Windows Server 2008 R2。

步骤 12：激活 Windows Server 2008 R2。选择"开始"→"控制面板"→"系统和安全"→"系统"命令，打开"系统"窗口，如图 1-13 所示。单击窗口底部的"更改产品密钥"超链接，打开"Windows 激活"对话框,如图 1-14 所示。输入正确的产品密钥后,单击"下一步"按钮,提示联机激活成功。

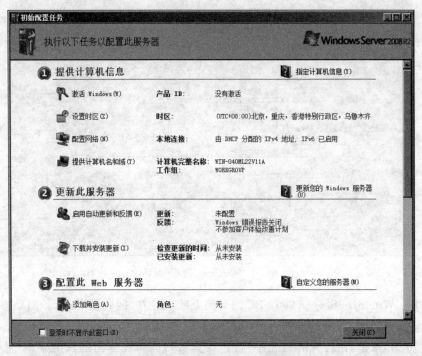

图 1-12　"初始配置任务"对话框

图 1-13　"系统"窗口

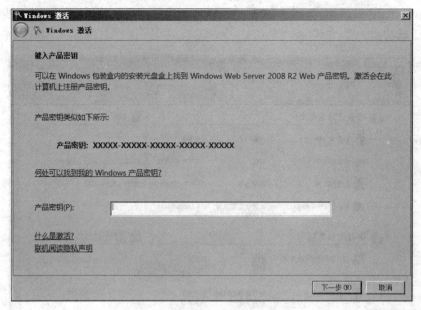

图 1-14　"Windows 激活"对话框

步骤 13：Windows Server 2008 R2 的桌面上默认只有"回收站"图标。如果想将其他主要图标也显示到桌面上，可进行如下操作。

单击"开始"按钮，在打开的列表中右击"计算机"选项，在弹出的快捷菜单中选择"在桌面上显示"命令，如图 1-15 所示，此时桌面上显示了"计算机"图标。使用同样的方法可设置 Administrator、"控制面板"等图标在桌面上显示。

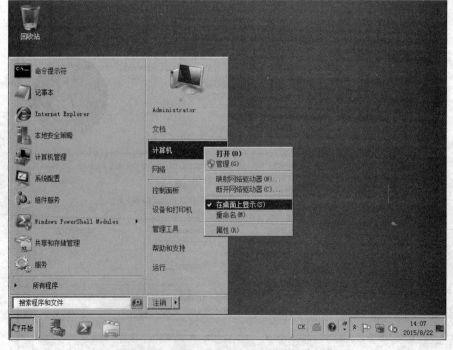

图 1-15　设置在桌面上显示"计算机"图标

至此,Windows Server 2008 R2 安装完成,现在就可以开始使用了。

1.4.2 任务 2:配置 Windows Server 2008 R2 的工作环境

1. 任务目标

(1)熟练掌握 Windows Server 2008 R2 的初始配置任务。

(2)理解各项配置参数的含义。

(3)能够正确设置初始配置的各项信息。

2. 任务内容

(1)更改计算机名。

(2)配置网络。

(3)设置环境变量。

(4)设置虚拟内存。

(5)配置 Windows 防火墙。

(6)设置自动更新。

(7)微软管理控制台。

3. 完成任务所需的设备和软件

安装有 Windows Server 2008 R2 操作系统的计算机 1 台。

4. 任务实施步骤

安装 Windows Server 2008 R2 与 Windows Server 2003 的最大区别就是,在安装过程中不会提示设置计算机名、网络连接信息等,因此安装所需时间大大减少,一般十多分钟即可完成安装。在安装完成后,应先设置一些基本配置,如计算机名、IP 地址、配置自动更新等,这些均可在"服务器管理器"中完成。

1)更改计算机名

Windows Server 2008 R2 系统在安装过程中不需要设置计算机名,而是使用系统随机配置的计算机名。但系统配置的计算机名不仅冗长,而且不便于记忆。因此,为了更好地标识和识别服务器,应将其更改为易记或有一定意义的名称。

步骤 1:选择"开始"→"管理工具"→"服务器管理器"命令,打开"服务器管理器"窗口,如图 1-16 所示。

步骤 2:在"计算机信息"区域中单击"更改系统属性"超链接,打开"系统属性"对话框,如图 1-17 所示。

步骤 3:单击"更改"按钮,打开"计算机名/域更改"对话框,如图 1-18 所示。在"计算机名"文本框中输入新的计算机名称,如 WIN2008;在"工作组"文本框中可以更改计算机所处的工作组,默认为 WORKGROUP 工作组。

步骤 4:单击"确定"按钮,打开"重新启动计算机"提示框,提示必须重新启动计算机才能应用更改,如图 1-19 所示。

步骤 5:单击"确定"按钮,返回到"系统属性"对话框;再单击"关闭"按钮,关闭"系统属性"对话框。接着出现提示"必须重新启动计算机才能应用这些更改"对话框,如图 1-20 所示。

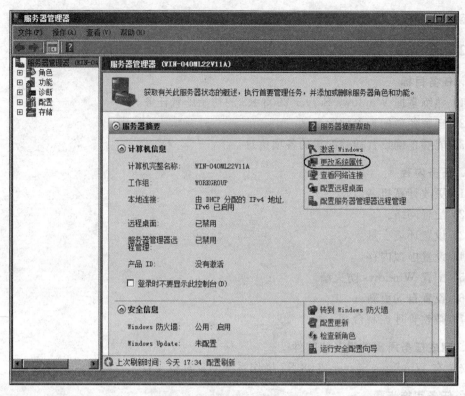

图 1-16　"服务器管理器"窗口

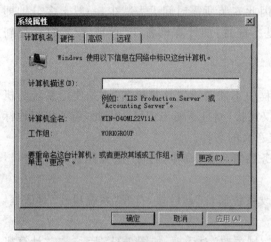

图 1-17　"系统属性"对话框

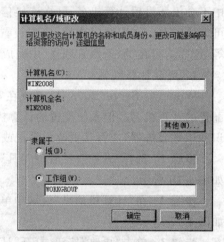

图 1-18　"计算机名/域更改"对话框

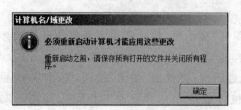

图 1-19　"重新启动计算机"提示框(1)

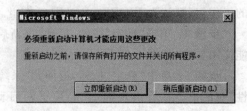

图 1-20　"重新启动计算机"提示框(2)

步骤6：单击"立即重新启动"按钮，即可重新启动计算机并应用新的计算机名。若单击"稍后重新启动"按钮，则不会立即重新启动计算机。

2）配置网络

配置网络是提供各种网络服务的前提。Windows Server 2008 R2 安装完成后，默认为自动获取 IP 地址，自动从网络中的 DHCP 服务器获得 IP 地址。由于 Windows Server 2008 R2 用来为网络提供服务，所以通常需要设置静态 IP 地址。另外，还可以配置网络发现、文件夹共享等功能，实现与网络的正常通信。

（1）配置 TCP/IP。具体步骤如下。

步骤1：右击桌面右下角任务托盘区域的网络连接图标 ，在弹出的快捷菜单中选择"打开网络和共享中心"命令，打开"网络和共享中心"窗口，如图 1-21 所示。

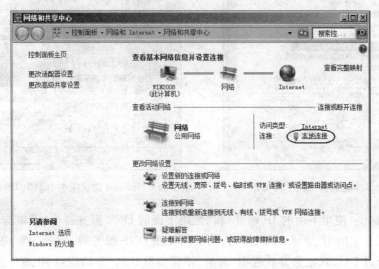

图 1-21 "网络和共享中心"窗口

步骤2：单击"本地连接"超链接，打开"本地连接 状态"对话框，如图 1-22 所示。

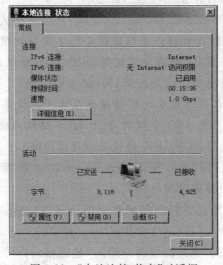

图 1-22 "本地连接 状态"对话框

步骤 3：单击"属性"按钮，打开"本地连接 属性"对话框，如图 1-23 所示。Windows Server 2008 R2 中包含 IPv6 和 IPv4 两个版本的 Internet 协议，并且默认都已启用。

步骤 4：在"此连接使用下列项目"列表框中选择"Internet 协议版本 4（TCP/IPv4）"选项后，单击"属性"按钮，打开"Internet 协议版本 4（TCP/IPv4）属性"对话框，如图 1-24 所示。

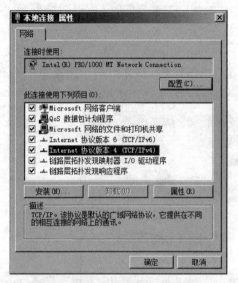

图 1-23　"本地连接 属性"对话框

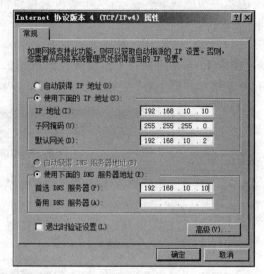

图 1-24　"Internet 协议版本 4(TCP/IPv4) 属性"对话框

步骤 5：选中"使用下面的 IP 地址"和"使用下面的 DNS 服务器地址"单选按钮，分别输入为该服务器分配的 IP 地址、子网掩码、默认网关和 DNS 服务器。

如果要通过 DHCP 服务器获取 IP 地址，则保留默认的"自动获得 IP 地址"和"自动获得 DNS 服务器地址"。

步骤 6：单击"确定"按钮，保存所做的修改。

【说明】　从图 1-23 可知，Windows Server 2008 R2 新增了对 TCP/IPv6 通信协议的支持。在上网或共享传输时，Windows Server 2008 R2 系统在默认状态下会优先使用 TCP/IPv6 通信协议进行网络连接，而目前许多网络设备还不支持使用 TCP/IPv6 协议进行网络通信，Windows Server 2008 R2 系统在发现使用 TCP/IPv6 协议通信失败后，系统会尝试使用 TCP/IPv4 协议进行网络通信。由此可见，Windows Server 2008 R2 系统的网络连接过程比以前多走了一些弯路，从而导致了网络传输速度比平时慢半拍。要想使用网络连接速度恢复到以前的水平，则应在图 1-23 中取消 TCP/IPv6 协议的选中状态，以便让 Windows Server 2008 R2 系统直接使用 TCP/IPv4 协议进行通信传输。

（2）启用网络发现和文件共享。Windows Server 2008 R2 新增了"网络发现"功能，用来控制局域网中计算机和设备的发现与隐藏。

步骤 1：右击桌面右下角任务托盘区域的网络连接图标 📶，在弹出的快捷菜单中选择"打开网络和共享中心"命令，打开"网络和共享中心"窗口。

步骤 2：单击窗口左侧的"更改高级共享设置"超链接，打开"高级共享设置"对话框，如图 1-25 所示。

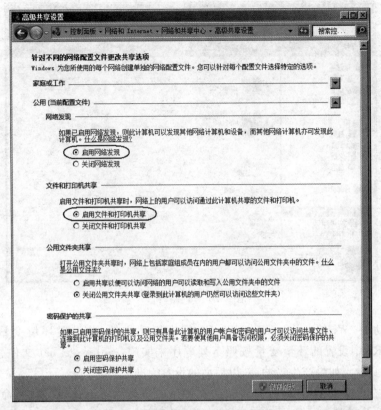

图 1-25 "高级共享设置"对话框

步骤 3：选中"启用网络发现"和"启用文件和打印机共享"单选按钮后，再单击"保存修改"按钮。

【说明】 当重新打开"高级共享设置"对话框时，发现显示仍然是"关闭网络发现"。为了解决这个问题，需要在服务中启用以下 3 个服务。

- Function Discovery Resource Publication
- SSDP Discovery
- UPnP Device Host

将以上 3 个服务设置为自动并启动，就可以解决问题了。

步骤 4：选择"开始"→"网络"命令，打开"网络"窗口，如图 1-26 所示，显示当前局域网中发现的计算机，也就是"网络邻居"功能，局域网中的其他计算机也可发现当前计算机。

如果禁用"网络发现"功能，则既不能发现其他计算机，也不能被发现。禁用"网络发现"功能时，其他计算机仍可以通过搜索或指定计算机名、IP 地址的方式访问到该计算机，但不会显示在其他用户的"网络邻居"中。

3）设置环境变量

环境变量是包含如驱动器、路径或文件名等信息的字符串，它们控制着各种程序的行为。例如，TEMP 环境变量指定了程序放置临时文件的位置。

任何用户都可以添加、修改或删除用户环境变量。但是，只有管理员才能添加、修改或删除系统环境变量。

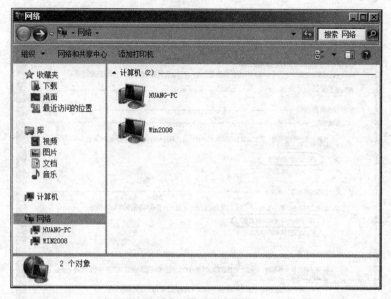

图 1-26 "网络"窗口

系统启动时，Windows Server 2008 R2 搜索启动文件，并设置环境变量。Windows Server 2008 R2 中设置的环境变量按照下列顺序来实施：autoexec.bat 文件、系统环境变量、用户环境变量。如果产生了冲突，以后面的设置为准。

步骤1：右击桌面上的"计算机"图标，在弹出的快捷菜单中选择"属性"命令，打开"系统"窗口，如图 1-27 所示。

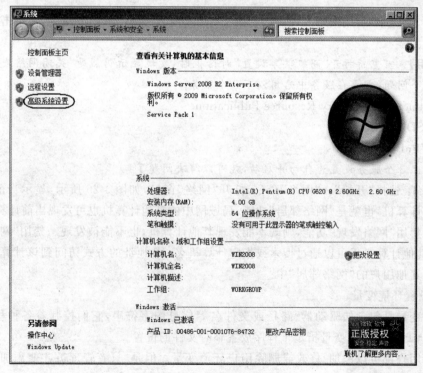

图 1-27 "系统"窗口

　　步骤 2：单击窗口左侧的"高级系统设置"超链接，打开"系统属性"对话框的"高级"选项卡，如图 1-28 所示。

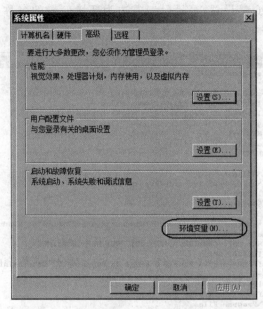

图 1-28　"系统属性"对话框的"高级"选项卡

　　步骤 3：单击"环境变量"按钮，打开"环境变量"对话框，如图 1-29 所示。其中上半部为用户环境变量区，下半部为系统环境变量区。

　　步骤 4：使用对话框底部的"新建""编辑""删除"按钮维护用户环境变量和系统环境变量。例如，把 TEMP 系统环境变量的变量值％SystemRoot％\ TEMP（C：\ Windows\ TEMP）改为％SystemDrive％\TEMP（C：\TEMP），如图 1-30 所示。

图 1-29　"环境变量"对话框

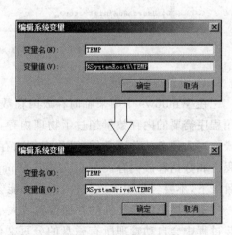

图 1-30　修改 TEMP 系统环境变量

　　【说明】　用户可直接引用环境变量。使用环境变量时，必须在环境变量的前后加上％。例如，％USERNAME％表示要读取的用户账户名称，％SystemRoot％表示系统根文件夹

（即存储 Windows 系统文件的文件夹）。

步骤 5：在命令行中运行 set 命令可查看计算机内现有的环境变量，如图 1-31 所示，其中每一行均有一个环境变量设置，等号（＝）左边为环境变量的名称，等号右边为环境变量的值。

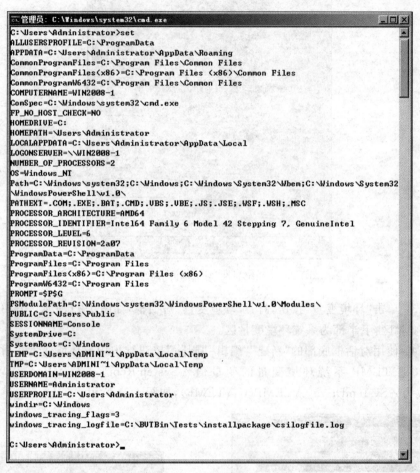

图 1-31　运行 set 命令查看当前的环境变量

4）设置虚拟内存

在 Windows 中用来临时存放内存数据的磁盘空间称为虚拟内存。如果操作系统和应用程序需要的内存数量超过了物理内存，操作系统就会暂时将不需要访问的数据通过分页操作写入硬盘的分页文件（又称虚拟内存文件或交换文件）中，从而给需要立刻使用内存的程序和数据释放内存。分页文件名为 pagefile.sys，默认情况下位于操作系统所在分区的根目录下，不要轻易删除该文件，否则可能会导致系统的崩溃。

更改虚拟内存文件的存储位置或大小可以提高系统性能。Windows Server 2008 R2 安装过程中会自动管理所有磁盘的分页文件并且将该文件新建在安装 Windows Server 2008 R2 磁盘的根文件夹中。启动时创建分页文件，将其大小设置为最小值，此后系统不断根据需要增加，直至达到可设置的最大值。管理员可以自行设置分页文件的大小，或者将分页文件同时新建在多个物理磁盘内，以便提高分页文件的运行效率。

步骤 1：在"系统属性"对话框的"高级"选项卡中单击"性能"区域中的"设置"按钮,打开"性能选项"对话框。

步骤 2：在如图 1-32 所示的"高级"选项卡中单击"更改"按钮,打开"虚拟内存"对话框,如图 1-33 所示。

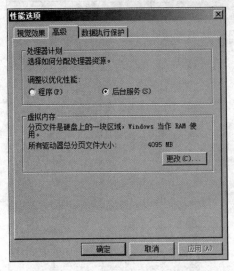

图 1-32　"性能选项"对话框

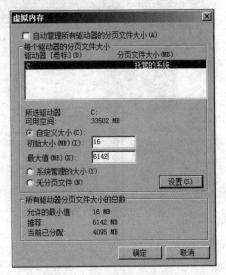

图 1-33　"虚拟内存"对话框

系统默认自动管理所有驱动器的分页文件大小。为了获得最佳性能,可以自定义分页文件的初始大小和最大值。推荐最小值为 16MB,最大值约为物理内存大小的 1.5 倍。

步骤 3：取消选中"自动管理所有驱动器的分页文件大小"复选框,选中"自定义大小"单选按钮,在"初始大小"文本框中输入 16,在"最大值"文本框中输入 6142。

步骤 4：单击"确定"按钮,提示需要重新启动计算机以使改动生效,如图 1-34 所示。

步骤 5：单击"确定"按钮,直至出现如图 1-35 所示的对话框,单击"立即重新启动"按钮重新启动计算机,以使虚拟内存的更改生效。

图 1-34　提示需要重新启动计算机

图 1-35　提示是否立即重新启动计算机

5) 配置 Windows 防火墙

Windows Server 2008 R2 安装后,默认自动启用防火墙,而且 ping 命令默认被阻止。ICMP 协议包无法穿越防火墙。为了后面实训的要求及实际需要,应该设置防火墙,允许 ping 命令通过。若要放行 ping 命令,则有两种方法：①在图 1-25 中启用文件和打印机共享；②在防火墙设置中新建一条允许 ICMPv4 协议通过的规则并启用。下面介绍第二种方法的设置步骤。

步骤 1：选择"开始"→"管理工具"→"高级安全 Windows 防火墙"命令,打开"高级安全

Windows 防火墙"窗口，选择左侧窗格中的"入站规则"选项，然后右击，在弹出的快捷菜单中选择"新建规则"命令，如图 1-36 所示。

图 1-36 "高级安全 Windows 防火墙"窗口

步骤 2：在打开的"新建入站规则向导"对话框中的"规则类型"界面中选中"自定义"单选按钮，如图 1-37 所示。

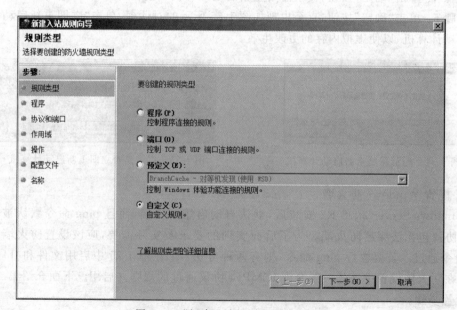

图 1-37 "新建入站规则向导"对话框

步骤 3：单击"下一步"按钮，出现"程序"界面，如图 1-38 所示，选中"所有程序"单选按钮。

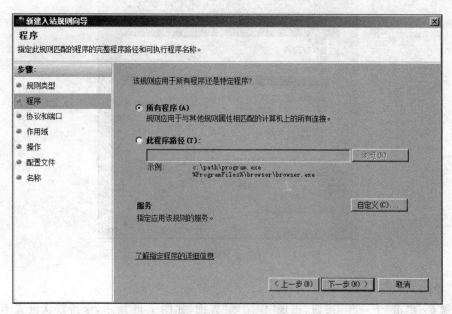

图 1-38　"程序"界面

步骤 4：单击"下一步"按钮，出现"协议和端口"界面，如图 1-39 所示，选择"协议类型"为 ICMPv4。

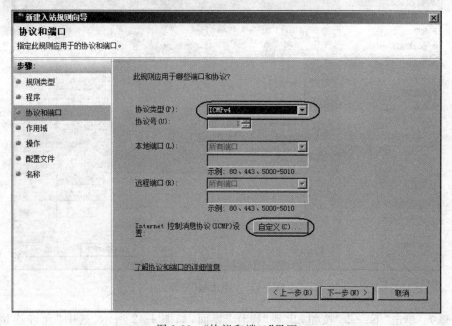

图 1-39　"协议和端口"界面

步骤 5：单击"自定义"按钮，打开"自定义 ICMP 设置"对话框，如图 1-40 所示，选中"特定 ICMP 类型"单选按钮，并在列表框中选中"回显请求"复选框，单击"确定"按钮返回"协议

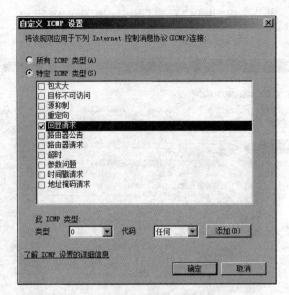

图 1-40 "自定义 ICMP 设置"对话框

和端口"界面。

步骤 6：单击"下一步"按钮，出现"作用域"界面，如图 1-41 所示，保持默认设置不变。

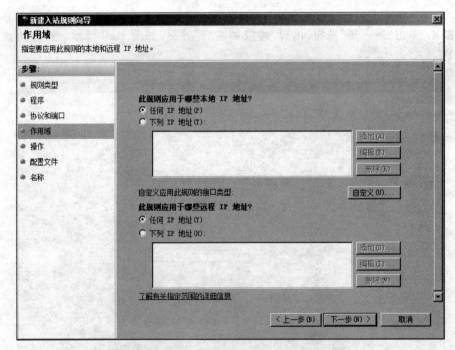

图 1-41 "作用域"界面

步骤 7：单击"下一步"按钮，出现"操作"界面，如图 1-42 所示，选中"允许连接"单选按钮。

步骤 8：单击"下一步"按钮，出现"配置文件"界面，如图 1-43 所示，选中"域""专用""公用"复选框。

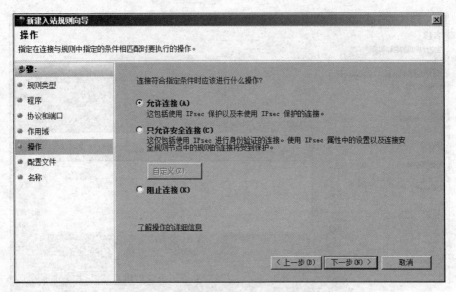

图 1-42 "操作"界面

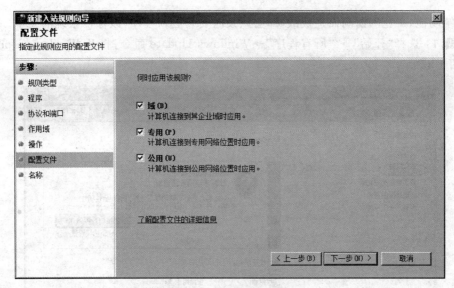

图 1-43 "配置文件"界面

步骤 9：单击"下一步"按钮，出现"名称"界面，如图 1-44 所示。在"名称"文本框中输入本规则的名称 Ping OK，单击"完成"按钮完成本入站规则的创建。

步骤 10：在其他计算机上 ping 本计算机，测试是否 ping 成功。禁用 Ping OK 入站规则，再次测试是否 ping 成功。

【说明】 要允许 ping 命令响应，也可在入站规则中启用"文件和打印机共享(回显请求-ICMPv4-In)"规则即可。

6) 设置自动更新

系统更新是 Windows 系统必不可少的功能，Windows Server 2008 R2 也是如此。为了

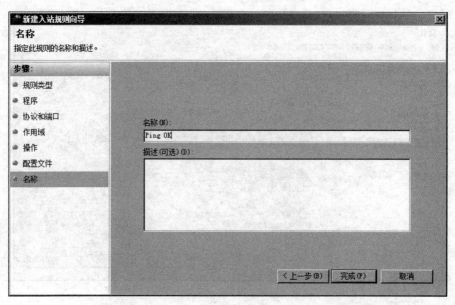

图 1-44 "名称"界面

增强系统功能，避免因漏洞而造成故障，必须及时安装更新程序，以保护系统的安全。

步骤 1：选择"开始"→"所有程序"→Windows Update 命令，打开 Windows Update 窗口，如图 1-45 所示。

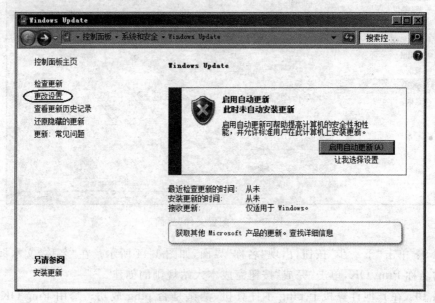

图 1-45 Windows Update 窗口

步骤 2：单击窗口左侧的"更改设置"超链接，出现"更改设置"窗口，在"重要更新"下拉列表中选择"自动安装更新（推荐）"选项，更新时间为每天 3:00，选中"以接收重要更新的相同方式为我提供推荐的更新"和"允许所有用户在此计算机上安装更新"复选框，如图 1-46所示。

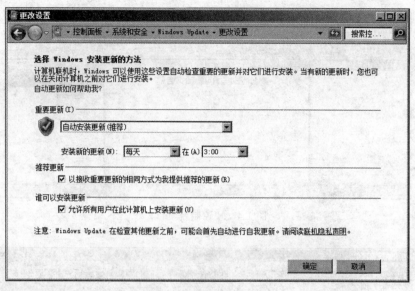

图 1-46　"更改设置"窗口

步骤 3：单击"确定"按钮保存设置，Windows Server 2008 R2 就会根据所做配置自动从 Windows Update 网站检测并下载更新。

7）微软管理控制台

Windows Server 2008 R2 提供了许多管理工具，用户在使用这些管理工具时需要分别去打开。为了使用户能够更加快捷地使用这些工具，微软提供了管理控制台（Microsoft Manager Console，MMC）。通过微软管理控制台，用户可以将常用的管理工具集中到一个窗口界面中，从而通过一个窗口就可以管理不同的管理工具。

MMC 允许用户创建、保存并打开管理工具，这些管理工具可以用来管理硬件、软件和 Windows 系统的网络组件等。MMC 本身并不执行管理功能，它只是集成管理工具而已。使用 MMC 添加到控制台中的主要工具类型称为管理单元，其他可添加的项目包括 ActiveX 控件、网页的链接、文件夹、任务板视图和任务等。

使用 MMC 可以管理本地或远程计算机；也可以在一台普通计算机上，通过安装 Windows Server 2008 R2 的管理工具实现对服务器的远程管理。

用户可以通过添加管理工具的方式来使用 MMC。下面以在 MMC 中添加"计算机管理"和"磁盘管理"这两个管理工具来说明，操作步骤如下。

步骤 1：选择"开始"→"运行"命令，打开"运行"对话框，输入 mmc 命令，打开管理控制台，如图 1-47 所示。

步骤 2：选择"文件"→"添加/删除管理单元"命令，打开"添加或删除管理单元"对话框，选择需要的"计算机管理"单元，如图 1-48 所示。

步骤 3：单击"添加"按钮，打开"计算机管理"对话框，如图 1-49 所示。

步骤 4：选中"本地计算机（运行此控制台的计算机）"单选按钮后，再单击"完成"按钮。

步骤 5：使用相同的方法，再添加"磁盘管理"单元，返回到"添加或删除管理单元"对话框，单击"确定"按钮，返回到管理控制台。此时，可以看到"计算机管理"和"磁盘管理"单元已经添加到管理控制台中，如图 1-50 所示。

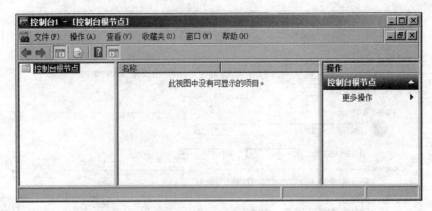

图 1-47 "控制台"窗口

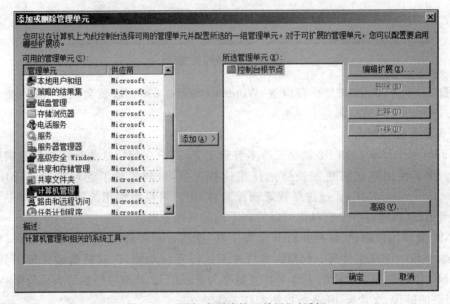

图 1-48 "添加或删除管理单元"对话框

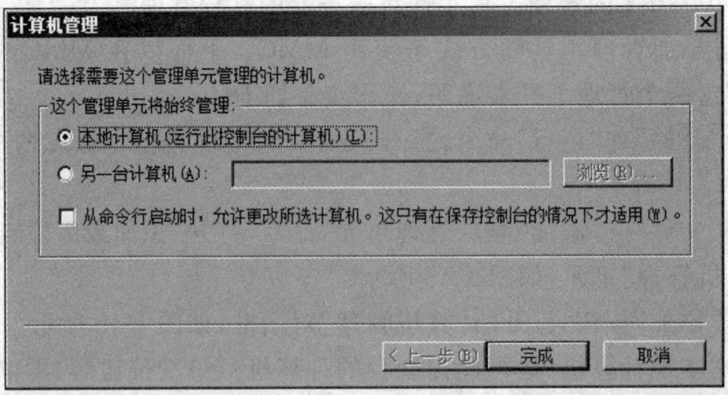

图 1-49 "计算机管理"对话框

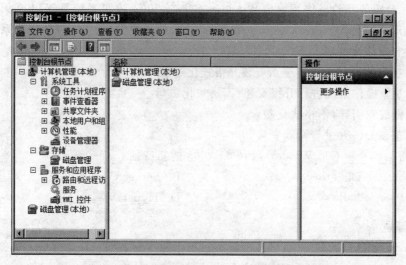

图 1-50   添加了管理单元的"控制台"窗口

如果需要经常使用添加到窗口中的管理单元,可通过选择"文件"→"保存"命令,将此 MMC 保存起来,以后可以直接通过此文件打开这个 MMC。

1.5   习题

一、填空题

1. Windows Server 2008 只能安装在_____文件系统的分区中,否则安装过程中会出现错误提示而无法正常安装。

2. Windows Server 2008 管理员口令要求必须符合以下条件:①至少 6 个字符;②不包含用户账户名称超过两个以上连续字符;③包含大写字母(A～Z)、小写字母(a～z)、_____、_____等 4 组字符中的 3 组。

3. Windows Server 2008 中的_____,相当于 Windows Server 2003 中的 Windows 组件。

4. Windows Server 2008 安装完成后,为了保证能够长期正常使用,必须和其他版本的 Windows 操作系统一样进行激活,否则只能够试用_____天。

二、选择题

1. 在 Windows Server 2008 系统中,如果需要运行 DOS 命令,则在"运行"文本框中输入_____命令。

    A. CMD   B. MMC   C. AUTOEXE   D. TTY

2. Windows Server 2008 R2 系统安装时生成的 Users、Windows 以及 Windows\System32 文件夹是不能随意更改的,因为它们是_____。

    A. Windows 的桌面

    B. Windows 正常运行时所必需的应用软件文件夹

    C. Windows 正常运行时所必需的用户文件夹

    D. Windows 正常运行时所必需的系统文件夹

3. 有一台服务器的操作系统是 Windows Server 2003，文件系统是 NTFS，无任何分区，现要求对该服务进行 Windows Server 2008 的安装，保留原数据，但不保留操作系统，应使用_____进行安装才能满足需求。

    A. 在安装过程中进行全新安装并格式化磁盘

    B. 对原操作系统进行升级安装，不格式化磁盘

    C. 做成双引导，不格式化磁盘

    D. 重新分区并进行全新安装

4. 下面_____不是 Windows Server 2008 的新特性。

    A. Active Directory   B. Server Core

    C. PowerShell   D. Hyper-V

三、简答题

1. Windows Server 2008 有哪几个版本？各个版本安装前应注意哪些事项？

2. Windows Server 2008 中虚拟内存的设置应注意什么？

项目 2
虚拟机技术及应用

项目学习目标

(1) 掌握虚拟机技术相关的基础知识。

(2) 熟悉 VMware 虚拟机安装与使用技巧。

(3) 掌握 Windows Server 2008 R2 Hyper-V 服务的安装与使用。

2.1 项目提出

某学院信息工程系计划建设计算机专业的网络实训室,用于向教师和学生提供网络操作系统等课程的实训环境。

由于网络实训室建设资金有限,仅能配置 50 台惠普台式机和部分网络设备,很多网络实验环境无法提供,同时有的实验具有一定的破坏性,这使网络实训室的管理非常麻烦。作为网络实训室的管理员,你该如何设计技术方案来满足网络实训室的实验和管理需求?

2.2 项目分析

由于很多实验具有破坏性,因此有些网络实验做起来相对比较麻烦,同时也有一些实验需要多台计算机设备,但实验室却不能提供。通过虚拟机软件,在一台物理机上虚拟出多台虚拟机(可安装不同版本的操作系统),就可以模拟一些网络实验环境。

在虚拟机上还可通过"快照"功能保存虚拟机在某个时刻的运行状态。可以随时把系统恢复到某一次快照的过去状态中,这个过程对于在虚拟机中完成一些对系统有潜在危害的实验非常有用。

常用的虚拟机软件主要有 Virtual PC、VMware、Hyper-V 等,本项目主要讲述了 VMware 和 Windows Server 2008 R2 中的 Hyper-V 的安装和使用方法。

2.3 相关知识点

2.3.1 虚拟机概述

所谓虚拟机,是指以软件方式在某种类型的计算机(或其他硬件平台)及操作系统(或相应的软件操作平台）的基础上模拟出另外一种计算机（或其他硬件平台）及其操作系统（或相应的软件操作平台）的虚拟技术。换言之，虚拟机技术的核心在于"虚拟"二字，虚拟机提供的"计算机"和真正的计算机一样，也包括 CPU、内存、硬盘、光驱、软驱、显卡、声卡、SCSI 卡、USB 接口、PCI 接口、BIOS 等。在虚拟机中可以和真正的计算机一样安装操作系统、应用程序和软件，也可以对外提供服务。

VMware 和微软公司都提供虚拟机软件（微软公司的虚拟机软件收购自 Connectix 公司）。VMware 的虚拟机软件包括 Workstation、GSX Server、ESX Server，而微软提供的是 Microsoft Virtual PC 和 Microsoft Virtual Server 虚拟机，同时在 Windows Server 2008 中的 Hyper-V 服务能够让用户在不使用第三方虚拟化软件的情况下直接在系统中创建虚拟主机操作系统，这成为 Windows Server 2008 最具有吸引力的特点之一。

虚拟机的主要功能有两个：一是用于生产；二是用于实验。

1. 虚拟机用于生产

虚拟机用于生产主要包括以下几个方面。

（1）用虚拟机可以组成产品测试中心。通常的产品测试中心都需要大量的、具有不同环境和配置的计算机及网络环境，如有的测试需要 Windows XP、Windows 7 甚至 Windows Server 2003 的环境，而每个环境可能装有不同的补丁，例如 Windows XP 有 Windows XP 无补丁、Windows XP 安装 SP1 补丁、Windows XP 安装 SP2 补丁等这样的多种环境。如果使用"真正"的计算机进行测试，则需要大量的计算机。而使用虚拟机可以降低企业在这方面的费用而不影响测试的进行。

（2）用虚拟机可以"合并"服务器。许多企业会有多台服务器，但有可能每台服务器的负载比较轻或者服务器总的负载比较轻。这时候就可以使用虚拟机的企业版在一台服务器上安装多个虚拟机，其中每台虚拟机都用于代替一台物理的服务器，从而为企业减少投资。

2. 虚拟机用于实验

所谓用于实验，是指用虚拟机可以完成多项单机、网络和不具备真实实验条件、环境的实验。虚拟机可以做多种实验，如下所示。

（1）一些"破坏性"的实验，比如需要对硬盘进行重新分区、格式化，重新安装操作系统等操作。如果在真实的计算机上进行这些实验，可能会产生的问题是，实验后系统不容易恢复，因为在实验过程中计算机上的数据被全部删除了。因此，这样的实验有必要专门占用一台计算机。

（2）一些需要"联网"的实验，例如做 Windows Server 2008 联网实验时，需要至少 3 台计算机、1 台交换机、3 条网线。如果是个人做实验，则不容易找到这 3 台计算机；如果是学生上课做实验，以中国高校现有的条件（计算机和场地）就很难实现。而使用虚拟机，可以让学生在"人手一机"的情况下很"轻松"地组建出实验环境。

（3）一些不具备条件的实验，例如 Windows 群集类实验需要"共享"的磁盘阵列柜，而一个最便宜的磁盘阵列柜也需要几万元，如果再加上群集主机，则一个实验环境大约需要 10 万元以上的投资。如果使用虚拟机，只需要一台配置比较高的计算机就可以了。另外，使用 VMware 虚拟机还可以实现一些对网络速度、网络状况有要求的实验，例如需要在速度为

64kbps 的网络环境中做实验,这在以前是很难实现的,而现在使用 VMware 虚拟机则很容易实现从 28.8kbps～100Mbps 各种网络速度的实验环境。

2.3.2　Virtual PC 虚拟机简介

Virtual PC 虚拟机原来是由 Connectix 公司开发的虚拟机软件,其最初的设计目的是用在苹果(Mac)计算机中,为苹果计算机提供一个模拟的 Windows 平台,以便兼容 Windows 平台应用软件。2003 年 2 月 19 日,Microsoft 出于加强 Windows 向下兼容性的考虑收购了 Virtual PC,从此 Virtual PC 虚拟机更名为 Microsoft Virtual PC。截至目前,Microsoft Virtual PC 虚拟机的最高版本是 Microsoft Virtual PC 2007。此外,Virtual PC 虚拟机还拥有专门面向服务器的版本 Microsoft Virtual Server。

Virtual PC 虚拟机支持最大 4GB 物理内存、支持最多 4 个虚拟的网络适配器、支持 3 种类型的虚拟硬盘镜像文件、支持 XML 格式的虚拟机配置文件,并提供了 Virtual Machine Additions 附加功能组件。在支持的操作系统类型方面,Virtual PC 虚拟机软件本身可以安装在 Windows XP、Windows Server 2003 或 Windows 7 中,并支持在虚拟机中安装 Microsoft Windows 全系列操作系统、MS-DOS 操作系统及 OS/2 操作系统。

总的来说,Virtual PC 虚拟机的特点在于其较快的运行速度以及较小的资源占用率,但在稳定性及虚拟网络功能方面略逊 VMware 一筹。

2.3.3　VMware 虚拟机简介

VMware 虚拟机是 VMware 公司开发的专业虚拟机软件,分为面向客户机的 VMware Workstation 及面向服务器的 VMware GSX Server、VMware ESX Server(这里主要介绍 VMware Workstation,在以下的项目中如果没有特殊说明,所说的 VMware 即是 VMware Workstation)。

VMware 虚拟机拥有 VMware 公司自主研发的 Virtualization Layer(虚拟层)技术,它可以将真实计算机的物理硬件设备完全映射为虚拟的计算机设备,在硬件仿真度及稳定性方面做得非常出色。此外,VMware 虚拟机提供了独特的"快照"(Snapshot)功能,可以在 VMware 虚拟机运行时随时使用"快照"功能将 VMware 虚拟机的即时运行状态保存下来,以便在任何时候迅速恢复 VMware 虚拟机的运行状态,这个功能非常类似于某些游戏软件提供的即时保存游戏进度的功能。而且,通过 VMware 虚拟机提供的 VMware Tools 组件,可以在 VMware 虚拟机与真实的计算机之间实现鼠标箭头的切换、文件的拖动及复制粘贴等,操作非常方便。

在支持的操作系统类型方面,VMware 虚拟机可以支持的操作系统的种类比 Virtual PC 虚拟机更为丰富。VMware 虚拟机软件本身可以安装在 Windows 2000/XP/Server 2003、Windows 7 或 Linux 中,并支持在虚拟机中安装 Microsoft Windows 全系列操作系统、MS-DOS 操作系统,Red Hat、SUSE、Mandrake、Turbo 等诸多版本的 Linux 操作系统,Novell Netware 操作系统及 Sun Solaris 操作系统。

此外,VMware 虚拟机相比 Virtual PC 虚拟机的另一显著特点是其强大的虚拟网络功能。VMware 虚拟机提供了对虚拟交换机、虚拟网桥、虚拟网卡、NAT 设备及 DHCP 服务器等一系列网络组件的支持,并且提供了桥接模式(Bridged Network)、仅主机模式

(Host-only Network)、NAT 模式、自定义、LAN 区段 5 种虚拟的网络模式。通过 VMware 虚拟机,可以在一台计算机中模拟出非常完整的虚拟计算机网络。然而,VMware 虚拟机将为 Windows 安装 2 块虚拟网卡(VMware Network Adapter VMnet1 和 VMware Network Adapter VMnet8)及 5 个系统服务,同时还会常驻 4 个进程,因此会为 Windows 带来一些额外的运行负担。

当在 VMware 中建立了新的虚拟机并为虚拟机设置了虚拟硬盘后,VMware 将在宿主机的物理硬盘中生成一个虚拟硬盘镜像文件,其扩展名为. VMDK,这是 VMware 专用的虚拟硬盘镜像文件的格式。在 VMware 中对虚拟硬盘做了任何修改,实际都是以间接的方法在宿主机中对. VMDK 镜像文件进行修改。

VMware 本身对计算机硬件配置的要求不高,凡是能够流畅地运行 Windows XP/7/10/Server 2008 的计算机基本都可以安装运行 VMware。然而,VMware 对计算机硬件配置的需求并不仅限于将 VMware 在宿主操作系统中运行起来,还要考虑计算机硬件配置能否满足每一台虚拟机及虚拟操作系统的需求。宿主机的物理硬件配置直接决定了 VMware 的硬件配置水平,宿主机的物理硬件配置水平越高,能够分配给 VMware 的虚拟硬件配置就越强,能够同时启动的虚拟机也就越多,建议在实验环境中使用较高档次配置的宿主机。

总的来说,VMware 对 CPU、内存、硬盘、显示分辨率等方面的要求较高。最好为宿主机配备并行处理能力较强、二级缓存容量较大的 CPU,以便使虚拟机达到最佳运行效果;最好为宿主机配备较大容量的物理内存和物理硬盘,以便可以为虚拟机分配更多的内存空间和硬盘空间;最好为宿主机配备支持高分辨率的显卡和显示器,以便尽可能完整地、更多地显示虚拟机窗口。

2.3.4 Hyper-V 虚拟机简介

Hyper-V 是 Windows Server 2008 中的一个角色,提供可用来创建虚拟化服务器的计算环境,它能够让用户不使用 VMware、Virtual PC/Virtual Server 等第三方虚拟化软件的情况下,直接在系统中创建虚拟操作系统。例如,主机操作系统是 Windows Server 2008,而虚拟机系统运行的则是 Windows 7 或是 Windows Server 2003,这对从事网络研究和开发的用户来说无疑是非常强大的功能。

Hyper-V 服务器虚拟化和 Virtual Server 2005 R2 不同。Virtual Server 2005 R2 是安装在物理计算机操作系统之上的一个应用程序,由物理计算机上运行的操作系统来管理;运行 Hyper-V 的物理计算机使用的操作系统和虚拟机使用的操作系统运行在底层的 Hypervisor 之上,物理计算机使用的操作系统实际上相当于一个特殊的虚拟机操作系统,和真正的虚拟机操作系统平级。物理计算机和虚拟机都要通过 Hypervisor 层使用和管理硬件资源,因此 Hyper-V 创建的虚拟机不是传统意义上的虚拟机,而可以认为是一台与物理计算机平级的独立的计算机。

1. 认识 Hyper-V

Hyper-V 是一个底层的虚拟机程序,可以让多个操作系统共享一个硬件,它位于操作系统和硬件之间,是一个很薄的软件层,里面不包含底层硬件驱动。Hyper-V 直接接管虚拟机管理工作,把系统资源划分为多个分区,其中主操作系统所在的分区称为父分区,虚拟机所在的分区称为子分区,这样可以确保虚拟机的性能最大化,几乎可以接近物理机器的性能,并且高于 Virtual PC/Virtual Server 基于模拟器创建的虚拟机。

在 Windows Server 2008 中,Hyper-V 功能仅添加了一个角色,和添加 DNS 角色、DHCP 角色、IIS 角色完全相同。Hyper-V 在操作系统和硬件层之间添加了一层 Hypervisor 层,Hyper-V 是一种基于 Hypervisor 的虚拟化技术。

2. Hyper-V 的系统需求

(1) 安装 Windows Server 2008 Hyper-V 功能,基本硬件需求如下。

- CPU:最少 1GHz,建议 2GHz 及以上。
- 内存:最少 512MB,建议 2GB 及以上。安装 64 位标准版,最多支持 32GB 内存;安装 64 位企业版或者数据中心版,最多支持 2TB 内存。
- 磁盘:完整安装 Windows Server 2008 建议 40GB 磁盘空间,安装 Server Core 建议 10GB 磁盘空间。如果硬件条件许可,建议将 Windows Server 2008 安装在 RAID5 磁盘阵列或者具备冗余功能的磁盘设备中。
- 其他基本硬件:DVD-ROM、键盘、鼠标、Super VGA 显示器等。

(2) Hyper-V 对硬件要求比较高,主要集中在 CPU 方面。

- CPU 必须支持硬件虚拟化功能,如 Intel VT 技术或者 AMD-V 技术。也就是说,处理器必须具备硬件辅助虚拟化技术。
- CPU 必须支持 x64 位技术。
- CPU 必须支持硬件数据执行保护(Data Execution Prevention,DEP)技术,即 CPU 防病毒技术。
- 系统的 BIOS 设置必须开启硬件虚拟化等设置,系统默认为关闭 CPU 的硬件虚拟化功能。请在 BIOS 中设置(一般通过 config→CPU 设置)。
- Windows Server 2008 必须使用 x64 版本,x86 版本不支持虚拟化功能。

目前主流的服务器 CPU 均支持以上要求,只要 CPU 支持硬件虚拟化功能,其他两个要求基本都能够满足。为了安全起见,在购置硬件设备之前,最好事先到 CPU 厂商的官方网站上确认 CPU 的型号是否满足以上要求。

3. Hyper-V 的优点

相对 Virtual PC/Virtual Server 创建的虚拟机,Hyper-V 创建的虚拟机除了高性能之外,至少还具有以下优点。

(1) 多核支持,可以为每个虚拟机分配 8 个逻辑处理器,利用多处理器核心的并行处理优势,对要求大量计算的大型工作负载进行虚拟化,物理主机要具有多内核。而 Virtual PC/Virtual Server 只能使用一个内核。

(2) 支持创建 64 位的虚拟机。Virtual PC/Virtual Server 如果要创建 64 位的虚拟机,宿主操作系统必须使用 x64 操作系统,然后安装 x64 的 Virtual PC/Virtual Server 虚拟系统。

(3) 使用卷影副本(Shadow Copy)功能,Hyper-V 可以实现任意数量的快照;可以创建"父-子-子"模式以及"父,并列子"模式的虚拟机,而几乎不影响虚拟机的性能。

(4) 支持内存的"写时复制"功能。多个虚拟机如果采用相同的操作系统,可以共享同一个内存页面。如果某个虚拟机需要修改该共享页面,可以在写入时复制该页面。

（5）支持非 Windows 操作系统，如 Linux 操作系统。

（6）支持 WMI（Windows Management Instrumentation，Windows 管理规范）管理模式，可以通过 WSH（Windows Scripting Host，Windows 脚本宿主）或者 PowerShell 对 Hyper-V 进行管理，也可以通过 MMC 管理单元对 Hyper-V 进行管理。

（7）支持 Server Core 操作系统，可以将 Windows Server 2008 的服务器核心安装用作主机操作系统。服务器核心具有最低安装需求和低开销，可以提供尽可能多的主服务器处理能力来运行虚拟机。

（8）在 System Center Virtual Machine Manager 2007 R2 等产品的支持下，Hyper-V 支持 P2V（物理机到虚拟机）的迁移，可以把虚拟机从一台计算机无缝迁移到另外一台计算机上（虚拟机无须停机），支持根据虚拟机 CPU、内存或者网络资源的利用率设置触发事件，自动给运行关键业务的虚拟机热添加 CPU、内存或者网络资源等功能。

（9）Hyper-V 创建的虚拟机（x86）支持 32GB 的内存，Virtual Server 虚拟机最多支持 16GB 的内存。Hyper-V 虚拟机支持 64 位 Guest OS（虚拟机的操作系统），最大内存支持 64GB。

（10）高性能。在 Hyper-V 中，物理计算机上的 Windows OS 和虚拟机的 Guest OS 都运行在底层的 Hypervisor 之上，所以物理操作系统实际上相当于一个特殊的虚拟机操作系统，只是拥有一些特殊权限。Hyper-V 采用完全不同的系统架构，性能接近于物理计算机，这是 Virtual Server 无法相比拟的。

（11）提供远程桌面连接功能。

（12）支持动态添加硬件功能。Hyper-V 可以在受支持的虚拟操作系统运行时，向其动态添加逻辑处理器、内存、网络适配器和存储器。此功能便于对虚拟操作系统精确分配 Hyper-V 主机处理能力。

（13）网络配置灵活。Hyper-V 为虚拟机提供高级网络功能，包括 NAT、防火墙和 VLAN 分配。这种灵活性可用于创建更好的支持网络安全要求的 Windows Server Virtualization 配置。

（14）支持磁盘访问传递功能，可以将虚拟操作系统配置为直接访问本地或 iSCSI 存储区域网络（SAN），为产生大量 I/O 操作的应用程序（如 SQL Server 或 Microsoft Exchange）提供更高的性能。

（15）提高服务器的利用率。正常应用中，一台服务器的利用率在 10% 左右。通过运行几个虚拟服务器，可以将利用率提高到 60% 或 70%，减少硬件投资。

2.4　项目实施

2.4.1　任务 1：VMware 虚拟机的安装与使用

1. 任务目标

（1）了解虚拟机技术在实训项目中的应用。

（2）掌握 VMware Workstation 虚拟机软件的安装与使用方法。

2. 任务内容

（1）安装 VMware Workstation 软件。

（2）新建虚拟机并安装 Windows Server 2008 R2 虚拟系统。

（3）VMware 虚拟机功能设置。

3. 完成任务所需的设备和软件

（1）安装有 Windows 7 操作系统的计算机 1 台。

（2）VMware Workstation 12 Pro 软件。

（3）Windows Server 2008 R2 安装光盘或 ISO 镜像文件。

4. 任务实施步骤

1）安装 VMware Workstation 软件

访问 VMware 公司的官方网站（http：//www. VMware. com/cn/），下载最新版本的 VMware Workstation 软件，下面以 VMware Workstation 12 Pro 为例来说明虚拟机软件的安装。

步骤 1：双击下载的安装程序包，进入程序的安装过程。安装包程序装载完成之后，进入安装向导界面，如图 2-1 所示。单击"下一步"按钮，进入"最终用户许可协议"界面，选中"我接受许可协议中的条款"复选框。

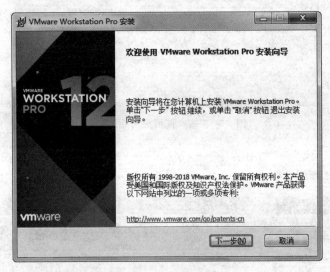

图 2-1　安装向导

步骤 2：单击"下一步"按钮，进入"自定义安装"界面，默认安装位置为 C：\Program Files（x86）\VMware\VMware Workstation。

步骤 3：单击"下一步"按钮，进入"快捷方式"界面，如图 2-2 所示。选中"桌面"和"开始菜单程序文件夹"复选框，在这两处创建快捷方式。

步骤 4：单击"下一步"按钮，进入"已准备好安装 VMware Workstation Pro"界面。

步骤 5：单击"安装"按钮，开始安装程序。安装完成后出现"VMware Workstation Pro 安装向导已完成"界面。

步骤 6：单击"许可证"按钮，进入"输入许可证密钥"界面，如图 2-3 所示。输入许可证密钥后，单击"输入"按钮。

步骤 7：如果输入的许可证密钥正确，则返回"安装向导已完成"界面，单击"完成"按钮。

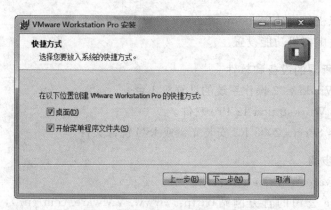

图 2-2 "快捷方式"界面

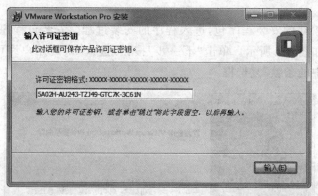

图 2-3 "输入许可证密钥"界面

步骤 8：选择"开始"→"所有程序"→VMware→VMware Workstation Pro 命令，出现程序主界面，如图 2-4 所示。

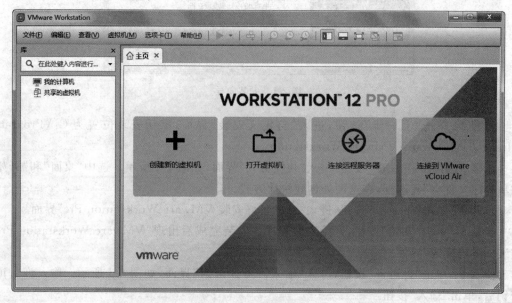

图 2-4 程序主界面

2）新建虚拟机并安装 Windows Server 2008 R2 虚拟系统

安装完 VMware Workstation 虚拟机软件后，接下来可以开始新建虚拟机并安装 Windows Server 2008 R2 虚拟系统。

步骤 1：单击图 2-4 中的"创建新的虚拟机"按钮，或选择"文件"→"新建虚拟机"命令，出现"新建虚拟机向导"对话框，如图 2-5 所示。

图 2-5 "新建虚拟机向导"对话框

步骤 2：选中"典型（推荐）"单选按钮后，单击"下一步"按钮，出现"安装客户机操作系统"界面，如图 2-6 所示。选中"安装程序光盘映像文件（iso）"单选按钮后，单击"浏览"按钮，选择 Windows Server 2008 R2 安装映像文件（如 D:\Windows 2008.iso）。

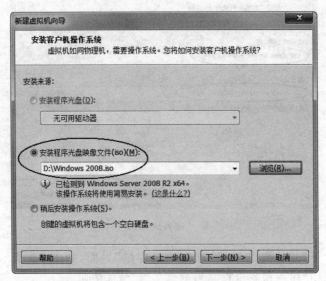

图 2-6 "安装客户机操作系统"界面

步骤3：单击"下一步"按钮，出现"简易安装信息"界面，如图2-7所示。输入安装系统的Windows产品密钥，选择要安装的Windows版本，同时还可设置系统的账户名称及密码。

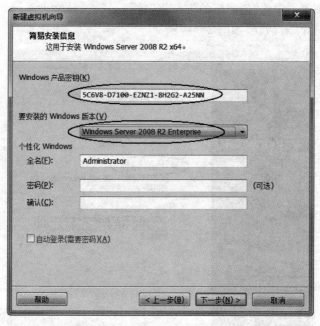

图2-7 "简易安装信息"界面

步骤4：单击"下一步"按钮，出现"命名虚拟机"界面，如图2-8所示。在"虚拟机名称"文本框中输入虚拟机名称（如Windows Server 2008 R2 x64），在"位置"文本框中输入操作系统的存放路径（如D:\Windows Server 2008 R2 x64）。

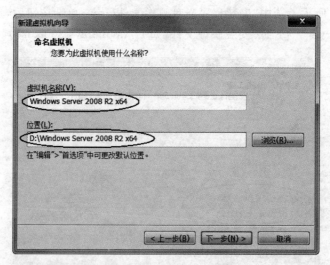

图2-8 "命名虚拟机"界面

步骤5：单击"下一步"按钮，出现"指定磁盘容量"界面，如图2-9所示。设置最大磁盘空间为40.0GB，选中"将虚拟磁盘存储为单个文件"单选按钮。

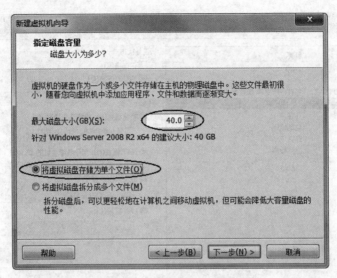

图 2-9 "指定磁盘容量"界面

步骤 6：单击"下一步"按钮，出现"已准备好创建虚拟机"界面，如图 2-10 所示。

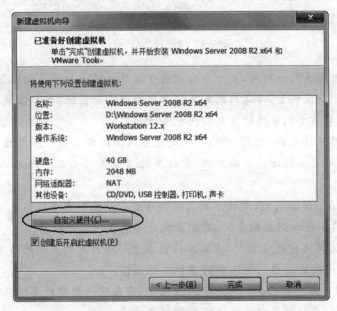

图 2-10 "已准备好创建虚拟机"界面

步骤 7：单击"自定义硬件"按钮，打开"硬件"对话框，选择"网络适配器"选项后，在"网络连接"区域中选中"NAT 模式：用于共享主机的 IP 地址"单选按钮，如图 2-11 所示。

步骤 8：单击"关闭"按钮，返回"已准备好创建虚拟机"界面，单击"完成"按钮。

此后，VMware 虚拟机会根据安装镜像文件开始安装 Windows Server 2008 R2 虚拟系统，按照安装向导提示完成 Windows Server 2008 R2 虚拟系统的安装。

【说明】 VMware Workstation 12 的网络连接设置共有 5 种不同的方式。

① 桥接模式：桥接模式是将虚拟系统接入网络最简单的方法。虚拟系统的 IP 地址可

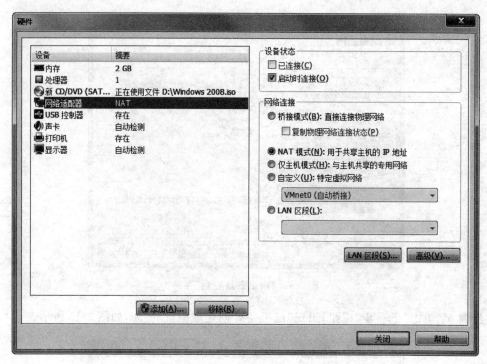

图 2-11 "硬件"对话框

设置成与宿主机系统在同一网段,虚拟系统相当于网络内的一台独立的机器,与宿主机系统连接在同一个虚拟交换机上,网络内的其他机器可访问虚拟系统,虚拟系统也可访问网络内的其他机器,当然与宿主机系统的双向访问也不成问题。

② NAT(网络地址转换)模式:NAT 模式也可以实现宿主机系统与虚拟系统的双向访问,但网络内其他机器不能访问虚拟系统,虚拟系统可通过宿主机系统用 NAT 协议访问网络内其他机器。

③ 仅主机模式:顾名思义,这种方式只能进行虚拟系统和宿主机系统之间的网络通信,即网络内其他机器不能访问虚拟系统,虚拟系统也不能访问其他机器。

④ 自定义:使用这种连接方式,虚拟系统存在于一个特定的虚拟网络中,不能与外界通信,只能与在同一个特定的虚拟网络中的虚拟系统通信。

⑤ LAN 区段:用户自己新建的局域网区段,只有在同一新建的局域网区段中的虚拟机之间可以相互访问,虚拟机与宿主机之间不能相互访问。

3) 虚拟机功能设置

(1) 安装 VMware Tools。VMware Tools 是 VMware 虚拟机中自带的一种增强工具,是 VMware 提供的增强虚拟显卡和硬盘性能以及同步虚拟机与主机时钟的驱动程序。只有在 VMware 虚拟机中安装好了 VMware Tools,才能实现主机与虚拟机之间的文件共享,同时可支持自由拖动的功能,鼠标光标也可在虚拟机与主机之间自由移动(不用再按 Ctrl+Alt 组合键),且虚拟机屏幕也可实现全屏化。

安装 VMware Tools 的方法:选择"虚拟机"→"安装 VMware Tools"命令,此时系统将通过安装光盘装载 VMware Tools,完成安装并重新启动虚拟机。

（2）修改虚拟机的基本配置。创建好的虚拟机的基本配置，如虚拟机的内存大小、硬盘数量、网卡数量和网络连接方式、声卡、USB 接口等设备并不是一成不变的，可以根据需要进行修改。

步骤 1：在 VMware Workstation 主界面中，选中想要修改配置的虚拟机名称（如 Windows Server 2008 R2 x64），再选择"虚拟机"→"设置"命令，打开"虚拟机设置"对话框，如图 2-12 所示。

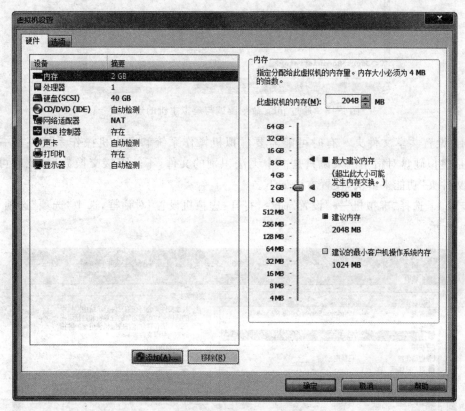

图 2-12　"虚拟机设置"对话框(1)

步骤 2：在"虚拟机设置"对话框中，根据需要，可调整虚拟机的内存大小、添加或者删除硬件设备、修改网络连接方式、修改虚拟机中 CPU 的数量、设置虚拟机的名称、修改虚拟机的操作系统类型及版本等选项。

（3）网络设置。由于本项目中虚拟机网卡（网络适配器）的网络连接方式默认为 NAT 模式，需要启用宿主机中的 VMware Network Adapter VMnet8 虚拟网卡，并设置其 IP 地址和虚拟主机在同一个网段，这样它们之间就可以相互通信。

步骤 1：设置宿主机中 VMware Network Adapter VMnet8 虚拟网卡的 IP 地址为 192.168.10.1，子网掩码为 255.255.255.0；设置虚拟主机的 IP 地址为 192.168.10.11，子网掩码为 255.255.255.0。

步骤 2：在宿主机中，运行 ping 192.168.10.11 命令，测试与虚拟主机的连通性，如图 2-13 所示。

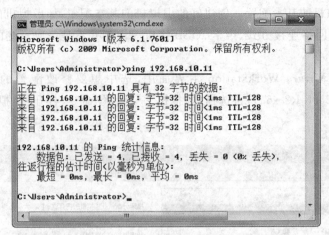

图 2-13　通过 ping 命令测试与虚拟主机的连通性

（4）设置共享文件夹。有时可能需要虚拟机操作系统和宿主机操作系统共享一些文件，可是虚拟硬盘对宿主机来说只是一个无法识别的文件，不能直接交换数据，此时可使用"共享文件夹"功能来解决，设置方法如下。

步骤 1：选择"虚拟机"→"设置"命令，打开"虚拟机设置"对话框，选中"选项"选项卡，如图 2-14 所示。

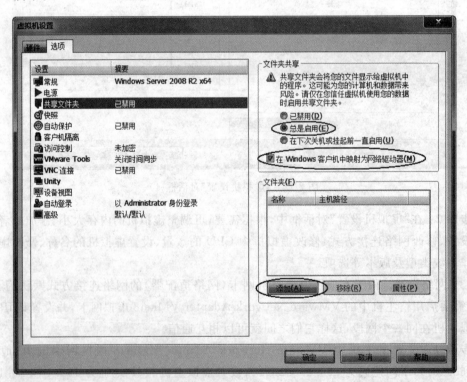

图 2-14　"虚拟机设置"对话框（2）

步骤 2：在左侧窗格中选择"共享文件夹"选项，在"文件夹共享"区域中，选中"总是启用"单选按钮和"在 Windows 客户机中映射为网络驱动器"复选框后单击"添加"按钮，打开

"添加共享文件夹向导"对话框。

步骤 3：单击"下一步"按钮，出现"命名共享文件夹"界面，单击"浏览"按钮，选定宿主机上的一个文件夹作为交换数据的地方，如 D:\VMware Shared；在"名称"文本框中输入共享名称，如 VMware Shared，如图 2-15 所示。

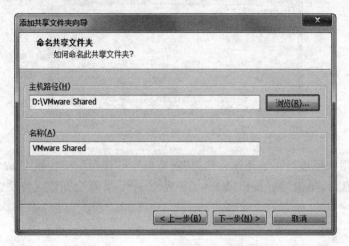

图 2-15 "命名共享文件夹"界面

步骤 4：单击"下一步"按钮，出现"指定共享文件夹属性"界面，如图 2-16 所示。选中"启用此共享"复选框后单击"完成"按钮。此时，共享文件夹在虚拟机中映射为一个网络驱动器(Z 盘)。

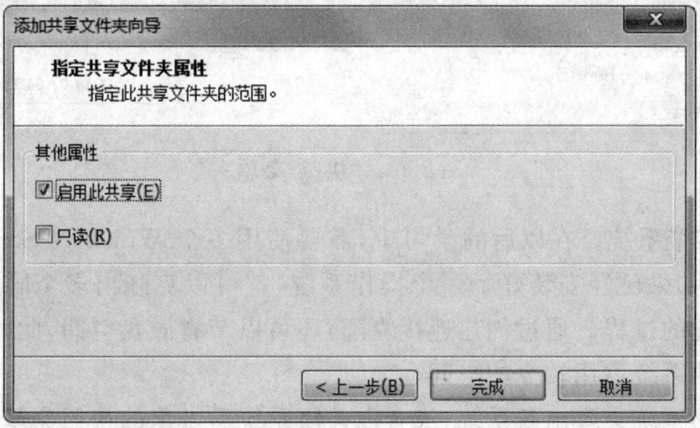

图 2-16 "指定共享文件夹属性"界面

（5）系统快照设置。快照(Snapshot)是指虚拟磁盘(VMDK)在某一特定时间点的副本。通过快照可以在系统发生问题后恢复到快照的时间点，从而有效保护磁盘上的文件系统和虚拟机的内存数据。

在 VMware 中进行实验，可以随时把系统恢复到某一次快照的过去状态中，这个过程对于在虚拟机中完成一些对系统有潜在危害的实验非常有用。

步骤 1：创建快照。在虚拟机中，选择"虚拟机"→"快照"→"拍摄快照"命令，打开"拍摄快照"对话框，如图 2-17 所示。在"名称"文本框中输入快照名(如"快照 1")，单击"拍摄快照"按钮，VMware Workstation 会对当前系统状态进行保存。

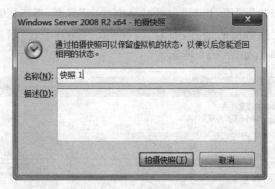

图 2-17 "拍摄快照"对话框

步骤 2：利用快照进行系统还原。选择"虚拟机"→"快照"→"快照 1"命令，如图 2-18 所示，出现提示信息后，单击"是"按钮，VMware Workstation 就会在该点将要保存的系统状态进行还原。

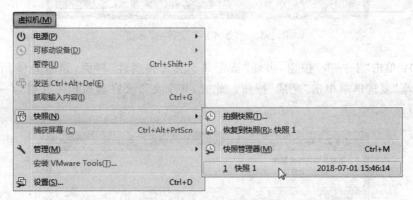

图 2-18 "快照"菜单

（6）克隆出多个系统。在以后的学习中，需要使用多个 Windows Server 2008 R2 操作系统来完成实验，如果已经安装好了一个操作系统，就可以克隆出多个同样的系统，这样可省去安装操作系统的过程。通过创建连接克隆，还可以节省磁盘空间，此时会发现新克隆出来的系统比新装的系统占用较少的空间。

可以以关闭的系统克隆出新系统，或者以关闭系统后做出的快照为基础克隆出新系统，但不能以运行着的系统做的快照克隆系统。

步骤 1：关闭虚拟机中的操作系统。

步骤 2：选择"虚拟机"→"快照"→"快照管理器"命令，打开"快照管理器"对话框，如图 2-19 所示。

步骤 3：单击"克隆"按钮，打开"克隆虚拟机向导"对话框。

步骤 4：单击"下一步"按钮，出现"克隆源"界面，如图 2-20 所示，选中"现有快照（仅限关闭的虚拟机）"单选按钮，并在下拉列表中选择某一快照。

步骤 5：单击"下一步"按钮，出现"克隆类型"界面，如图 2-21 所示，选中"创建链接克隆"单选按钮。

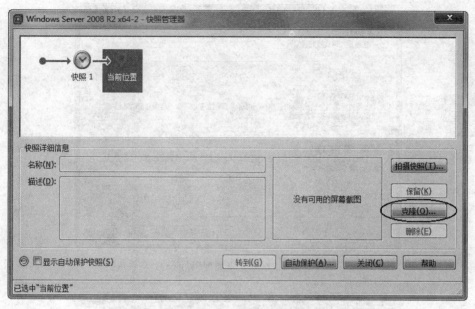

图 2-19 "快照管理器"对话框

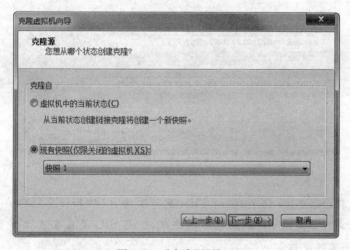

图 2-20 "克隆源"界面

链接克隆是对原始虚拟机的引用,所需的存储磁盘空间较少。但是,必须能够访问原始虚拟机才能运行。

完整克隆是原始虚拟机当前状态的完整副本。此副本虚拟机完全独立,但需要较多的存储磁盘空间。

步骤 6:单击"下一步"按钮,出现"新虚拟机名称"界面,如图 2-22 所示,指定新虚拟机的名称和位置。

步骤 7:单击"完成"按钮,再单击"关闭"按钮,完成虚拟机的克隆。此时可在虚拟库中看到已克隆出来的虚拟机操作系统。

【说明】 如果这两个虚拟机同时启动,会出现计算机名和 IP 地址冲突等问题,同时计

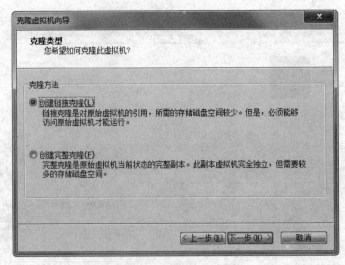

图 2-21 "克隆类型"界面

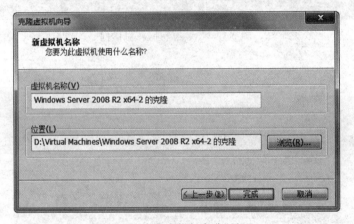

图 2-22 "新虚拟机名称"界面

算机的安全标识符（Security Identifiers, SID，是标识用户、组和计算机账户的唯一的号码）也一样。计算机名可以更改，IP 地址也可以更改，但是 SID 是在安装操作系统时产生的安全标志，需要使用工具更改。

在 Windows Server 2008 R2 中可以使用 sysprep 工具去掉计算机的 SID 和计算机名称。重启计算机后可更改计算机名称和 IP 地址，且需要重新激活操作系统。

步骤 8：单击▶按钮启动克隆出来的新系统，输入管理员账户和密码登录。

步骤 9：选择"开始"→"运行"命令，输入 sysprep，单击"确定"按钮。

步骤 10：在打开的 C:\Windows\System32\sysprep 目录中，双击运行 sysprep.exe 文件，打开"系统准备工具 3.14"对话框，如图 2-23 所示。

步骤 11：选中"通用"复选框，"关机选项"选择"关机"，单击"确定"按钮，系统会自动关机。

步骤 12：单击▶按钮启动克隆出来的新系统，会出现安装时的界面。

步骤 13：进入系统后可更改计算机名称和 IP 地址，且需要重新激活操作系统。

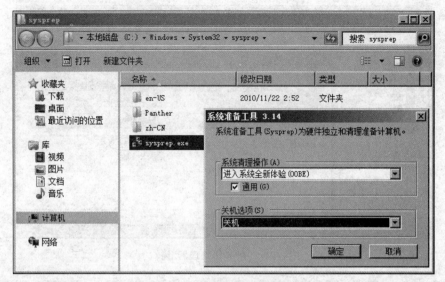

图 2-23 系统准备工具的设置

2.4.2 任务 2：Hyper-V 角色的安装与使用

1. 任务目标

（1）掌握 Hyper-V 角色的安装步骤。

（2）熟悉在 Windows Server 2008 R2 Hyper-V 角色中建立、管理与配置各种操作系统。

（3）掌握 Hyper-V 的一些基本技巧。

2. 任务内容

（1）安装 Hyper-V 角色。

（2）Hyper-V 的设置。

（3）虚拟网络的设置。

（4）创建虚拟机。

（5）设置虚拟机。

（6）安装虚拟机系统。

3. 完成任务所需的设备和软件

安装有 Windows Server 2008 R2 操作系统的计算机 1 台。

4. 任务实施步骤

1）安装 Hyper-V 角色

在 Windows Server 2008 R2 安装完成后，默认没有安装 Hyper-V 角色，需要单独安装 Hyper-V 角色。安装 Hyper-V 角色可以通过"添加角色向导"来完成。

步骤 1：选择"开始"→"管理工具"→"服务器管理器"命令，打开"服务器管理器"窗口，如图 2-24 所示。

步骤 2：在左侧窗格中，选择"角色"选项，在右侧窗格中单击"添加角色"超链接，打开"添加角色向导"对话框，单击"下一步"按钮，出现"选择服务器角色"界面，如图 2-25 所示。

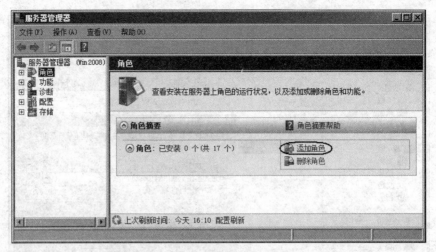

图 2-24　"服务器管理器"窗口

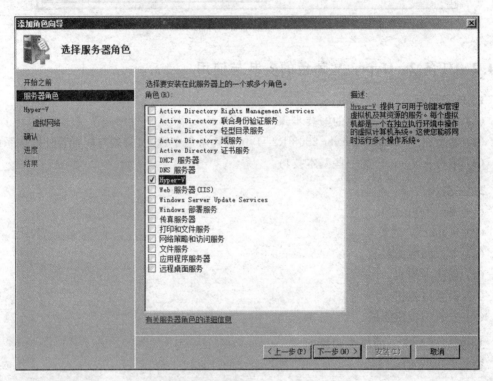

图 2-25　"选择服务器角色"界面

步骤 3：选中 Hyper-V 复选框，单击"下一步"按钮，出现 Hyper-V 界面，简要介绍了 Hyper-V 的功能和安装注意事项。

步骤 4：单击"下一步"按钮，出现"创建虚拟网络"界面，选中"本地连接"复选框，用于创建虚拟网络。

步骤 5：单击"下一步"按钮，出现"确认安装选择"界面。

步骤 6：单击"安装"按钮，出现"安装进度"界面，开始安装 Hyper-V 角色。

步骤 7：等一会儿，文件复制完成，出现"安装结果"界面，提示需要重新启动服务器以完成安装过程。

步骤 8：单击"关闭"按钮，出现提示"是否希望立即重新启动"的信息，单击"是"按钮，重新启动服务器以完成安装过程。

步骤 9：重新启动后，继续执行安装进程直至完成，最后出现"安装结果"界面，提示 Hyper-V 角色已经安装成功，单击"关闭"按钮，完成 Hyper-V 角色的安装。

步骤 10：Hyper-V 角色安装完成之后，在"服务器管理器"窗口中选择左侧窗格中的"角色"选项，可在右侧窗格查看到 Hyper-V 角色已经安装完成，如图 2-26 所示。而且展开左侧窗格中的"角色"→Hyper-V 选项，还能查看到 Hyper-V 角色的具体运行状况，如图 2-27 所示。

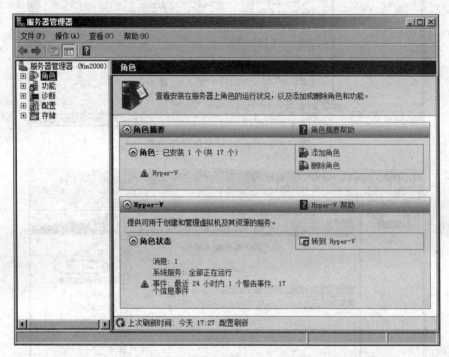

图 2-26 安装完成的 Hyper-V 角色

2）Hyper-V 的设置

安装完成 Hyper-V 角色后，可以通过"Hyper-V 管理器"创建虚拟机。为了确保虚拟机能够顺利创建，建议用户先对 Hyper-V 进行相应的设置。

步骤 1：选择"开始"→"管理工具"→"Hyper-V 管理器"命令，打开"Hyper-V 管理器"窗口，如图 2-28 所示，在中部区域查看到并没有虚拟机存在。

步骤 2：在右侧窗格中单击"Hyper-V 设置"超链接，打开"Hyper-V 设置"窗口，如图 2-29 所示。

在此设置窗口中可以设定服务器和用户的相关设置。例如，左侧窗格中的"虚拟硬盘"表示虚拟硬盘文件的存放路径，通常的默认路径为 C:\Users\Public\Documents\Hyper-V\Virtual Hard Disks，因此要确保该分区有较多的可用空间存放虚拟硬盘；左侧窗格中的"虚拟机"表示虚拟机配置文件的存放路径，通常的默认路径为 C:\ProgramData\Microsoft\Windows\Hyper-V。单击"浏览"按钮可以更改默认的存放路径，本例采用默认值。

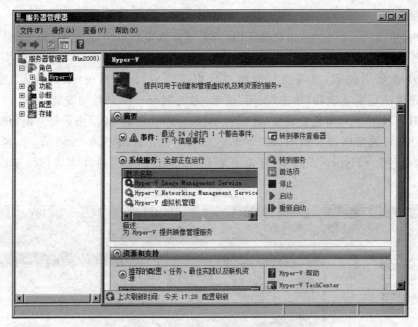

图 2-27　Hyper-V 角色详细信息

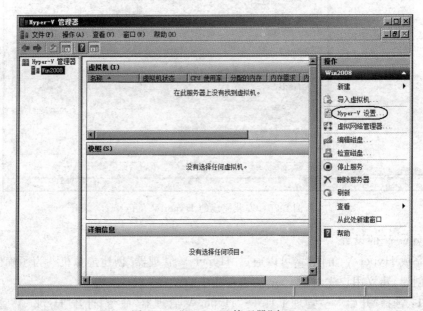

图 2-28　"Hyper-V 管理器"窗口

　　步骤 3：在左侧窗格中选择"鼠标释放键"选项，在右侧下拉列表中选择"Ctrl＋Alt＋向左键"释放键，如图 2-30 所示，表示同时按 Ctrl＋Alt＋←组合键，就可以从 Hyper-V 的虚拟机系统中释放焦点（鼠标），转而使用宿主操作系统。

　　另外，还可以进行虚拟机的键盘、用户凭据等方面的设置，以方便用户使用。

　　步骤 4：单击"确定"按钮，完成 Hyper-V 的相关设置。

　　3）虚拟网络的设置

　　与 VMware、Virtual PC 等第三方虚拟软件中自动提供虚拟网络（虚拟网卡）不同，

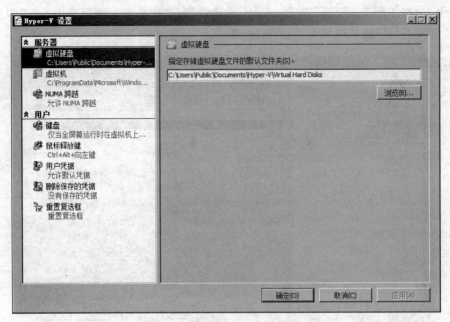

图 2-29　"Hyper-V 设置"窗口

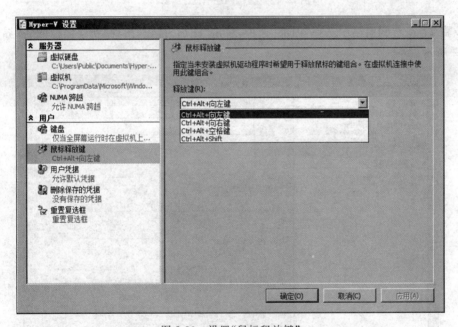

图 2-30　设置"鼠标释放键"

Hyper-V 中的虚拟网络需要用户手动设置,否则安装好虚拟系统之后将无法接入网络。

　　Hyper-V 支持"虚拟网络"功能,提供多种虚拟网络模式,设置的虚拟网络将影响宿主操作系统的网络设置。对 Hyper-V 进行初始配置时需要为虚拟环境提供一块用于通信的物理网卡,当完成配置后,会为当前的宿主操作系统添加一块虚拟网卡,用于宿主操作系统与网络的通信。而此时的物理网卡除了作为网络的物理连接之外,还兼作虚拟交换机,为宿主操作系统及虚拟机操作系统提供网络通信。

步骤1：在如图2-28所示的"Hyper-V管理器"窗口中单击右侧窗格中的"虚拟网络管理器"超链接，打开"虚拟网络管理器"窗口，如图2-31所示。

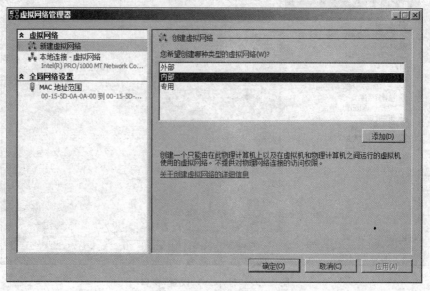

图2-31　"虚拟网络管理器"窗口

步骤2：在右侧窗格中选择"内部"选项，单击"添加"按钮，出现"新建虚拟网络"界面，如图2-32所示。

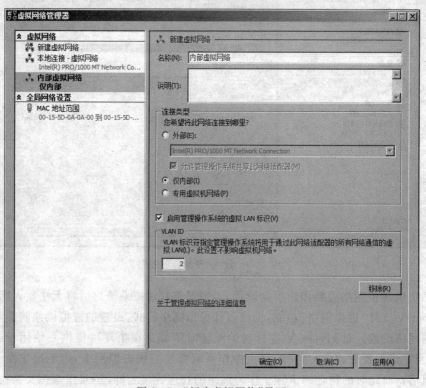

图2-32　"新建虚拟网络"界面

【说明】　虚拟网络类型有"外部""内部"和"专用"3 种类型,分别适用于不同的虚拟网络,其功能分别如下。

① 外部:表示虚拟网卡和真实网卡之间采用桥接方式,虚拟系统的 IP 地址可以设置成与宿主系统在同一网段,虚拟系统相当于物理网络内的一台独立的计算机,网络内其他计算机可访问虚拟系统,虚拟系统也可访问网络内的其他计算机。

② 内部:可以实现宿主系统与虚拟系统的双向访问,但网络内其他计算机不能访问虚拟系统,而虚拟系统可以通过宿主系统经 NAT 协议访问网络内其他计算机。

③ 专用:只能进行宿主系统上安装的虚拟系统之间的网络通信,虚拟系统不能与宿主系统通信,也不能与网络上的其他计算机通信。

步骤 3:在"名称"文本框中输入虚拟网络的名称,如"内部虚拟网络",选中"仅内部"单选按钮和"启用管理操作系统的虚拟 LAN 标识"复选框,设置新创建的虚拟网络所处的 VLAN 为 2。

步骤 4:单击"确定"按钮,返回"Hyper-V 管理器"窗口。

4)创建虚拟机

完成 Hyper-V 和虚拟网络的相关设置之后,可以开始使用 Hyper-V 角色创建虚拟机,操作步骤如下。

步骤 1:在"Hyper-V 管理器"窗口中右击左侧窗格中的 Win2008(计算机名)选项,在弹出的快捷菜单中选择"新建"→"虚拟机"命令,如图 2-33 所示,打开"新建虚拟机向导"对话框。

图 2-33　新建虚拟机

步骤 2:单击"下一步"按钮,出现"指定名称和位置"界面,在"名称"文本框中输入虚拟机的名称,如 Windows Server 2008 R2 Core,如图 2-34 所示。

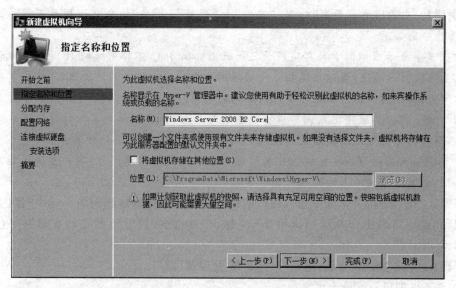

图 2-34　"指定名称和位置"界面

步骤 3：单击"下一步"按钮，出现"分配内存"界面，在"内存"文本框中输入 1024，如图 2-35 所示。

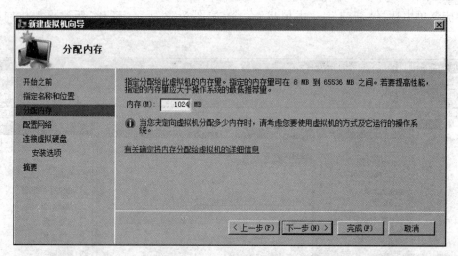

图 2-35　"分配内存"界面

步骤 4：单击"下一步"按钮，出现"配置网络"界面，在"连接"下拉列表框中选择刚创建的"内部虚拟网络"选项，如图 2-36 所示。

步骤 5：单击"下一步"按钮，出现"连接虚拟硬盘"界面，选中"创建虚拟硬盘"单选按钮，设置虚拟硬盘的文件名称、存放位置和容量大小等，本例保留默认值不变，如图 2-37 所示。

此处分配的虚拟硬盘容量大小（127GB）并不是立即划分的，而是随着虚拟系统的使用而动态增加的。

步骤 6：单击"下一步"按钮，出现"安装选项"界面，选中"从引导 CD/DVD-ROM 安装操作系统"和"映像文件"单选按钮，单击"浏览"按钮，选择 Windows Server 2008 R2 操作系统的映像文件，如图 2-38 所示。

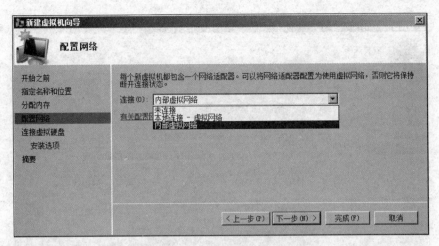

图 2-36 "配置网络"界面

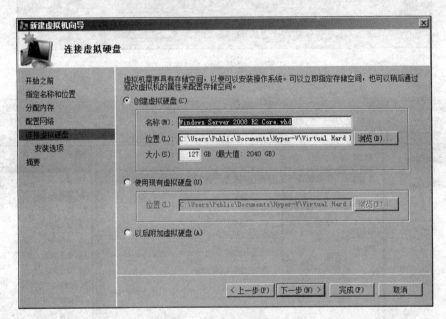

图 2-37 "连接虚拟硬盘"界面

步骤 7：单击"下一步"按钮，出现"正在完成新建虚拟机向导"界面，显示虚拟机安装的具体信息，单击"完成"按钮结束虚拟机的创建操作。

5）设置虚拟机

在虚拟机创建完成之后，为了能够顺利安装虚拟操作系统，建议用户还要对虚拟机进行简单的设置，操作步骤如下。

步骤 1：在"Hyper-V 管理器"窗口中右击窗口中部刚创建的 Windows Server 2008 R2 Core（虚拟机名）选项，在弹出的快捷菜单中选择"设置"命令，如图 2-39 所示。

步骤 2：在打开的"Windows Server 2008 R2 Core 的设置"对话框中，可以针对虚拟机硬件以及管理项目进行相关设置。例如，选中左侧窗格中的 BIOS 选项，在右侧窗格中可以设置 CD（光驱）、IDE（硬盘）、旧版网络适配器（网卡）或者软盘等的启动顺序，如图 2-40 所示。

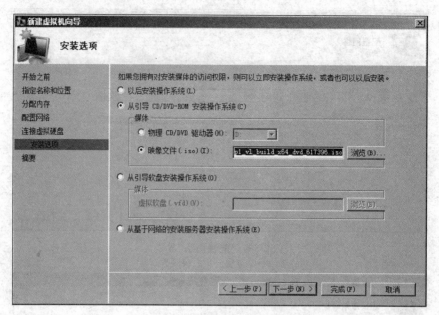

图 2-38　"安装选项"界面

图 2-39　"Hyper-V 管理器"窗口

默认从 CD 启动。

步骤 3：选中左侧窗格中的"处理器"选项，在右侧窗格中可以设置虚拟机 CPU 内核数量，如图 2-41 所示。虚拟机使用的内核数量取决于物理计算机的内核数量。还可以设置虚拟系统使用资源的限制，通常使用默认值即可。

在"Windows Server 2008 R2 Core 的设置"对话框中还可以设置其他参数，如快照文件的存放路径、自动启动虚拟机和关闭虚拟机等，这些一般采用默认参数即可。

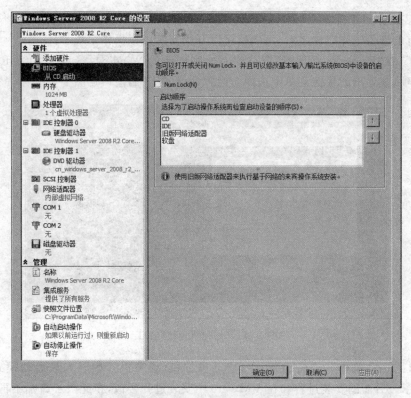

图 2-40　"Windows Server 2008 R2 Core 的设置"窗口

图 2-41　"处理器"界面

6）安装虚拟机系统

在所有的准备工作完成之后，用户就可以开始安装虚拟操作系统了。

步骤 1：在"Hyper-V 管理器"窗口中右击刚创建的 Windows Server 2008 R2 Core（虚拟机名）选项，在弹出的快捷菜单中选择"连接"命令，打开的窗口见图 2-42。

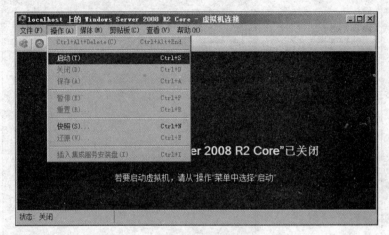

图 2-42　"虚拟机连接"窗口

步骤 2：选择"操作"→"启动"命令，启动虚拟机，虚拟机开始以光盘启动模式引导，如图 2-43 所示。后面的安装过程和在 VMware 中安装过程相似，在此限于篇幅不再介绍。

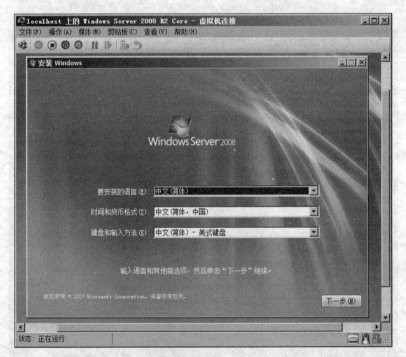

图 2-43　光盘启动引导

【说明】　如果是在 Windows 7 中使用 VMware＋Hyper－V 嵌套安装虚拟机系统，应确保使用 64 位的 Windows 7，在 VMware 中启用 CPU 的虚拟化功能，并在虚拟机的保存目录中用记事本打开相应的 .vmx 文件,在该文件后面添加如下两行内容。

```
hypervisor.cpuid.v0="FALSE"
mce.enable="TRUE"
```

2.5　习题

一、填空题

1. VMware 安装程序会在宿主操作系统上安装两块虚拟网卡,分别为 VMware Network Adapter VMnet1 和_____。

2. 在虚拟机中安装源操作系统时,可以使用安装程序光盘来安装,也可以使用_____来安装。

3. VMware 的网络连接设置共有 5 种不同的模式,分别为_____、_____、_____、自定义和 LAN 区段。

4. VMware Tools 组件在虚拟机与宿主机之间提供了_____的功能,免除了必须为虚拟机单独设置日期与时间的烦恼。

5. Hyper-V 对硬件要求比较高,主要集中在 CPU 方面。建议 2GHz 及速度更快的 CPU,并且 CPU 必须支持_____、_____和_____。

6. Hyper-V 是一个底层的虚拟机程序,可以让多个操作系统共享一个硬件,它位于_____和_____之间,是一个很薄的软件层,里面不包含底层硬件驱动。

二、选择题

1. 为 VMware 指定虚拟机内存容量时,下列_____不能设置。
   A. 512MB　　　　B. 360MB　　　　C. 400MB　　　　D. 357MB

2. 如果需要在虚拟机中调整一下虚拟机的启动顺序,将虚拟机设置为优先从光驱启动,可以在 VMware 出现开机自检画面时按下_____键,即可进入 VMware 的虚拟主板 BIOS 设置。
   A. Delete　　　　B. F2　　　　　C. F10　　　　　D. Home

3. 以下_____不是 Windows Server 2008 Hyper-V 服务支持的虚拟网卡类型。
   A. 外部　　　　　B. 桥接　　　　C. 内部　　　　　D. 专用

4. 当应用快照时,当前的虚拟机配置会被_____覆盖。
   A. 完全　　　　　B. 部分　　　　C. 不　　　　　　D. 都不对

三、简答题

1. 虚拟机的主要功能是什么?分别适用于什么环境?
2. VMware 提供了几种不同的虚拟网络适配器类型?分别适用于什么环境?
3. 如何在 VMware 虚拟机中登录 Windows Server 2008?
4. VMware Tools 组件在虚拟机中有什么功能?
5. Windows Server 2008 Hyper-V 服务对硬件和软件各有什么要求?

项目 3
域和活动目录的管理

项目学习目标

(1) 了解活动目录的概念及功能。

(2) 掌握域、域树、域目录林、组织单位的概念。

(3) 掌握域控制器的安装与设置。

(4) 掌握额外的域控制器的安装与设置。

(5) 掌握子域控制器的安装与设置。

(6) 掌握将服务器三种角色相互转换的方法。

(7) 掌握客户端登录域的方法。

3.1 项目提出

某上市公司的企业内部网原来一直采用"工作组"的网络资源管理模式,随着公司的快速发展,企业内部网的规模也在不断地扩大,覆盖了 5 栋办公大楼,涉及 1000 多个信息点,还拥有各类服务器 30 余台。

由于各种网络和硬件设备分布在不同的办公大楼和楼层,网络的资源和权限管理非常复杂,产生的问题也非常多,管理员经常疲于处理各类网络问题。那么,是否有办法减少管理员的工作量,实现用户账户、软件、网络的统一管理和控制呢? 例如,能否实现用户在访问网络资源时只需登录一次即可访问不同服务器上的网络资源?

3.2 项目分析

在"工作组"模式下,公司的员工要访问每台服务器,则管理员需要在每台服务器上分别为每个员工建立一个账户(共 $M \times N$ 个,M 为服务器的数量,N 为员工的数量),用户则需要在每台服务器中(共 M 台)登录。

在"域"工作模式下,若服务器和用户的计算机都在同一个域中,用户在域中只需要拥有一个账户,用该账户登录后即取得一个身份,便可访问域中任意一台服务器上的资源。每台存放资源的服务器并不需要为每位用户创建账户,而只需要把资源的访问权限分配给用户在域中的账户即可。因此,用户只需要在域中拥有一个域账户,并只需要在域中登录一次即可访问域中的资源。

将基于工作组的网络升级为基于域的网络,需要将一台或多台计算机升级为域控制器,并将其他所有计算机加入域成为成员服务器或域中的客户端。同时将原来的本地用户账户和组也升级为域用户和组进行管理。活动目录是域的核心,通过活动目录可以将网络中各种完全不同的对象以相同的方式组织到一起。活动目录不但更有利于网络管理员对网络的集中管理,方便用户查找对象,也使得网络的安全性大大增强。

3.3 相关知识点

3.3.1 工作组概述

我们组建局域网的目的就是要实现资源的共享,而随着网络规模的扩大及应用的需要,共享的资源就会逐渐增多,如何管理这些在不同机器上的网络资源呢?工作组和域就是在这样的环境中产生的两种不同的网络资源管理模式。

工作组(Workgroup)就是将不同的计算机按功能分别列入不同的组中,以方便用户管理。在一个网络内,可能有成百上千台工作的计算机,如果不对这些计算机进行分组,而是都列在“网上邻居”内,可想而知会有多么乱。为了解决这一问题,Windows 引用了“工作组”这个概念。例如,一个公司会分为诸如行政部、市场部、技术部等几个部门,然后行政部的计算机全部列入行政部的工作组中,市场部的计算机全部都列入市场部的工作组中。如果要访问其他部门的网络资源,就通过“网上邻居”找到那个部门的工作组名,双击进入就可以看到其他部门的计算机了。

在安装 Windows 系统时,工作组名一般使用默认的 Workgroup,也可以任意起个名字。相对而言,位于同一个工作组内的成员相互交换信息的频率最高,所以用户进入“网上邻居”时,首先看到的是其所在工作组的成员。如果要访问其他工作组的成员,需要双击“整个网络”,才会看到网络上其他的工作组,然后双击其他工作组的名称,这样才可以看到里面的成员与之实现资源交换。

除此之外,也可以退出某个工作组,方法也很简单,只要将工作组名称改变一下即可。不过其他人仍然可以访问你的共享资源,只不过你所在的工作组名发生改变而已,因此工作组名并没有太多的实际意义。也就是说,用户可以随时加入同一网络上的任何工作组,也可以随时离开一个工作组。“工作组”就像一个自由加入和退出的俱乐部一样,它本身的作用仅仅是提供一个“房间”,以方便网上计算机共享资源的浏览。

工作组是最简单的网络资源管理模式。对工作组中的计算机没有统一的管理机制,每台计算机的管理员只能管理本地计算机,例如,对本地计算机的安全策略进行设置,对本地连接和共享进行管理等。

在账户的管理上,工作组也没有统一的身份验证机制,用户只能使用计算机的本地账户登录该计算机,并由本地计算机对用户的身份进行验证,当对网络上的共享资源进行访问时,必须提供访问共享资源的凭据,因此,用户需要记下访问不同服务器的账户和密码。

工作组中的计算机没有统一的对网络资源进行查找的机制,例如,对网络中的共享打印机、用户账户信息以及共享文件夹的查找。

由此可见,工作组的网络资源管理模式存在诸多限制,因此,这种形式仅适用于网络规模较小的应用中。当企业规模不断增大、计算机数量不断增多时，需要有统一的管理机制，对用户账户、共享资源等进行统一的管理。此时，工作组的网络资源管理模式不再适合了。

在 Windows Server 2008 系统中要启用"网络发现"功能后，才可以找到网络中的任何"邻居"主机，以及被其他的"邻居"主机所发现。如果这样还不能从网络中寻找到"邻居"主机，那么就有必要检查一下 Windows Server 2008 系统中是否启用了"Microsoft 网络的文件和打印机共享"功能组件，如图 3-1 所示。

此外，还需要检查 TCP/IP 属性参数是否设置正确，以保证 Windows Server 2008 系统主机的 IP 地址，与要寻找的"邻居"主机的 IP 地址处于同一个网段。

如果仍然还不能从网络中寻找到"邻居"主机，可以检查与系统相关的 Computer Browser 服务信息，其操作步骤如下：选择"开始"→"运行"命令，在打开的"运行"对话框中输入 services.msc 命令，单击"确定"按钮后，打开"服务"窗口。找到并双击 Computer Browser 系统服务，打开如图 3-2 所示的"Computer Browser 的属性（本地计算机）"对话框。设置该服务的"启动类型"为"自动"，单击"应用"按钮，然后单击"启动"按钮，将该服务的状态设置为"已启动"。还应及时检查 Computer Browser 系统服务所依赖的另外两个系统服务 Workstation 和 Server 是否正常运行，这两个系统服务提供了最基本的网络访问支持。

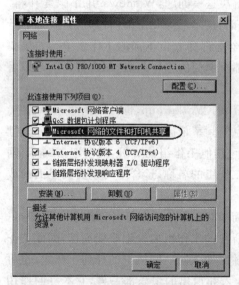

图 3-1　启用文件和打印机共享

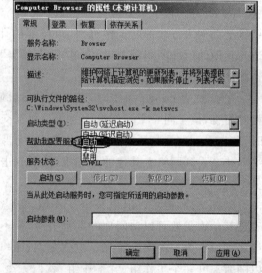

图 3-2　启用 Computer Browser 服务

3.3.2　目录服务和活动目录

目录是一个数据库，存储了网络资源相关信息，包括资源的位置、管理等。目录服务是一种网络服务，用来标记管理一个较为复杂的网络环境中的所有实体资源（如计算机、用户、打印机、文件、应用程序等）。实际上，目录服务既是一种信息查询工具，如用来查询信息；又是一种管理工具，如用于网络资源管理，各种资源都可作为目录对象来管理，随着网络中对象数量的增长，目录服务变得越来越重要。

活动目录（Active Directory，AD）是一种目录服务，它存储有关网络对象（如用户、组、计算机、共享资源、打印机和联系人等）的信息，并将结构化数据存储作为目录信息逻辑和分层组织的基础,以便管理员比较方便地查找并使用这些网络信息。活动目录实际上就是一个特殊的数据库,不过该数据库和以往大家接触到的 SQL Server 等关系型数据库有很大的差别。

活动目录是在 Windows 2000 Server 中推出的新技术,它最大的突破性和成功之一也就在于它全新引入了活动目录服务(AD Directory Service),使 Windows 2000 Server 与 Internet 上的各项服务和协议的联系更加紧密。通过在 Windows 2000 Server 的基础上进一步扩展,Windows Server 2003 提高了活动目录的多功能性、可管理性及可靠性。

在 Windows Server 2008 中,活动目录服务有了一个新的名称:Active Directory Domain Service(AD DS)。名称的改变意味着微软对 Windows Server 2008 的活动目录进行了较大的调整,增加了功能强大的新特性,例如新增了只读域控制器(RODC)、更新的活动目录域服务安装向导、可重启的活动目录域服务、快照查看以及增强的 Ntdsutil 命令等,并且对原有特性进行了增强。

活动目录并不是 Windows Server 2008 中必须安装的组件,并且其运行时占用系统资源较多。设置活动目录的主要目的就是提供目录服务功能,使网络管理更简便,安全性更高。另外,活动目录的结构比较复杂,适用于用户或者网络资源较多的环境。

"目录服务"与 Windows 系统中的"文件夹目录"以及 DOS 下的"目录"在含义上完全不同。活动目录是指网络中用户以及各种资源在网络中的具体位置及调用和管理方式,就是把原来固定的资源存储层次关系与网络管理以及用户调用关联起来,从而提高了网络资源的使用效率。

3.3.3　活动目录的逻辑结构

活动目录结构主要是指网络中所有用户、计算机以及其他网络资源的层次关系,就像一个大型仓库中分出若干个小储藏间,每个小储藏间分别用来存放不同的东西。通常情况下,活动目录的结构可以分为逻辑结构和物理结构,分别包含不同的对象,了解这些也是用户理解和应用活动目录的重要一步。

活动目录的逻辑结构非常灵活,它为活动目录提供了完全的树状层次结构视图,为用户和管理员查找、定位对象提供了极大的方便。活动目录的逻辑结构可以和公司的组织机构框图结合起来,通过对资源进行逻辑组织,使用户可以通过名称而不是通过物理位置来查找资源,并且使网络的物理结构对用户来说是透明的。

活动目录的逻辑结构按自上而下的顺序分,依次为林→域树→域→组织单元,如图 3-3 所示。在实际应用中,则通常按自下而上的方法来设计活动目录的逻辑结构。

1. 域

域(Domain)是在 Windows Server 2008 网络环境中组建客户机/服务器(C/S)网络的实现方式。所谓域,是由网络管理员定义的一组计算机集合,实际上就是一个网络。在这个网络中,至少有一台称为域控制器的计算机充当服务器角色。域控制器包含了由这个域的账户、密码及属于这个域的计算机等信息构成的数据库,即活动目录。管理员可以通过修改活动目录的配置来实现对网络的管理和控制,如管理员可以在活动目录中为每个用户创建域用户账号,使他们可登录域并访问域中的资源。同时,管理员也可以控制所有网络用户的行为,如控制用户能否登录、在什么时间登录、登录后能执行哪些操作等。而域中的客户计算机要访问域中的资源,则必须先加入域,并通过管理员为其创建的域用户账号登录域,才能

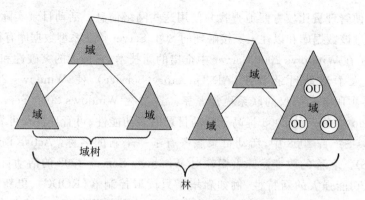

图 3-3 活动目录的逻辑结构

访问域中的资源，同时，也必须接受管理员的控制和管理。构建域后，管理员可以对整个网络实施集中控制和管理。

域（Domain）是 Windows Server 2008 活动目录逻辑结构的核心单元，是活动目录对象的容器。在 Windows Server 2008 的活动目录中，域用三角形来表示。

域定义了一个安全边界，域中所有的对象都保存在域中，都在这个安全的范围内接受统一的管理。同时每个域只保存属于本域的对象，所以域管理员只能管理本域。安全边界的作用就是保证域的管理者只能在该域内拥有必要的管理权限，如果要让一个域的管理员去管理其他域，除非管理者得到其他域的明确授权。

2. 组织单元

为了便于管理，往往将域再进一步划分成多个组织单元（Organization Unit，OU）。组织单元是一个容器，可包含用户、组、计算机、打印机等，甚至还可以包含其他的组织单元。组织单元不仅可以包含对象，而且可以进行策略设置和委派管理。

组织单元是活动目录中最小的管理单元。如果一个域中的对象数目非常多，可以用组织单元把一些具有相同管理要求的对象组织在一起，这样就可以实现分组管理了。而且作为域管理员，还可以指定某个用户去管理某个 OU，管理权限可视情况而定，这样可以减轻管理员的工作负担。

由于组织单元层次结构局限于域的内部，所以一个域中的组织单元层次结构与另一个域中的组织单元层次结构没有任何关系，就像是 Windows 资源管理器中位于不同目录下的文件一样，可以重名或重复。

在规划组织单元时，可以依据两个原则来进行：地理位置和部门职能。如果一个公司的域由北京、上海和广州三个地理位置组成，而且每个地理位置都有财务部、技术部和市场部三个部门，则可以按图 3-4 所示来规划组织单元。

在 Windows Server 2008 的活动目录中，组织单元用圆形来表示。

3. 域树

域树（Domain Tree）是由一组具有连续命名空间的域组成的。域树中的第一个域称为根域，同一域树中的其他域为子域，位于上层的域称为子域的父域。域树中的域虽有层次关系，但仅限于命名方式，并不表示对父域和子域具有管辖权限。域树中各域都是独立的管理个体，父域和子域的管理员是平等的。

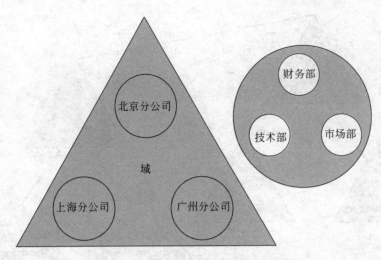

图 3-4　活动目录的逻辑结构——组织单元

例如，某公司最初只有一个域名 nos.com，后来由于公司发展了，新成立了一个 windows 部门。出于安全考虑需要新创建一个域（域是安全的最小边界），可以把这个新域添加到现有的活动目录中。这个新域 windows.nos.com 就是现有域 nos.com 的子域，nos.com 称为 windows.nos.com 的父域，它也是该域树的根域。随着公司的发展还可以在 nos.com 下创建另一个子域 linux.nos.com，这两个子域互为兄弟域，如图 3-5 所示。

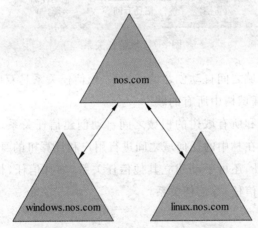

图 3-5　活动目录的逻辑结构——域树

4. 林

林（Forest）是由一棵或多棵域树通过信任关系形成的，每棵域树独享连续的命名空间，不同域树之间没有命名空间的连续性，如图 3-6 所示。林的根域是林中创建的第一个域，所有域树的根域与林的根域建立可传递的信任关系。

5. 域信任关系

域信任关系是建立在两个域之间的关系，它使一个域中的账户由另一个域中的域控制器来验证。如图 3-7 所示，所有域信任关系都只能有两个域：信任域和被信任域；信任方向可以是单向的，也可以是双向的；信任关系可传递，也可不传递。

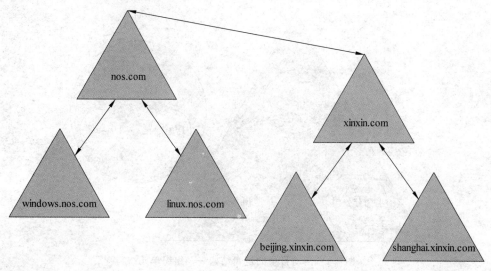

图 3-6　活动目录的逻辑结构——林

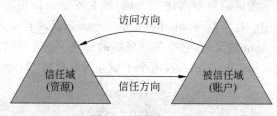

图 3-7　域信任关系

在域树中，父域和子域之间自动创建信任关系，该信任关系是双向的、可传递的，因此域树中的一个域隐含地信任域树中所有的域。

在林中，在林的根域和所有域树的根域之间自动创建信任关系。因为这些信任关系是双向可传递的，所以可以在林中的任何域之间进行用户和计算机的身份验证。

除默认的信任关系外，还可手动建立其他信任关系，如林信任（林之间的信任）、外部信任（域与林外的域之间的信任）等信任关系。

6. 全局编录

一个域的活动目录只能存储该域的信息，相当于这个域的目录。而当一个林中有多个域时，由于每个域都有一个活动目录，因此如果一个域的用户要在整个林范围内查找一个对象，就需要搜索林中的所有域，这时全局编录（Global Catalog，GC）就派上用场了。

全局编录相当于一个总目录。就像一套系列丛书有一个总目录一样，在全局编录中存储已有活动目录对象的子集。默认情况下，存储在全局编录中的对象属性是那些经常用到的内容，而非全部属性。整个林会共享相同的全局编录信息。

全局编录存放在全局编录服务器上，全局编录服务器是一台域控制器。默认情况下，域中的第一台域控制器自动成为全局编录服务器。当域中的对象和用户非常多时，为了平衡用户登录和查询的流量，可以在域中设置额外的 GC。

3.3.4 活动目录的物理结构

活动目录的物理结构与逻辑结构有很大的不同,它们是彼此独立的两个概念。逻辑结构侧重于网络资源的管理,而物理结构则侧重于网络的配置和优化。活动目录的物理结构主要着眼于活动目录的复制和用户登录网络时的性能优化。活动目录的物理结构由域控制器和站点组成。

1. 域控制器

域控制器(Domain Controller,DC)是指运行 Windows Server 2008 的服务器,是实际存储活动目录的地方,用来管理用户的登录过程、身份验证和目录信息查找等。一个域中可以有一台或多台域控制器。域控制器管理活动目录的变化,并把这些变化复制到同一个域中的其他域控制器上,使各域控制器上的活动目录保持同步。

在 Windows Server 2008 中,采用活动目录的多主机复制方案,即每台域控制器都维护着活动目录的可读/写的副本,管理其变化和更新。在一个域中,各域控制器之间相互复制活动目录的改变。在林中,各域控制器之间也把某些信息自动复制给对方。

2. 站点

站点(Site)一般与地理位置相对应,它由一个或几个物理子网组成。创建站点的目的是优化 DC 之间复制的流量。站点具有以下特点。

(1) 一个站点可以有一个或多个 IP 子网。

(2) 一个站点中可以有一个或多个域(如站点“北京”的局域网中有 nos.com 域和 xinxin.com 域)。

(3) 一个域可以属于多个站点(如一个公司的域 xinxin.com,这个公司在北京、上海和广州都有分公司,在这三个地方分别创建一个站点)。

利用站点可以控制 DC 的复制是同一站点内的复制,还是不同站点间的复制,而且利用站点链接可以有效地组织活动目录复制流,控制活动目录复制的时间和经过的链路。

注意 站点和域之间没有必然的联系。站点映射网络的物理拓扑结构,域映射网络的逻辑拓扑结构,AD 允许一个站点可以有多个域,一个域也可以有多个站点,如图 3-8 所示。

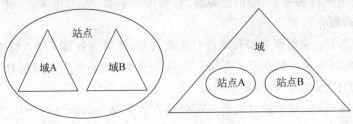

图 3-8 站点和域的关系

3.3.5　活动目录与 DNS 集成

活动目录与 DNS 集成并共享相同的名称空间结构,两者集成体现在以下 3 个方面。

(1) 活动目录和 DNS 有相同的层次结构。

(2) DNS 区域可存储在活动目录中。如果使用 Windows 服务器的 DNS 服务器,主区域文件可存储于活动目录中,可复制到其他域控制器。

(3) 活动目录将 DNS 作为定位服务使用。为了定位域控制器,活动目录的客户端需查询 DNS 服务器,活动目录需要 DNS 才能工作。如图 3-9 所示,DNS 将域控制器解析成 IP 地址。

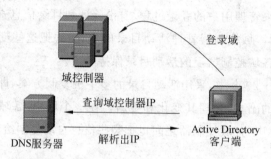

图 3-9　活动目录将 DNS 作为定位服务使用

DNS 不需要活动目录也能运行,而活动目录需要 DNS 才能正常运行。

3.3.6　域中计算机的分类

与工作组不同,域是一种集中式管理的网络,域中计算机的身份是不平等的,存在以下 4 种类型。

(1) 域控制器:域控制器是指安装了 Windows Server 2008 操作系统,并安装了活动目录的服务器。域控制器类似于网络"看门人",用于管理所有的网络访问,包括登录服务器、访问共享目录和资源。域控制器存储了所有的域范围内的账户和策略信息,包括安全策略、用户身份验证信息和账户信息。在网络中,可以有多台计算机配置为域控制器,以分担用户的登录和访问。多个域控制器可以一起工作,自动备份用户账户和活动目录数据,这样即使部分域控制器出现故障后,网络访问仍然不受影响,从而提高了网络的安全性和稳定性。

(2) 成员服务器:成员服务器是指安装了 Windows Server 2008 操作系统,又加入了域的服务器,但该服务器没有安装活动目录。成员服务器的主要目的就是提供网络资源。成员服务器的类型有文件服务器、应用服务器、数据库服务器、Web 服务器、证书服务器、远程访问服务器、打印服务器等。

(3) 独立服务器:独立服务器和域没有什么关系,如果服务器不加入域中也不安装活动目录,就称为独立服务器。独立服务器可以创建工作组,和网络上的其他计算机共享资源,但不能获得活动目录提供的任何服务。

(4) 域中的客户端:域中的计算机还可以是安装了 Windows XP/7/10 等操作系统的计算机,用户利用这些计算机和域中的账户就可以登录到域,成为域中的客户端。域用户账号通过域的安全验证后,即可访问网络中的各种资源。

服务器的角色是可以改变的。例如,域控制器在删除活动目录时,如果是域中最后一个域控制器,则使该域控制器成为独立服务器,如果不是域中唯一的域控制器,则将使该域控制器成为成员服务器。成员服务器不加入域就成为独立服务器。独立服务器安装活动目录后就转换为域控制器,独立服务器也可以加入某个域成为成员服务器。

3.4 项目实施

3.4.1 任务 1:创建第一台域控制器

1. 任务目标
掌握 Windows Server 2008 R2 域控制器的安装与设置。

2. 任务内容
(1) 安装 Active Directory 域服务。
(2) 安装活动目录。
(3) 验证域控制器的成功安装。
(4) 将客户端计算机加入域。

3. 完成任务所需的设备和软件
(1) VMware 中的虚拟机 2 台,计算机名分别为 Win2008-1、Win2008-2。Win2008-1 作为域控制器,Win2008-2 作为成员服务器。
(2) 用户在做实训时,为了不相互影响,建议 2 台虚拟机的网卡工作模式均为 NAT,工作网段为 192.168.10.0/24。
(3) Win2008-1 的 IP 地址为 192.168.10.11,子网掩码为 255.255.255.0,DNS 服务器为 192.168.10.11;Win2008-2 的 IP 地址为 192.168.10.12,子网掩码为 255.255.255.0,DNS 服务器为 192.168.10.11。

4. 任务实施步骤
用户要将自己的服务器配置成域控制器,应该首先安装活动目录,以发挥活动目录的作用。而安装活动目录时,需要先安装 Active Directory 域服务(AD DS),然后运行 dcpromo. exe 命令启动安装向导。

Active Directory 域服务的主要作用是存储目录数据并管理域之间的通信,包括用户登录处理、身份验证和目录搜索等。如果直接运行 dcpromo. exe 命令启动 Active Directory 域服务,则将自动在后台安装 Active Directory 域服务。

1) 安装 Active Directory 域服务
步骤 1:以管理员身份登录到 Win2008-1 虚拟机上,并确认"本地连接"属性的 TCP/IP 中首选 DNS 服务器指向了本机(本例为 192.168.10.11),如图 3-10 所示。
步骤 2:选择"开始"→"管理工具"→"服务器管理器"命令,打开"服务器管理器"窗口。
步骤 3:在左侧窗格中选择"角色"选项,在右侧窗格中单击"添加角色"超链接,打开"添加角色向导"对话框,如图 3-11 所示。
对话框中提示,安装角色之前验证以下事项。

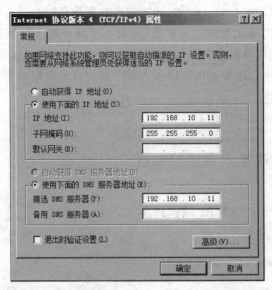

图 3-10　首选 DNS 服务器指向了本机

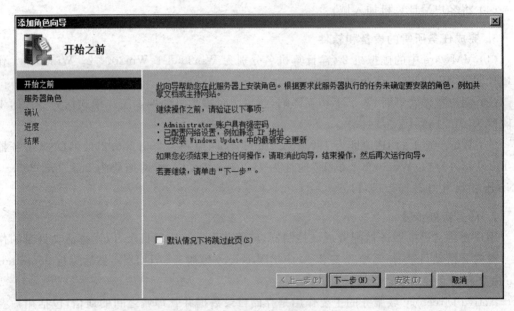

图 3-11　"添加角色向导"对话框

- Administrator 账户具有强密码。
- 已配置网络设置，例如静态 IP 地址。
- 已安装 Windows Update 中的最新安全更新。

步骤 4：单击"下一步"按钮，出现"选择服务器角色"界面，如图 3-12 所示，选中"Active Directory 域服务"复选框，在弹出的"是否添加 Active Directory 域服务所需的功能"对话框中，单击"添加必需的功能"按钮。

步骤 5：单击"下一步"按钮，出现"Active Directory 域服务"界面，界面中简要介绍了 Active Directory 域服务的主要功能以及安装过程中的注意事项。

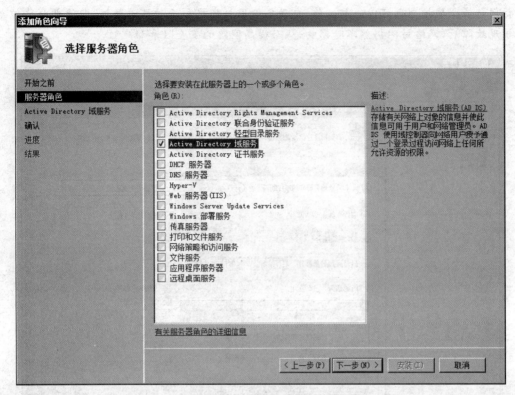

图 3-12　"选择服务器角色"界面

步骤 6：单击"下一步"按钮，出现"确认安装选择"界面，显示确认要安装的角色、角色服务或功能。

步骤 7：单击"安装"按钮即可开始安装，安装完成后，单击"关闭"按钮。

2）安装活动目录

步骤 1：在"服务器管理器"窗口中选择左侧窗格中的"角色"→"Active Directory 域服务"选项，如图 3-13 所示。

步骤 2：单击右侧窗格"摘要"区域中的"运行 Active Directory 域服务安装向导（dcpromo.exe）"超链接，或者运行 dcpromo.exe 命令，打开"Active Directory 域服务安装向导"对话框。

步骤 3：单击"下一步"按钮，出现"操作系统兼容性"界面。

步骤 4：单击"下一步"按钮，出现"选择某一部署配置"界面，选中"在新林中新建域"单选按钮，创建一台全新的域控制器，如图 3-14 所示。

如果网络中已经存在其他域控制器或林，则可以选择"现有林"单选按钮，在现有林中安装。

三个选项的具体含义如下。

• "现有林"→"向现有域添加域控制器"：可以向现有域添加第二台或更多域控制器。

• "现有林"→"在现有林中新建域"：在现有林中创建现有域的子域。

• "在新林中新建域"：新建全新的域。

【说明】　网络中既可以有一台域控制器，也可以配置多台域控制器，以分担用户的登录和访问。多个域控制器可以一起工作，自动备份用户账户和活动目录数据，即使部分域控制器出现故障后，网络访问仍然不受影响，从而提高网络的安全性和稳定性。

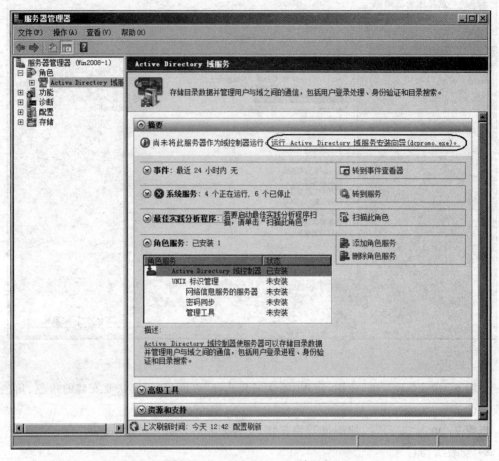

图 3-13　Active Directory 域服务

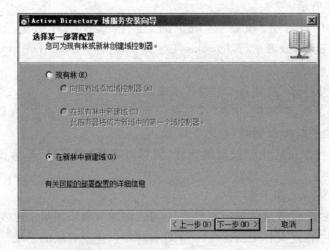

图 3-14　"选择某一部署配置"界面

步骤 5：单击"下一步"按钮，出现"命名林根域"界面，在"目录林根级域的 FQDN"文本框中输入林根域的域名，本例为 nos. com，如图 3-15 所示。

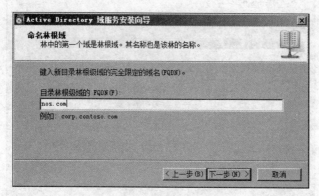

图 3-15　"命名林根域"界面

林中的第一台域控制器是林根域，在林根域下可以继续创建从属于林根域的子域控制器。

【说明】　完全限定的域名/全称域名（Fully Qualified Domain Name，FQDN）：是指主机名加上全路径，全路径中列出了序列中所有域成员。它可以从逻辑上准确地表示出主机在什么地方，也可以说 FQDN 是主机名的一种完全表示形式。完全限定的域名在实际中是非常有用的，电子邮件就使用它作为收信人的电子邮件地址，例如 huanglgvip@21cn. com。

如果本地 Administrator 没设置密码或者设置的密码不符合要求（强密码），会出现如图 3-16 所示的提示信息，此时可运行 net user administrator /passwordreq：yes 命令后，再设置强密码即可。

图 3-16　密码不符合要求

步骤 6：单击"下一步"按钮，出现"设置林功能级别"界面，根据网络实际情况选择某一林功能级别，本例保留默认选择 Windows Server 2003 不变，如图 3-17 所示。

不同的林功能级别可以向下兼容不同平台的 Active Directory 服务功能。选择 Windows 2000 则可以提供 Windows 2000 平台以上的所有 Active Directory 功能；选择 Windows Server 2003 则可以提供 Windows Server 2003 平台以上的所有 Active Directory 功能。用户可以根据自己实际网络环境选择合适的功能级别。

【说明】　安装后若要更改"林功能级别"，可登录域控制器，打开"Active Directory 域和信任关系"窗口，右击"Active Directory 域和信任关系"选项，在弹出的快捷菜单中选择"提升林功能级别"命令，选择相应的林功能级别。林功能级别只能提升，不能降低。

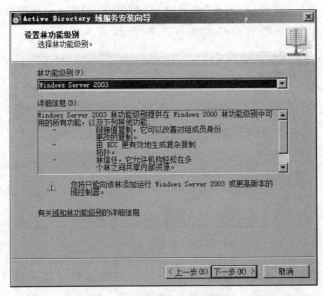

图 3-17 "设置林功能级别"界面

步骤 7：单击"下一步"按钮，出现"设置域功能级别"界面，根据网络实际情况选择某一域功能级别，本例保留默认选择 Windows Server 2003 不变，如图 3-18 所示。

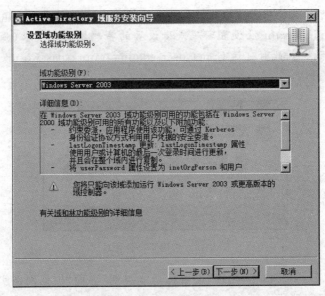

图 3-18 "设置域功能级别"界面

设置不同的域功能级别主要是为兼容不同平台下的网络用户和域控制器。例如，设置为 Windows Server 2003，则只能向该域中添加 Windows Server 2003 平台或更高版本的域控制器。

【说明】 安装后若要更改"域功能级别"，可登录域控制器，打开"Active Directory 域和信任关系"窗口，右击域名 nos.com，在弹出的快捷菜单中选择"提升域功能级别"命令，选择相应的域功能级别。域功能级别只能提升，不能降低。

步骤 8：单击"下一步"按钮，出现"其他域控制器选项"界面，选中"DNS 服务器"复选框，在域控制器上同时安装 DNS 服务，如图 3-19 所示。

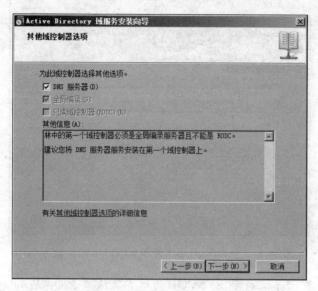

图 3-19 "其他域控制器选项"界面

林中的第一台域控制器必须是全局编录服务器且不能是只读域控制器，所以"全局编录"和"只读域控制器（RODC）"这两个复选框都是不可选的。

【说明】 在运行"Active Directory 域服务安装向导"时，建议安装 DNS。如果这样做，该向导将自动创建 DNS 区域委派。无论"DNS 服务器"服务是否与 AD DS 集成，都必须将其安装在部署的 AD DS 目录林根级域的第一个域控制器上。

在 TCP/IP 网络中，域名系统（Domain Name System，DNS）是用来解决计算机域名和 IP 地址的映射关系的。活动目录和 DNS 的关系密不可分，它使用 DNS 服务器来登记域控制器的 IP 地址、各种资源的定位等。因此，在一个域林中至少要有一个 DNS 服务器存在。Windows Server 2008 中的域也是采用 DNS 的格式来命名的。

步骤 9：单击"下一步"按钮，开始检查 DNS 配置，并出现如图 3-20 所示的警告信息。

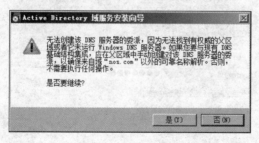

图 3-20 警告信息

之后在活动目录的安装过程中，将在这台域控制器上自动安装和配置 DNS 服务，并且自动配置自己为首选 DNS 服务器。

步骤 10：单击"是"按钮，出现"数据库、日志文件和 SYSVOL 的位置"界面，如图 3-21 所示。单击"浏览"按钮可以更改文件夹位置，本例保留默认文件夹位置不变。

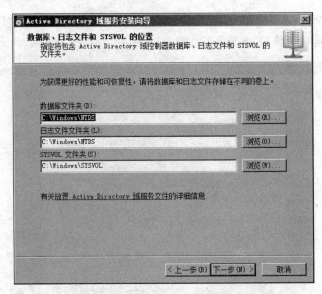

图 3-21　"数据库、日志文件和 SYSVOL 的位置"界面

【说明】　数据库、日志文件和 SYSVOL 的位置默认位于 C:\Windows 文件夹下，也可以单击"浏览"按钮更改为其他路径。其中，数据库文件夹用来存储有关用户、计算机和网络中的其他对象的信息；日志文件文件夹用来存储活动目录的变化日志，以便于日常管理和维护；SYSVOL 文件夹用来存储组策略对象和脚本，默认情况下，SYSVOL 是位于％windir％目录中的操作系统文件的一部分，必须位于 NTFS 分区。如果在计算机上安装有 RAID（独立冗余磁盘阵列）或几块磁盘控制器，为了获得更好的性能和可恢复性，建议将数据库和日志文件分别存储在不包含程序或者其他目录文件的不同卷（或磁盘）上。

步骤 11：单击"下一步"按钮，出现"目录服务还原模式的 Administrator 密码"界面，输入强密码，如图 3-22 所示。

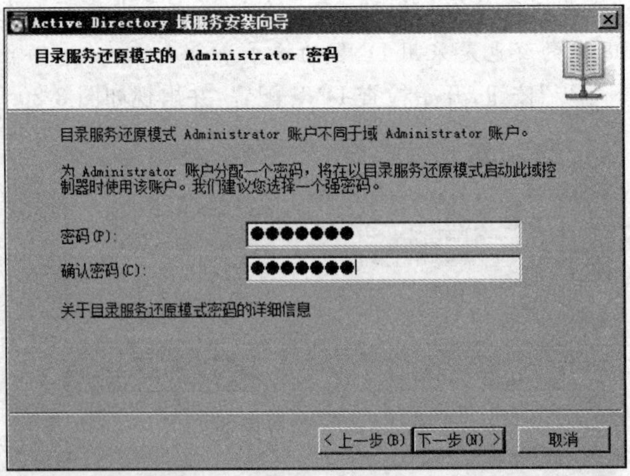

图 3-22　"目录服务还原模式的 Administrator 密码"界面

由于有时需要备份和还原活动目录，且还原时必须进入"目录服务还原模式"，所以此处要求输入"目录服务还原模式"时使用的密码。由于该密码和管理员密码可能不同，所以一

定要牢记该密码。

步骤 12：单击"下一步"按钮,出现"摘要"界面,列出前面所有的配置信息。

步骤 13：单击"下一步"按钮,安装向导将自动进行活动目录的安装和配置。安装完成出现"完成 Active Directory 域服务安装向导"界面。

步骤 14：单击"完成"按钮,出现是否立即重新启动计算机的提示信息。单击"立即重新启动"按钮,将立即重新启动计算机,完成活动目录的安装和配置。

步骤 15：重新启动计算机后升级为 Active Directory 域控制器,必须使用域用户账户登录,格式为"域名\用户账户",如图 3-23 所示。

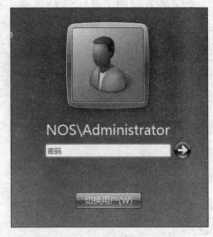

图 3-23　域用户账户登录

【说明】　如果希望登录本地计算机,可单击图 3-23 中的"切换用户"→"其他用户"按钮,然后在用户名处输入"计算机名\登录账户名",在密码处输入该账户的密码,即可登录本地计算机。

3) 验证域控制器的成功安装

活动目录安装完成后,在 Win2008-1 计算机上可以从各方面进行验证。

(1) 查看计算机名。右击桌面上的"计算机"图标,在弹出的快捷菜单中选择"属性"命令,打开"系统"窗口,如图 3-24 所示。可以看到"计算机全名"已变为 Win2008-1.nos.com,并且已由工作组成员变成了域成员,而且是域控制器。

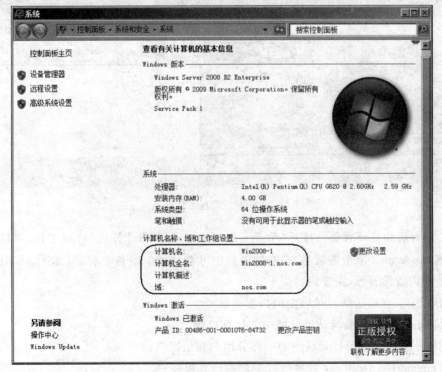

图 3-24　"系统"窗口

（2）查看管理工具。活动目录安装完成后，会添加一系列的活动目录管理工具，包括"Active Directory 管理中心""Active Directory 用户和计算机""Active Directory 域和信任关系""Active Directory 站点和服务"等。

选择"开始"→"管理工具"选项，可以在"管理工具"级联菜单中可以看到这些管理工具的快捷方式，如图 3-25 所示。

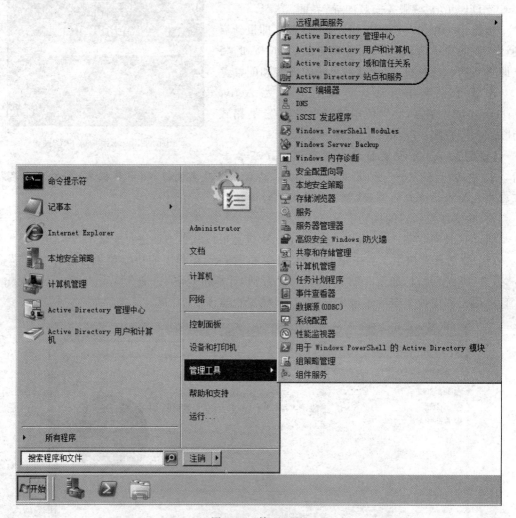

图 3-25　管理工具

（3）查看活动目录对象。打开"Active Directory 用户和计算机"管理工具，可以看到企业的域名 nos.com。单击该域名，在右侧窗格中可看到域中的各个容器，如图 3-26 所示，其中包括一些内置的容器，主要内容如下。

- Builtin：存放活动目录域中的内置组账户。
- Computers：存放活动目录域中的计算机账户。
- Users：存放活动目录域中的一部分用户和组账户。
- Domain Controllers：存放域控制器的计算机账户。

图 3-26 "Active Directory 用户和计算机"管理工具

（4）查看 Active Directory 数据库。Active Directory 数据库文件保存在％SystemRoot％\ntds(本例为 C:\Windows\ntds)文件夹中，主要的文件如下。

- ntds. dit：数据库文件。
- edb. chk：检查点文件。
- temp. edb：临时文件。

（5）查看 DNS 记录。为了使活动目录能正常工作，需要 DNS 服务器的支持。活动目录安装完成后，重新启动 Win2008-1 时会向指定的 DNS 服务器上注册 SRV 记录。一个注册了 SRV 记录的 DNS 服务器如图 3-27 所示(在"服务器管理器"中查询 DNS 角色)。

图 3-27 SRV 记录

有时由于网络连接或者 DNS 配置的问题，造成未能正常注册 SRV 记录的情况。对于这种情况，可以先维护 DNS 服务器，并将域控制器的 DNS 设置指向正确 DNS 服务器，然后重新启动 NETLOGON 服务。

具体操作可以使用以下命令。

```
net stop netlogon
net start netlogon
```

试一试　SRV 记录手动添加无效。将注册成功的 DNS 服务器中 nos.com 域下面的 SRV 记录删除一些，试着在域控制器上使用上面的命令恢复 DNS 服务器被删除的内容。

4）将客户端计算机加入域

下面将 Win2008-2 独立服务器加入 nos.com 域，将 Win2008-2 提升为 nos.com 域的成员服务器。操作步骤如下。

步骤 1：以管理员身份登录到 Win2008-2 虚拟机上，确认"本地连接"属性的 TCP/IP 中首选 DNS 服务器指向了 nos.com 域的 DNS 服务器，即 192.168.10.11，如图 3-28 所示。

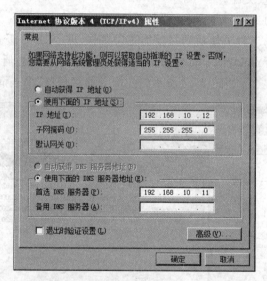

图 3-28　设置首选 DNS 服务器

步骤 2：右击桌面上的"计算机"图标，在弹出的快捷菜单中选择"属性"命令，打开"系统"窗口，再单击"更改设置"超链接，打开"系统属性"对话框。

步骤 3：在"计算机名"选项卡中单击"更改"按钮，打开"计算机名/域更改"对话框，如图 3-29 所示。

步骤 4：选中"域"单选按钮，并输入要加入的域的名字 nos.com，单击"确定"按钮，打开"Windows 安全"对话框，如图 3-30 所示。

步骤 5：输入有权限加入该域的账户的名称和密码后，单击"确定"按钮，出现"欢迎加入 nos.com 域"的提示信息，如图 3-31 所示。

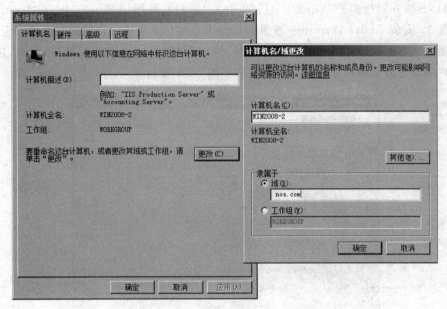

图 3-29　"计算机名/域更改"对话框

图 3-30　"Windows 安全"对话框

图 3-31　成功加入域

步骤 6：单击"确定"按钮，重新启动计算机即可。

3.4.2　任务 2：安装额外的域控制器

1. 任务目标

掌握 Windows Server 2008 R2 额外的域控制器的安装与设置。

2. 任务实施步骤

在一个域中可以有多台域控制器。和 Windows NT 4.0 不同，Windows Server 2008 R2 的域中不同的域控制器的地位是平等的，它们都有所属域的活动目录的副本，多个域控制器可以分担用户登录时的验证任务，提高用户登录的效率，同时还能防止单一域控制器的失败而导致网络的瘫痪。在域中安装额外的域控制器，需要把活动目录从原有的域控制器复制到新的域控制器上。

下面以 Win2008-2 服务器为例，说明安装额外的域控制器的过程。

步骤 1：以本地管理员身份登录到 Win2008-2 虚拟机上，确认"本地连接"属性的 TCP/IP

中首选 DNS 服务器指向了 Win2008-1(192.168.10.11)，并能与 Win2008-1 正常 ping 通。

步骤 2：安装 Active Directory 域服务。操作方法与安装第一台域控制器的完全相同。

步骤 3：启动 Active Directory 安装向导，当出现"选择某一部署配置"界面时，选中"现有林"和"向现有域添加域控制器"单选按钮，如图 3-32 所示。

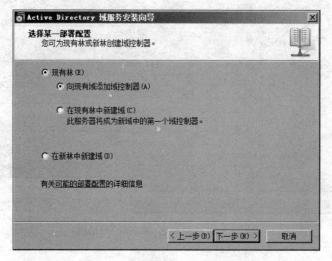

图 3-32 "选择某一部署配置"界面

步骤 4：单击"下一步"按钮，出现"网络凭据"界面，如图 3-33 所示，在"输入位于计划安装此域控制器的林中任何域的名称"文本框中输入主域的域名（本例为 nos.com）。

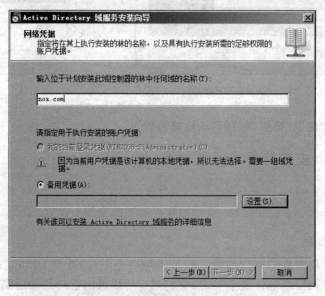

图 3-33 "网络凭据"界面

域林中可以存在多个主域控制器，彼此之间通过信任关系建立连接。

步骤 5：单击"设置"按钮，打开"Windows 安全"界面，如图 3-34 所示，输入域管理员的用户名和密码。

图 3-34 "Windows 安全"界面

步骤 6：单击"确定"按钮，返回"网络凭据"界面，单击"下一步"按钮，出现"选择域"界面，为该额外域控制器选择域，本例保留默认域 nos.com（林根域）不变，如图 3-35 所示。

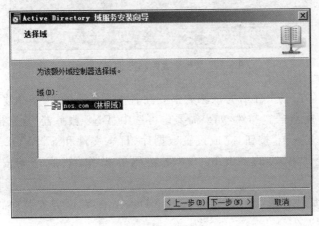

图 3-35 "选择域"界面

步骤 7：单击"下一步"按钮，出现"请选择一个站点"界面，如图 3-36 所示，选择默认站点 Default-First-Site-Name。

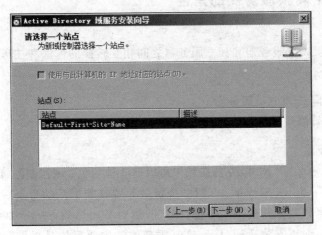

图 3-36 "请选择一个站点"界面

步骤 8：单击"下一步"按钮，出现"其他域控制器选项"界面，如图 3-37 所示，选中"全局编录"复选框，将额外域控制器作为全局编录服务器。

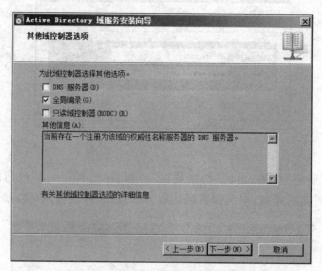

图 3-37 "其他域控制器选项"界面

由于当前已经存在一个注册为该域的权威性名称服务器的 DNS 服务器，所以可以取消选中"DNS 服务器"复选框。当然，如果需要也可选中"DNS 服务器"复选框。

步骤 9：单击"下一步"按钮，完成设置数据库、日志文件和 SYSVOL 等文件夹的位置，并设置目录服务还原模式的 Administrator 密码等操作，然后开始安装并配置 Active Directory 域服务。

步骤 10：配置完成以后，显示"完成 Active Directory 域服务安装向导"对话框，域的额外域控制器安装完成。

步骤 11：单击"完成"按钮，根据系统提示重新启动计算机，并使用域用户账户登录到域。

3.4.3 任务 3：转换服务器的角色

1. 任务目标

掌握域控制器、成员服务器和独立服务器之间相互转换的方法和技巧。

2. 任务内容

（1）域控制器降级为成员服务器。

（2）成员服务器降级为独立服务器。

3. 任务实施步骤

Windows Server 2008 R2 服务器在域中可以有 3 种角色：域控制器、成员服务器和独立服务器。当一台 Windows Server 2008 R2 成员服务器安装了活动目录后，服务器就成为域控制器，域控制器可以对用户的登录等进行验证；然而 Windows Server 2008 R2 成员服务器可以仅仅加入域中，而不安装活动目录，这时服务器的主要目的是提供网络资源，这样的服务器称为成员服务器。严格来说，独立服务器和域没有什么关系，如果服务器不加入域中，也不安装活动目录，这样的服务器就称为独立服务器。

1) 域控制器降级为成员服务器

在域控制器上把活动目录删除,服务器就降级为成员服务器。降级时要注意以下三点。

(1) 如果该域内还有其他域控制器,则该域控制器会被降级为该域的成员服务器。

(2) 如果这个域控制器是该域的最后一个域控制器,则被降级后,该域内将不存在任何域控制器。因此,该域控制器被删除,而该计算机被降级为独立服务器。

(3) 如果这个域控制器是"全局编录"域控制器,则将其降级后,它不再担当"全局编录"的角色,因此要先确定网络上是否还有其他"全局编录"域控制器。如果没有,则要先指派一台域控制器来担当"全局编录"的角色,否则将影响用户的登录操作。

【说明】　指派"全局编录"的角色时,可以依次打开"开始"→"管理工具"→"Active Directory 站点和服务"→Sites→Default-First-Site-Name→Servers,展开要担当"全局编录"角色的服务器名称,右击"NTDS Settings 属性"选项,在弹出的快捷菜单中选择"属性"命令,在打开的"NTDS Settings 属性"对话框中选中"全局编录"复选框。

下面以 Win2008-2 降级为例来说明操作过程。

步骤 1:以域管理员身份登录到 Win2008-2 域控制器上,直接运行命令 dcpromo.exe,打开"Active Directory 域服务安装向导"对话框。

步骤 2:单击"下一步"按钮,如果该域控制器是"全局编录"域控制器,就会出现如图 3-38 所示的提示信息。

图 3-38　删除活动目录的提示信息

步骤 3:单击"确定"按钮,出现"删除域"界面,如图 3-39 所示。

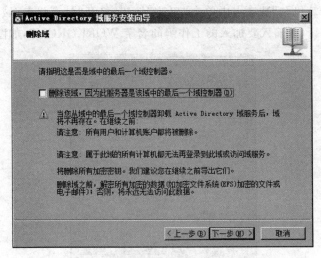

图 3-39　"删除域"界面

　　若该服务器是域中的最后一台域控制器，则可选中"删除该域，因为此服务器是该域中的最后一个域控制器"复选框，则降级后变为独立服务器，此处由于 nos.com 域中还有一个域控制器 Win2008-1.nos.com，所以不选中该复选框。

　　步骤 4：单击"下一步"按钮，出现"Administrator 密码"界面，输入删除 Active Directory 域服务后的本地管理员 Administrator 的新密码，如图 3-40 所示。

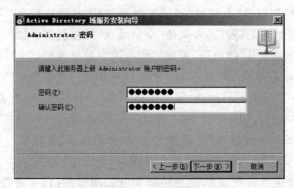

图 3-40　"Administrator 密码"界面

　　步骤 5：单击"下一步"按钮，出现"摘要"界面。

　　步骤 6：单击"下一步"按钮，安装向导将自动进行活动目录的删除。删除完成后出现"完成 Active Directory 域服务安装向导"界面。

　　步骤 7：单击"完成"按钮，重新启动计算机，这样就把域控制器降级为成员服务器了。

　　2）成员服务器降级为独立服务器

　　Win2008-2 删除 Active Directory 域服务后，降级为域 nos.com 的成员服务器。接下来将该成员服务器继续降级为独立服务器。

　　步骤 1：首先在 Win2008-2 上以本地管理员的身份登录。登录成功后，右击桌面上的"计算机"图标，在弹出的快捷菜单中选择"属性"命令，打开"系统"窗口，再单击"更改设置"超链接，打开"系统属性"对话框。

　　步骤 2：在"计算机名"选项卡中单击"更改"按钮，打开"计算机名/域更改"对话框。选中"工作组"单选按钮，并输入要加入的工作组的名字 WORKGROUP，如图 3-41 所示。

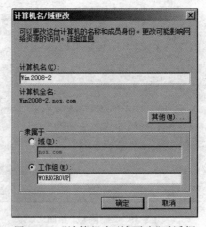

图 3-41　"计算机名/域更改"对话框

步骤 3：单击"确定"按钮，出现离开域的提示信息，再单击"确定"按钮，打开"Windows 安全"对话框，输入有权限从域中删除此计算机的账户的名称和密码，如图 3-42 所示。

图 3-42 "Windows 安全"对话框

步骤 4：单击"确定"按钮，出现"欢迎加入 WORKGROUP 工作组"的提示信息，单击"确定"按钮，重新启动计算机即可。

3.4.4   任务 4：创建子域

1. 任务目标

掌握 Windows Server 2008 R2 子域控制器的安装与设置。

2. 任务内容

（1）创建子域。

（2）验证子域的创建。

（3）验证父子域的信任关系。

3. 任务实施步骤

本次任务要求创建父域 nos. com 的子域 windows. nos. com。其中父域的域控制器主机名为 Win2008-1，其本身也是 DNS 服务器，IP 地址为 192.168.10.11。子域的域控制器主机名为 Win2008-2，其本身也是 DNS 服务器，IP 地址为 192.168.10.12。

1）创建子域

在 Win2008-2 计算机上安装 Active Directory 域服务，使其成为子域 windows. nos. com 的域控制器，操作步骤如下。

步骤 1：在 Win2008-2 计算机上以管理员账户登录，打开"Internet 协议版本 4（TCP/IPv4）属性"对话框，按图 3-43 所示配置该计算机的 IP 地址、子网掩码、默认网关以及 DNS 服务器，其中 DNS 服务器一定要设置为自身的 IP 地址和父域的域控制器的 IP 地址。

步骤 2：按照前面"安装活动目录"的方法启动"Active Directory 域服务安装向导"，在出现"选择某一部署配置"界面时，选中"现有林"和"在现有林中新建域"单选按钮，如图 3-44 所示。

步骤 3：单击"下一步"按钮，出现"网络凭据"界面，在"输入位于计划安装此域控制器的林中任何域的名称"文本框中输入父域的域名 nos. com，如图 3-45 所示。

步骤 4：单击"设置"按钮，打开"Windows 安全"对话框，如图 3-46 所示。

步骤 5：输入域管理员（不是本地管理员）的账户名和密码后，单击"确定"按钮，返回"网络凭据"界面。

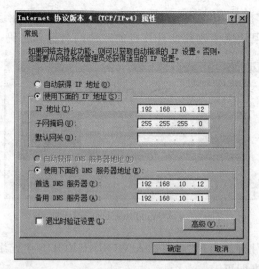

图 3-43　"Internet 协议版本 4（TCP/IPv4）属性"对话框

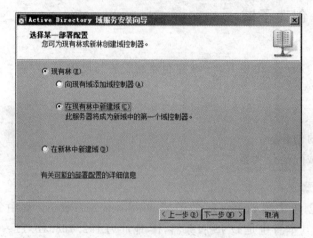

图 3-44　"选择某一部署配置"界面

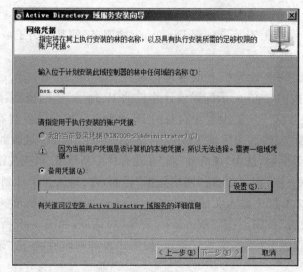

图 3-45　"网络凭据"界面

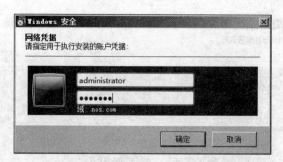

图 3-46 "Windows 安全"对话框

步骤 6：单击"下一步"按钮，出现"命名新域"界面，在"父域的 FQDN"文本框中输入父域的域名 nos.com，在"子域的单标签 DNS 名称"文本框中输入所要创建的子域的名称 windows，如图 3-47 所示。

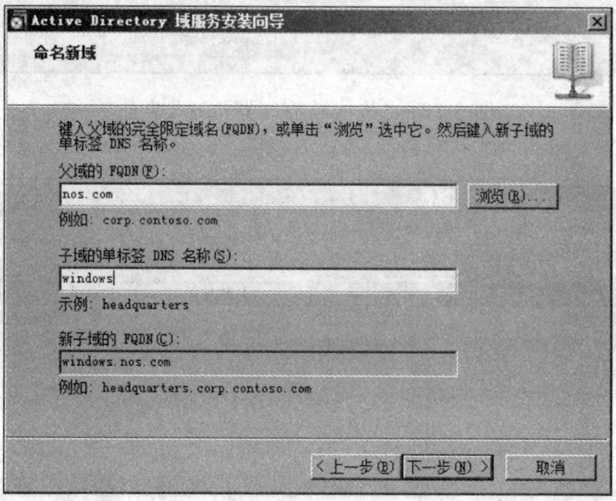

图 3-47 "命名新域"界面

步骤 7：单击"下一步"按钮，出现"设置域功能级别"界面，保留域功能级别为 Windows Server 2003 不变。

步骤 8：单击"下一步"按钮，出现"选择一个站点"界面，保留默认站点 Default-First-Site-Name 不变。

步骤 9：单击"下一步"按钮，出现"其他域控制器选项"界面，默认已经选中"DNS 服务器"复选框，如图 3-48 所示。

步骤 10：接下来的操作与额外域控制器的安装完全相同，只需按照向导单击"下一步"按钮即可。安装完成后，根据提示重新启动计算机，即可登录到子域中。

2）验证子域的创建

步骤 1：重新启动 Win2008-2 计算机后，用管理员账户登录到子域中。选择"开始"→"管理工具"→"Active Directory 用户和计算机"选项，打开"Active Directory 用户和计算机"窗口，可以看到 windows.nos.com 子域，如图 3-49 所示。

步骤 2：在 Win2008-2 计算机上选择"开始"→"管理工具"→DNS 选项，打开"DNS 管理器"窗口。依次展开各选项，可以看到正向查找区域 windows.nos.com，如图 3-50 所示。

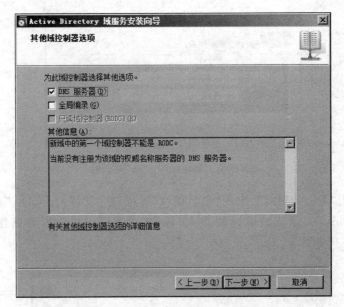

图 3-48 "其他域控制器选项"界面

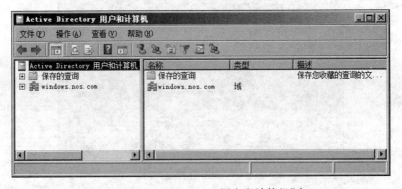

图 3-49 "Active Directory 用户和计算机"窗口

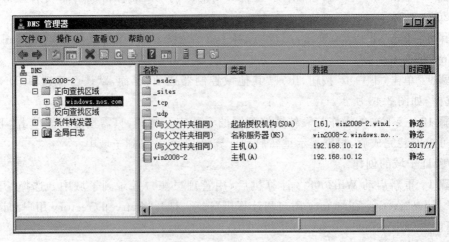

图 3-50 Win2008-2 的"DNS 管理器"窗口

步骤 3：在 Win2008-1 计算机上选择"开始"→"管理工具"→DNS 选项，打开"DNS 管理器"窗口，依次展开各选项，可以看到正向查找区域 nos.com 的子区域 windows，如图 3-51 所示。

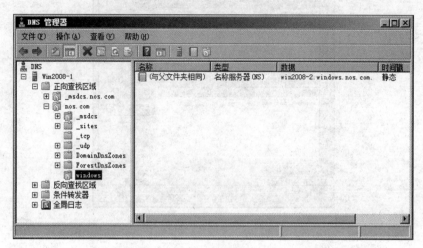

图 3-51 Win2008-1 的"DNS 管理器"窗口

3）验证父子域的信任关系

通过上述几个任务创建了父域 nos.com 及其子域 windows.nos.com，而子域和父域的双向、可传递的信任关系是在安装域控制器时就自动建立的，同时由于域林中的信任关系是可传递的，因此同一域林中的所有域都显式或者隐式地相互信任。

步骤 1：在 Win2008-1 计算机上以域管理员账户登录，选择"开始"→"管理工具"→"Active Directory 域和信任关系"选项，打开"Active Directory 域和信任关系"窗口，可以对域之间的信任关系进行管理，如图 3-52 所示。

图 3-52 "Active Directory 域和信任关系"窗口

步骤 2：在左侧窗格中右击父域名 nos.com，在弹出的快捷菜单中选择"属性"命令，打开"nos.com 属性"对话框，在"信任"选项卡中可以看到父域名 nos.com 和子域名 windows.nos.com 的信任关系，如图 3-53 所示。

对话框的上部列出的是 nos.com 所信任的域，表明 nos.com 信任其子域 windows.nos.com；对话框的下部列出的是信任 nos.com 的域，表明其子域 windows.nos.com 信任其父域 nos.com。也就是说，nos.com 和 windows.nos.com 有双向信任关系。

图 3-53　nos.com 的信任关系

步骤 3：在图 3-52 中右击 windows.nos.com，在弹出的快捷菜单中选择"属性"命令，打开"windows.nos.com 属性"对话框，在"信任"选项卡中可以查看其信任关系，如图 3-54 所示。

图 3-54　windows.nos.com 的信任关系

3.5　习题

一、填空题

1. 域树中的子域和父域的信任关系是_____、_____。

2. 在 Windows Server 2008 系统中安装活动目录的命令是_____，活动目录存放在_____中。

3．Windows Server 2008 服务器的 3 种角色是_____、_____、_____。

4．独立服务器上安装了_____就升级为域控制器。

5．域控制器包含由这个域的_____、_____以及属于这个域的计算机等信息构成的数据库。同一个域中的域控制器的地位是_____。

6．活动目录中的逻辑单元包括_____、_____、域林和组织单元。

7．活动目录中的物理结构由域控制器和_____组成。

二、选择题

1．_____信息不是域控制器中存储的信息。

    A．安全策略   B．用户身份验证

    C．账户   D．工作站分区

2．活动目录和_____的关系密不可分，可使用此服务器来登记域控制器的 IP 地址，进行各种资源的定位等。

    A．DNS   B．DHCP   C．FTP   D．HTTP

3．_____不属于活动目录的逻辑结构。

    A．域树   B．林   C．域控制器   D．组织单元

4．活动目录安装后，管理工具中没有增加_____选项。

    A．Active Directory 用户和计算机   B．Active Directory 域和信任关系

    C．Active Directory 站点和服务   D．Active Directory 管理

三、简答题

1．为什么需要域？

2．信任关系的目的是什么？

3．为什么在域中常常需要 DNS 服务器？

4．活动目录中存放了什么信息？

项目 4
用户和组的管理

项目学习目标

(1) 理解用户和组的概念。

(2) 掌握用户账户的创建与管理。

(3) 掌握组账户的创建与管理。

(4) 了解内置的组。

(5) 掌握用户工作环境的设置方法。

(6) 掌握网络凭据的管理。

4.1　项目提出

某上市公司的企业内部网原来一直采用"工作组"的网络资源管理模式,随着公司的快速发展,企业内部网的规模也在不断地扩大,覆盖了 5 栋办公大楼,涉及 1000 多个信息点,还拥有各类服务器 30 余台。

在"工作组"的管理模式下无法对计算机和用户进行集中管理,用户访问网络资源时也没有办法进行统一的身份验证。网络扩建后开始使用"域"模式来进行管理,作为网络管理员,该如何在域环境中实现对计算机和域用户的集中管理,以及实现集中的身份验证?

4.2　项目分析

Windows Server 2008 系统是一个多用户、多任务的分时操作系统,任何一个要使用系统资源的用户,都必须首先向管理员申请一个账号,然后以这个账号进入系统。这一方面可以帮助管理员对使用系统的用户进行跟踪,控制他们对系统资源的访问;另一方面也可以利用组账户帮助管理员简化操作的复杂程度,降低管理的难度。

在"工作组"的管理模式下,需要使用"计算机管理"工具来管理本地用户和组;在"域"的管理模式下,则需要使用"Active Directory 用户和计算机"工具来管理整个域环境中的用户和组。

4.3　相关知识点

4.3.1　用户账户的概念

在计算机网络中,计算机的服务对象是用户,用户通过账户访问计算机资源,所以用户也就是账户。所谓用户的管理,也就是账户的管理。每个用户都需要有一个账户,以便登录到域访问网络资源或登录到某台计算机访问该机上的资源。组是用户账户的集合,管理员通常通过组来对用户的权限进行设置,从而简化了管理。

用户账户由一个账户名和一个密码来标识,二者都需要用户在登录时输入。账户名是用户的文本标签,密码则是用户的身份验证字符串,是在 Windows Server 2008 网络上的个人唯一标识。用户账户通过验证后登录到工作组或是域内的计算机上,然后通过授权访问相关的资源,它也可以作为某些应用程序的服务账户。

账户名的命名规则如下。

(1) 账户名必须唯一,且不区分大小写。

(2) 最多可以包含 20 个大小写字符和数字,输入时可超过 20 个字符,但只识别前 20 个字符。

(3) 不能使用系统保留字符(* 、;、?、/、\、[、]、:、|、=、,、+、<、>、"、@)。

(4) 可以是字符和数字的组合。

(5) 不能与组名相同。

为了维护计算机的安全,每个账户必须有密码,设立密码应遵循以下规则。

(1) 密码可以使用大小写字母、数字和其他合法的字符。

(2) 密码不包含全部或部分的用户账户名。

(3) 密码最多可由 128 个字符组成,推荐最小长度为 8 个字符。

(4) 使用不易猜出的字母或数字的组合,例如不要使用自己的名字、生日以及家庭成员的名字、电话号码等。

(5) 必须为 Administrator 账户指定一个密码,以防止他人随便使用该账户。

4.3.2　用户账户的类型

Windows Server 2008 服务器有两种工作模式:工作组模式和域模式。工作组和域都是由一些计算机组成的,例如可以把企业的每个部门组织成一个工作组或者一个域,这种组织关系和物理上计算机之间的连接没有关系,仅仅是逻辑意义上的。

工作组和域之间的区别可以归结为以下几点。

(1) 创建方式不同:工作组可以由任何一个计算机的管理员来创建,用户在系统的“计算机名/域更改”对话框中输入新的组名,重新启动计算机后就创建了一个新组,而且每一台计算机都有权利创建一个组;而域只能由域控制器来创建,然后才允许其他的计算机加入这个域。

(2) 安全机制不同:在域中有可以登录该域的账户,这些由域管理员来建立;在工作组中不存在工作组的账户,只有本机上的账户和密码。

（3）登录方式不同：在工作组模式下，计算机启动后自动就在工作组中；登录域时要提交域用户名和密码，只到用户登录成功之后，才被赋予相应的权限。

Windows Server 2008 针对这两种工作模式提供了 3 种不同类型的用户账户，分别是本地用户账户、域用户账户和内置用户账户。

1．本地用户账户

本地用户账户对应于对等网的工作组模式，建立在非域控制器的 Windows Server 2008 独立服务器、成员服务器以及 Windows 7 客户端中。本地账户只能在本地计算机上登录，无法访问域中其他计算机上的资源。

本地计算机上都有一个管理账户数据的数据库，称为安全账户管理器（Security Accounts Managers，SAM）。SAM 数据库文件路径为 C:\Windows\System32\config\SAM。在 SAM 中，每个账户被赋予唯一的安全识别号（Security Identifier，SID），用户要访问本地计算机，都需要经过该机 SAM 中的 SID 验证。本地的身份验证过程都由创建本地账户的本地计算机完成，没有集中统一的身份验证。

新建一个用户账户时，它被自动分配一个 SID，在系统内部使用该 SID 来代表该用户，同时权限也是通过 SID 来记录的，而不是用户账户名称。用户账户被删除后，其 SID 仍然保留。如果再新建一个同名的用户账户，它将被分配一个新的 SID，拥有与删除前不一样的权限。

2．域用户账户

域用户账户对应于域模式网络，域用户账户和密码存储在域控制器上的 Active Directory 数据库中，域数据库的路径为域控制器中 C:\Windows\NTDS\ntds.dit。因此，域用户账户和密码被域控制器集中管理。用户可以利用域用户账户和密码登录域，访问域内资源。域用户账户建立在 Windows Server 2008 域控制器上，域用户账户一旦建立，会被自动地复制到同域中的其他域控制器上。复制完成后，域中的所有域控制器都能在用户登录时提供身份验证功能。

3．内置用户账户

Windows Server 2008 中还有一种账户叫内置用户账户，它与服务器的工作模式无关。当 Windows Server 2008 安装完毕后，系统会在服务器上自动创建一些内置用户账户，分别如下。

（1）Administrator（系统管理员）：拥有最高的权限，管理着 Windows Server 2008 系统和域。系统管理员的默认名字是 Administrator，可以更改系统管理员的名字，但不能删除该账户。该账户无法被禁止使用，永远不会到期，不受登录时间和只能使用指定计算机登录的限制。

（2）Guest（来宾）：是为临时访问计算机的用户提供的。该账户自动生成，且不能被删除，但可以更改名字。Guest 只有很少的权限，默认情况下，该账户被禁止使用。例如，当希望局域网中的用户都可以登录到自己的计算机但又不愿意为每一个用户建立一个账户时，就可以启用 Guest 账户。

（3）IUSR：该账户在安装了 IIS 后会自动生成，用于让用户可以匿名访问 IIS 中的网站。

在工作组模式下,默认只有 Administrator 账户和 Guest 账户。Administrator 账户可以执行计算机管理的所有操作;而 Guest 账户是为临时访问计算机的用户而设置的,但默认是禁止使用的。

4.3.3　组的概念

有了用户之后,为了简化网络的管理工作,Windows Server 2008 中提供了用户组的概念。用户组就是指具有相同或者相似特性的用户集合,我们可以把组看作一个班级,用户便是班级里的学生。当要给一批用户分配同一个权限时,就可以将这些用户都归到一个组中,只要给这个组分配此权限,组内的用户都会拥有此权限。就好像给一个班级发了一个通知,班级中的所有学生都会收到这个通知一样。

组是指本地计算机或 Active Directory 中的对象集合,它可以包含用户、联系人、计算机和其他组。在 Windows Server 2008 中,通过组来管理用户和计算机对共享资源的访问。如果赋予某个组访问某个资源的权限,这个组中的所有用户都会自动拥有该权限。

组一般用于以下三个方面。

(1) 管理用户和计算机对资源的访问,这些资源包括 Active Directory 对象及其属性、共享文件夹、文件、目录和打印队列等。

(2) 筛选组策略。

(3) 创建电子邮件分配列表。

Windows Server 2008 同样使用唯一安全标识符 SID 来跟踪组,权限的设置都是通过SID 而不是利用组名进行的。更改任何一个组的账户名,并没有更改该组的 SID,这意味着在删除组之后又重新创建该组,不能期望所有权限和特权都与以前相同。新的组将有一个新的 SID,旧的组所有权限和特权已经丢失。

在 Windows Server 2008 中,用组账户来表示组,用户只能通过用户账户登录计算机,不能通过组账户登录计算机。

4.3.4　组的类型和作用域

根据服务器的工作模式,组可以分为本地组和域组。

1. 本地组

可以在 Windows Server 2008 独立服务器或成员服务器、Windows 7 等非域控制器的计算机上创建本地组。本地组账户的信息被存储在本地 SAM 内。本地组只能在本地计算机上使用,它有两种类型:用户创建的本地组和系统内置的本地组。

可以在"计算机管理"工具的"本地用户和组"下的"组"文件夹中查看系统内置的本地组,如图 4-1 所示。

内置的本地组主要包括以下几种。

(1) Administrators:该组中的成员对计算机具有完全控制权限,并且可以根据需要向用户分配权利和访问控制权限。Administrator 用户是该组的默认成员。当计算机加入域时,Domain Admins 组会自动添加到该组中。因为该组中的成员可以完全控制计算机,所以在添加其成员时要特别谨慎。

(2) Backup Operators:该组中的成员可以备份和还原计算机上的文件,而不管保护这

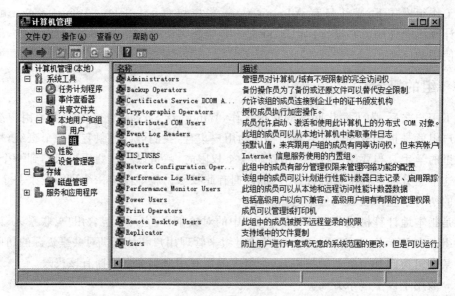

图 4-1　内置的本地组

些文件的权限如何。这是因为执行备份任务的权利要高于所有文件权限。该组中的成员无法更改安全设置。

（3）Cryptographic Operators：已授权该组中的成员执行加密操作。

（4）Guests：该组成员拥有一个在登录时创建的临时配置文件，在注销时，该配置文件将被删除。内置的 Guest 用户（默认情况下已禁用）是该组中的成员。

（5）IIS_IUSRS：这是 Internet 信息服务（IIS）使用的内置组。

（6）Network Configuration Operators：该组中的成员可以更改 TCP/IP 配置，例如更改 IP 地址，但不能添加/删除程序，也不能执行网络服务器的配置工作。

（7）Performance Log Users：该组中的成员可以从本地计算机和远程客户端管理性能计数器、日志和警告，而无须成为 Administrators 组的成员。

（8）Performance Monitor Users：该组中的成员可以从本地计算机和远程客户端监视性能计数器，而无须成为 Administrators 组或 Performance Log Users 组的成员。

（9）Power Users：存在于非域控制器上，可进行基本的系统管理，如共享本地文件夹、管理系统访问和打印机、管理本地普通用户；但是它不能修改 Administrators 组、Backup Operators 组，不能备份/恢复文件，不能修改注册表。

（10）Remote Desktop Users：该组中的成员可以远程登录计算机，允许通过远程桌面登录。

（11）Replicator：该组支持复制功能。该组的唯一成员是域用户账户，用于登录域控制器的复制器服务，不能将实际用户账户添加到该组中。

（12）Users：是一般用户所在的组，新建的用户都会自动加入该组，可以执行一些常见的任务，如运行应用程序，使用本地和网络打印机及锁定计算机，但不能创建共享文件夹和本地打印机。如果这台计算机加入到域，则在域中创建的任何用户都将成为该组中的成员。

2. 域组

域组账户创建在 Windows Server 2008 的域控制器上，组账户的信息被存储在 Active

Directory 数据库中,这些组能够被使用在整个域中的计算机上。

组的分类方法有很多,根据权限不同,域中的组可以分为安全组和通讯组。

(1) 安全组。安全组有 SID,能够给其授予访问本地资源或网络资源的权限,也可以利用其群发电子邮件。

(2) 通讯组。通讯组没有 SID,不能授权其访问资源,只能用来群发电子邮件。如果网络中安装了微软的邮件系统 Exchange,则可以创建一些专门群发电子邮件的通讯组。这样用户就可以针对某通讯组群发电子邮件,邮件服务器会读取该通讯组的成员,将电子邮件发送到该组的所有成员。

根据组的作用范围,Windows Server 2008 域内的组可分为本地域组、全局组和通用组,这些组的特性说明如下。

(1) 本地域组。本地域组主要被用来指派在本域内的访问权限,以便可以访问本域内的资源。例如,在网络上有一台激光打印机,针对该打印机的使用情况,可以创建一个“激光打印机使用者”本地域组,然后授权该组可以使用该打印机。以后哪个用户或全局组需要使用打印机,可以直接将其添加到“激光打印机使用者”本地域组中,就等于授权其可以使用打印机了。本地域组具有以下特性。

① 只能访问本域内的资源,无法访问其他域内的资源。

② 组成员可以是任何一个域内的用户、通用组、全局组以及本域的本地域组,但不能是其他域内的本地域组。

(2) 全局组。全局组主要用来组织用户,即可以将多个即将被赋予相同权限的用户账户加入同一个全局组中。全局组具有以下特性。

① 可以访问任何一个域内的资源。

② 组成员只能是本域中的用户和其他全局组。

(3) 通用组。通用组可以指派在所有域中的访问权限,以便访问所有域内的资源。通用组具有以下特性。

① 可以访问任何一个域内的资源。

② 组成员可以是整个域林(多个域)中任何一个域内的用户、通用组、全局组,但不能是任何一个域内的本地域组。

可以在“Active Directory 用户和计算机”窗口中查看系统内置的域组。内置域组按照授权的作用范围,可以分为内置的本地域组、内置的全局组和内置的通用组,还有一些特殊的内置组。

① 内置的本地域组。内置的本地域组代表的是对某种资源的访问权限,是针对某种资源的访问情况而创建的。内置的本地域组位于活动目录的 Builtin 容器内,如图 4-2 所示。内置的本地域组主要包括以下几种。

- Account Operators:该组中的成员可以管理域用户和组账户,系统默认其组成员可以在任何一个容器或组织单元内(Builtin 容器与 Domain Controllers 组织单元除外)新建、删除、更改用户账户、组账户、计算机账户,但不能更改或删除 Administrators 组与 Domain Admins 组的成员。

- Administrators:该组中的成员具有系统管理员的权限,拥有对所有域控制器最大的控制权,可以执行整个活动目录的管理任务。内置的管理员账户 Administrator 就

图 4-2　内置的本地域组

是该本地域组的成员，而且无法将其从该组中删除。Administrators 组默认的成员包括 Administrator、Domain Admins 全局组、Enterprise Admins 全局组等。

- Backup Operators：该组中的成员可以备份和还原所有域控制器内的文件和文件夹，还可以关闭域控制器。

- Guests：该组是供没有用户账户但是需要访问资源的用户使用的，该组中的成员无法永久地改变其桌面的工作环境。Guests 组默认的成员包括用户账户 Guest 和全局组 Domain Guests。

- Network Configuration Operators：该组中的成员可以在域控制器上执行一般的网络设置工作，如更改 IP 地址，但是不可以安装或删除驱动程序和服务，也不可以执行与网络服务器设置有关的工作，如不能设置 DNS 服务器、DHCP 服务器等。

- Print Operators：该组中的成员可以创建、停止或管理在域控制器上的共享打印机，也可以关闭域控制器。

- Remote Desktop Users：该组中的成员可以远程登录计算机，比如使用其他计算机通过远程桌面或终端服务登录到域控制器。

- Server Operators：该组中的成员可以创建、管理、删除域控制器上的共享文件夹与打印机，备份与还原域控制器内的文件，锁定与解开域控制器，将域控制器上的硬盘格式化，更改域控制器的系统时间，关闭域控制器等。

- Users：该组中的成员拥有一些基本的权限，如运行程序，但是不能修改操作系统的设置，不能更改其他用户的数据，不能关闭服务器级的计算机。Users 组默认的成员为 Domain Users 全局组。

② 内置的全局组。当创建一个域时，系统会在活动目录中创建一些内置的全局组。这

些全局组本身并没有任何权利与权限,但是可以通过将其加入具备权利或权限的本地域组来获取权限,或者直接为该全局组指派权利或权限。

内置的全局组位于活动目录的 Users 容器内,如图 4-3 所示。内置的全局组主要包括以下几种。

图 4-3　内置的全局组和通用组

- Domain Admins:域内的成员计算机会自动将该组加入 Administrators 组中,因此 Domain Admins 这个全局组的每个成员都具备系统管理员的权限,该组默认的成员为域用户 Administrator。
- Domain Computers:所有加入该域的计算机都被自动加入该组内。
- Domain Controllers:域中所有域控制器都被自动加入该组内。
- Domain Users:域内的成员计算机会自动将该组加入 Users 组中,该组默认的成员为域用户 Administrator,以后添加的域用户账户都自动属于该 Domain Users 全局组。
- Domain Guests:Windows Server 2008 会自动将该组加入 Guests 本地域组内,该组默认的成员为用户账户 Guest。
- Group Policy Creator Owners:该组中的成员可以修改域的组策略。
- Read-only Domain Controllers:该组中的成员是域中的只读域控制器。

③ 内置的通用组。和全局组的作用一样,内置通用组的目的根据用户的职责合并用户。与全局组不同的是,在多域环境中它能够合并其他域中的域用户账户,例如可以把两个域中的经理账户添加到一个通用组中。在多域环境中,可以在任何域中为其授权。

内置的通用组也位于活动目录的 Users 容器内,如图 4-3 所示。内置的通用组主要包括以下几种。

- Enterprise Admins:该组只出现在林根域中,该组中的成员具有对林中所有域的完全控制权,并且该组是林中所有域控制器上 Administrators 组的成员。默认情况下，Administrator 账户是该组的成员。除非用户是企业网络问题专家，否则不要将他们添加到该组中。

- Schema Admins：该组只出现在林根域中，该组中的成员可以修改 Active Directory 架构。默认情况下，Administrator 账户是该组的成员。修改活动目录架构是对活动目录的重大修改，除非用户具备 Active Directory 方面的专业知识，否则不要将他们添加到该组中。

④ 特殊的内置组。除了上述内置组以及管理员自己创建的组之外，系统中还有一些特殊的内置组。特殊的内置组存在于每一台 Windows Server 2008 计算机内，这些组的成员是临时和瞬间的，管理员无法通过配置改变这些组中的成员，也就是说，无法在"Active Directory 用户和计算机"或"本地用户和组"中看到或管理这些组。这些组只有在设置权利、权限时才看得到。特殊的内置组主要有以下几个。

- Everyone：代表所有当前网络上的用户，包括来自其他域的来宾和用户。所有登录到网络的用户都将自动成为 Everyone 组的成员。
- Authenticated Users：包括在计算机上或活动目录中的所有通过身份验证的账户，用该组代替 Everyone 组可以防止匿名访问。
- Creator Owner：文件等资源的创建者就是该资源的 Creator Owner。不过，如果创建者是属于 Administrators 组内的成员，则其 Creator Owner 为 Administrators 组。
- Network：通过网络（不是通过本地登录）来访问共享资源的任何账户都将自动成为 Network 组的成员。
- Interactive：通过本地登录（不是通过网络访问）来访问本计算机上资源的任何账户都将自动成为 Interactive 组的成员。
- Anonymous Logon：包括 Windows Server 2008 不能验证身份的任何账户。注意，在 Windows Server 2008 中，Everyone 组内并不包含 Anonymous Logon 组。
- Dialup：包括当前建立了拨号连接的任何账户。

4.4 项目实施

4.4.1 任务1：管理本地用户和本地组

1. 任务目标
掌握本地用户和本地组的创建与管理，特别是对本地用户进行重新设置密码、修改和重命名等相关操作。

2. 任务内容
（1）创建本地用户。
（2）更改本地用户密码。
（3）创建和管理本地组。

3. 完成任务所需的设备和软件
Win2008-2 独立服务器 1 台（先不加入域 nos.com）。

4. 任务实施步骤

1）创建本地用户

本地用户是工作在本地计算机上的用户，只有系统管理员才能在本地创建本地用户。下面举例说明如何在 Windows 独立服务器上创建本地用户 user1 的操作方法。

步骤 1：以本地管理员身份登录到 Win2008-2 虚拟机上，选择"开始"→"管理工具"→"计算机管理"命令，打开"计算机管理"窗口，如图 4-4 所示。

图 4-4　"计算机管理"窗口

步骤 2：展开左侧窗格中的"本地用户和组"→"用户"选项，右击"用户"选项，在弹出的快捷菜单中选择"新用户"命令，打开"新用户"对话框，如图 4-5 所示。

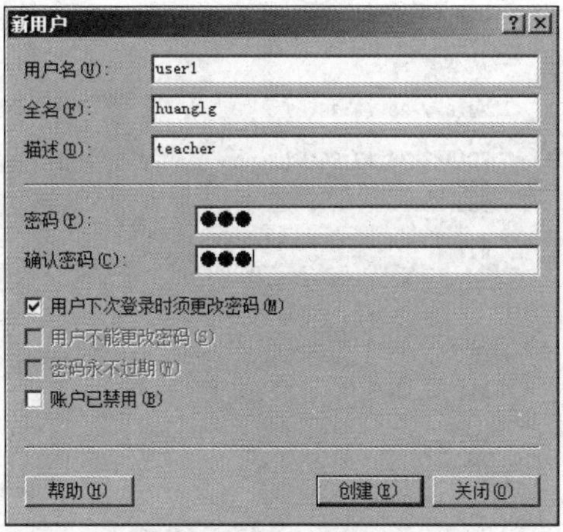

图 4-5　"新用户"对话框

步骤 3：在"新用户"对话框中输入用户名、全名、描述和密码（口令），选中"用户下次登录时须更改密码"复选框，单击"创建"按钮，这样就创建了一个普通用户。

如图 4-6 所示，Windows Server 2008 的密码安全策略默认要求用户的密码必须符合复杂性要求，因此输入的密码如果全是字符或全是数字会出现错误提示对话框，必须输入类似于 a1!或 p@ssw0rd 这样的密码才能满足默认的密码安全策略要求。

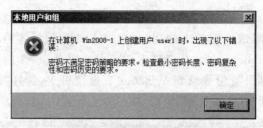

图 4-6　密码复杂性提示

步骤 4：也可以使用命令创建用户账户，在命令提示符下输入以下命令可以创建和管理用户账户，如图 4-7 所示。

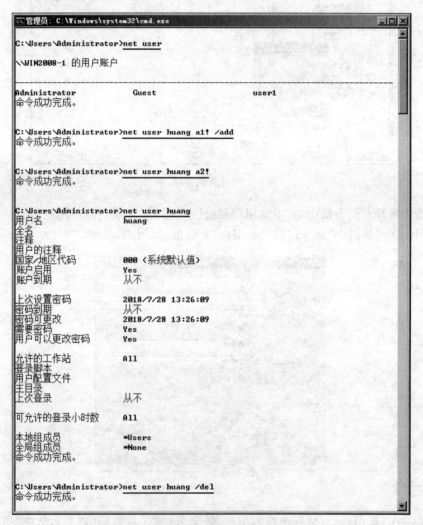

图 4-7　使用命令创建和管理用户账户

- 输入 net user 命令，查看服务器上的所有账户信息。
- 输入 net user huang a1! /add 命令，添加一个用户 huang，密码为 a1!。

- 输入 net user huang a2!命令,更改 huang 用户的密码为 a2!。
- 输入 net user huang 命令,查看 huang 用户的详细信息。
- 输入 net user huang /del 命令,删除 huang 用户。

2) 更改本地用户密码

重设密码可能会造成一些不可逆的信息丢失,出于安全原因,遇到以下两种情况时需要更改用户的密码。

- 如果用户在知道密码的情况下想更改密码,登录后按 Ctrl+Alt+Del 组合键,在打开的界面中单击"更改密码"按钮,先输入正确的旧密码,然后再输入新密码即可。
- 如果用户忘记了登录密码,可以使用密码重设盘来进行密码重设,密码重设只能用于本地计算机中。

(1) 创建密码重设盘。创建密码重设盘的操作步骤如下。

步骤 1:将 U 盘插入计算机,然后选择"开始"→"控制面板"→"用户账户"→"更改Windows 密码"超链接,打开"用户账户"窗口,如图 4-8 所示。

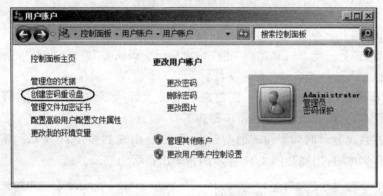

图 4-8 "用户账户"窗口

步骤 2:单击左侧窗格中的"创建密码重设盘"超链接,打开"忘记密码向导"对话框。

步骤 3:单击"下一步"按钮,出现"创建密码重置盘"界面,选择 U 盘所在的驱动器,如图 4-9 所示。

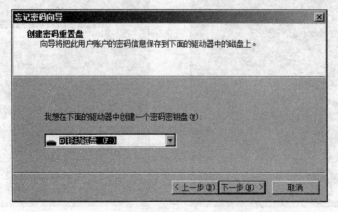

图 4-9 "创建密码重置盘"界面

步骤 4：单击"下一步"按钮，出现"当前用户账户密码"界面，输入当前用户的密码，如图 4-10 所示。

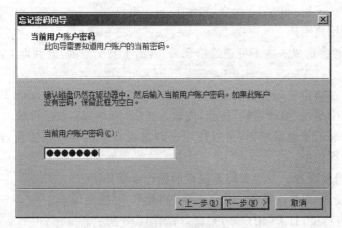

图 4-10　"当前用户账户密码"界面

步骤 5：单击"下一步"按钮，出现"正在创建密码重置磁盘"界面。

步骤 6：单击"下一步"按钮，出现"正在完成忘记密码向导"界面，单击"完成"按钮，这样就在 U 盘上创建了一个 userkey.psw 文件。

（2）使用密码重设盘重设密码。创建密码重设盘后，如果忘记了密码，可以插入这张 U 盘（密码重设盘）来设置新密码，操作步骤如下。

步骤 1：在系统登录时如果输入的密码有误，则会出现如图 4-11 所示的密码错误提示界面，单击"确定"按钮，出现如图 4-12 所示的密码出错后的登录界面。

图 4-11　密码错误提示界面

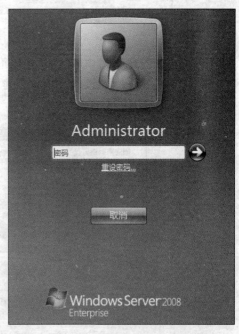

图 4-12　密码出错后的登录界面

步骤 2：将 U 盘（密码重设盘）插入计算机，然后单击"重设密码"超链接，打开"重置密码向导"对话框，单击"下一步"按钮，出现"插入密码重置盘"界面。

步骤 3：选中密码重设盘所在的驱动器，单击"下一步"按钮，出现"重置用户账户密码"界面，如图 4-13 所示。

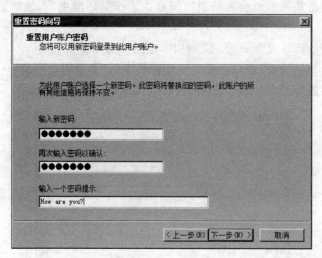

图 4-13　"重置用户账户密码"界面

步骤 4：输入新密码和密码提示，单击"下一步"按钮，出现"正在完成密码重设向导"界面，单击"完成"按钮即可完成新密码的设置。

3）创建和管理本地组

（1）创建本地组。Windows Server 2008 计算机在运行某些特殊功能或应用程序时，可能需要特定的权限。为这些任务创建一个组，并将相应的成员添加到组中，是进行任务管理的一个很好的解决方案。

下面以创建本地组 common 为例来说明创建本地组的方法。

步骤 1：在"计算机管理"窗口中展开左侧窗格中的"本地用户和组"→"组"选项，右击"组"选项，在弹出的快捷菜单中选择"新建组"命令，打开"新建组"对话框，如图 4-14 所示。

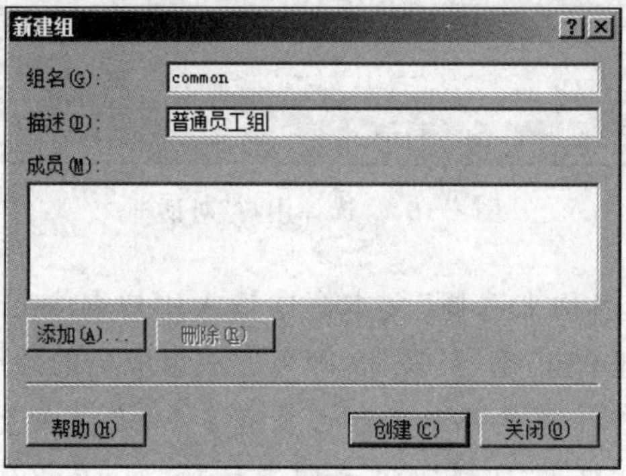

图 4-14　"新建组"对话框

步骤 2：输入组名和描述，单击"创建"按钮，再单击"关闭"按钮，即可完成本地组的创建。在图 4-14 中，通过单击"添加"按钮可添加组成员。

步骤 3：也可以在命令提示符下输入以下命令来创建本地组 common。

```
net localgroup common /add
```

（2）为本地组添加成员。可以将对象添加到任何组中。在域中，这些对象可以是本地用户、域用户，甚至是其他本地组或域组。但是在工作组环境中，本地组的成员只能是本地用户或其他本地组。

下面举例说明如何将成员 user1 添加到本地组 common 中。

步骤 1：在"计算机管理"窗口中展开左侧窗格中的"本地用户和组"→"组"选项，在右侧窗格中双击要添加成员的组 common，打开"common 属性"对话框，如图 4-15 所示。

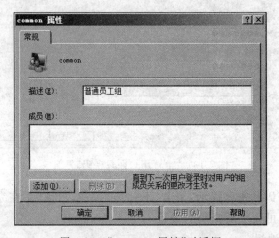

图 4-15　"common 属性"对话框

步骤 2：单击"添加"按钮，打开"选择用户"对话框，如图 4-16 所示。

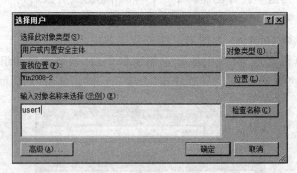

图 4-16　"选择用户"对话框

步骤 3：在"输入对象名称来选择"文本框中输入用户名 user1，单击"确定"按钮，返回"common 属性"对话框，再单击"确定"按钮，即可完成组成员的添加。

【说明】　在图 4-16 中，如果要添加的组成员有多个，在组成员之间要使用分号（;）来分隔。如果忘记了用户名，可单击"高级"→"立即查找"按钮，在出现的如图 4-17 所示的对话框中选择用户名。

步骤 4：也可以在命令提示符下输入以下命令，在本地组 common 中添加成员 user1，如图 4-18 所示。

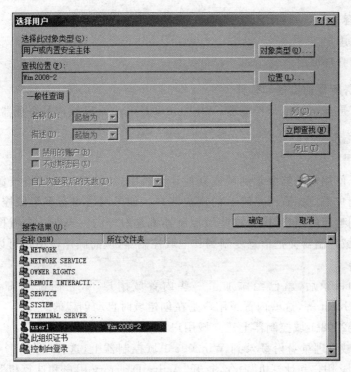

图 4-17　选择用户名

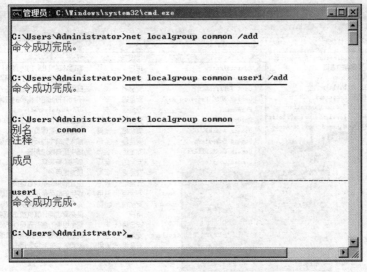

图 4-18　使用命令创建和管理组账户

```
net localgroup common user1 /add
```

4.4.2　任务 2：管理域用户和域组

1. 任务目标

掌握域用户和域组的创建与管理，了解域用户与本地用户、域组与本地组的区别。

2. 任务内容

（1）创建域用户。

（2）创建和管理域组。

3. 完成任务所需的设备和软件

Win2008-1 是 nos.com 域控制器，Win2008-2 是 nos.com 域成员服务器。

4. 任务实施步骤

1）创建域用户

域用户用来使用户能够登录到域或其他计算机中，从而获得对网络资源的访问权。经常访问网络的用户都应拥有网络唯一的用户账户。如果网络中有多个域控制器，可以在任何域控制器上创建新的用户，因为这些域控制器都是对等的。当在一个域控制器上创建新的用户时，这个域控制器会把信息复制到其他域控制器，从而确保该用户可以登录并访问任何一个域控制器。

安装完活动目录后，就已经添加了一些内置域用户了，它们位于 Users 容器中，如 Administrator、Guest 等，这些内置域用户是在创建域时自动创建的。

下面在 Win2008-1 域控制器上建立域用户 huanglinguo。

步骤 1：以域管理员身份登录到 Win2008-1 域控制器上，选择"开始"→"管理工具"→"Active Directory 用户和计算机"命令，打开"Active Directory 用户和计算机"窗口，如图 4-19 所示。

图 4-19 "Active Directory 用户和计算机"窗口

步骤 2：展开左侧窗格中的 nos.com 域，右击 Users 选项，在弹出的快捷菜单中选择"新建"→"用户"命令，打开"新建对象-用户"对话框，如图 4-20 所示。

步骤 3：输入姓（黄）、名（林国），系统可以自动填充完整的姓名（黄林国），再输入用户登

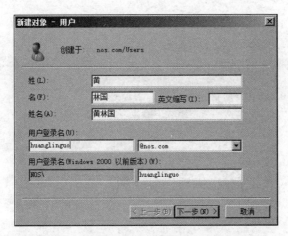

图 4-20 "新建对象-用户"对话框

录名(huanglinguo@nos.com)。注意,用户登录名才是用户登录系统所需要输入的。

步骤 4:单击"下一步"按钮,出现"密码"界面,如图 4-21 所示,输入强密码。

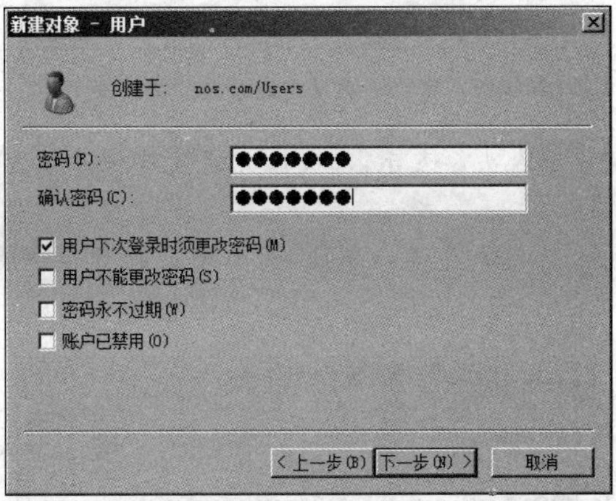

图 4-21 "密码"界面

系统默认选中了"用户下次登录时须更改密码"复选框,这意味着可以为每个新用户指定公司的标准密码,然后当用户第一次登录时,让他们创建自己的密码。用户的初始密码应当采用英文大小写、数字和其他特殊符号的组合。同时,密码与用户名既不能相同,也不要相关,以保证用户账户的安全。

步骤 5:单击"下一步"按钮,出现"完成"界面,如图 4-22 所示,单击"完成"按钮,即可完成域用户的创建。

当需要创建多个同组同权限的域用户账户时,可以以一个创建好的用户账户为模板,右击要作为模板的账户,在弹出的快捷菜单中选择"复制"命令,即可复制该模板账户的所有属性,而不必再一一设置,从而提高账户创建的效率。

【说明】

① 在图 4-21 中,如果输入的密码是弱密码,会出现密码不满足密码策略的错误提示,如图 4-23 所示,这时需要重新设置密码。

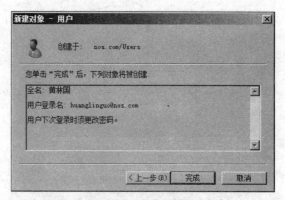

图 4-22 "完成"界面

图 4-23 密码不满足密码策略的错误提示

② 域用户的图标用一个人头像表示，人头像背后没有计算机图标，从而与本地用户的图标有所区别。

③ 域用户提供了比本地用户更多的属性，例如登录时间和登录到哪台计算机的限制等，如图 4-24 所示。

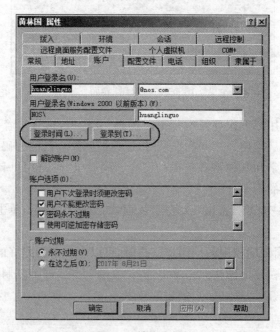

图 4-24 域用户属性

2）创建和管理域组

（1）创建域组 markets 和 common，具体步骤如下。

步骤 1：以域管理员身份登录到 Win2008-1 域控制器上，选择"开始"→"管理工具"→"Active Directory 用户和计算机"命令，打开"Active Directory 用户和计算机"窗口。

步骤 2：展开左侧窗格中的 nos.com 域，右击 Users 选项，在弹出的快捷菜单中选择"新建"→"组"命令，打开"新建对象-组"对话框，如图 4-25 所示。

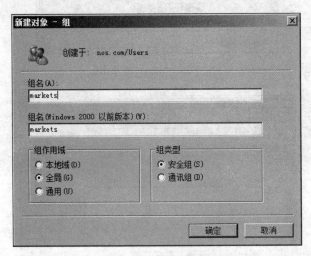

图 4-25　"新建对象-组"对话框

步骤 3：在"组名"文本框中输入 markets，"组名（Windows 2000 以前版本）"可采用默认值，默认选中"全局"和"安全组"单选按钮。

步骤 4：单击"确定"按钮，完成域组 markets 的创建。使用相同的方法创建域组 common。

【说明】　域组的图标用两个人头像表示，人头像背后没有计算机图标，从而与本地组的图标有所区别。

（2）为域组 markets 指定成员。用户组创建完成后，还需要向该组添加组成员。组成员可以包括用户账户、联系人、其他组和计算机等。例如，可以将一台计算机加入某组，使该计算机有权访问另一台计算机上的共享资源。

当新建一个用户组之后，可以为组指定成员，向该组添加用户和计算机。下面向组 markets 添加用户"黄林国"（账户名为 huanglinguo@nos.com 或 nos\huanglinguo）和计算机账户 Win2008-2。

步骤 1：在"Active Directory 用户和计算机"窗口中展开左侧窗格中的 nos.com 域，选中 Users 选项，在右侧窗格中右击 markets 组，在弹出的快捷菜单中选择"属性"命令，打开"markets 属性"对话框，选择"成员"选项卡，如图 4-26 所示。

步骤 2：单击"添加"按钮，打开"选择用户、联系人、计算机、服务账户或组"对话框，如图 4-27 所示。

步骤 3：单击"对象类型"按钮，打开"对象类型"对话框，如图 4-28 所示，选中"计算机"和"用户"复选框，单击"确定"按钮返回。

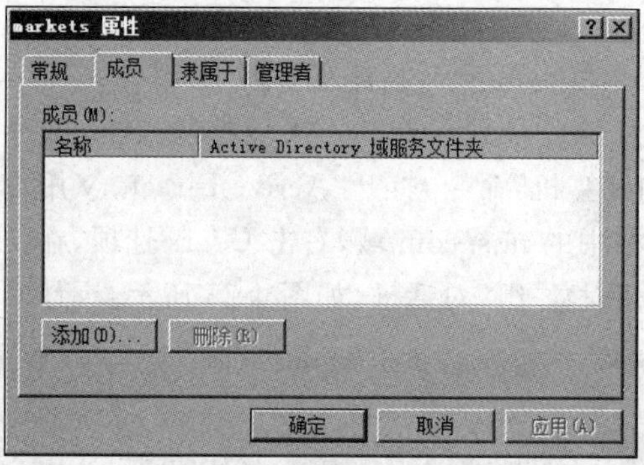

图 4-26 "成员"选项卡

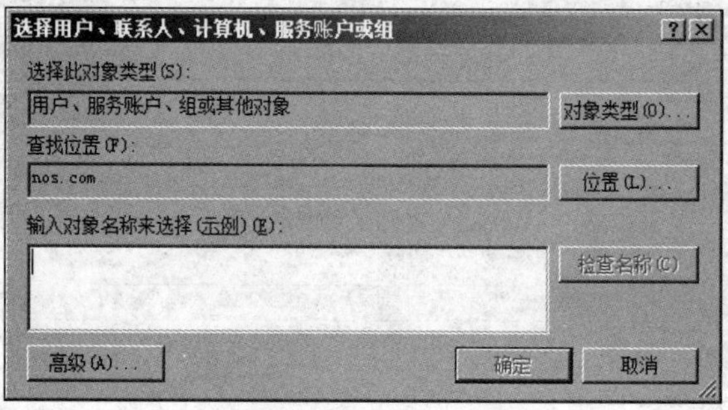

图 4-27 "选择用户、联系人、计算机、服务账户或组"对话框

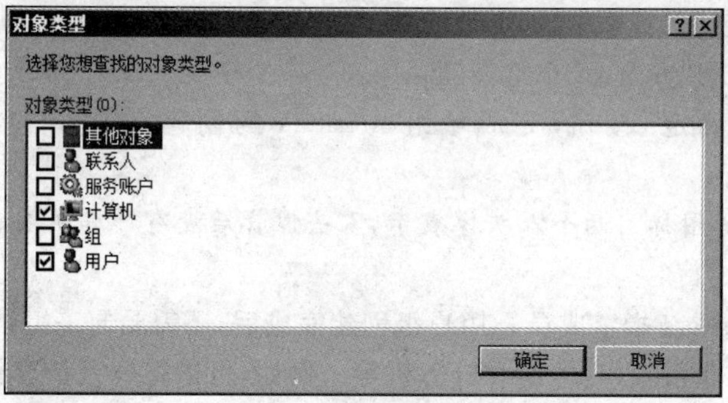

图 4-28 "对象类型"对话框

步骤 4：单击"位置"按钮，打开"位置"对话框，如图 4-29 所示，选中在 nos.com 域中查找，单击"确定"按钮返回。

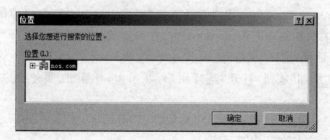

图 4-29 "位置"对话框

步骤 5：单击"高级"按钮，打开另一个"选择用户、联系人、计算机、服务账户或组"对话框，如图 4-30 所示，单击"立即查找"按钮，列出所有用户和计算机账户。按"Ctrl＋鼠标左键"组合键选择计算机账户 Win2008-2 和用户账户"黄林国"。

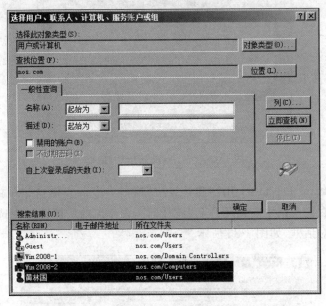

图 4-30 选择需添加到组的计算机和用户

步骤 6：单击"确定"按钮，返回到原"选择用户、联系人、计算机、服务账户或组"对话框，所选择的计算机和用户账户将被添加到该组，并显示在"输入对象名称来选择（示例）"列表框中，如图 4-31 所示。

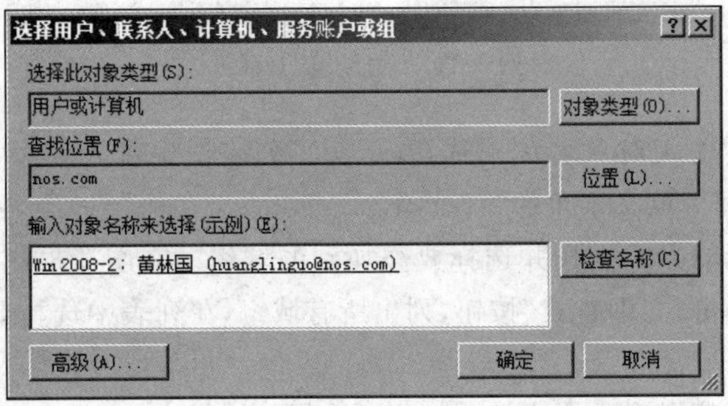

图 4-31 将计算机和用户添加到组

当然，也可以直接在"输入对象名称来选择（示例）"列表框中输入要添加至该组的用户账户或计算机账户，账户名之间用英文半角的"；"分隔。单击"检查名称"按钮，还可以检查输入的账户名是否有误。

步骤 7：单击"确定"按钮，返回到"markets 属性"对话框，所有被选择的计算机和用户账户被添加到该组，如图 4-32 所示。再单击"确定"按钮，完成组成员的添加。

（3）将用户添加至域组。新建一个用户之后，可以将该用户添加到某个或某几个域组。下面将"黄林国"用户添加到 markets 和 common 域组。

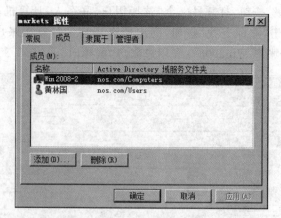

图 4-32　"markets 属性"对话框

步骤 1：在"Active Directory 用户和计算机"窗口中展开左侧窗格中的 nos.com 域，选中 Users 选项，在右侧窗格中右击用户名"黄林国"，在弹出的快捷菜单中选择"添加到组"命令，打开"选择组"对话框，如图 4-33 所示。

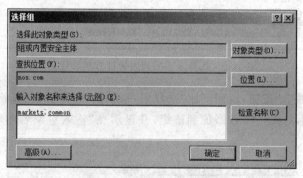

图 4-33　"选择组"对话框

步骤 2：直接在"输入对象名称来选择（示例）"列表框中输入要添加到的域组 markets 和 common，域组之间用英文半角的"；"分隔。

也可以采用浏览的方式查找并选择要添加到的域组。在图 4-33 中，单击"高级"按钮，在打开的对话框中单击"立即查找"按钮，列出所有域组，在列表中选择要将该用户添加到的域组。

步骤 3：单击"确定"按钮，用户被添加到所选择的域组中。

（4）查看域组 markets 的属性，具体步骤如下。

步骤 1：在"Active Directory 用户和计算机"窗口中展开左侧窗格中的 nos.com 域，选中 Users 选项，在右侧窗格中右击将查看的域组 markets，在弹出的快捷菜单中选择"属性"命令，打开"markets 属性"对话框，选择"成员"选项卡，显示域组 markets 所拥有的所有计算机账户和用户账户。

步骤 2：在"Active Directory 用户和计算机"窗口中右击用户名"黄林国"，并在弹出的快捷菜单中选择"属性"命令，打开"黄林国 属性"对话框，选择"隶属于"选项卡，显示该用户属于的所有域组。

4.4.3　任务 3：管理用户配置文件

1. 任务目标

掌握本地用户配置文件、漫游用户配置文件的创建与使用，了解强制性用户配置文件的作用。

2. 任务内容

(1) 管理本地用户配置文件。

(2) 管理漫游用户配置文件。

3. 完成任务所需的设备和软件

Win2008-1 是 nos.com 域控制器，Win2008-2 和 Win2008-3 是独立服务器。

4. 任务实施步骤

用户配置文件是使计算机保存用户工作环境和工作方式的设置的集合，其中包括桌面背景、屏幕保护程序、鼠标指针设置、声音设置及输入法设置、区域设置、IE 设置、连接的网络打印机、存储的网络凭据、数字证书等。

Windows Server 2008 提供了 3 种用户配置文件：本地用户配置文件、漫游用户配置文件、强制性用户配置文件。

1) 管理本地用户配置文件

只要用户登录计算机，系统就会为其创建配置文件。计算机内 Default 文件夹的内容构成了第一次在该计算机登录的用户的工作环境。用户登录后，可以定制自己的工作环境，当用户注销时，这些设置的更改会存储到这个用户的本地用户配置文件夹内。本地用户的配置文件的名字是直接以用户账户命名的，位于 C:\Users 内。

Default 中隐藏的 Ntuser.dat 文件存储了注册表的 HKEY_CURRENT_USER 内容，即存储着当前登录用户的环境设置数据。

下面的操作是在 Win2008-2 独立服务器上进行的。

(1) 查看本地用户配置文件。本地用户配置文件保存在 C:\Users(用户)文件夹中，以用户账户名命名，如管理员 Administrator 的本地用户配置文件保存在 C:\Users\Administrator 文件夹中。

步骤 1：以 Administrator 管理员身份登录到 Win2008-2 独立服务器上，打开 C:\Users(用户)文件夹，选择"组织"→"文件夹和搜索选项"命令，打开"文件夹选项"对话框，选择"查看"选项卡，如图 4-34 所示。

步骤 2：选中"显示隐藏的文件、文件夹和驱动器"单选按钮，再单击"确定"按钮，便能够显示隐藏的 Default 文件夹。

计算机内 Default 文件夹的内容构成了第一次在该计算机登录的用户的工作环境。用户配置文件所在文件夹的结构如图 4-35 所示。

步骤 3：在桌面上新建一些文件或文件夹，验证它们出现在 C:\Users\Administrator\Desktop 文件夹中。反之，在 C:\Users\Administrator\Desktop 中新建一些文件或文件夹，验证它们在桌面上也出现了。实际上，桌面上新建的内容与 C:\Users\Administrator\Desktop 中的内容是同一个内容。

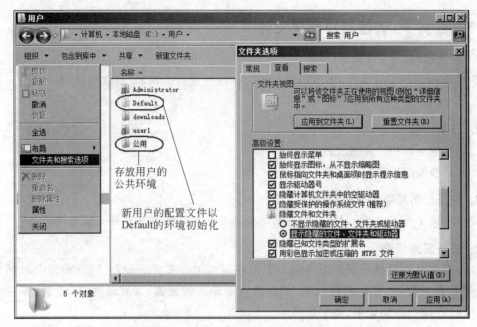

图 4-34 "查看"选项卡

图 4-35 用户配置文件所在文件夹的结构

　以管理员身份登录到 Win2008-2 独立服务器上，然后在 C:\Users\Default\ Desktop 文件夹中新建一些文件或文件夹，再新建用户，以该用户登录系统，查看该用户的桌面上是否出现了相同的内容，这说明了什么？

（2）配置公共的用户环境。C:\Users\Public(公用)文件夹存放的环境将会影响登录该计算机的所有用户的环境。比如某公司打算让任何使用这台计算机的用户桌面上都有访问 www.baidu.com 网站的快捷方式，可进行如下操作。

步骤 1：以管理员身份登录到 Win2008-2 独立服务器上，打开 C：\Users\Public\Desktop(公用桌面)文件夹，右击，在弹出的快捷菜单中选择"新建"→"快捷方式"命令，如图 4-36 所示。

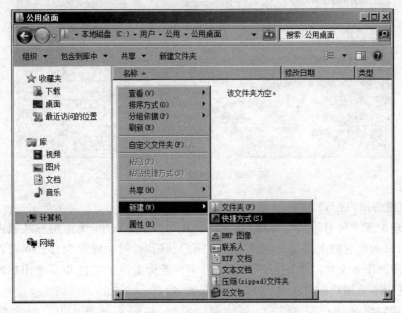

图 4-36　"公用桌面"文件夹

步骤 2：在打开的"创建快捷方式"对话框中输入 http://www.baidu.com 网址，如图 4-37 所示。

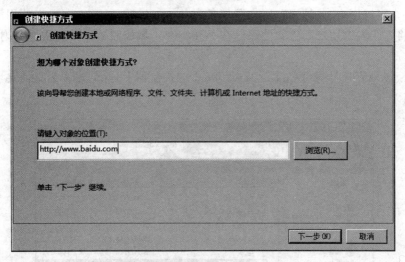

图 4-37　"创建快捷方式"对话框

步骤 3：单击"下一步"按钮，给快捷方式命名，如"访问百度"，如图 4-38 所示。

步骤 4：单击"完成"按钮，可看到桌面上多了一个"访问百度"的快捷方式。

步骤 5：注销用户，以另一用户 user1 重新登录，验证桌面上也有"访问百度"的快捷方式。

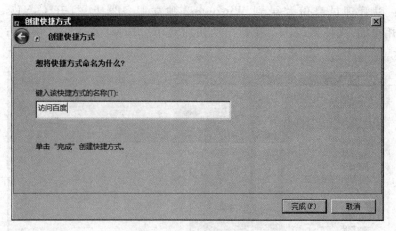

图 4-38 给快捷方式命名

2) 管理漫游用户配置文件

漫游用户配置文件只适用于域用户,它存储在网络服务器中,无论用户从域内哪台计算机登录,都可以读取它的漫游用户配置文件。用户注销时,发生的改变会被同时存储到网络服务器中的漫游配置文件和本地用户配置文件中。若漫游配置文件和本地用户配置文件相同,则直接使用本地用户配置文件,以提高读取效率。

若无法访问漫游用户配置文件(例如网络断线、权限不够等),用户首次登录时会以 Default 配置文件的内容设置环境,当用户注销时不会被存储;若以前登录过,则使用它在计算机中的本地用户配置文件。

本例中,Win2008-1 是 nos.com 域控制器,Win2008-2 和 Win2008-3 是域成员服务器。

假设要指定域用户“黄林国”(用户登录名为 huanglinguo@nos.com)来使用漫游用户配置文件,并将这个漫游用户配置文件存储在 Win2008-1 域控制器的共享文件夹内,操作步骤如下。

步骤 1：以域管理员身份登录到 Win2008-1 域控制器上,并创建一个文件夹 profiles,如图 4-39 所示。

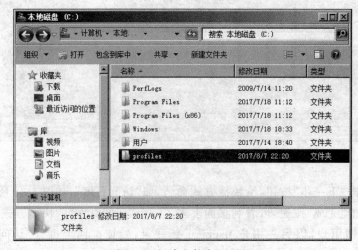

图 4-39 新建文件夹 profiles

步骤 2：右击 profiles 文件夹，在弹出的快捷菜单中选择"共享"→"特定用户"命令，打开"文件共享"对话框，如图 4-40 所示。

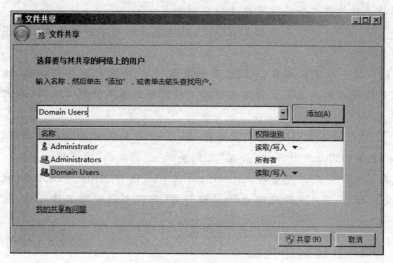

图 4-40　"文件共享"对话框

步骤 3：输入 Domain Users，单击"添加"按钮，设置权限级别为"读取/写入"，单击"共享"按钮，再单击"完成"按钮。

步骤 4：在域控制器上打开"Active Direction 用户和计算机"窗口，双击 Users 容器中的"黄林国"账户，在用户属性对话框中选择"配置文件"选项卡，在"配置文件路径"文本框中输入\\Win2008-1\profiles\％username％，如图 4-41 所示，单击"确定"按钮。

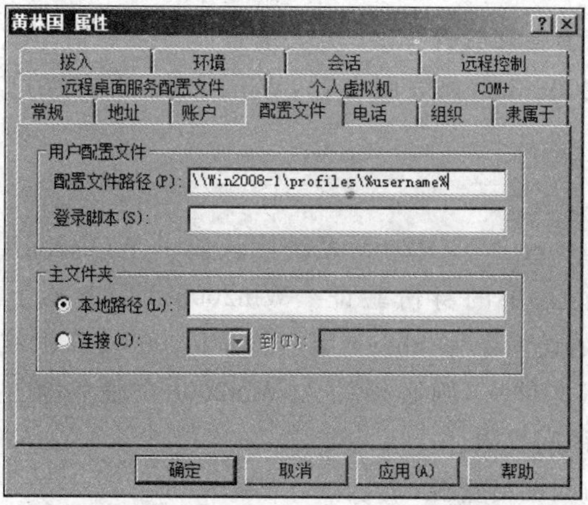

图 4-41　为域用户指定配置文件路径

步骤 5：以"黄林国"账户（用户登录名为 huanglinguo@nos.com）在 Win2008-2 域成员服务器上登录，更改桌面背景图片（依次选择"控制面板"→"外观和个性化"→"更改桌面背景"），在桌面上创建一个文本文件"黄林国 Win2008-2.txt"，然后注销计算机。

步骤 6：以"黄林国"账户（用户登录名为 huanglinguo@nos.com）在 Win2008-3 域成员服务器上登录，可以看到桌面背景已更改，桌面上有文本文件"黄林国 Win2008-2.txt"。

【说明】

① 该桌面背景使用的图片最好位于用户配置文件夹的子文件夹中，比如"我的文档"子文件夹，否则换一台计算机登录没有办法引用该图片。

② 必须在 Win2008-2 计算机上注销账户，因为在注销时才会把更改后的用户配置文件保存到域控制器上。

③ 用户的环境包括鼠标左右手习惯、桌面背景图片、映射的网络驱动器、连接的网络打印机等设置，通过漫游用户配置文件使用户的工作环境只与用户账户有关，而与使用的计算机无关。

④ 桌面上的"访问百度"快捷方式没有在 Win2008-3 计算机的桌面上出现，这是因为这个快捷方式位于 Win2008-2 计算机"公用"文件夹的"公用桌面"子文件夹中。

⑤ 将漫游用户配置文件夹中的 Ntuser.dat 文件名改为 Ntuser.man 后，就变成了强制性用户配置文件，此后用户无论从哪台计算机登录，都只用同一种工作环境，且不能修改工作环境。

4.4.4 任务 4：管理网络凭据

1. 任务目标

了解镜像账户，掌握网络凭据的管理方法。

2. 任务内容

(1) 使用镜像账户访问网络资源。

(2) 管理缓存的网络凭据。

(3) 管理存储的网络凭据。

3. 完成任务所需的设备和软件

Win2008-2 和 Win2008-3 是独立服务器，Win2008-2 上有账户 zhang，Win2008-3 上有账户 wang。

4. 任务实施步骤

安装完 Windows Server 2008 R2 后，系统默认属于 WORKGROUP 工作组，工作组中的计算机没有办法进行集中的身份验证。Win2008-2 服务器上的 zhang 用户登录时，Win2008-2 构造该用户的访问令牌，zhang 用户的 Win2008-2 资源权限就能确定。但若要访问 Win2008-3 上的共享文件夹，则必须输入 Win2008-3 服务器上的一个用户名和密码，Win2008-3 才能确定其访问权限。

1) 使用镜像账户访问网络资源

镜像账户即在多个计算机上有相同的用户名和密码的账户。Win2008-2 和 Win2008-3 上都有 Administrator 账户，如果密码也一样，就是镜像账户。

工作组中的计算机在访问网络资源时，首先试图使用当前登录的用户账户映射为远程服务器的镜像账户。如果有镜像账户，访问服务器的身份就是服务器上的镜像账户，这种情况不需要用户输入访问服务器的用户名和密码。

以下步骤用来验证访问网络资源优先使用镜像账户进行身份映射，访问网络服务器的共享文件夹、远程管理服务器的服务和注册表。

步骤 1：将 Win2008-2 和 Win2008-3 计算机上的 Administrator 账户的密码设置为相同，使它们成为镜像账户。

步骤 2：在 Win2008-3 计算机上创建一个文件夹 share，右击该文件夹，在弹出的快捷菜单中选择"共享"→"特定用户"命令，打开"文件共享"对话框，如图 4-42 所示，可以看到 Administrator 账户默认具有"读取/写入"权限。

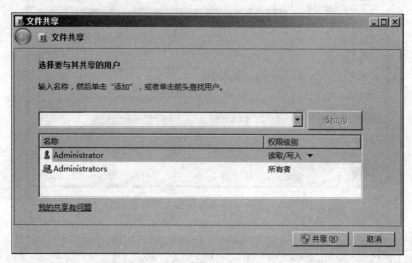

图 4-42　"文件共享"对话框

步骤 3：单击"共享"按钮，在打开的"网络发现和文件共享"对话框（见图 4-43）中单击"是，启用所有公用网络的网络发现和文件共享"超链接，这实质上是打开了防火墙的共享文件使用的端口。

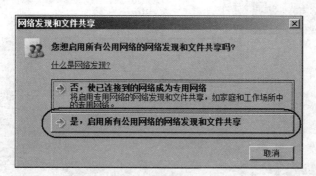

图 4-43　"网络发现和文件共享"对话框

步骤 4：单击"完成"按钮，完成文件夹的共享设置。

步骤 5：在 Win2008-2 计算机上以 Administrator 账户登录，选择"开始"→"运行"命令，在打开的"运行"对话框中输入"\\Win2008-3"，单击"确定"按钮，不用输入用户名和密码，就可以打开 Win2008-3 计算机上的共享资源，如图 4-44 所示。

步骤 6：在 Win2008-2 计算机上选择"开始"→"管理工具"→"服务"命令，打开"服务"窗口，右击左侧窗格中的"服务（本地）"选项，在弹出的快捷菜单中选择"连接到另一台计算机"命令，打开"选择计算机"对话框，如图 4-45 所示。

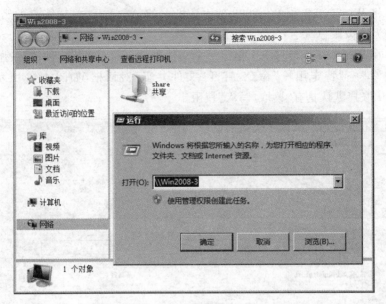

图 4-44　Win2008-3 计算机上的共享资源

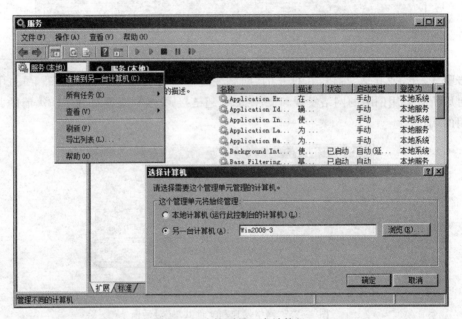

图 4-45　连接到另一台计算机

步骤 7：选中"另一台计算机"单选按钮，输入 Win2008-3，单击"确定"按钮，就能够成功连接远程服务器的服务进行服务的管理了，其间不需要输入用户名和密码。

步骤 8：在 Win2008-2 计算机上选择"开始"→"运行"命令，输入 regedit，单击"确定"按钮，打开"注册表编辑器"窗口，在这里可以看到默认的是本地计算机的注册表。

步骤 9：选择"文件"→"连接网络注册表"命令，打开"选择计算机"对话框，如图 4-46 所示，在"输入要选择的对象名称（例如）"文本框中输入 Win2008-3。

步骤 10：单击"确定"按钮，即可以远程管理服务器的注册表。

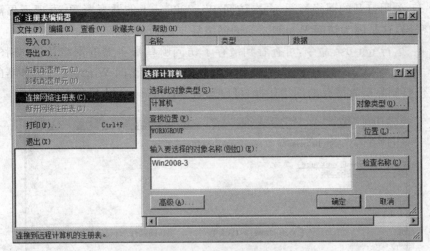

图 4-46　连接网络注册表

可以看出，这些网络管理工具的功能很强大，给用户的管理带来了方便，同时也带来了风险。如果整个网络的计算机都是用 Ghost 软件克隆出来的系统，计算机上的管理员账户Administrator 和其他账户都是镜像账户，则当一台计算机中了病毒，病毒便很容易使用当前登录的用户身份向网络中的其他计算机传播。

如果没有特殊的应用，应该避免在网络中的计算机中出现镜像账户。

2）管理缓存的网络凭据

访问网络资源时，如果远程服务器上没有镜像账户，就需要用户输入远程服务器的账户和密码来访问网络资源。该账户和密码就是网络凭据，该凭据一直被缓存，直到用户注销。

步骤 1：在 Win2008-2 计算机中新建用户 zhang。在 Win2008-3 计算机中新建用户wang，设置 wang 用户可以访问 Win2008-3 计算机中的共享文件夹 share，权限为"读取"。

步骤 2：在 Win2008-2 计算机上以 zhang 登录，选择"开始"→"运行"命令，在"运行"对话框中输入"\\Win2008-3"，单击"确定"按钮，打开"Windows 安全"对话框，如图 4-47 所示，输入 Win2008-3 上的 wang 用户名和密码，可以打开共享资源。

注意

在图 4-47 中没有选中"记住我的凭据"复选框。

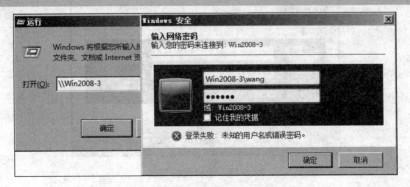

图 4-47　输入用户名和密码访问网络资源

步骤 3：关闭打开的网络资源，再次访问 Win2008-3 上的共享资源，发现不再需要输入用户名和密码，这是因为访问 Win2008-3 的网络凭据已经被缓存。

步骤 4：运行 net use 命令，可查看到缓存了访问哪些服务器的网络凭据，如图 4-48 所示。运行"net use \\Win2008-3 /del"命令可以删除缓存的访问 Win2008-3 服务器的网络凭据。如果想要删除所有缓存的网络凭据，可以运行"net use ＊ /del"命令。

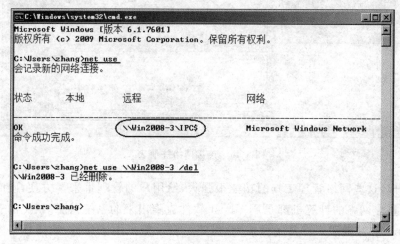

图 4-48　使用命令删除网络凭据

步骤 5：关闭打开的网络资源，十多秒钟后再次访问 Win2008-3 上的共享资源，发现需要重新输入网络凭据（用户名和密码）。

使用缓存的网络凭据，如果该网络凭据有远程服务器的管理员权限，则可以远程管理服务器的服务和注册表。因此，管理员应该及时删除缓存的访问其他计算机的网络凭据；否则就留下了安全隐患。

3）管理存储的网络凭据

如果登录计算机后需要经常访问某个服务器的资源，为了避免每次登录后访问网络资源都要输入用户名和密码，还可以将访问某些服务器的网络凭据保存在用户配置文件中。

步骤 1：如图 4-49 所示，在访问网络资源要求输入网络凭据时，选中"记住我的凭据"复选框，单击"确定"按钮，则当前用户访问该服务器的网络凭据被保存。

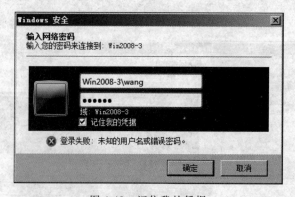

图 4-49　记住我的凭据

步骤 2：可以查看存储的网络凭据。选择"开始"→"控制面板"→"用户账户"选项，打开
"用户账户"窗口，如图 4-50 所示。

图 4-50　管理 Windows 凭据

步骤 3：单击"管理 Windows 凭据"超链接，出现"凭据管理器"窗口，展开"Windows 凭据"，可以看到已经保存了访问 Win2008-3 的凭据，如图 4-51 所示。

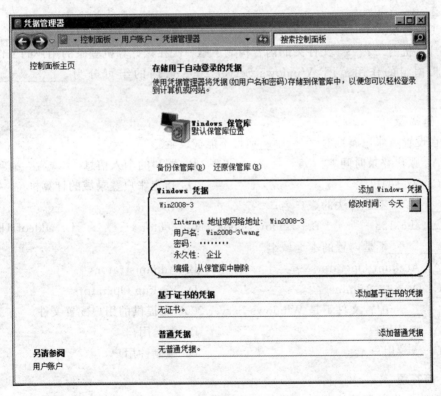

图 4-51　存储的 Windows 凭据

步骤 4：单击"编辑"超链接，可更改保存的凭据，如图 4-52 所示；单击"从保管库中删除"超链接，可删除保存的凭据。

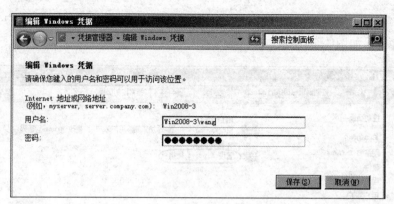

图 4-52   编辑 Windows 凭据

4.5   习题

一、填空题

1. 根据服务器的工作模式，组可分为_____和_____。

2. Windows Server 2008 针对服务器的工作模式，提供了 3 种不同类型的用户账户，分别是_____、_____、_____。

3. 工作组模式下，用户账户存储在_____中；域模式下，用户账户存储在_____中。

4. 计算机内_____文件夹的内容构成了第一次在该计算机登录的用户的工作环境。

5. 根据组的作用范围，Windows Server 2008 域内的组可分为_____、_____和_____。

二、选择题

1. 在设置域账户属性时，_____项目不能被设置。
   A. 账户登录时间　　　　　　　　　　　B. 账户的个人信息
   C. 账户的权限　　　　　　　　　　　　D. 指定账户登录域的计算机

2. _____不是合法的账户名。
   A. abc_123　　　　B. windows book　　C. doctor *　　　　　D. addeofHELP

3. _____不是内置的本地域组。
   A. Account Operators　　　　　　　　　B. Administrators
   C. Domain Admins　　　　　　　　　　　D. Backup Operators

4. _____配置文件不是 Windows Server 2008 所提供的用户配置文件。
   A. 默认用户　　　　　　　　　　　　　B. 本地用户
   C. 漫游用户　　　　　　　　　　　　　D. 强制性用户

三、简答题

1. 简述工作组和域的区别。

2. 简述通用组、全局组和本地域组的区别。

3. 域用户账户和本地用户账户有什么区别？

4. 什么是用户配置文件？有哪几种类型？

项目 5

组　策　略

项目学习目标

(1) 了解组策略的作用。

(2) 了解组策略设置和应用顺序。

(3) 掌握使用组策略管理计算机和用户的方法。

(4) 掌握使用组策略为计算机和用户部署软件的方法。

5.1　项目提出

　　一家公司的企业内部网原来一直采用"工作组"的网络资源管理模式,随着公司的快速发展,企业内部网的规模也在不断地扩大,覆盖了 5 栋办公大楼,涉及 1000 多个信息点,还拥有各类服务器 30 余台。

　　公司网络扩建后开始使用"域"模式来进行管理,以便对计算机和用户进行集中管理。作为网络管理员,该如何在域环境中既要保证网络的安全,又要提高网络的管理效率? 例如,如何要求所有登录到域中计算机的用户密码长度至少是 6 位? 如何为销售部的用户或计算机自动部署软件?

5.2　项目分析

　　在 Windows Server 2008 的网络环境中,提高管理效率对于网络管理来说是至关重要的。组策略就是为了提高管理效率而在活动目录中采用的一种解决方案。管理员可以在站点、域和 OU 对象上设置组策略,管理其中的用户对象和计算机对象,可以将组策略应用在整个网络中,也可以仅将它应用在某个特定计算机组或用户组上,起到提高管理效率、保护网络安全的作用。

5.3　相关知识点

5.3.1　组策略概述

　　组策略(Group Policy)是管理员为用户和计算机定义并控制程序、网络资源及操作系统行为的主要工具。组策略基于活动目录来管理多个计算机或用户，管理的实现是通过对注册表的修改进行的，注册表中的信息是从活动目录获取的，其改变也会影响到活动目录的信息，从而实现了对相关对象的管理。在组策略里，将系统重要的配置功能汇集成各种配置模块供用户直接使用，从而达到方便管理用户和计算机的目的。

组策略是一个管理用户工作环境的技术，通过它可以确保用户拥有所需的工作环境，也可以通过它来限制用户，这不仅让用户拥有适当的环境，也减轻了系统管理员的管理负担。可以将组策略和活动目录的容器（站点、域和组织单元）链接起来，这样管理员使用组策略来配置设置后，组策略会自动应用在这些容器中的所有用户和计算机中。

组策略和活动目录的容器（站点、域和组织单元）的联系如图 5-1 所示。

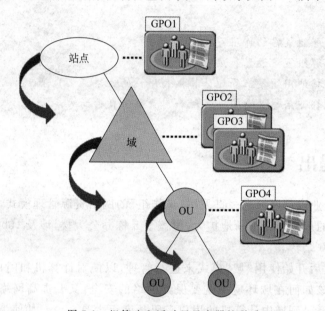

图 5-1　组策略和活动目录容器的联系

定义组策略的方式及组策略的作用包含以下几点。

（1）通过站点或域级别为整个公司设置组策略来集中管理，或者通过组织单元的级别为每个部门设置组策略来管理此部门。

（2）组策略可以确保用户拥有适合他们完成工作的环境。可以通过组策略控制注册表中的应用程序和系统设置，可以修改计算机和用户环境的脚本，可以自动安装软件，可以更改本地计算机、域和网络的安全设置，还可以控制用户数据文件的存储位置。

（3）降低设置用户和计算机环境的总费用，减少用户需要的技术支持级别和由于用户错误而引起的生产损失。例如，通过使用组策略可以阻止用户对系统设置做出让计算机无法正常工作的修改，同时还可以阻止用户安装他们不需要的软件。

（4）便于推行公司的整体策略，包括商业准则、目标和保密需求。例如，可以确保所有用户的保密需求和公司的保密需求一致，或所有用户有一套特定安装需求。

利用组策略可以进行多方面的设置，主要设置类型如表 5-1 所示。

表 5-1　组策略设置的类型

设 置 类 型	描　　述
管理模板	基于注册表的策略设置,如应用设置和桌面环境的设置
脚本	设置 Windows Server 2008 开机、关机或用户登录、注销时运行的脚本
Internet Explorer 维护	管理和制定在 Windows Server 2008 计算机上的 IE 浏览器的设置
文件夹重定向	在网络服务器上存储用户个性化文件夹的设置
安全设置	配置本地计算机、域以及网络安全性的设置
软件安装	软件安装、升级、卸载的集中化管理的设置

除表 5-1 中列出的类型之外,另外还有很多其他方面的设置。

5.3.2　组策略的组件

1. 组策略对象

每个对象都有一个全局唯一标识符(GUID),它是一个该对象在创建时由域控制器分配给它的独一无二的 128 位二进制数。GUID 作为对象的一个属性被保存起来,并在域、域树、林中来标识该对象。用户不能更改或删除 GUID。

可以通过组策略对象(Group Policy Object,GPO)来执行组策略。Windows Server 2008 针对和 GPO 相链接的站点、域和 OU 的用户和计算机对象来应用包含在 GPO 中的组策略设置。GPO 的内容存储在组策略容器和组策略模板两个不同的地方,如图 5-2 所示。

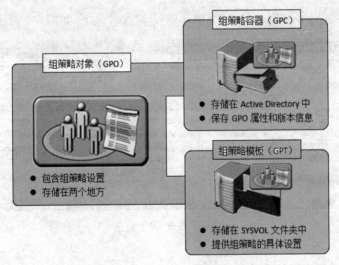

图 5-2　GPO 的内容存储在两个地方

2. 组策略容器

组策略容器(Group Policy Container,GPC)是包含 GPO 属性和版本信息的活动目录对象。由于 GPC 存储在活动目录中,计算机能够通过访问它来查找组策略模板,域控制器能够通过访问它来获得 GPO 的版本信息。域控制器使用版本信息来识别它是否拥有最新版本的 GPO,如果该域控制器没有最新版本,就会从拥有最新版本 GPO 的域控制器上进行复制。

在"Active Directory用户和计算机"窗口中选择"查看"→"高级功能"命令，然后依次打开"域"→System→Policies，可以查看GPC的信息，如图5-3所示。

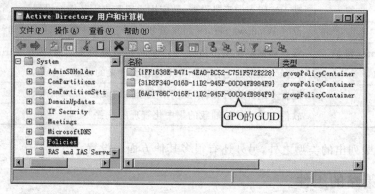

图5-3　查看GPC信息

3. 组策略模板

组策略模板（Group Policy Template，GPT）存储在域控制器上的SYSVOL共享文件夹中，用来提供所有的组策略设置和信息，包括管理模板、安全设置、软件安装、脚本、文件夹重定向设置等。当创建一个GPO时，Windows Server 2008创建相应的GPT。客户端计算机能够接受组策略的配置就是因为它们和域控制器上的SYSVOL文件夹链接，获得并应用这些设置。

GPT保存在％SystemRoot％\SYSVOL\sysvol文件夹下，如图5-4所示。

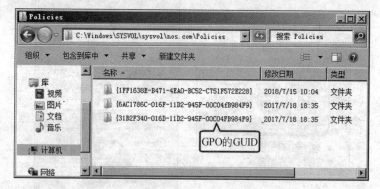

图5-4　查看GPT信息

5.3.3　组策略设置的结构

选择"开始"→"管理工具"→"组策略管理"命令（或运行gpmc.msc命令），可打开"组策略管理"窗口，展开"域"→nos.com节点，右击Default Domain Policy组策略，在弹出的快捷菜单中选择"编辑"命令，打开"组策略管理编辑器"窗口，如图5-5所示。可以看到每个组策略都包括"计算机配置"和"用户配置"这两部分的设置。

1. 计算机配置

"计算机配置"策略只对该容器内的计算机对象生效。设置时首先可以建立相应的容

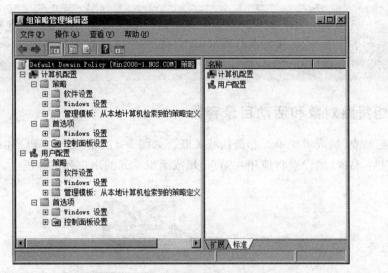

图 5-5　"组策略管理编辑器"窗口

器,配置该容器组策略的"计算机配置",然后把计算机账户移动到该容器中,以后当这些计算机重新启动时就会应用到这些策略配置。

"计算机配置"由"策略"和"首选项"两部分组成,在"策略"选项中包括"软件设置""Windows 设置"和"管理模板"三个子选项。

(1) 软件设置:该文件夹中包含"软件安装"选项,可以利用"软件安装"对计算机账户实现软件部署的功能。

(2) Windows 设置:在该文件夹中主要包含"脚本"和"安全设置"两部分内容。在"脚本"中可以设置当计算机启动或关机时执行特殊的程序和设置;在"安全设置"中主要有"账户策略""本地策略""事件日志""受限制的组""系统服务""注册表""文件系统""无线网络策略""公钥策略""软件限制策略"和"IP 安全策略"等与计算机系统安全内容相关的设置选项。

(3) 管理模板:在"管理模板"中包含"Windows 组件""控制面板""网络""系统"和"打印机"五个部分,前四个部分中又包含若干个子内容,用来设置与系统相关的组件和服务。

2. 用户配置

"用户配置"策略是针对活动目录用户的策略,如果将此策略应用于活动目录中的某个容器上,那么该容器内的任何用户在域中任何一台计算机上登录时都会受此策略的影响。"用户配置"也是由"策略"和"首选项"两部分组成,在"策略"选项中同样包括"软件设置""Windows 设置"和"管理模板"三个子选项。

(1) 软件设置:这里的"软件设置"也包含"软件安装"选项,与"计算机配置"中的"软件安装"不同,这里的"软件安装"可以对用户账户实现软件部署的功能。

(2) Windows 设置:在该文件夹中主要包含"脚本""安全设置""文件夹重定向"和"Internet Explorer 维护"等与用户登录及使用相关的设置选项。

(3) 管理模板:在"管理模板"中包含"'开始'菜单和任务栏""Windows 组件""共享文件夹""控制面板""网络""系统"和"桌面"等几部分内容。

通常,"计算机配置"策略在和"用户配置"策略冲突时有优先权。

> **注意** 　新建或修改组策略后并不会立即生效。默认情况下，域控制器每 5 分钟刷新一次组策略；域中计算机每 90 分钟刷新一次，并将时间作 0～30 分钟的随机调整。可通过 gpupdate /force 命令强制刷新组策略。

5.3.4　组策略对象和活动目录容器

　　GPO 与站点、域或组织单元相链接或关联。如图 5-6 所示，在将 GPO 和站点、域或组织单元链接以后，GPO 的设置将应用在站点、域或组织单元的用户和计算机上。

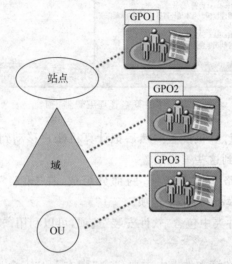

图 5-6　GPO 与站点、域或组织单元相链接

　　管理员可以将 GPO 与多个站点、域或组织单元相链接，也可以将多个 GPO 与单个站点、域或组织单元相链接。但管理员不能将 GPO 与默认的活动目录容器（Computers、Users 和 Builtin）相链接，因为它们不是组织单元。

5.3.5　组策略设置和应用顺序

1. 组策略的应用顺序

　　默认情况下，GPO 是继承的，即链接到域上的组策略会应用到域中所有的组织单元，如果组织单元下还有下级组织单元，则链接到上级组织单元的组策略默认也应用在下级组织单元。

　　每个组策略都包含两部分，即"计算机配置"和"用户配置"。当在域及组织单元上定义了不同级别的 GPO 时，它们的应用原则如下。

　　(1) 计算机启动时，根据计算机账户所在的组织单元确定应用的组策略，应用组策略中的"计算机配置"部分。

　　(2) 域用户登录时，根据用户账户所在的组织单元确定应用的组策略，应用组策略中的"用户配置"部分。

　　(3) 组策略中的"用户配置"部分对域中计算机的本地账户无法应用。

　　(4) 计算机启动后已经应用了组策略中的"计算机配置"部分，不管登录该计算机的是本地用户还是域用户,组策略对计算机的管理均已完成。

　　应用于某个用户或计算机的 GPO 并非全部具有相同的优先级。以后应用的组策略设置可以覆盖以前应用的组策略设置。

　　组策略的应用顺序为:本地组策略→站点组策略→域组策略→父 OU 组策略→子 OU 组策略,如图 5-7 所示。

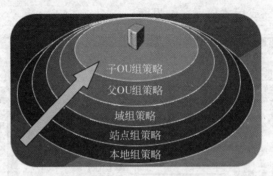

图 5-7　组策略的应用顺序

　　每台计算机都只有一个在本地存储的组策略(本地组策略)。不论是域成员还是工作组成员的计算机均要处理本地组策略,可以用 gpedit.msc 命令打开本地组策略。

　　下面举例说明组策略的应用顺序。

　　如图 5-8 所示,在 nos.com 域级别链接有两个组策略,分别为 Default Domain Policy 和"用户桌面管理 GPO",在"技术部"组织单元链接有"技术部 GPO",而"销售部"组织单元链接有"销售部 GPO"。在"技术部"组织单元中有计算机 TechPC1 和用户"张三",在"销售部"组织单元中有计算机 MarketPC1 和用户"李四"。

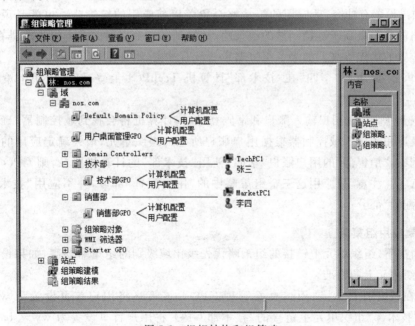

图 5-8　组织结构和组策略

当技术部计算机 TechPC1 启动时,应用组策略的过程如下。

(1) 如图 5-9 所示,TechPC1 计算机在启动过程中,先应用本地计算机的组策略,然后再找到域控制器,根据域控制器中计算机账户所在的组织单元查找链接在域级别和组织单元级别的 GPO。本例中,TechPC1 位于"技术部"组织单元,故 GPO 的应用顺序为②、①、③。注意,只应用这三个组策略中的"计算机配置"部分。对域中计算机的管理是在计算机启动时完成的,组策略应用完成后才出现登录界面。

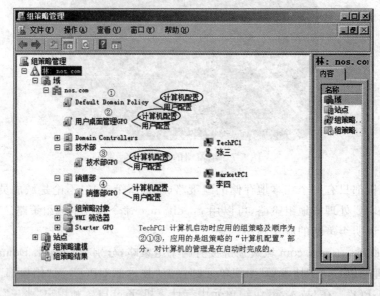

图 5-9　计算机启动时应用组策略的过程

(2) 如果设置有冲突,后应用的组策略会覆盖以前应用的组策略。也就是说链接到部门的组策略的优先级高于链接到域的组策略,链接到同一个容器的多个组策略排在 GPO 列表中上面位置的优先级高。如果各组策略设置没有冲突,则都生效。

当"销售部"域用户"李四"在"技术部"计算机 TechPC1 上登录时,应用组策略的过程如下。

如图 5-10 所示,域用户输入账户和密码登录时,计算机将会找到域控制器,确定应用哪些组策略及应用顺序。域控制器根据用户账户所在的组织单元,最终确定应用的组策略及顺序。本例中,"销售部"的用户账户"李四"使用"技术部"的计算机登录,则 GPO 的应用顺序为②、①、④。注意,只应用这三个组策略中的"用户配置"部分,并不应用"技术部 GPO"中的"用户配置"部分。

2. 强制应用组策略

默认情况下,组织单元上链接的组策略优先级比域级别的组策略要高,如果设置上有冲突,则以组织单元上的为准。

例如,在域级别上链接"用户桌面管理 GPO",该策略将用户首页设置为 www. nos. com,而在"技术部"组织单元上链接的"技术部 GPO"将用户首页设置为 www. baidu. com,那么"技术部"的用户登录后,IE 的首页为 www. baidu. com。

如果公司想统一设置 IE 首页为 www. nos. com,就要求所有用户桌面环境的管理以"用户桌面管理 GPO"为准,组织单元上链接的组策略如果与该策略冲突,也必须以该策略为准,这就要求将该策略设置为"强制",如图 5-11 所示。

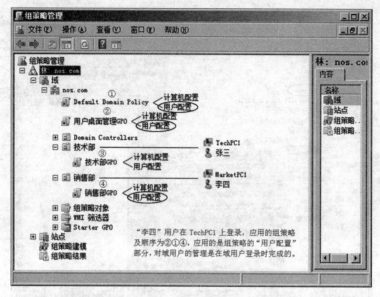

图 5-10　域用户登录时应用组策略的过程

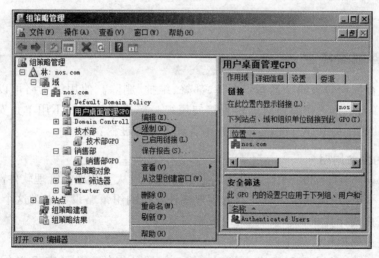

图 5-11　启用"强制"

3. 阻止组策略继承

在子容器中可以启用"阻止继承"功能,以阻止子容器从所有父容器处继承 GPO,此功能将阻止容器中所有组策略的设置。当某个活动目录容器需要唯一的组策略,且需要确保该设置不被子容器继承时,这一功能是很有用的。例如,当组织单元的管理员必须控制容器中的所有 GPO 时就可以使用"阻止继承"功能。

注意

如果父容器上有强制的组策略,则不能阻止强制的组策略。

如图 5-12 所示，要启用"阻止继承"功能，只需右击"销售部"组织单元，在弹出的快捷菜单中选择"阻止继承"命令即可。可以看到阻止组策略继承后，组织单元的图标发生了变化。

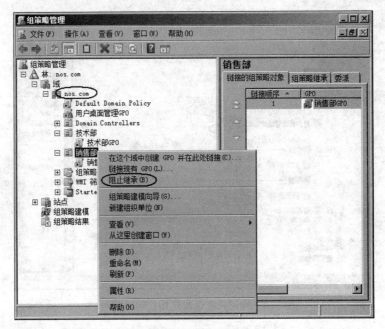

图 5-12　阻止继承

5.3.6　软件部署概述

软件的生命周期包含四个阶段：准备、部署、维护、删除。使用组策略可以统一部署软件的安装，这样当用户工作需要时能够直接使用统一部署的软件而不用单独安装。组策略软件安装使用 Microsoft Windows 安装技术管理安装的过程。

1. 软件的生命周期

在 Windows Server 2008 中，可以使用组策略集中地从一个地方管理软件部署过程。可以通过使用一个节点、域或组织单元内的用户或计算机的组策略设置来为这个节点、域或组织单元中的用户或计算机自动安装、升级或删除软件。

软件的生命周期包含以下四个阶段。

（1）准备。使一个应用程序成为能用组策略部署的文件。为了完成这个工作，需要将用于应用程序安装的 Windows 安装程序包文件复制到一个软件分发点，该分发点可能是一个共享文件夹或服务器。可以从应用程序供应商那里获得 Windows 安装程序包，也可以使用 Advanced Install、WinINSTALL LE 等第三方工具创建一个包文件。

（2）部署。管理员创建一个在计算机上安装软件的 GPO 并将该 GPO 链接到相应的活动目录容器上。操作完成后，软件在计算机启动时或者用户激活应用程序时会自动安装。

（3）维护。用新版本的软件升级或者用一个补丁包来重新部署软件。当计算机启动时或者用户激活应用程序时将自动升级或重新部署软件。

（4）删除。针对不再需要的软件，从部署软件的 GPO 中删除这些软件包的设置。当计算机启动或者用户登录时软件将被自动删除。

2. Windows 安装程序

为使组策略能够部署和管理软件,Windows Server 2008 采用了 Windows 安装程序,它能够部署和管理遍布整个组织的软件。Windows Server 2008 包括下面两个组件。

(1) Windows 安装程序服务(Windows Installer)。之所以能实现自动安装、升级或删除软件,是因为计算机上有 Windows Installer 服务,该服务是一个使软件安装和配置过程完全自动化的客户端服务。Windows Installer 服务也可以修改或修补已经安装的应用程序。Windows Installer 服务可以直接从 DVD-ROM 或者通过组策略来安装一个应用程序。Windows Installer 服务如图 5-13 所示。

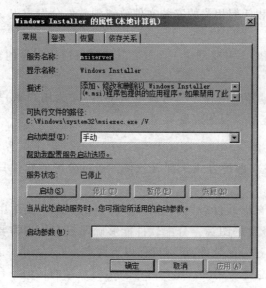

图 5-13　Windows Installer 服务

(2) Windows 安装程序包。Windows 安装程序包包含安装或卸载一个应用程序的 Windows Installer 服务所需的所有信息。一个包由 Windows 安装程序或 msi 文件和安装或卸载软件所需的任何外部文件组成。一个 msi 包文件也包含有关软件及其本身的概要信息,还包含产品文件或产品文件所在安装位置的参考。

使用 Windows Installer 服务的优点包括以下两个方面。

① 弹性的应用程序。如果一个关键文件被删除或是遭到了破坏,应用程序可以自动返回到安装源文件并获得文件的新备份,而不用用户干预。

② 干净地删除。应用程序的安全卸载可以不留孤立文件或避免对其他应用程序的无意破坏。

3. 软件部署的一般步骤

在用组策略部署应用程序前,必须拥有该应用程序的 Windows 安装程序包文件,然后可以根据自己的要求,配置 GPO 来为用户账户或计算机账户部署软件。

组策略的软件安装功能只支持 msi 和 zap 格式的软件包,不直接支持 exe 包的安装。同时需要注意的是,msi 格式的软件包既可以发布,又可以分配,且不需要担心普通用户安装的权限问题;而 zap 格式的软件包只能发布,不能分配,且发布给普通用户时,有可能因为权限问题而无法安装。

注意 后面会讲解软件的分配和发布的区别。

使用组策略部署新软件的一般步骤如下。

（1）获取一个 Windows 安装程序包文件。在部署应用程序前必须拥有该应用程序的包文件。一个软件包包含一个 msi 文件及必要的相关安装文件。相关安装文件是要安装在本地硬盘上的应用程序文件。

（2）将软件包文件和任何相关的安装文件放置到软件分发点上。软件分发点是服务器上的一个共享文件夹。

（3）创建或修改 GPO。需要创建一个要在其中部署应用程序的容器 GPO，或对其做出必要的改动。

（4）配置 GPO 以部署应用程序。可以配置 GPO 来为用户账户或计算机账户部署软件，这项任务还包括选定所需要的部署类型。

4. 分配软件

GPO 通过分配或发布两种方式来部署软件。通过分配的软件只在用户工作需要时才安装。

当使用分配的方式部署软件后，会在用户计算机的"开始"菜单中显示该软件的快捷方式，并在桌面上显示该软件的图标。分配软件能够确保只有用户需要的应用程序才被安装到他们的计算机上。通过分配软件，可以确保以下两点。

（1）软件对于用户总是可用的。用户可以从他们登录的任何一台计算机访问需要的软件。如果用户在一台没有 Excel 的计算机上启动一个使用 Microsoft Excel 的文件，当用户激活文件时 Excel 将安装在那台计算机上。

（2）软件是有弹性的。如果由于某种原因用户删除了软件，当用户下次登录并激活应用程序时将重新安装软件。

可以使用分配的方式将软件分配给用户或计算机，区别如下。

（1）分配给用户。当给用户分配软件时，软件将在用户的桌面和"开始"菜单中显示相关信息。需要注意的是，此时该软件并没有安装在此计算机上。只有在用户双击应用程序图标或打开与应用程序关联的文件类型文档（激活文档）时，才会安装该软件。通过这种按需要安装的方式进行安装，节省了硬盘空间和时间。

（2）分配给计算机。当给计算机分配软件时，只要该计算机启动，软件就会自动安装。因此，通过给计算机分配软件，可以确保无论谁使用那台计算机，相应的应用程序在那台计算机上总是可用的。需要注意的是，如果该计算机是域控制器，则分配软件给计算机将不起作用。

5. 发布软件

和分配软件不同的是，不管用户是否使用，用户都必须安装发布的软件。需要注意的是，发布的软件并没有添加快捷方式到用户的桌面或"开始"菜单中，也没有在本地注册表中注册。用户需要采用下面的两种方法之一来安装发布的软件。

（1）使用"获得程序"。用户可以打开"控制面板"，单击"程序"组中的"获得程序"超链接来显示可用的应用程序组。然后选择需要的应用程序，单击"安装"按钮。

（2）使用文档激活的方法。当一个应用程序发布在活动目录中时，它所支持的文档扩展文件名就在活动目录中注册了。如果用户双击一个未知类型的文件，计算机就会向活动目录发出查询以确定有没有与该文件扩展名相关的应用程序。如果活动目录包含这样一个应用程序，计算机就安装它。

注意　　只能给用户发布软件，而不能给计算机发布软件。

5.4　项目实施

5.4.1　任务 1：使用组策略管理计算机和用户

1. 任务目标

了解组策略的作用，掌握使用组策略管理计算机和用户的方法。

2. 任务内容

（1）使用组策略管理计算机。

（2）使用组策略管理用户。

3. 完成任务所需的设备和软件

Win2008-1 是 nos.com 域控制器，Win2008-2 是 nos.com 域成员服务器。

4. 任务实施步骤

1）使用组策略管理计算机

下面先创建两个组织单元（技术部和销售部），每个组织单元中有若干用户和计算机，然后使用域级别组策略管理整个域中的密码策略，再创建一个新的组策略链接到"销售部"组织单元，以管理该部门中的计算机。

（1）创建组织单元、用户和组。根据企业组织结构和管理要求，创建两个组织单元"技术部"和"销售部"；在"技术部"中新建用户"陈飞"（chenfei @ nos. com）、"张文浩"（zhangwenhao@nos.com）和组"G_技术部员工"，并添加组成员；在"销售部"中新建用户"刘政"（liuzheng@nos. com）、"韩袁斌"（hanyuanbin@nos. com）和组"G_销售部员工"，并添加组成员；再把 Win2008-2 计算机从 Computers 容器移动到"销售部"组织单元。

步骤 1：以域管理员身份登录到 Win2008-1 域控制器上，选择"开始"→"管理工具"→"Active Directory 用户和计算机"命令，打开"Active Directory 用户和计算机"窗口。

步骤 2：右击 nos.com 域名，在弹出的快捷菜单中选择"新建"→"组织单元"命令，如图 5-14 所示。

步骤 3：在打开的"新建对象-组织单元"对话框中输入组织单元名称"技术部"，默认选中"防止容器被意外删除"复选框，如图 5-15 所示，单击"确定"按钮。

步骤 4：使用相同的方法新建组织单元"销售部"。

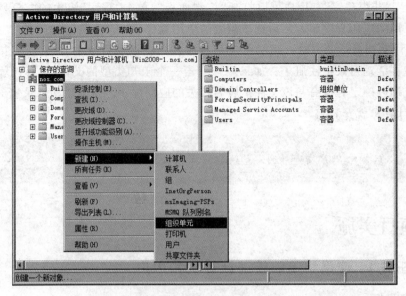

图 5-14　新建组织单元

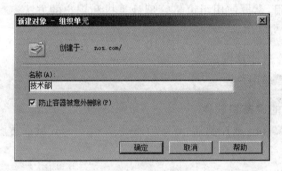

图 5-15　"新建对象-组织单元"对话框

步骤 5：右击刚才新建的"技术部"组织单元，在弹出的快捷菜单中选择"新建"→"用户"命令，打开"新建对象-用户"对话框，如图 5-16 所示，输入姓名（陈飞）和登录名（chenfei@nos.com）。

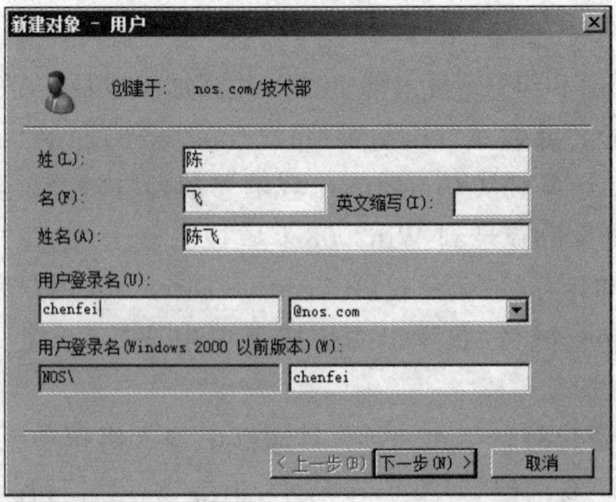

图 5-16　"新建对象-用户"对话框

步骤 6：单击"下一步"按钮，出现"密码"界面，输入密码和确认密码，取消选中"用户下次登录时须更改密码"复选框。

步骤 7：单击"下一步"按钮，再单击"完成"按钮，完成新用户的创建。

步骤 8：使用相同的方法，在组织单元"技术部"中新建用户"张文浩"（zhangwenhao@nos.com），在组织单元"销售部"中新建用户"刘政"（liuzheng@nos.com）和"韩袁斌"（hanyuanbin@nos.com）。

步骤 9：在组织单元"技术部"中新建全局安全组"G_技术部员工"，并添加组成员（陈飞和张文浩）。

步骤 10：在组织单元"销售部"中新建全局安全组"G_销售部员工"，并添加组成员（刘政和韩袁斌）。

步骤 11：选中 Computers 容器中的 Win2008-2 计算机，右击 Win2008-2 计算机账户，在弹出的快捷菜单中选择"移动"命令，如图 5-17 所示。

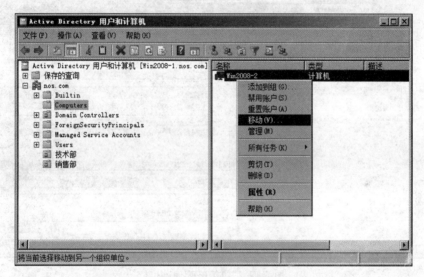

图 5-17　移动选定的计算机

步骤 12：在打开的"移动"对话框中选中"销售部"组织单元，如图 5-18 所示，单击"确定"按钮，即可把 Win2008-2 计算机从 Computers 容器移动到"销售部"组织单元。

【说明】　也可直接将选中的计算机账户或用户账户拖动到其他的组织单元。

（2）使用域级别组策略管理整个域中的账户策略。域级别组策略能够管理域中所有组织单元中的用户和计算机。例如公司要求所有登录到域中计算机的用户密码长度至少为 6 位，但不必满足复杂性要求，此时就可以编辑现有域级别组策略或创建一个新的组策略链接到域级别进行设置，以满足公司的需求。

步骤 1：以域管理员身份登录到 Win2008-1 域控制器上，选择"开始"→"管理工具"→"组策略管理"命

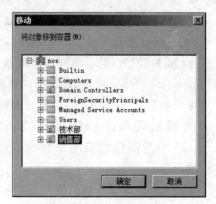

图 5-18　"移动"对话框

令，打开"组策略管理"窗口。

步骤 2：展开"林"→"域"→nos. com 选项，可以看到域中默认有两个组策略：Default Domain Policy 和 Default Domain Controllers Policy，分别链接到域 nos. com 和 Domain Controllers 组织单元。

组策略链接到哪个级别的容器，就能控制该级别的容器中的计算机和用户。

步骤 3：右击 Default Domain Policy 组策略，在弹出的快捷菜单中选择"编辑"命令，如图 5-19 所示。

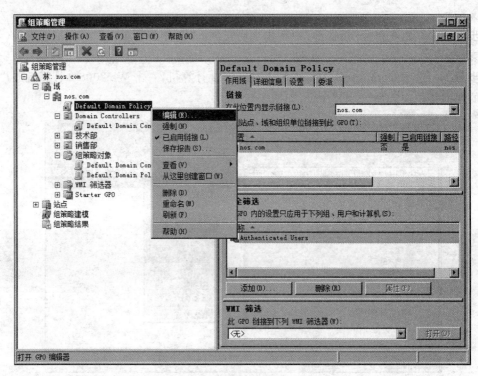

图 5-19 "组策略管理"窗口

步骤 4：在打开的"组策略管理编辑器"窗口中可以看到组策略包括计算机配置和用户配置两大部分。展开"计算机配置"→"策略"→"Windows 设置"→"安全设置"→"账户策略"→"密码策略"节点，按照图 5-20 所示设置密码策略。

【说明】 只有链接到域级别的组策略的账户策略才能管理域中的账户策略，链接到组织单元上的组策略上设置的密码策略只能管理该组织单元中计算机本地用户的账户策略。

步骤 5：关闭"组策略管理编辑器"窗口，在 Win2008-1 域控制器上打开命令提示符，运行 gpupdate /force 命令，此命令强制域控制器刷新组策略。

【说明】 默认情况下，域控制器每 5 分钟刷新一次组策略。

步骤 6：重新设置域用户密码，测试密码策略是否生效。

（3）创建部门组策略来管理销售部门中的计算机。对销售部的计算机有以下管理要求。

① 销售部的计算机需要审核用户登录。

② 销售部的计算机只允许销售部的用户组"G_销售部员工"和本地管理员组

图 5-20　"组策略管理编辑器"窗口

Administrators 登录,这样可以使销售部的计算机更安全。

③ 授权域用户"刘政"能够管理销售部计算机,即用组策略将用户"刘政"添加到销售部计算机的本地 Administrators 组。

④ 销售部的计算机禁止运行 Smart Card 服务,只允许 Domain Admins 组用户启动该服务。

下面将创建一个新的组策略链接到销售部组织单元,然后编辑该策略,实现以上功能的操作步骤如下。

步骤 1：以域管理员身份登录到 Win2008-1 域控制器上,选择"开始"→"管理工具"→"Active Directory 用户和计算机"命令,打开"Active Directory 用户和计算机"窗口,如图 5-21 所示,可以看到 Win2008-2 计算机在"销售部"组织单元中。

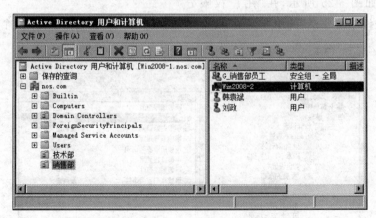

图 5-21　"销售部"组织单元

步骤 2：选择"开始"→"管理工具"→"组策略管理"命令,打开"组策略管理"窗口。

步骤 3：右击"销售部"组织单元,在弹出的快捷菜单中选择"在这个域中创建 GPO 并在此处链接"命令,如图 5-22 所示。

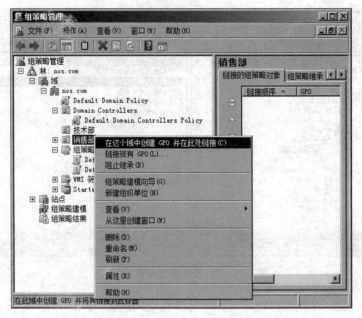

图 5-22 "组策略管理"窗口

步骤 4：在打开的"新建 GPO"对话框中输入组策略名称"销售部 GPO"，如图 5-23 所示，单击"确定"按钮。

步骤 5：如图 5-24 所示，编辑该组策略，展开"计算机配置"→"策略"→"Windows 设置"→"安全设置"→"本地策略"→"审核策略"节点，在右侧窗格中双击"审核登录事件"选项，对登录事件的成功和失败进行审核。

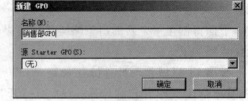

图 5-23 "新建 GPO"对话框

步骤 6：如图 5-25 所示，在"用户权限分配"中设置"允许本地登录"的用户组为 Administrators 和"G_销售部员工"两个组。

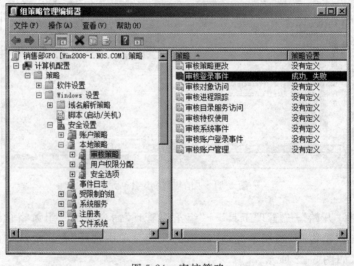

图 5-24 审核策略

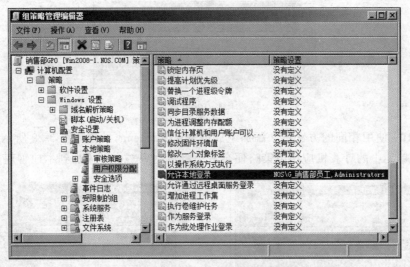

图 5-25 允许本地登录的用户组

【说明】 此策略未定义时，Administrators 组默认具有本地登录的权限。但一旦定义了此策略，就必须将 Administrators 组添加进来，否则当执行此策略时 Administrators 组就无法登录了。

步骤 7：选择左侧窗格中的"受限制的组"选项，右击右侧窗格的空白处，在弹出的快捷菜单中选择"添加组"命令，如图 5-26 所示。

图 5-26 受限制的组

步骤 8：在打开的"添加组"对话框中输入组名 Administrators，如图 5-27 所示，单击"确定"按钮。注意，不要单击"浏览"按钮，因为浏览不到成员计算机的本地管理员组。

步骤 9：在打开的"Administrators 属性"对话框中为这个组配置组成员，单击上方的"添加"按钮，在打开的"添加成员"对话框中输入 nos\Domain Admins，如图 5-28 所示，单击"确定"按钮。

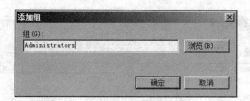

图 5-27　添加 Administrators 组

步骤 10：使用相同的方法再次添加组成员 nos\liuzheng，结果如图 5-29 所示。这样"销售部"组织单元中的计算机应用组策略便会自动将域用户"刘政"添加到本地管理员组中。

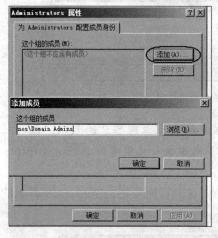

图 5-28　添加成员

图 5-29　已添加组成员

步骤 11：选择左侧窗格中的"系统服务"选项，双击右侧窗格中的 Smart Card 服务，在打开的"Smart Card 属性"对话框中选中"定义此策略设置"复选框和"已禁用"单选按钮，如图 5-30 所示。

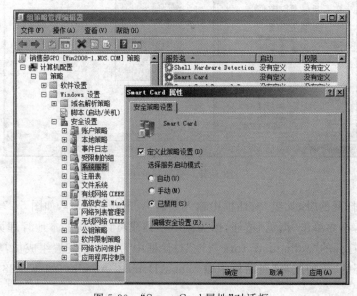

图 5-30　"Smart Card 属性"对话框

步骤 12：单击"编辑安全设置"按钮，打开"安全设置 Smart Card"对话框，删除 Administrators 组，并添加 Domain Admins 组，设置其有"完全控制"权限，设置 INTERACTIVE 组只有"读取"权限，如图 5-31 所示，单击"确定"按钮。

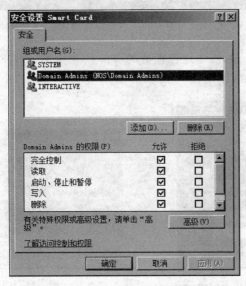

图 5-31　"安全设置 Smart Card"对话框

【**说明**】　INTERACTIVE 组即交互式用户组，一般是指直接登录到计算机进行操作的用户。

（4）验证部门组策略设置。组策略编辑完成后，需要在域中的计算机上刷新组策略才能立即应用设置的组策略，因为默认域中计算机刷新组策略的平均时间为 90 分钟。

在"销售部"组织单元中的 Win2008-2 计算机上验证"销售部 GPO"的组策略设置，操作步骤如下。

步骤 1：如图 5-32 所示，以技术部用户"陈飞"（chenfei@nos.com）的身份登录到 Win2008-2，出现不允许在此计算机上登录的提示，说明第一条组策略生效，如图 5-33 所示。

图 5-32　以"陈飞"身份登录

图 5-33　不允许登录

步骤 2：如图 5-34 所示，以本地管理员的身份登录到 Win2008-2，运行 gpupdate /force 命令刷新组策略，如图 5-35 所示。

图 5-34　以本地管理员身份登录

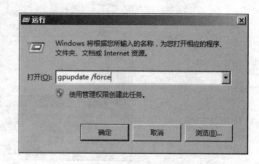

图 5-35　刷新组策略

步骤 3：注销用户，然后以"刘政"的身份登录，输入一次错误密码。然后再以本地管理员身份登录 Win2008-2。打开"服务器管理器"窗口，在"安全"日志下可以看到日志中的登录失败记录，如图 5-36 所示。

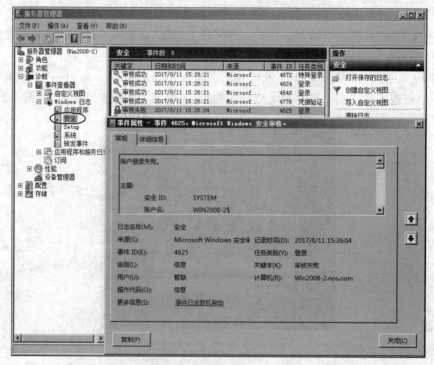

图 5-36　登录失败的记录

步骤 4：如图 5-37 所示，展开左侧窗格中的"配置"→"本地用户和组"→"组"节点，双击右侧窗格中的 Administrators 组，在打开的"Administrators 属性"对话框中可以看到组成员已经包含了域用户 liuzheng。本地管理员可以将其删除，也可以将其他用户添加到 Administrators 组中，但只要刷新组策略（不管是自动还是强制刷新）就会恢复到组策略定义的状态，这就是"受限制的组"的作用。

图 5-37　受限制的组

步骤 5：如图 5-38 所示，展开左侧窗格中的"配置"→"服务"节点，双击右侧窗格中的 Smart Card 服务，在打开的"Smart Card 的属性（Win2008-2）"对话框中可以看到该服务已被禁用，且不能更改启动类型，这是因为组策略没有授予本地管理员能够修改该服务的权限。

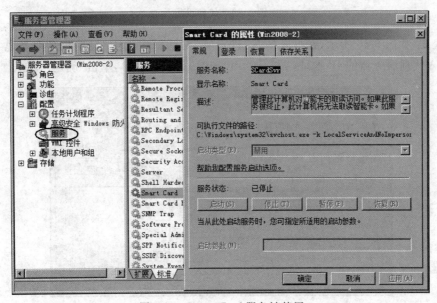

图 5-38　Smart Card 服务被禁用

2）使用组策略管理用户

组策略有计算机配置和用户配置，组策略的用户配置能够管理域用户的行为。出于安全考虑，对销售部的用户要求如下。

- 禁止销售部的用户使用注册表编辑工具。
- 禁止使用命令提示符。
- 设置 IE 必须使用代理服务器 192.168.10.101，IE 主页必须设置为 www.nos.com，且用户不能更改代理服务器和主页的设置。

（1）编辑组策略来管理销售部的用户。下面继续编辑组策略"销售部 GPO"，以实现对销售部用户的管理，操作步骤如下。

步骤 1：如图 5-39 所示，在"组策略管理编辑器"窗口中展开"用户配置"→"策略"→"Windows 设置"→"Internet Explorer 维护"→"连接"节点，在右侧窗格中双击"代理设置"选项。

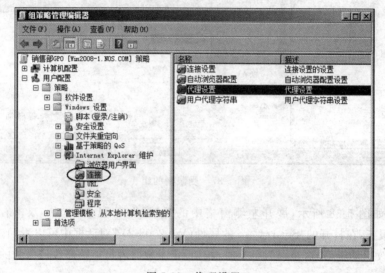

图 5-39　代理设置

步骤 2：如图 5-40 所示，在打开的"代理设置"对话框中选中"启用代理服务器设置"复选框，输入代理服务器的 IP 地址（192.168.10.101）和端口（80），单击"确定"按钮。

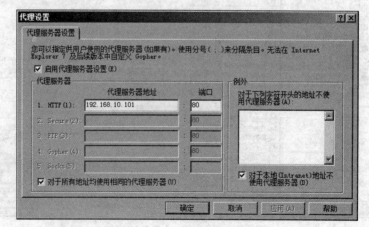

图 5-40　代理服务器设置

步骤 3：如图 5-41 所示，展开"用户配置"→"策略"→"管理模板"→"Windows 组件"→ Internet Explorer 节点，在右侧窗格中启用"禁用更改代理服务器设置"选项。

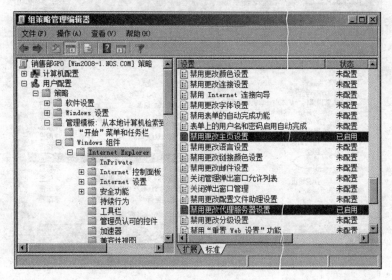

图 5-41　编辑组策略

步骤 4：在右侧窗格中双击"禁用更改主页设置"选项，在打开的"禁用更改主页设置"对话框中选中"已启用"单选按钮，输入主页网址 www.nos.com，如图 5-42 所示，单击"确定"按钮。

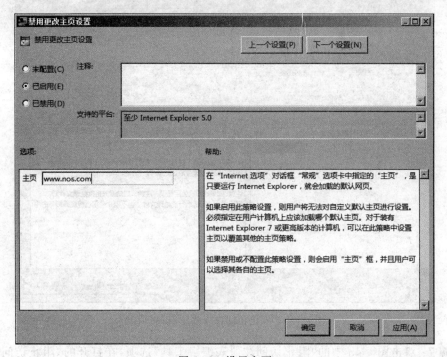

图 5-42　设置主页

步骤 5：如图 5-43 所示，展开"用户配置"→"策略"→"管理模板"→"系统"节点，在右侧窗格中双击"阻止访问命令提示符"选项。

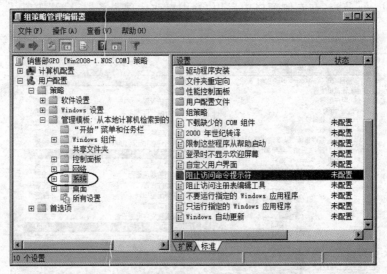

图 5-43　双击"阻止访问命令提示符"选项

步骤 6：如图 5-44 所示，在打开的"阻止访问命令提示符"对话框中选中"已启用"单选按钮，在"是否也要禁用命令提示符脚本处理?"下拉框中选择"是"选项，单击"确定"按钮。

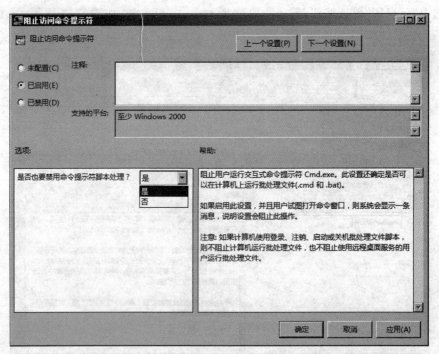

图 5-44　"阻止访问命令提示符"对话框

步骤 7：双击图 5-43 中的"阻止访问注册表编辑工具"选项，在打开的"阻止访问注册表编辑工具"对话框中选中"已启用"单选按钮，在"是否禁用无提示运行 regedit?"下拉框中选择"是"选项，如图 5-45 所示，单击"确定"按钮。

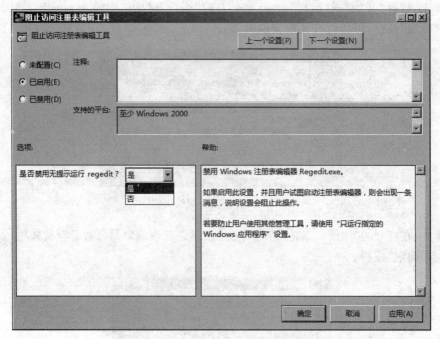

图 5-45 "阻止访问注册表编辑工具"对话框

（2）验证用户组策略设置。下面以销售部用户"韩袁斌"（hanyuanbin@nos.com）的身份登录 Win2008-2 计算机，验证以上组策略对用户的管理，操作步骤如下。

步骤 1：以销售部用户"韩袁斌"（hanyuanbin@nos.com）的身份登录 Win2008-2 计算机，打开命令提示符，出现已被系统管理员停用的提示，如图 5-46 所示。

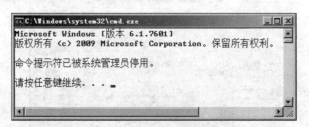

图 5-46 命令提示符被停用

步骤 2：运行自动批处理 bat 文件，提示命令提示符被停用，也不能运行，如图 5-47 所示。

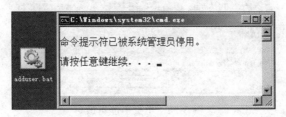

图 5-47 自动批处理 bat 文件被停用

步骤 3：选择"开始"→"运行"命令，在打开的"运行"对话框中输入 regedit，如图 5-48 所示，单击"确定"按钮，可以打开注册表编辑器。

图 5-48　打开注册表编辑器

步骤 4：在打开的"注册表编辑器"对话框中提示注册表编辑器已被管理员禁用，如图 5-49 所示，单击"确定"按钮。

图 5-49　注册表编辑器被禁用

步骤 5：如图 5-50 所示，在"Internet 选项"对话框的"常规"选项卡中可以看到设置的主页，且用户不能更改。

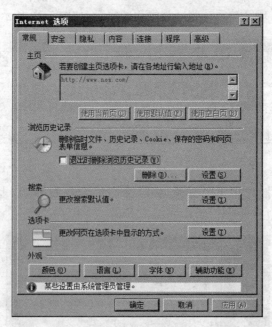

图 5-50　主页不能更改

步骤 6：在"连接"选项卡中单击"局域网设置"按钮。

步骤 7：如图 5-51 所示，在出现的"局域网（LAN）设置"对话框中可以看到组策略设置的代理服务器，且用户不能更改。

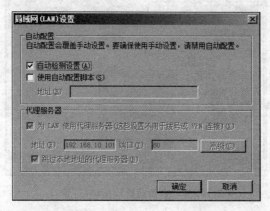

图 5-51　代理服务器不能更改

步骤 8：将"技术部"组织单元中的用户"陈飞"添加到"G_销售部员工"组中，以"陈飞"的身份登录到 Win2008-2 计算机，会发现以上对用户的管理不生效。这是因为用户"陈飞"不在"销售部"组织单元中，也就是说，域用户登录时具体应用哪些组策略取决于该域用户属于哪个组织单元。

5.4.2　任务 2：使用组策略部署软件

1. 任务目标

了解组策略的作用，掌握使用组策略为计算机和用户部署软件的方法。

2. 任务内容

（1）使用组策略为计算机部署软件。

（2）使用组策略为用户部署软件。

（3）使用组策略卸载软件。

3. 完成任务所需的设备和软件

Win2008-1 是 nos.com 域控制器，Win2008-2 是 nos.com 域成员服务器。

4. 任务实施步骤

1）使用组策略为计算机部署软件

下面的操作将会为销售部中的计算机自动部署 Adobe Reader 软件。

步骤 1：以域管理员身份登录到 Win2008-1 域控制器，创建一个共享文件夹 software，设置共享权限为"everyone 读取"，然后将 Adobe Reader 等扩展名为 msi 的安装文件存放到该文件夹中，这样就创建了一个分发点。

步骤 2：以域管理员身份登录到 Win2008-1 域控制器，打开"组策略管理编辑器"窗口，编辑组策略"销售部 GPO"，展开"计算机配置"→"策略"→"软件设置"→"软件安装"节点，右击"软件安装"选项，在弹出的快捷菜单中选择"属性"命令，如图 5-52 所示。

步骤 3：如图 5-53 所示，在打开的"软件安装 属性"对话框中输入默认程序数据包的位置"\\Win2008-1\software"，单击"确定"按钮。

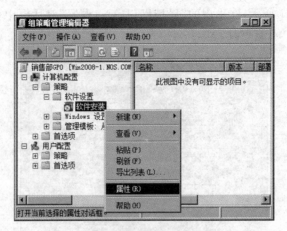

图 5-52　"组策略管理编辑器"窗口

图 5-53　"软件安装 属性"对话框

步骤 4：如图 5-54 所示，右击"软件安装"选项，在弹出的快捷菜单中选择"新建"→"数据包"命令。

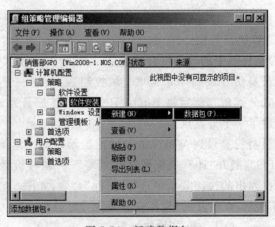

图 5-54　新建数据包

步骤 5：如图 5-55 所示，可以看到系统会自动定位到存放程序数据包的位置，选中 Adobe Reader 的 msi 安装文件（AdbeRdr11000_zh_CN.msi），单击"打开"按钮。

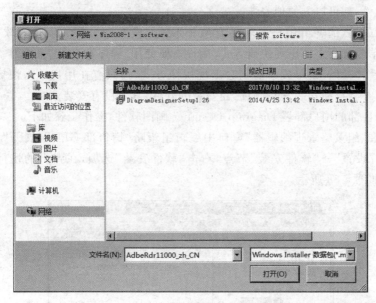

图 5-55 打开 msi 文件

步骤 6：如图 5-56 所示，在打开的"部署软件"对话框中选中"已分配"单选按钮，单击"确定"按钮。

【**说明**】 只能给计算机分配软件，而不能发布软件。

步骤 7：如图 5-57 所示，重新启动 Win2008-2 计算机，启动时可以看到软件的安装界面，这样不论本地用户登录还是域用户登录，都可以使用部署在销售部门计算机上的软件。

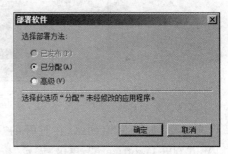

图 5-56 选择部署方法

图 5-57 成功部署软件

2）使用组策略为用户部署软件

为特定组织单元的用户部署软件后，该组织单元的用户在域中的任何计算机上登录时，只要需要该软件，都可以方便地安装。

需要注意的是，部署给用户的软件有两种形式：发布和分配。发布的软件，用户登录后，"开始"菜单或桌面上不出现快捷方式，用户需要使用"程序和功能"来安装。而分配的软件，用户登录后，"开始"菜单或桌面上会出现快捷方式，但只有在用户单击快捷方式或打开相关的文件时才会自动安装，即看似已经安装的软件，其实没有安装。

下面为销售部的用户部署 Diagram Designer 画图软件，操作步骤如下。

步骤 1：在"组策略管理编辑器"窗口中编辑组策略"销售部 GPO"，展开"用户配置"→"策略"→"软件设置"→"软件安装"节点，右击"软件安装"选项，在弹出的快捷菜单中选择"属性"命令，如图 5-58 所示。

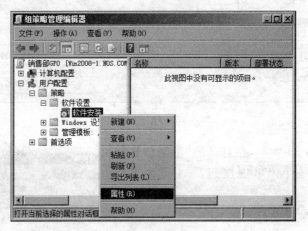

图 5-58　用户软件安装

步骤 2：如图 5-59 所示，在打开的"软件安装 属性"对话框中指定软件发布点的位置"\\Win2008-1\software"，单击"确定"按钮。

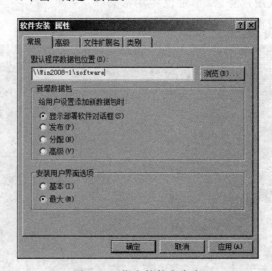

图 5-59　指定软件发布点

步骤 3：如图 5-60 所示，右击"软件安装"选项，在弹出的快捷菜单中选择"新建"→"数据包"命令。

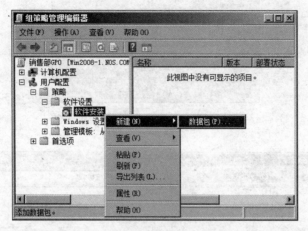

图 5-60　新建数据包

步骤 4：如图 5-61 所示，可以看到系统会自动定位到存放程序数据包的位置，选中 DiagramDesignerSetup1.26 版本的 msi 安装文件，单击"打开"按钮。

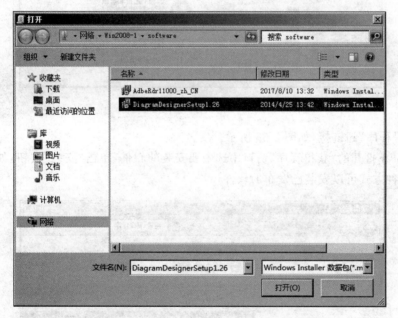

图 5-61　打开 msi 软件

步骤 5：如图 5-62 所示，在打开的"部署软件"对话框中选中"已发布"单选按钮，单击"确定"按钮。

【说明】　既可以给用户分配软件，也可以发布软件。

步骤 6：以销售部用户"韩袁斌"（hanyuanbin@nos.com）的身份登录 Win2008-2 计算机，该用户是域中的普通用户。

步骤 7：登录后选择"开始"→"控制面板"命令，在打开的"控制面板"窗口中单击"程序"

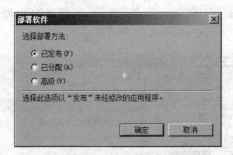

图 5-62　选择部署方法

图 5-63　单击"获得程序"超链接

组中的"获得程序"超链接，如图 5-63 所示。

　　步骤 8：在打开的"获得程序"窗口中选中要安装的软件，单击"安装"按钮，如图 5-64 所示。通过这种方式可以安装已发布的软件。

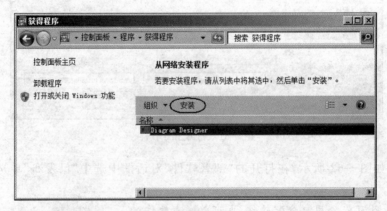

图 5-64　安装发布的软件

3）使用组策略卸载软件

　　无论是部署给用户还是计算机的软件，都可以使用组策略删除该部署的软件。但需要注意的是,不能使用组策略删除用户自己安装的软件(非使用组策略部署的软件)。

使用组策略卸载软件的操作步骤如下。

步骤 1:在以域管理员身份登录 Win2008-1 计算机,打开"组策略管理编辑器"窗口,展开"计算机配置"→"策略"→"软件设置"→"软件安装"节点,右击要删除的软件,在弹出的快捷菜单中选择"所有任务"→"删除"命令,如图 5-65 所示。

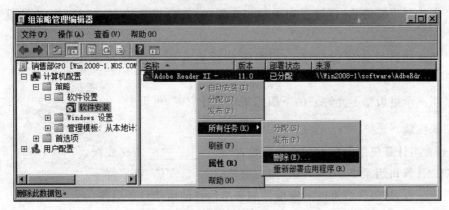

图 5-65　删除软件

步骤 2:在打开的"删除软件"对话框中选中"立即从用户和计算机中卸载软件"单选按钮,如图 5-66 所示,单击"确定"按钮。

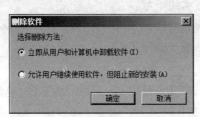

图 5-66　立即卸载软件

步骤 3:重新启动 Win2008-2 计算机,登录后可发现该软件已删除。

5.5　习题

一、填空题

1. 管理员可以对活动目录中的_____、_____和_____对象设置组策略。

2. 利用组策略可以进行很多方面的设置,主要设置类型有_____、_____、_____、_____、_____和_____等。

3. GPO 的中文名称是_____。

4. GPO 的内容被存放在组策略容器和_____。

5. 组策略模板(GPT)存储在域控制器上的_____共享文件夹中,用来提供所有的组策略设置和信息,包括_____、_____、_____和_____等。

6. 打开"组策略管理编辑器"后,可以看到每个组策略都包括_____和_____两部分的设置。在"策略"选项中包括＿＿＿＿＿、＿＿＿＿＿和＿＿＿＿＿三个子选项。

7. 管理员＿＿＿＿＿将 GPO 与默认的活动目录容器（Computers、Users 和 Builtin）相链接。（填"能"或"不能"）

8. "组策略"是一组配置策略的集合，它包括计算机配置和＿＿＿＿＿配置两大类。

9. 在客户端强制刷新组策略的命令是＿＿＿＿＿。

10. 来自父容器的 GPO 设置和来自子容器的 GPO 设置冲突时，＿＿＿＿＿的设置发挥作用。

11. 当活动目录容器需要唯一的组策略设置并需要确保设置不被继承时，可以启用＿＿＿＿＿。

12. 当一个组策略不允许它的下级组策略阻止它时，可设置＿＿＿＿＿。

二、选择题

1. 通常当计算机组策略和用户组策略冲突时，＿＿＿＿＿有优先权。

    A. 计算机组策略   B. 用户组策略   C. 都一样

2. ＿＿＿＿＿是包含组策略对象属性和版本信息的活动目录对象。

    A. GPO   B. GPC   C. GPT   D. GUID

3. 关于组策略继承的说法，下列错误的是＿＿＿＿＿。

    A. 组策略可从站点继承到域

    B. 组策略可从父域继承到子域

    C. 组策略可从域继承到 OU

    D. 组策略可从父 OU 继承到子 OU

4. 活动目录容器不包括＿＿＿＿＿。

    A. 站点   B. 域   C. 组织单元   D. 模板

5. 打开本地组策略的命令是＿＿＿＿＿。

    A. mmc. exe   B. gpedit. msc

    C. dcpromo. exe   D. gpupdate. exe

6. 当有几个 GPO 被链接到同一个对象上时，处理的顺序是＿＿＿＿＿。

    A. 自底而上   B. 自顶而下   C. 没有顺序

7. 以下有关组策略的刷新，正确的是＿＿＿＿＿。

    A. 默认计算机设置和用户设置的刷新周期为 30 分钟

    B. 域控制器刷新周期为 5 分钟

    C. 刷新周期不能更改

    D. 刷新周期可以更改，越短越好

8. 下列关于组策略叙述中，错误的是＿＿＿＿＿。

    A. 通过组策略可以为用户提供通用的桌面配置

    B. 降低布置用户和计算机环境的总费用

    C. 设置组策略之前必须创建一个或多个组策略对象并对其进行设置

    D. 组策略不包含安全性方面的设置

9. 以下关于组策略的描述中,错误的是_____。

　　A. 首先应用的是本地组策略

　　B. 除非冲突,组策略的应用应该是累积的

　　C. 如果存在冲突,最先应用的组策略将获胜

　　D. 组策略在组策略容器上的顺序决定应用的顺序

三、简答题

1. 定义组策略的方式及组策略的作用是什么?

2. 组策略的主要设置类型有哪些?

3. 组策略的应用顺序是什么?

4. 什么情况下需要强制应用组策略或者阻止组策略继承?

5. 软件的生命周期包含哪几个阶段?

6. 软件部署的一般步骤是什么?

7. 软件的分配和发布有何区别?

项目 6
文件系统和共享资源

项目学习目标

(1) 了解 NTFS 和 FAT 文件系统的区别。

(2) 掌握 NTFS 权限的设置方法。

(3) 掌握加密文件系统 EFS 的使用方法。

(4) 熟悉文件压缩和磁盘配额。

(5) 掌握卷影副本的使用方法。

(6) 掌握设置共享资源和访问共享资源的方法。

6.1 项目提出

某学校由于没有架设专用的文件服务器,所以学校的各种信息数据的管理非常不方便,文件访问权限设置不当与文件误删除、数据不能被共享或加密、无关文件占用服务器的存储空间等行为时有发生。作为网络管理员,应该如何利用 Windows Server 2008 的文件系统安全有效地管理学校的各种信息数据呢?

6.2 项目分析

网络中最重要的是安全,安全中最重要的是权限。在网络中,网络管理员首先面对的是权限,日常解决的问题是权限问题,最终出现漏洞还是由于权限设置不当。权限决定着用户可以访问的数据、资源,也决定着用户享受的服务,更甚者,权限决定着用户拥有什么样的桌面。

NTFS 文件系统是 Windows Server 2008 最核心的文件系统,它提供了很多的数据管理功能。例如,NTFS 可以设置文件和文件夹的权限,支持文件系统的压缩和加密、限制用户对磁盘空间的使用等。Windows Server 2008 系统中可以使用共享功能和共享权限来统一管理系统的文件,在网络环境中,管理员和用户除了使用本机的软硬件资源外,还可以使用其他计算机的软硬件资源。对于用户来说,用户拥有访问资源的权限,即可使用网络中的资源。

6.3 相关知识点

　　文件系统是指文件命名、存储和组织的总体结构，和 Windows Server 2003 不同的是，运行 Windows Server 2008 的计算机的磁盘分区，只能使用 NTFS 类型的文件系统。

6.3.1 FAT 文件系统

　　FAT(File Allocation Table)是指文件分配表，包括 FAT16 和 FAT32 两种。FAT 是一种对系统安全性要求不高、需要双重引导的用户应选择使用的文件系统。

1. FAT 文件系统简介

　　在推出 FAT32 文件系统之前，通常 PC 使用的文件系统是 FAT16，例如 MS-DOS、Windows 95 等。FAT16 支持的最大分区是 2^{16}($2^{16}=65536$) 个簇，每簇 64 个扇区，每扇区 512 字节，所以最大支持分区为 2.147GB。FAT16 最大的缺点就是簇的大小是和分区有关的，这样当外存中存放较多小文件时，会浪费大量的空间。FAT32 是 FAT16 的派生文件系统，支持大到 2TB(2048GB)的磁盘分区，它使用的簇比 FAT16 小，从而有效地节约了磁盘空间。

　　FAT 文件系统是一种最初用于小型磁盘和简单文件夹结构的简单文件系统。它向后兼容，最大的优点是适用于所有的 Windows 操作系统。另外，FAT 文件系统在容量较小的卷上使用比较好，因为 FAT 启动只使用非常少的开销。FAT 在容量低于 512MB 的卷上工作最好，当卷容量超过 1.024GB 时，效率就显得很低。对于 500MB 以下的卷，FAT 文件系统相对于 NTFS 文件系统来说是个比较好的选择。不过对于使用 Windows Server 2008 的用户来说，FAT 文件系统则不能满足系统的要求。

2. FAT 文件系统的优缺点

　　FAT 文件系统的优点主要是所占容量与计算机的开销很少，支持各种操作系统，在多种操作系统之间可移植。这使 FAT 文件系统可以方便地用于传送数据，但同时也带来较大的安全隐患。从机器上拆下 FAT 格式的硬盘，几乎可以把它装到其他任何计算机上，不需要专用软件即可直接读/写。

　　FAT 文件系统的缺点主要如下。

　　(1) 容易受损害：由于缺少恢复技术，易受损害。

　　(2) 单用户：FAT 文件系统是为类似于 MS-DOS 的单用户操作系统开发的，它不保存文件的权限信息。

　　(3) 非最佳更新策略：FAT 文件系统在磁盘的第一个扇区上保存其目录信息，当文件改变时，FAT 必须随之更新，这样磁盘驱动器就要不断地在磁盘表面寻找。当复制多个小文件时，这种开销就变得很大。

　　(4) 没有防止碎片的最佳措施：FAT 文件系统只是简单地以第一个可用扇区为基础来分配磁盘空间，这会增加碎片，因此也就加长了增加文件和删除文件的访问时间。

　　(5) 文件名长度限制：FAT 限制文件名不能超过 8 个字符，扩展名不能超过 3 个字符。

　　Windows 操作系统在很大程度依赖于文件系统的安全性来实现自身的安全性。没有文件系统的安全防范，就没办法阻止他人不适当地删除文件或访问某些敏感信息。从根本上说，没有文件系统的安全，系统就没有安全保障。因此，对于安全性要求较高的用户来讲，FAT 文件系统不太适合。

6.3.2　NTFS 文件系统

NTFS(New Technology File System)是 Windows Server 2008 推荐使用的高性能文件系统。NTFS 文件系统具有 NTFS 权限、加密文件系统（EFS）、磁盘压缩、磁盘限额和卷影副本等功能，而这些功能也正是 FAT 文件系统所缺少的。

NTFS 是从 Windows NT 开始使用的文件系统，它是一个特别为网络和磁盘配额、文件加密等管理安全特性设计的磁盘格式。NTFS 文件系统包括文件服务器和高端个人计算机所需的安全特性，它还支持对于关键数据以及重要数据的访问控制和所有者权限。除了可以赋予计算机中的共享文件夹特定权限外，NTFS 文件和文件夹无论共享与否都可以赋予 NTFS 权限，NTFS 是唯一允许为单个文件指定权限的文件系统。但是，当用户从 NTFS 卷移动或复制文件到 FAT 卷时，NTFS 文件系统权限和其他特有属性将会丢失。

NTFS 文件系统设计简单但功能强大，从本质上讲，卷中的一切都是文件，文件中的一切都是属性。从数据属性到安全属性，再到文件名属性，NTFS 卷中的每个扇区都分配给了某个文件，甚至文件系统的超数据（描述文件系统自身的信息）也是文件的一部分。

NTFS 文件系统是 Windows Server 2008 所推荐的文件系统。它具有 FAT 文件系统的所有基本功能，并且提供 FAT 文件系统所没有的优点。

（1）更安全的文件保障，提供文件加密，能够大大提高信息的安全性。

（2）更好的磁盘压缩功能。

（3）支持最大达 2TB 的大硬盘，并且随着磁盘容量的增大，NTFS 的性能不像 FAT 那样随之降低。

（4）可以赋予单个文件和文件夹权限。对同一个文件或者文件夹为不同用户可以指定不同的权限，在 NTFS 文件系统中，可以为单个用户设置权限。

（5）NTFS 文件系统中设计的恢复能力，无须用户在 NTFS 卷中运行磁盘修复程序。在系统崩溃事件中，NTFS 文件系统使用日志文件和复查点信息可自动恢复文件系统的一致性。

（6）NTFS 文件夹的 B-Tree 结构使用户在访问较大文件夹中的文件时，速度甚至比访问卷中较小文件夹中的文件还快。

（7）可以在 NTFS 卷中压缩单个文件和文件夹。NTFS 系统的压缩机制可以让用户直接读/写压缩文件，而不需要使用解压软件将这些文件展开。

（8）支持活动目录和域。此特性可以帮助用户方便灵活地查看和控制网络资源。

（9）支持稀疏文件。稀疏文件是应用程序生成的一种特殊文件，文件尺寸非常大，但实际上只需要很少的磁盘空间。也就是说，NTFS 只需要给这种文件实际写入的数据分配磁盘存储空间。

（10）支持磁盘配额。磁盘配额可以管理和控制每个用户所能使用的最大磁盘空间。

在安装 Windows Server 2008 系统时，安装程序会检测现有的文件系统格式，如果是 NTFS，则继续进行；如果是 FAT，则必须将其转换为 NTFS。

可以使用命令 convert.exe 单向地把 FAT 分区转化为 NTFS 分区。例如，下面的命令是把 D 盘转换成 NTFS 格式，转换后不能再转换回 FAT 格式，即转换是单向的。

```
convert D: /FS:NTFS
```

6.3.3 NTFS 权限

利用 NTFS 权限，可以控制用户账户和组对文件和文件夹的访问。NTFS 权限只适用于 NTFS 磁盘分区，NTFS 权限不能用于由 FAT16 或者 FAT32 文件系统格式化的磁盘分区。

Windows Server 2008 只为用 NTFS 进行格式化的磁盘分区提供 NTFS 权限。为了保护 NTFS 磁盘分区上的文件和文件夹，要为需要访问该资源的每一个用户账号授予 NTFS 权限。用户必须获得明确的授权才能访问资源。用户账号如果没有被授予 NTFS 权限，它就不能访问相应的文件或者文件夹。不管用户是访问文件还是访问文件夹，也不管这些文件或文件夹是在本地计算机上还是在网络上，NTFS 的权限功能都有效。

对于 NTFS 磁盘分区上的每一个文件和文件夹，NTFS 都存储着一个访问控制列表（ACL）。ACL 中包含那些被授权访问该文件或文件夹的所有用户账号、组和计算机，包含他们被授予的访问类型。为了让一个用户访问某个文件或者文件夹，针对用户账号、组或者该用户所属的计算机，ACL 中必须包含一个相对应的元素，这个元素叫作访问控制元素（ACE）。为了让用户能够访问文件或者文件夹，访问控制元素必须具有用户所请求的控制类型。如果 ACL 中没有相应的 ACE 存在，Windows Server 2008 就拒绝该用户访问相应的资源。

1. NTFS 权限的类型

可以利用 NTFS 权限指定哪些用户、组和计算机能够访问文件和文件夹。NTFS 权限也指明哪些用户、组和计算机能够操作文件或者文件夹中的内容。

1）NTFS 文件夹权限

可以通过授予文件夹权限，控制对文件夹和包含在这些文件夹中的文件和子文件夹的访问，表 6-1 列出了可以授予的标准 NTFS 文件夹权限和各权限提供的访问类型。

表 6-1 标准 NTFS 文件夹权限列表

NTFS 文件夹权限	允许访问的类型
读取	查看当前文件夹中的文件和子文件夹，查看文件夹的属性、拥有人和权限设置
写入	在文件夹内创建新的文件和子文件夹，修改文件夹属性，查看文件夹的拥有人和权限设置
列出文件夹内容	查看文件夹中的文件和子文件夹的名称，此权限仅针对文件夹存在
读取和执行	遍历文件夹，包含"读取"和"列出文件夹内容"权限
修改	删除文件夹，重命名子文件夹，包含"写入"和"读取和执行"权限
完全控制	对文件夹拥有所有的 NTFS 权限，可以执行任何操作

2）NTFS 文件权限

可以通过授予文件权限，控制对文件的访问。表 6-2 列出了可以授予的标准 NTFS 文件权限和各权限提供给用户的访问类型。

表 6-2 标准 NTFS 文件权限列表

NTFS 文件权限	允许访问的类型
读取	读文件，查看文件属性、拥有人和权限设置
写入	覆盖写入文件，修改文件夹属性，查看文件的拥有人和权限设置
读取和执行	运行应用程序，包含"读取"权限
修改	修改和删除文件，包含"写入"和"读取和执行"权限
完全控制	对文件拥有所有的 NTFS 权限，可以执行任何操作

　　　　无论用什么权限保护文件，被准许对文件夹进行"完全控制"的组或用户都可以删除该文件夹内的任何文件。尽管"列出文件夹内容"和"读取和执行"看起来有相同的特殊权限，但这些权限在继承时却有所不同。"列出文件夹内容"可以被文件夹继承而不能被文件继承，并且它只在查看文件夹权限时才会显示。"读取和执行"可以被文件和文件夹继承，并且在查看文件和文件夹权限时始终出现。

　　3）特殊权限

　　标准的 NTFS 权限通常能提供足够的权利，用以控制对用户资源的访问，以保护用户的资源。但是，如果需要更为特殊的访问级别，就可以使用 NTFS 的特殊访问权限。

　　有 13 项特殊访问权限，分别是"完全控制""遍历文件夹/执行文件""列出文件夹/读取数据""读取属性""读取扩展属性""创建文件/写入数据""创建文件夹/附加数据""写入属性""写入扩展属性""删除""读取权限""更改权限"和"取得所有权"等。把它们组合在一起就构成了标准的 NTFS 权限。例如，标准的"读取"权限包含"读取数据""读取属性""读取扩展属性"和"读取权限"4 个特殊访问权限。

　　其中两个特殊访问权限对于管理文件和文件夹的访问来说特别有用。

　　(1) 更改权限。如果为某用户授予了这一权限，该用户就具有了针对文件或者文件夹修改权限的权利。

　　可以将针对某个文件或者文件夹修改权限的权利授予其他管理员或者用户，但是不授予他们对该文件或者文件夹的"完全控制"权限。通过这种方式，这些管理员或者用户不能删除或者写入该文件或者文件夹，但是可以为该文件或者文件夹授权。

　　为了将修改权限的权利授予管理员，将针对该文件或者文件夹的"更改权限"的权限授予 Administrators 组即可。

　　(2) 取得所有权。如果为某用户授予了这一权限，该用户就具有了取得文件或者文件夹的所有权的权限。

　　借助于该权限，可以将文件或者文件夹的所有权从一个用户账户或者组转移到另一个用户账户或者组，也可以将"取得所有权"权限给予某个人。作为管理员，也可以取得某个文件或者文件夹的所有权。

　　在取得某个文件或者文件夹的所有权时，需要遵循以下规则。

　　① 当前的所有者或者具有"完全控制"权限的任何用户，可以将"完全控制"这一标准权限或者"取得所有权"这一特殊访问权限授予另一个用户账户或者组。这样，该用户账户或者组的成员就能取得所有权。

② Administrators 组的成员可以取得某个文件或者文件夹的所有权,而不管为该文件或者文件夹授予了怎样的权限。如果某个管理员取得了所有权,则 Administrators 组也取得了所有权,因此该 Administrators 组的任何成员都可以修改针对该文件或者文件夹的权限,并且可以将"取得所有权"这一权限授予另一个用户账户或者组。例如,如果某个雇员离开了原来的公司,某个管理员即可取得该雇员的文件的所有权,并将"取得所有权"这一权限授予另一个雇员,然后这一个雇员就可取得前一个雇员的文件的所有权。

2. NTFS 权限的应用规则

如果将针对某个文件或者文件夹的权限授予了个别用户账号,又授予了某个组,而该用户是该组的一个成员,那么该用户就对同样的资源有了多个权限。关于 NTFS 如何组合多个权限,存在一些规则和优先权。

1) 权限是累加的

一个用户对某个资源的有效权限是授予这一用户账号的 NTFS 权限与授予该用户所属组的 NTFS 权限的组合。例如,如果某个用户 Long 对某个文件夹 Folder 有"读取"权限,该用户 Long 是某个组 Sales 的成员,而该组 Sales 对该文件夹 Folder 有"写入"权限,那么该用户 Long 对该文件夹 Folder 就有"读取"和"写入"两种权限。

2) 文件权限超越文件夹权限

NTFS 的文件权限超越 NTFS 的文件夹权限。例如,某个用户对某个文件有"修改"权限,那么即使他对于包含该文件的文件夹只有"读取"权限,他仍然能够修改该文件。

3) 权限的继承

新建的文件或者文件夹会自动继承上一级文件夹或者驱动器的 NTFS 权限,但是从上一级继承下来的权限是不能直接修改的,只能在此基础上添加其他权限。当然这并不是绝对的,只要有足够的权限,例如系统管理员,也可以修改这个继承下来的权限,或者让文件或者文件夹不再继承上一级文件夹或者驱动器的 NTFS 权限。

4) "拒绝"权限超越其他权限

为了拒绝某用户账号或者组对特定文件或者文件夹进行访问,可将"拒绝"权限授予该用户账号或者组。这样,即使某个用户作为某个组的成员具有访问该文件或文件夹的权限,但是因为将"拒绝"权限授予了该用户,所以该用户具有的任何其他权限也被阻止了。因此,对于权限的累加规则来说,"拒绝"权限是一个例外。应该避免使用"拒绝"权限,因为允许用户和组进行某种访问比明确拒绝他们进行某种访问更容易做到。一般情况下应该巧妙地构造组和组织文件夹中的资源,使用各种各样的"允许"权限满足需要,从而避免使用"拒绝"权限。

例如,用户 Long 同时属于 Sales 组和 Managers 组,文件 File1 和 File2 是文件夹 Folder 下面的两个文件。其中,Long 拥有对 Folder 的"读取"权限,Sales 拥有对 Folder 的"读取"和"写入"权限,Managers 则被禁止对 File2 进行"写入"操作,那么 Long 的最终权限是什么?

由于使用了"拒绝"权限,用户 Long 拥有对 Folder 和 File1 的"读取"和"写入"权限,但对 File2 只有"读取"权限。

注意 　　在 Windows Server 2008 中，用户不具有某种访问权限和明确地拒绝用户的访问权限，这二者是有区别的。"拒绝"权限是通过在 ACL 中添加一个针对特定文件或文件夹的拒绝元素而实现的。这就意味着管理员还有另一种拒绝访问的手段，而不仅仅是不允许某个用户访问文件或文件夹。

5）移动或复制操作对权限的影响

移动或复制操作对权限的影响分三种情况：同一 NTFS 分区、不同 NTFS 分区以及 FAT 分区，如表 6-3 所示。

表 6-3　移动和复制操作对权限的影响

操作类型	同一 NTFS 分区	不同 NTFS 分区	FAT 分区
移动	保留源文件（夹）的权限	继承目标文件夹的权限	丢失权限
复制	继承目标文件夹的权限	继承目标文件夹的权限	丢失权限

6.3.4　共享文件夹的权限

共享文件（即通过网络可以被用户访问的文件）由于不能被系统直接共享，因此共享文件最简便的方法是建立共享文件夹，然后将需要共享的文件或文件夹放入其中，这样具有访问权限的用户就可以通过网络访问此文件夹中的文件或子文件夹。

1. 共享文件夹的权限

共享文件夹与 NTFS 分区中的文件夹一样，可进行权限设置，区别在于共享文件夹的权限设置只对通过网络访问的用户起作用。

共享文件夹的权限有以下 3 种。

（1）读取：查看文件名称和属性，读取文件数据内容，查看子文件夹名称，访问子文件夹和运行程序。

（2）更改：拥有"读取"权限，创建、修改或删除子文件夹和文件，更改文件夹和文件的属性。

（3）完全控制：拥有"读取"和"更改"权限，更改文件夹和文件的权限，获得文件夹和文件的所有权。

系统默认所有用户（everyone）的共享权限为"读取"。

2. 用户的有效权限

在文件夹设置为共享文件夹后，当用户通过网络访问共享文件夹时，系统会先查看此文件夹的共享权限是否允许用户操作。如果用户具有操作权限，并且文件夹未在 NTFS 分区上，系统会依据共享权限让用户进行操作；另一种情况是，如果文件夹处于 NTFS 分区上，系统会再查看此用户对此文件夹具有何种 NTFS 权限，然后将共享权限与 NTFS 权限中最严格的权限作为该用户的最终权限。例如，用户 A 在共享文件夹 C:\Share 的共享权限是"完全控制"，同时此用户在 C:\Share 的 NTFS 权限为"读取"，则此用户对文件夹 C:\Share 的最终权限就是"读取"。

3. 共享权限和 NTFS 权限的联系和区别

（1）共享权限是基于文件夹的，也就是说只能够在文件夹上设置共享权限，不能在文件上设置共享权限；NTFS 权限是基于文件的，既可以在文件夹上设置，也可以在文件上设置。

（2）共享权限只有当用户通过网络访问共享文件夹时才起作用，如果用户是本地登录计算机则共享权限不起作用；NTFS 权限无论用户是通过网络还是本地登录都会起作用，只不过当用户通过网络访问文件时它会与共享权限联合起作用，规则是取最严格的权限设置。

（3）共享权限与文件系统无关，只要设置共享就能够应用共享权限；NTFS 权限必须是 NTFS 文件系统，否则不起作用。

（4）不管是共享权限还是 NTFS 权限都有累加性。

（5）不管是共享权限还是 NTFS 权限都遵循"拒绝"权限超越其他权限。

6.3.5　加密文件系统

加密文件系统（Encrypting File System，EFS）是 Windows 系统中的一项功能，针对 NTFS 分区中的文件和数据，用户都可以直接加密，从而达到快速提高数据安全性的目的。

EFS 加密基于公钥策略。在使用 EFS 加密一个文件或文件夹时，系统首先会生成一个由伪随机数组成的 FEK（File Encryption Key，文件加密钥匙），然后利用 FEK 和数据扩展标准 X 算法创建加密后的文件，并进行存储，同时删除原始文件。然后系统会利用公钥加密 FEK，并把加密后的 FEK 存储在同一个加密文件中。在访问被加密的文件时，系统首先利用当前用户的私钥解密 FEK，然后利用 FEK 解密出文件。在首次使用 EFS 时，如果用户还没有公钥/私钥对（统称为密钥），则会首先生成密钥，然后加密数据。如果用户登录到了域环境中，则密钥的生成依赖于域控制器，否则依赖于本地机器。

由于重装系统后，SID（全标识符）的改变会使原来由 EFS 加密的文件无法打开，所以为了保证别人能共享 EFS 加密文件或者重装系统后可以打开 EFS 加密文件，必须要备份证书。

EFS 加密文件系统对用户是透明的，也就是说，如果用户加密了一些数据，那么用户对这些数据的访问将是完全允许的，并不会受到任何限制。而其他非授权用户试图访问加密过的数据时，就会收到"访问拒绝"的错误提示。EFS 加密的用户验证过程是在登录 Windows 时进行的，只要登录到 Windows，就可以打开任何一个被授权的加密文件。

使用 EFS 加密文件或文件夹时，要注意以下几个方面。

（1）只有 NTFS 格式的分区才可以使用 EFS 加密技术。

（2）第一次使用 EFS 加密后应及时备份密钥。

（3）如果将未加密的文件复制到具有加密属性的文件夹中，这些文件将会被自动加密。若是将加密数据移出来则有两种情况：若移动到 NTFS 分区上，数据依旧保持加密属性；若移动到 FAT32 分区上，这些数据将会被自动解密。

（4）被 EFS 加密过的数据不能在 Windows 中直接共享。

（5）NTFS 分区中加密和压缩功能不能同时使用。

（6）Windows 系统文件和文件夹无法被加密。

（7）可以使用 compact.exe 程序来压缩和解压缩文件与文件夹。

6.3.6 文件压缩

NTFS 文件系统中的文件、文件夹都具有压缩属性，压缩可以减少它们占用磁盘的空间。压缩可以对文件、文件夹或整个分区进行。NTFS 文件系统的压缩过程和解压缩过程对用户是完全透明的，压缩前和压缩后的文件在使用上没有不同。

当把一个未压缩的文件或文件夹复制到一个压缩的文件夹或分区中时，会自动进行压缩。可以将不常用的文件放置到设置成压缩状态的文件夹中，也可以将整个 NTFS 分区设置成压缩状态，但要注意，不宜将系统分区或有虚拟内存的分区设置为压缩状态，因为这会影响系统性能。

只有在文件夹中创建新文件或文件夹时才继承目标文件夹的压缩状态。当在同一分区移动文件或文件夹时，文件或文件夹并没有改变在磁盘上的位置，只是改变了文件的访问路径，因此不会继承目标文件夹的压缩状态。在不同分区上移动，实际上是复制文件或文件夹到新位置后删除源文件的过程，因此会继承目标文件夹的压缩状态。

移动和复制操作对压缩状态的影响如表 6-4 所示。

表 6-4 移动和复制操作对压缩状态的影响

操作类型	同一 NTFS 分区	不同 NTFS 分区	FAT 分区
移动	保留源文件(夹)的压缩状态	继承目标文件夹的压缩状态	丢失压缩状态
复制	继承目标文件夹的压缩状态	继承目标文件夹的压缩状态	丢失压缩状态

6.3.7 磁盘配额

Windows NT 系统的缺陷之一就是没有磁盘配额管理，这样就很难控制网络中的用户使用磁盘空间的大小。如果某个用户恶意占用太多的磁盘空间，将导致系统空间不足。Windows Server 2008 的磁盘配额可以限制用户对磁盘空间的无限使用，磁盘配额的工作过程是磁盘配额管理器根据网络系统管理员设置的条件，监视对受保护的磁盘卷的写入操作。如果受保护的卷达到或超过某个特定的水平，就会有一条消息被发送到向该卷进行写入操作的用户，警告该卷接近配额限制，或配额管理器会阻止该用户对该卷的写入。

磁盘配额具有以下特性。

(1) 磁盘配额是针对单一用户来进行控制与跟踪的。

(2) 只有 NTFS 分区才支持磁盘配额功能，FAT16 及 FAT32 不支持。

(3) 磁盘配额是以文件和文件夹的所有权进行计算的。也就是说，在一个 NTFS 卷内，所有权属于用户的文件和文件夹，其所占用的磁盘空间会被计算在内。

(4) 磁盘配额的计算不考虑文件压缩的因素。虽然在 NTFS 卷内的文件和文件夹可以被压缩以减少占用磁盘的空间，但是磁盘配额的功能在计算用户的磁盘空间总使用量时，是以文件的原始大小进行计算的。

(5) 每个 NTFS 分区的磁盘配额是独立计算的，不论这几个 NTFS 分区是否在同一个硬盘内。例如，如果第一个硬盘被划分成 C 和 D 两个 NTFS 分区，则用户在磁盘分区 C 和 D 分别可以拥有不同的磁盘配额。

(6) 系统管理员默认不会受到磁盘配额的限制。

6.3.8 卷影副本

共享文件夹的卷影副本提供位于共享资源上的实时文件副本。通过使用共享文件夹的卷影副本,用户可以查看在过去某个时刻存在的共享文件和文件夹,这对访问文件的以前版本或卷影副本非常有用,原因如下。

(1) 恢复被意外删除的文件。如果用户意外删除了某个文件,则可以打开前一个版本,然后将其复制到安全的位置。

(2) 恢复被意外覆盖的文件。如果用户意外覆盖了某个文件,则可以恢复该文件的前一个版本。

(3) 在处理文件的同时对文件版本进行比较。当用户希望检查一个文件的两个版本之间发生的更改时,可以查看到以前的版本。

其他注意事项如下。

(1) 当用户恢复文件时,文件权限不会更改。权限在恢复前后没有变化。当恢复一个被意外删除的文件时,文件权限将被设为该目录的默认权限。

(2) 创建卷影副本不能替代常规备份。

(3) 当存储区域达到限制值之后,将删除最早版本的卷影副本,从而留出空间以便创建更多的卷影副本。删除卷影副本之后,将无法检索该副本。

(4) 可以调整存储位置、空间分配以及分配计划,以适应用户的需要。

(5) 每个卷最多可以存储 64 个卷影副本。达到该限制值之后,将删除最早版本的卷影副本,因此将无法检索该副本。

(6) 卷影副本是只读的,不能编辑卷影副本的内容。

(7) 只能以卷为单位启用共享文件夹的卷影副本,也就是说不能在卷上选择要进行复制或不进行复制的特定共享文件夹和文件。

6.4 项目实施

6.4.1 任务1:NTFS权限的应用

1. 任务目标

了解 NTFS 和 FAT 文件系统的区别,掌握利用 NTFS 权限管理数据的方法。

2. 任务内容

(1) 只允许用户读自己提交的文件。

(2) 只允许用户访问自己的文件夹。

3. 完成任务所需的设备和软件

安装有 Windows Server 2008 R2 操作系统的计算机(Win2008-2)1 台。

4. 任务实施步骤

1) 只允许用户读自己提交的文件

在某学校,学生平时交作业都是提交电子版文档到文件服务器的 Homework 文件夹中，为了防止学生之间相互抄袭作业，需要设置 Homework 文件夹的 NTFS 权限，达到以下目的。

（1）学生能够打开 Homework 文件夹。

（2）学生能够在 Homework 文件夹中提交文件。

（3）不允许学生在 Homework 文件夹中创建文件夹。

（4）学生对自己提交的文件有"完全控制"权限，即能够删除、修改、读取。

（5）学生能够看到其他学生提交的文件，但不能打开，更不能删除和修改。

以下步骤会在 Win2008-2 服务器上为两个学生 zhang 和 wang 创建用户账号，将这两个用户添加到 students 组，Homework 文件夹授予 students 组相应的权限，并验证设置的权限。

步骤 1：以管理员身份登录到 Win2008-2 服务器上，在命令提示符下输入命令创建两个用户 zhang 和 wang，并创建 students 组，将这两个用户添加到这个组中，命令如下。

```
net user zhang a1! /add
net user wang a1! /add
net localgroup students /add
net localgroup students zhang /add
net localgroup students wang /add
```

步骤 2：在 C 盘根目录下创建文件夹 Homework，右击该文件夹，在弹出的快捷菜单中选择"属性"命令，打开"Homework 属性"对话框，如图 6-1 所示。

图 6-1 "Homework 属性"对话框

步骤 3：在"安全"选项卡中单击"高级"按钮，打开"Homework 的高级安全设置"对话框，如图 6-2 所示，可以看到 NTFS 权限，它们都继承于 C 盘根目录。

步骤 4：单击"更改权限"按钮，在新打开的对话框中取消选中"包括可从该对象的父项继承的权限"复选框，如图 6-3 所示。

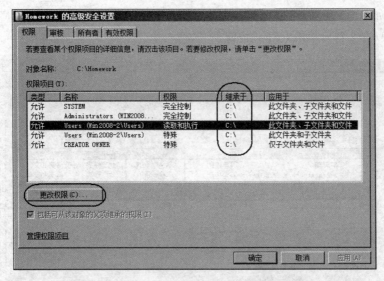

图 6-2　"Homework 的高级安全设置"对话框

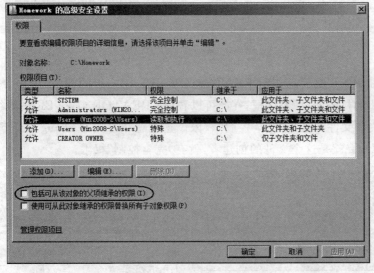

图 6-3　取消选中"包括可从该对象的父项继承的权限"复选框

取消该文件夹继承的权限,是因为继承的权限不能更改。

步骤 5:在出现的"Windows 安全"对话框中单击"添加"按钮,如图 6-4 所示,这样就将继承的权限添加为可修改的 NTFS 权限了。

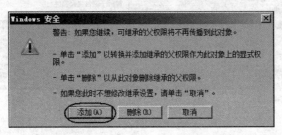

图 6-4　"Windows 安全"对话框

步骤 6：如图 6-5 所示，可以看到现在的这些 NTFS 权限显示"不是继承的"，选中 Users 用户组的权限（有 2 行），单击"删除"按钮。

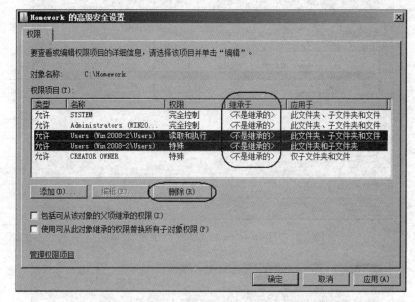

图 6-5　删除 Users 的权限

步骤 7：如图 6-6 所示，选中 CREATOR OWNER 用户组的权限，单击"编辑"按钮，打开"Homework 的权限项目"对话框，在此可以看到 CREATOR OWNER 用户组的权限应用于"仅子文件夹和文件"，且是"完全控制"权限。这就意味着用户 zhang 在 Homework 中创建一个文件，zhang 就是这个文件的创建者，就有"完全控制"权限。

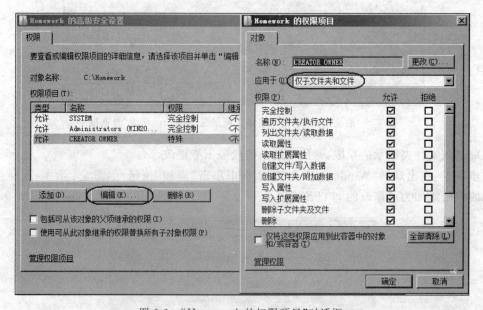

图 6-6　"Homework 的权限项目"对话框

步骤 8：单击"确定"按钮，返回到"Homework 的高级安全设置"对话框，单击"添加"按钮，在打开的"选择用户或组"对话框中输入 students，如图 6-7 所示。

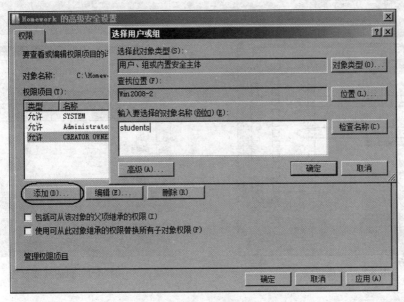

图 6-7　"选择用户或组"对话框

步骤 9：单击"确定"按钮，在打开的"Homework 的权限项目"对话框中，在"应用于"下拉列表框中选择"只有该文件夹"选项，权限设置为允许"列出文件夹/读取数据"和"创建文件/写入数据"，如图 6-8 所示，这就意味着 students 组只能够读取 Homework 文件夹，对其中的文件没有授予"读取"的权利。没有选中"创建文件夹/附加数据"，就意味着，students组只能够在该文件夹中添加文件，不能创建文件夹。

步骤 10：单击"确定"按钮，返回到"Homework 的高级安全设置"对话框，再单击"确定"按钮完成授权。

下面验证 NTFS 权限设置是否成功。

步骤 11：以 wang 用户登录到 Win2008-2 服务器，在桌面上创建文本文件 wang. txt，将其复制到 Homework 文件夹中，查看该文件的权限，如图 6-9 所示。注意，CREATOR OWNER 已经被 wang 替换，用户对自己创建的文件有"完全控制"权限。拖动一个文件夹到 Homework 文件夹中，验证创建文件夹是否成功。

步骤 12：以 zhang 用户登录到 Win2008-2 服务器，在桌面上创建文本文件 zhang. txt，将其复制到 Homework 文件夹中。在 Homework 文件夹中打开 wang. txt 文件，验证是否能够打开别人创建的文件。

2）只允许用户访问自己的文件夹

某企业的文件服务器中，在 C 盘创建了文件夹 Sharedata，该文件夹存放用户的私有数据，要求实现以下目标。

（1）用户在 Sharedata 文件夹中只能创建文件夹。

（2）用户对自己创建的文件夹有"完全控制"权限。

（3）用户不能打开其他用户创建的文件夹。

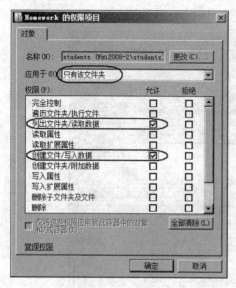

图 6-8　设置权限

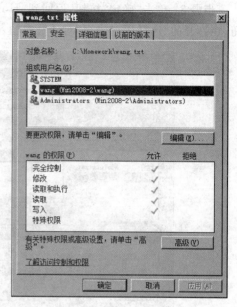

图 6-9　验证权限设置

操作步骤如下。

步骤 1：以管理员身份登录到 Win2008-2 服务器上，在 C 盘根目录下创建文件夹 Sharedata。

步骤 2：右击 Sharedata 文件夹，在弹出的快捷菜单中选择"属性"命令。

步骤 3：在打开的"Sharedata 属性"对话框的"安全"选项卡中单击"高级"按钮。

步骤 4：在打开的"Sharedata 的高级安全设置"对话框中单击"更改权限"按钮。

步骤 5：如图 6-10 所示，在"Sharedata 的高级安全设置"对话框中取消选中"包括可从该对象的父项继承的权限"复选框。

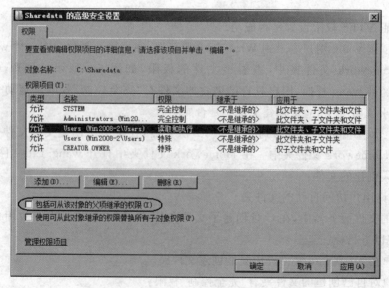

图 6-10　"Sharedata 的高级安全设置"对话框

步骤 6：在出现的"Windows 安全"对话框中单击"添加"按钮，将继承的权限添加为可修改的 NTFS 权限。

步骤 7：在"Sharedata 的高级安全设置"对话框中选中"Users...读取和执行"选项，然后单击"编辑"按钮。

步骤 8：如图 6-11 所示，在打开的"Sharedata 的权限项目"对话框中，在"应用于"下拉列表框中选择"只有该文件夹"选项，单击"确定"按钮。这样用户默认就不能访问其他用户创建的文件夹了。

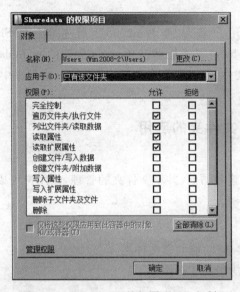

图 6-11　"Sharedata 的权限项目"对话框

步骤 9：如图 6-12 所示，在"Sharedata 的高级安全设置"对话框中选中"Users...特殊"选项，然后单击"编辑"按钮。

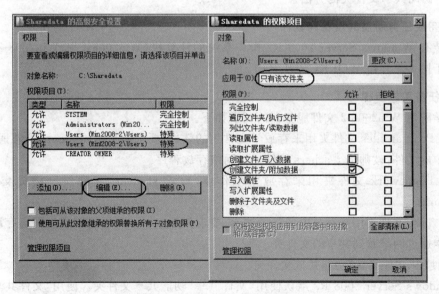

图 6-12　授权只能创建文件夹

步骤 10：在打开的"Sharedata 的权限项目"对话框中，在"应用于"下拉列表框中选择"只有该文件夹"选项，权限只选中"创建文件夹/附加数据"。这样用户只能在 Sharedata 文件夹中创建文件夹，而不能创建文件。

步骤 11：单击"确定"按钮，返回到"Homework 的高级安全设置"对话框，再单击"确定"按钮完成授权。

下面验证设置的 NTFS 权限是否能够达到预定的目标。

步骤 12：以 wang 用户登录到 Win2008-2 服务器，在 Sharedata 文件夹中创建 wangdata 文件夹。

步骤 13：以 zhang 用户登录到 Win2008-2 服务器，在 Sharedata 文件夹中创建 zhangdata 文件夹。测试 zhang 是否能够打开 wang 创建的 wangdata 文件夹，测试是否能在 Sharedata 文件夹中创建文件，是否能在自己的 zhangdata 文件夹中创建文件和文件夹，能否删除自己创建的文件夹。

6.4.2　任务 2：共享文件夹的应用

1. 任务目标

掌握共享文件夹的创建和访问、共享文件夹的管理，使用户可以很方便地通过网络访问共享文件或文件夹中的资源。

2. 任务内容

(1) 使用文件"文件共享"功能共享文件夹。

(2) 使用"高级共享"功能共享文件夹。

(3) 隐含共享。

(4) 默认共享。

(5) 取消默认共享。

(6) 访问共享文件夹的方法。

3. 完成任务所需的设备和软件

安装有 Windows Server 2008 R2 操作系统的计算机（Win2008-1 和 Win2008-2）两台，它们位于同一工作组 WORKGROUP 中。

4. 任务实施步骤

某学院对 Win2008-2 文件服务器的要求如下。

(1) Programfiles 文件夹用来存放学生常用的软件，要求学生组 students 能够通过网络读取其中的文件，教师组 teachers 能够通过网络存放程序。

(2) Homework 文件夹用来存放学生作业，要求 students 组通过网络提交作业到 Homework。

(3) Test 文件夹用来存放电子版考试卷，要求教师组 teachers 能够通过网络存取文件，学生不能通过网络看到共享的文件夹。

1) 使用"文件共享"功能共享文件夹

Windows Server 2008 R2 默认使用"文件共享"功能共享文件夹。使用"文件共享"功能会自动根据共享权限授予相应的 NTFS 权限，当停止共享时会自动取消共享授予的权限。

使用"文件共享"功能共享 Win2008-2 上的 Programfiles 文件夹的操作步骤如下。

步骤 1：以管理员身份登录到 Win2008-2 服务器上，在命令提示符下输入命令创建两个用户 zhang 和 wang，并创建 students 组和 teachers 组，将 zhang 添加到 students 组，将 wang 添加到 teachers 组，命令如下。

```
net user zhang a1! /add
net user wang a1! /add
net localgroup students /add
net localgroup teachers /add
net localgroup students zhang /add
net localgroup teachers wang /add
```

步骤 2：在 D 盘上创建一个准备共享的文件夹 Programfiles，右击该文件夹，在弹出的快捷菜单中选择"共享"→"特定用户"命令。

步骤 3：如图 6-13 所示，在打开的"文件共享"窗口中输入 students，单击"添加"按钮，输入 teachers，再单击"添加"按钮，按图 6-13 所示修改权限级别，然后单击"共享"按钮。

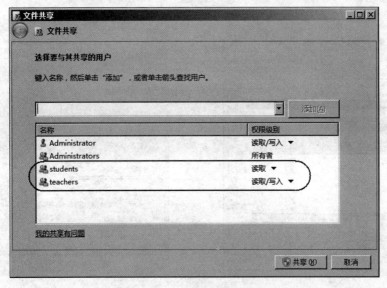

图 6-13　"文件共享"对话框

步骤 4：如图 6-14 所示，在打开的"网络发现和文件共享"对话框中单击"是，启用所有公用网络的网络发现和文件共享"选项，再单击"完成"按钮。

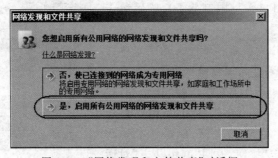

图 6-14　"网络发现和文件共享"对话框

步骤 5：右击 Programfiles 文件夹，在弹出的快捷菜单中选择"属性"命令，打开 "Programfiles 属性"对话框，如图 6-15 所示，在"安全"选项卡中能够看到"文件共享"功能已 经授予了与共享权限相匹配的 NTFS 权限。

2）使用"高级共享"功能共享文件夹

对于 Homework 文件夹，除了设置共享权限外，还需要单独设置 NTFS 权限，只允许对 自己提交的文件有完全的控制权，而不能读取其他用户提交的文件，这样就能够防止学生之 间相互抄袭作业。因此，使用"文件共享"功能自动设置 NTFS 权限已经不能满足需求，还需 要使用"高级共享"功能才能达到该目的。

使用"高级共享"功能共享 Homework 文件夹，共享名为"作业"，共享权限为 students 读取和更改。操作步骤如下。

步骤 1：以管理员身份登录到 Win2008-2 服务器上，在 D 盘上创建一个准备共享的文件 夹 Homework，右击该文件夹，在弹出的快捷菜单中选择"属性"命令。

步骤 2：如图 6-16 所示，在打开的"Homework 属性"对话框的"共享"选项卡中，单击 "高级共享"按钮。

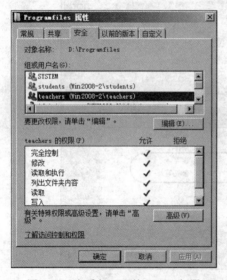
图 6-15 查看相匹配的 NTFS 权限

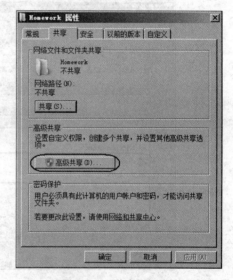
图 6-16 "共享"选项卡

步骤 3：如图 6-17 所示，在打开的"高级共享"对 话框中，选中"共享此文件夹"复选框，设置共享名为 "作业"，同时共享的用户数量限制为 50，然后单击 "权限"按钮。

【说明】 文件夹的共享名和文件夹名可以不一 样，但一个服务器上的共享名必须唯一。

步骤 4：如图 6-18 所示，在打开的"作业 的权 限"对话框中删除 Everyone 组，添加 students 组，选 中允许"读取"和"更改"权限。

步骤 5：单击"确定"按钮，返回"高级共享"对话

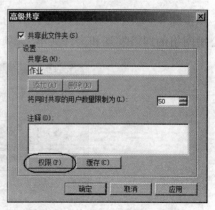
图 6-17 "高级共享"对话框

框;再单击"确定"按钮,返回"Homework 属性"对话框;单击"关闭"按钮。

　　步骤 6:再次右击 Homework 文件夹,在弹出的快捷菜单中选择"属性"命令,打开"Homework 属性"对话框,在"安全"选项卡中可以看到"高级共享"并没有自动更改 NTFS 权限,如图 6-19 所示。可以单独设计 NTFS 权限来达到高级数据的访问控制功能,操作方法参见任务 1,此处不再赘述。

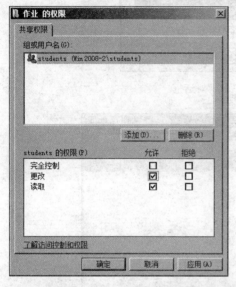

图 6-18　"作业 的权限"对话框

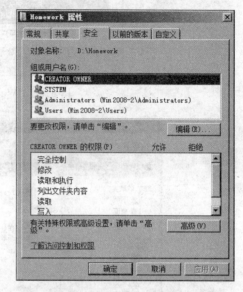

图 6-19　"安全"选项卡

　　步骤 7:以管理员身份登录到 Win2008-1 计算机上,选择"开始"→"运行"命令,打开"运行"对话框,输入"\\Win2008-2",如图 6-20 所示,单击"确定"按钮。

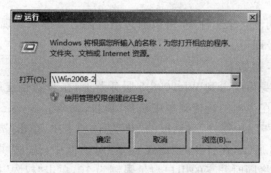

图 6-20　"运行"对话框

　　【说明】　也可以通过"\\192.168.10.12"访问共享资源,其中 192.168.10.12 是 Win2008-2 服务器的 IP 地址。

　　步骤 8:在打开的"Windows 安全"对话框中输入用户名(zhang)和密码(a1!),如图 6-21 所示,单击"确定"按钮。

　　步骤 9:可以看到 Win2008-2 服务器上的共享资源,如图 6-22 所示。

　　3) 隐含共享

　　Win2008-2 上的 Test 文件夹是专为教师组 teachers 创建的存放考试卷的文件夹,不应

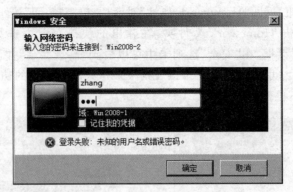

图 6-21 "Windows 安全"对话框

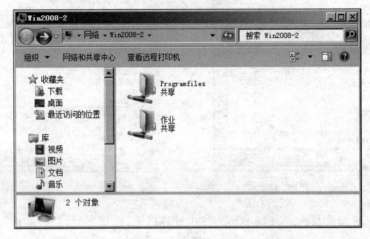

图 6-22 查看共享资源

该让学生通过网络看到该共享文件夹，可以通过设置隐含共享来实现，隐含共享只需要在共享名后面添加"＄"符号即可。

设置隐含共享的步骤如下。

步骤 1：以管理员身份登录到 Win2008-2 服务器上，在 D 盘创建一个准备共享的文件夹 Test。右击该文件夹，在弹出的快捷菜单中选择"属性"命令。

步骤 2：在打开的"Test 属性"对话框的"共享"选项卡中，单击"高级共享"按钮。

步骤 3：如图 6-23 所示，在打开的"高级共享"对话框中，选中"共享此文件夹"复选框，在共享名后添加"＄"，将同时共享的用户数量限制为 10，单击"权限"按钮。

步骤 4：如图 6-24 所示，在打开的"Test ＄ 的权限"对话框中删除 Everyone 组的权限，添加 Administrators 组的权限为"完全控制"，添加 teachers 组的权限为"更改"和"读取"。

步骤 5：单击"确定"按钮，返回"高级共享"对话框，再单击"确定"按钮，返回"Test 属性"对话框；单击"关闭"按钮。

步骤 6：以管理员身份登录到 Win2008-1 计算机上，选择"开始"→"运行"命令，打开"运行"对话框，输入"\\Win2008-2"，单击"确定"按钮。

步骤 7：在打开的"Windows 安全"对话框中输入用户名（wang）和密码（a1!），单击"确定"按钮。

图 6-23　设置隐含共享

图 6-24　设置共享权限

步骤 8：可以看到 Win2008-2 服务器上的共享资源，如图 6-25 所示，但未看到 Test＄共享文件夹。

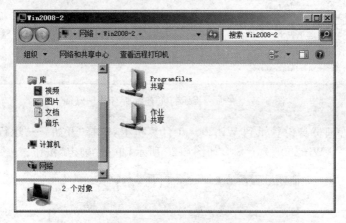

图 6-25　查看共享资源

步骤 9：若要访问隐含的 Test＄共享文件夹，必须输入共享名"＼＼Win2008-2＼test＄"，如图 6-26 所示。

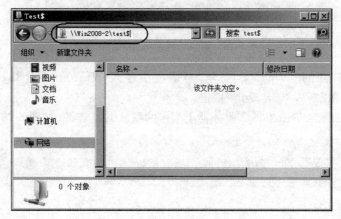

图 6-26　访问隐含共享文件夹

4）默认共享

默认共享是为管理员方便管理服务器而设的，其权限不能更改，只要知道服务器的管理员账号和密码，不管其是否明确共享了文件夹，都可以访问其所在的分区。在系统中有许多自动创建的默认共享，如 C＄（代表 C 分区）、ADMIN＄（代表系统所在的文件夹）、IPC＄（Internet Process Connection，共享"命名管道"的资源）等。

访问默认共享的步骤如下。

步骤 1：以管理员身份登录 Win2008-2 计算机，打开命令提示符，输入 net share 命令，可以显示该服务器所有的共享资源，如图 6-27 所示，可以看到 C 盘和 D 盘已经被默认共享为"C＄"和"D＄"。

图 6-27　在命令提示符下查看所有共享资源

步骤 2：以管理员身份登录到 Win2008-1 计算机上，选择"开始"→"运行"命令，打开"运行"对话框，输入"\\Win2008-2\C＄"，如图 6-28 所示，单击"确定"按钮。

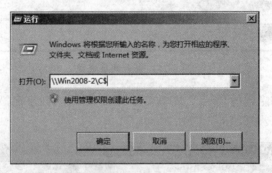

图 6-28　输入访问默认共享的命令

步骤 3：在打开的"Windows 安全"对话框中输入 Win2008-2 计算机的管理员账号（Administrator）和密码，单击"确定"按钮，

步骤 4：可以看到 Win2008-2 服务器上 C＄的默认共享资源，如图 6-29 所示。

注意

只有 Win2008-2 服务器的管理员能够访问其默认共享。

5）取消默认共享

如果觉得服务器有默认共享不安全，可以通过更改注册表删除默认共享，步骤如下。

图 6-29　访问 C＄默认共享资源

步骤 1：以管理员身份登录 Win2008-2 计算机，选择"开始"→"运行"命令，打开"运行"对话框，输入 regedit，单击"确定"按钮。

步骤 2：如图 6-30 所示，打开"注册表编辑器"窗口，在 HKEY_LOCAL_MACHINE\SYSTEM\CurrentControlSet\services\LanmanServer\Papameters 下新建 DWORD(32 位)值，名称为 AutoShareServer。

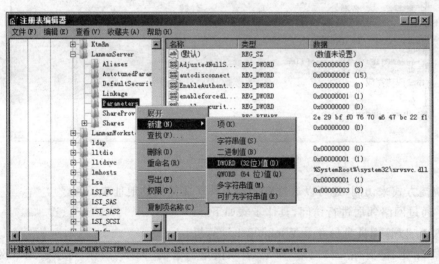

图 6-30　在注册表中新建 DWORD(32 位)值

步骤 3：如图 6-31 所示，双击刚才创建的选项，输入数值 0。

步骤 4：如果想禁止 ADMIN＄的默认共享，可以在注册表的 HKEY_LOCAL_MACHINE\SYSTEM\CurrentControlSet\services\LanmanServer\Papameters 位置新建名称 AutoShareWks，类型为 DWORD(32 位)值，值为 0。

步骤 5：重新启动 Win2008-2 计算机，然后运行 net share 命令，再次显示该服务器所有的共享资源，如图 6-32 所示，可以看到 C＄、D＄和 ADMIN＄默认共享已删除。

6）访问共享文件夹的方法

访问共享文件夹的方法有很多，可以通过网络邻居来访问，也可以通过映射网络驱动器

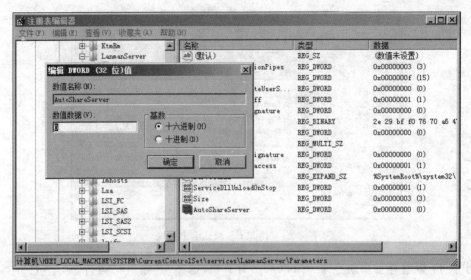

图 6-31 设置 AutoShareServer 键值为 0

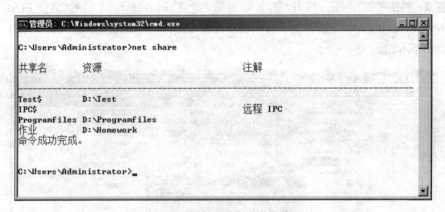

图 6-32 再次查看所有共享资源

或创建快捷方式来访问，还可以通过直接输入共享文件夹的地址来访问。

（1）通过网络邻居进行访问，具体步骤如下。

步骤 1：以管理员身份登录 Win2008-1 计算机。

步骤 2：选择"开始"→"网络"命令，或双击桌面上的"网络"图标，可以看到本网段的计算机，如图 6-33 所示。

步骤 3：双击 Win2008-2 计算机名就能访问其共享资源，如果该计算机启用了"Windows 防火墙"或没有启用"网络发现"功能，那么通过"网络"就看不到该计算机了。

注意

启用"网络发现"功能的方法，请参见项目 1 中的相关内容。

（2）通过创建网络资源的快捷方式进行访问，具体步骤如下。

步骤 1：以管理员身份登录 Win2008-1 计算机。

步骤 2：右击桌面的空白处，在弹出的快捷菜单中选择"新建"→"快捷方式"命令。

图 6-33 查看本网段的共享资源

步骤 3：在打开的"创建快捷方式"对话框中，输入网络资源的位置"\\Win2008-2\Programfiles"，如图 6-34 所示，单击"下一步"按钮。

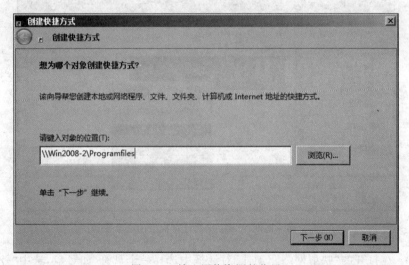

图 6-34 输入网络资源的位置

如果输入 http://www.baidu.com，就会创建访问某个网站的快捷方式；如果输入 ftp://ftp.nos.com，就会创建一个访问 FTP 站点的快捷方式。

步骤 4：接着输入快捷方式的名称，如图 6-35 所示，单击"完成"按钮。

步骤 5：双击快捷方式就可以方便地访问 Win2008-2 计算机上共享的文件夹 Programfiles 了。

（3）通过映射网络驱动器进行访问。通过映射网络驱动器访问共享资源时，映射网络驱动器就是将服务器上的共享文件夹映射到本地的一个盘符。操作步骤如下。

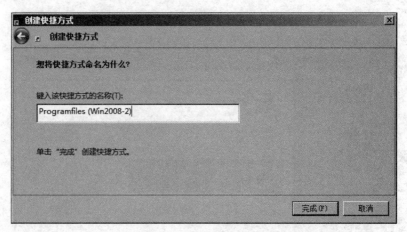

图 6-35　输入快捷方式的名称

步骤 1：在 Win2008-1 计算机上以 zhang 身份访问 Win2008-2 计算机上的共享资源。

步骤 2：右击共享的文件夹"作业"，在弹出的快捷菜单中选择"映射网络驱动器"命令，如图 6-36 所示。

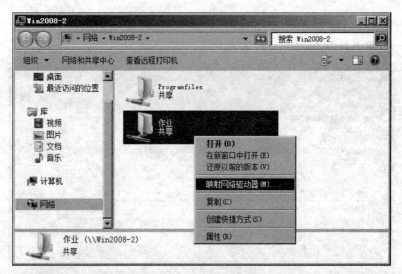

图 6-36　访问 Win2008-2 计算机上的共享资源

步骤 3：在打开的"映射网络驱动器"对话框中选择一个盘符，如 Z 盘，选中"登录时重新连接"复选框，如图 6-37 所示，单击"完成"按钮。

步骤 4：打开桌面上的"计算机"，可以看到映射的网络驱动器，如图 6-38 所示。

（4）通过直接输入共享文件夹的地址进行访问。如果知道共享文件夹的位置和具体名称，也可以通过直接输入地址的方法来连接共享文件夹，步骤如下。

步骤 1：在 Win2008-1 计算机上，选择"开始"→"运行"命令。

步骤 2：在打开的"运行"对话框中输入 UNC 路径，如"\\Win2008-2\作业"，如图 6-39 所示，单击"确定"按钮，即可打开共享文件夹。

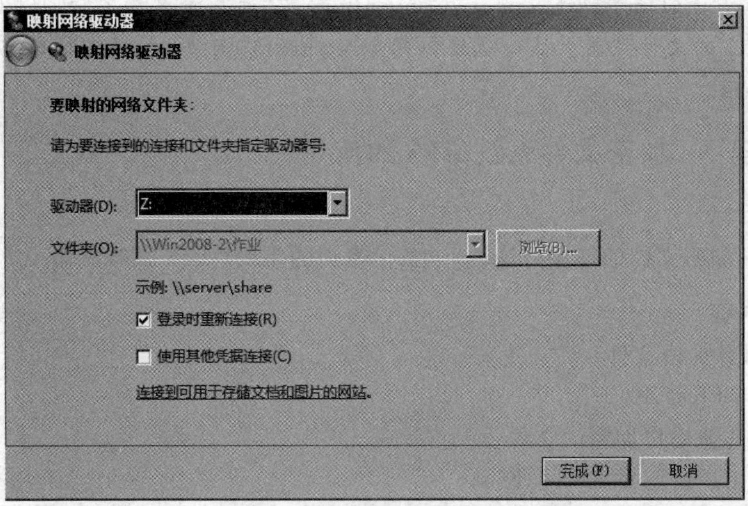

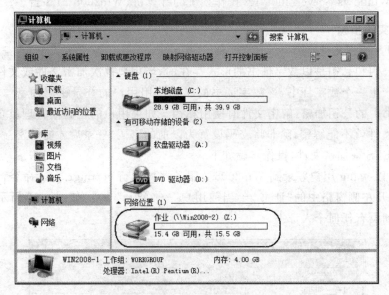

图 6-37　映射网络驱动器

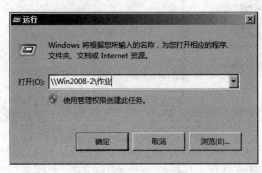

图 6-38　查看映射的网络驱动器

图 6-39　输入 UNC 路径

【说明】 UNC(Universal Naming Convention)即"通用命名约定"地址,用于确定保存在网络服务器上的文件位置。这些地址以两个反斜线(\\)开头,并提供服务器名、共享名和完整的文件路径。

6.4.3 任务3：加密文件系统 EFS 的应用

1. 任务目标

掌握 EFS 加密文件的使用方法,理解备份密钥的重要性。

2. 任务内容

(1) 用 EFS 加密文件。

(2) 备份 EFS 证书。

(3) 打开其他用户加密的文件。

(4) 重设用户密码对 EFS 的影响。

3. 完成任务所需的设备和软件

安装有 Windows Server 2008 R2 操作系统的计算机(Win2008-2) 1 台。

4. 任务实施步骤

1) 用 EFS 加密文件

用户的公钥和私钥是以数字证书的形式存在的,当用户首次加密文件或文件夹时,操作系统会为其产生一个数字证书,该数字证书的私钥使用用户的登录密码加密。加密文件时使用数字证书中的公钥加密,解密文件时使用私钥。如果用户的密码被管理员重设了,使用 EFS 加密的文件就不能解密,除非将密码设置为以前的密码,登录后才能解密。

下面用 EFS 来加密文件,操作步骤如下。

步骤 1：以 wang 用户登录到 Win2008-2 服务器。运行 certmgr. msc 命令,打开证书管理器窗口,展开左侧窗格中的"证书 — 当前用户"→"个人"节点,如图 6-40 所示,在右侧窗格中可以看到没有任何个人证书。

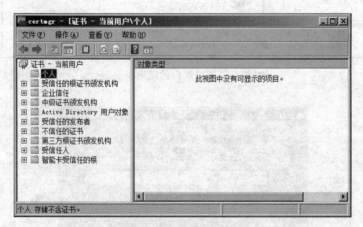

图 6-40 没有任何个人证书

步骤 2：在 C 盘(NTFS 分区)上新建一个 wangEFS 文件夹,在该文件夹中创建一个 wangEFS. txt 文本文件,在该文本文件中任意输入一些内容。

步骤 3：开始利用 EFS 加密 wangEFS. txt 文件。右击 wangEFS 文件夹，在弹出的快捷菜单中选择"属性"命令，打开"wangEFS 属性"对话框，如图 6-41 所示。

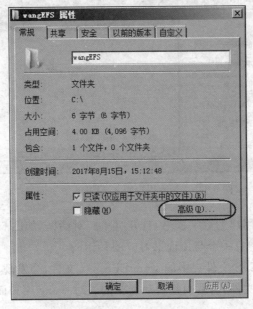

图 6-41　"wangEFS 属性"对话框

步骤 4：在"常规"选项卡中，单击"高级"按钮，打开"高级属性"对话框，如图 6-42 所示。

步骤 5：选中"加密内容以便保护数据"复选框，然后单击"确定"按钮，返回"wangEFS 属性"对话框。再单击"确定"按钮，打开"确认属性更改"对话框，选中"将更改应用于此文件夹、子文件夹和文件"单选按钮，如图 6-43 所示，单击"确定"按钮。

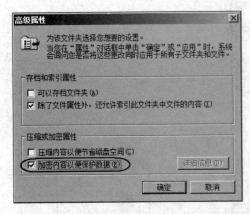

图 6-42　"高级属性"对话框

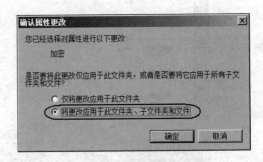

图 6-43　"确认属性更改"对话框

此时，wangEFS 文件夹名和 wangEFS. txt 文件名的颜色变为绿色，表示处于 EFS 加密状态。

步骤 6：返回到证书管理器窗口，展开左侧窗格中的"证书 — 当前用户"→"个人"→"证书"节点，如图 6-44 所示，在右侧窗格中可以看到 wang 用户用于 EFS 的数字证书。

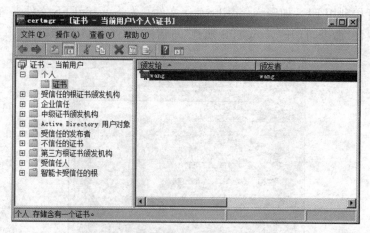

图 6-44　wang 用户用于 EFS 的数字证书

步骤 7：双击 wang 用户的数字证书，打开"证书"对话框，如图 6-45 所示，可以看到证书的目的和有效期，显示"您有一个与该证书对应的私钥"。

步骤 8：打开 wangEFS 文件夹中的 wangEFS. txt 文件，会发现是自动解密的。如果向 wangEFS 文件夹中添加文件，会发现是自动加密的。对 wang 用户而言，文件的自动加解密是透明的。

步骤 9：使用管理员账号登录系统并访问 wangEFS. txt 文件，会出现"拒绝访问"的提示，如图 6-46 所示。

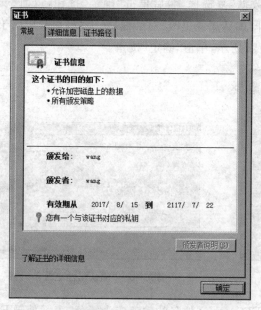

图 6-45　"证书"对话框

图 6-46　拒绝访问

2）备份 EFS 证书

导入其他用户的证书就能打开其他用户使用 EFS 加密的文件。此操作需要先将用户的 EFS 证书导出（备份证书），其他人才能导入。

　　重装系统后,为了打开以前由 EFS 加密的文件,也需要在加密时导出证书(备份证书),重装系统后再次导入证书。导出 wang 用户的 EFS 证书(备份证书)的操作步骤如下。

　　步骤 1：以 wang 用户登录到 Win2008-2 服务器。运行 certmgr. msc 命令,打开证书管理器窗口,展开左侧窗格中的"证书 — 当前用户"→"个人"→"证书"节点,在右侧窗格中右击 wang 账户名,在弹出的快捷菜单中选择"所有任务"→"导出"命令,如图 6-47 所示。

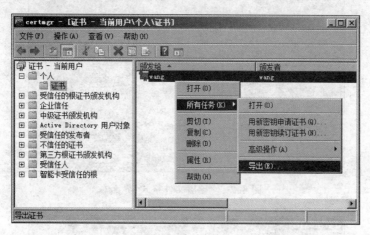

图 6-47　导出证书

　　步骤 2：在打开的证书导出向导中,单击"下一步"按钮,出现"导出私钥"界面,选中"是,导出私钥"单选按钮,如图 6-48 所示。

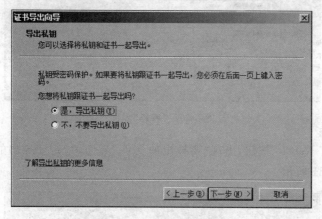

图 6-48　"导出私钥"界面

　　步骤 3：单击"下一步"按钮,出现"导出文件格式"界面,选中"个人信息交换 — PKCS＃12(.PFX)"单选按钮,如图 6-49 所示。

　　步骤 4：单击"下一步"按钮,出现"密码"界面,输入密码以保护导出的私钥,如图 6-50 所示。

注意　　该密码要牢记,在导入该证书时需要用到此密码。

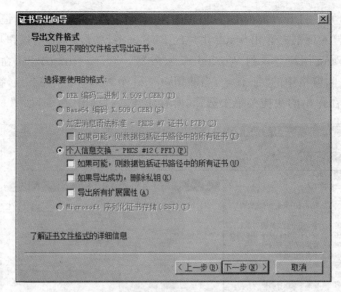

图 6-49 "导出文件格式"界面

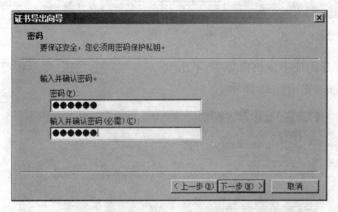

图 6-50 "密码"界面

步骤 5：单击"下一步"按钮，出现"要导出的文件"界面，指定要导出的证书的存储路径和文件名，如图 6-51 所示。

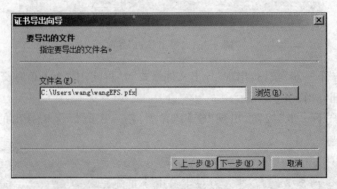

图 6-51 "要导出的文件"界面

步骤 6：单击"下一步"按钮，再单击"完成"按钮，弹出"导出成功"的提示，如图 6-52 所示。单击"确定"按钮，完成导出证书的操作。

导出的证书文件的扩展名为.pfx。

3）打开其他用户加密的文件

其他用户如果需要打开被 wang 用户利用 EFS 加密的文件 wangEFS.txt，就必须获得 wang 用户的私钥。下面通过导入 wang 的证书（包含私钥）来打开 wangEFS.txt 文件。

图 6-52　导出成功

步骤 1：以管理员身份登录到 Win2008-2 服务器，打开 wangEFS 文件夹下的 wangEFS.txt 文件时，提示"拒绝访问"，这是因为没有 wang 用户的私钥，不能对 wangEFS.txt 文件进行解密所以被拒绝访问。

步骤 2：双击刚才导出的证书文件（wangEFS.pfx），打开证书导入向导，单击"下一步"按钮，确认要导入的文件后，再单击"下一步"按钮，出现"密码"界面，输入刚才设置的保护私钥的密码后，单击"下一步"按钮。

步骤 3：在出现的"证书存储"界面中选中"根据证书类型，自动选择证书存储"单选按钮，如图 6-53 所示。

步骤 4：单击"下一步"按钮，再单击"完成"按钮，弹出"导入成功"的提示，如图 6-54 所示，单击"确定"按钮。

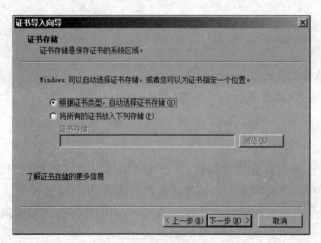

图 6-53　"证书存储"界面

图 6-54　导入成功

步骤 5：此时，再试图打开已经被 wang 用户利用 EFS 加密的 wangEFS.txt 文件，发现能够打开，说明解密成功。

4）重设用户密码对 EFS 的影响

由管理员重置用户密码或使用其他工具软件重设计算机本地用户密码后，EFS、凭据和证书私钥等不可用，此时会失去由该用户使用 EFS 加密的数据。若要恢复数据访问权限，必须提供原始密码或用户在具有访问文件权限时创建的密码恢复磁盘。

下面验证 wang 用户密码重设后 EFS 不可解密，操作步骤如下。

步骤 1：以管理员身份登录到 Win2008-2 服务器，打开服务器管理器，展开"配置"→"本地用户和组"→"用户"节点，右击 wang 账户，在弹出的快捷菜单中选择"设置密码"命令。

步骤 2：在打开的提示对话框中单击"继续"按钮，输入新密码（a2!），单击"确定"按钮。

步骤 3：以 wang 账户重新登录到 Win2008-2 服务器，双击打开加密的 wangEFS.txt 文件时，提示"拒绝访问"。

步骤 4：按 Ctrl＋Alt＋Delete 组合键，单击"更改密码"按钮，将密码更改为加密时的密码（a1!）。

【说明】 在 VMware 虚拟机中按 Ctrl＋Alt＋Insert 组合键更改密码。

步骤 5：再次打开加密的 wangEFS.txt 文件，发现打开成功。

以管理员身份登录系统，删除 wang 账户，再新建同名账户 wang，密码设为与以前一样（a1!），然后以新建的同名账户 wang 重新登录系统，并试图打开已被 EFS 加密的 wangEFS.txt 文件，观察能否成功打开，为什么？

6.4.4 任务 4：文件压缩和磁盘配额的应用

1. 任务目标

掌握文件压缩和磁盘配额的使用方法。

2. 任务内容

(1) 文件压缩的应用。

(2) 磁盘配额的应用。

3. 完成任务所需的设备和软件

安装有 Windows Server 2008 R2 操作系统的计算机（Win2008-2）1 台。

4. 任务实施步骤

1) 文件压缩的应用

NTFS 文件系统中文件和文件夹都具有压缩属性，NTFS 压缩可以节约磁盘空间。当用户或应用程序要读/写压缩文件时，系统将文件自动进行解压和压缩，从而降低性能。

例如，服务器的磁盘空间不足，希望在保留现有文件的情况下，再增加部分可用空间，可使用 NTFS 压缩功能。

(1) 压缩文件夹。下面的操作将会压缩"C:\数据"文件夹中的文件，操作步骤如下。

步骤 1：以管理员身份登录 Win2008-2 计算机，在 C 盘创建一个"数据"文件夹，在该文件夹中创建一个图片文件 photo.bmp，编辑该文件，随便画一些内容后保存。

步骤 2：右击 photo.bmp 文件，查看其属性，可以看到压缩前该文件的大小为 828KB，占用的磁盘空间为 832KB，如图 6-55 所示。

步骤 3：右击"C:\数据"文件夹，在弹出的快捷菜单中选择"属性"命令，打开"数据 属性"对话框，如图 6-56 所示。

步骤 4：单击"高级"按钮，打开"高级属性"对话框，如图 6-57 所示。

步骤 5：选中"压缩内容以便节省磁盘空间"复选框，单击"确定"按钮，返回"数据 属性"对话框。

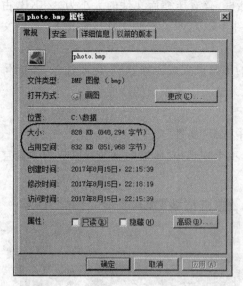

图 6-55 文件压缩前的大小和占用空间

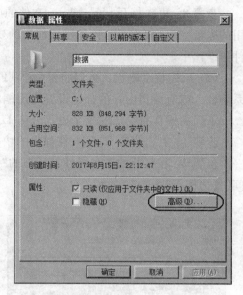

图 6-56 "数据 属性"对话框

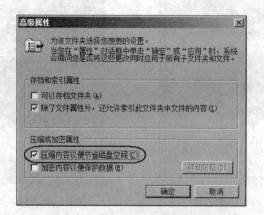

图 6-57 "高级属性"对话框

步骤 6：单击"确定"按钮，打开"确认属性更改"对话框，如图 6-58 所示。

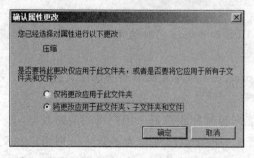

图 6-58 "确认属性更改"对话框

步骤 7：选中"将更改应用于此文件夹、子文件夹和文件"单选按钮，单击"确定"按钮，完成文件夹的压缩。此时，压缩文件夹的颜色变为蓝色。

步骤8：再次打开 photo.bmp 文件的属性对话框，查看压缩后文件的大小为 828KB，占用的磁盘空间为 104KB，比较压缩前后的变化，如图 6-59 所示。有些文件压缩比大，有些文件压缩比小。

（2）压缩整个磁盘。可以将整个 NTFS 分区的磁盘设置成压缩状态，但要注意，不能将系统分区或有虚拟内存的分区设置为压缩状态，因为这会影响系统的性能。

下面的操作将会压缩整个磁盘分区 D，步骤如下。

步骤1：右击磁盘分区 D，在弹出的快捷菜单中选择"属性"命令。

步骤2：在打开的磁盘属性对话框的"常规"选项卡中选中"压缩此驱动器以节约磁盘空间"复选框，如图 6-60 所示。

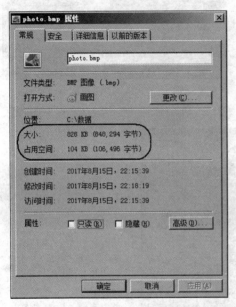

图 6-59　文件压缩后的大小和占用空间

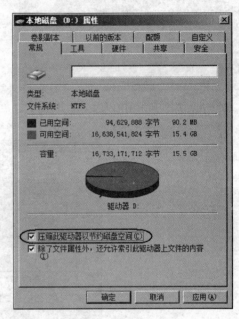

图 6-60　压缩整个磁盘

步骤3：单击"确定"按钮，在打开的"确认属性更改"对话框中选中"将更改应用于此文件夹、子文件夹和文件"单选按钮，单击"确定"按钮，完成整个磁盘的压缩。

【说明】

① NTFS 的压缩和 EFS 加密无法同时使用，所以对于需要加密的文件或文件夹不能进行压缩。

② 也可以使用 compact.exe 程序来压缩和解压缩文件或文件夹。

2）磁盘配额的应用

可利用磁盘配额功能来控制和跟踪每个用户可用的磁盘空间。

（1）给所有用户设置统一的磁盘配额。为了防止个别用户在文件服务器中存放大量电影等，占用过多磁盘空间，从而影响其他用户存放数据，可以使用磁盘配额功能，例如限制每个用户最多只能使用 1GB 空间，当用户使用了其中的 800MB 时，系统自动给用户发出警告。设置步骤如下。

步骤1：以管理员身份登录 Win2008-2 计算机，右击 D 盘，在弹出的快捷菜单中选择"属性"命令,打开磁盘属性对话框,如图 6-61 所示。

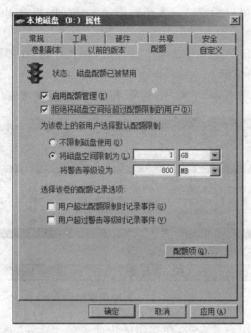

图 6-61 设置磁盘配额

步骤 2:在"配额"选项卡中选中"启用配额管理"和"拒绝将磁盘空间给超过配额限制的用户"复选框,将磁盘空间限制为 1GB,将警告等级设置为 800MB,单击"确定"按钮,在弹出的警告对话框中单击"确定"按钮。

步骤 3:注销管理员登录,使用 wang 账户登录到 Win2008-2 计算机,查看计算机中的 D 盘就是 1GB 大小,如图 6-62 所示。

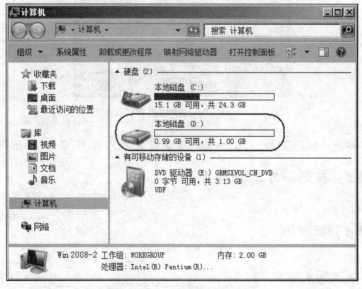

图 6-62 验证磁盘配额

（2）给个别用户设置特定大小的磁盘配额。以上设置为给所有的普通用户统一设置磁盘配额，还可以给特定的用户指定特定大小的磁盘配额。例如给 zhang 用户指定 3GB 的磁盘配额，设置步骤如下。

步骤 1：以管理员身份登录 Win2008-2 计算机，右击 D 盘，在弹出的快捷菜单中选择"属性"命令，打开磁盘属性对话框。

步骤 2：在"配额"选项卡中，单击"配额项"按钮，打开配额项窗口，如图 6-63 所示。

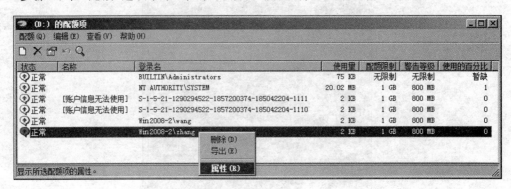

图 6-63　配额项窗口

步骤 3：选择 zhang 用户并右击，在弹出的快捷菜单中选择"属性"命令，打开配额设置对话框，如图 6-64 所示。

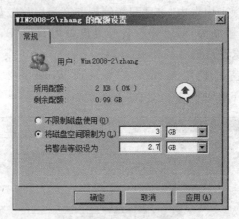

图 6-64　配额设置

步骤 4：将磁盘空间限制为 3GB，将警告等级设置为 2.7GB，单击"确定"按钮。

6.4.5　任务 5：卷影副本的应用

1. 任务目标

掌握卷影副本的使用方法。

2. 任务内容

（1）启用和配置卷影副本。

（2）找回删除的文件。

3. 完成任务所需的设备和软件

安装有 Windows Server 2008 R2 操作系统的计算机（Win2008-2）1 台。

4. 任务实施步骤

1）启用和配置卷影副本

在使用计算机的过程中，文件可能每天都被更改，配置卷影副本后，系统每天都会将变化的文件做副本。假如不小心对文件做了错误的修改，可以使用卷影副本恢复到以前的版本。

下面为计算机的 D 盘启用卷影副本，并且指定创建卷影副本的时间和存放卷影副本的位置，以查看文件以前的版本，操作步骤如下。

步骤 1：以管理员身份登录 Win2008-2 计算机。

步骤 2：在 D 盘创建一个"设计图纸"文件夹，在该文件夹中创建一个图片文件 picture.bmp，编辑该文件，随便画一些内容后保存。

步骤 3：右击 D 盘，在弹出的快捷菜单中选择"配置卷影副本"命令，打开"卷影副本"对话框，如图 6-65 所示。

步骤 4：单击"设置"按钮，打开"设置"对话框，如图 6-66 所示，在此可以指定卷影副本存储的位置和使用的最大值。

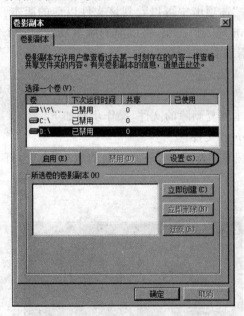

图 6-65 "卷影副本"对话框

图 6-66 "设置"对话框

步骤 5：单击"计划"按钮，打开"计划"对话框，如图 6-67 所示，在此可以设置产生卷影副本的日期计划。单击"确定"按钮，返回"设置"对话框。

步骤 6：单击"确定"按钮，返回"设置"对话框。设置好计划和卷影副本的最大值之后，选中 D 盘，单击"启用"按钮。当卷影副本空间使用达到最大值之后，就会覆盖较早的副本。

步骤 7：在打开的"启用卷影复制"对话框中单击"是"按钮，返回"卷影副本"对话框。此时可以在"所选卷的卷影副本"文本框中看到已经创建了副本。

图 6-67 "计划"对话框

步骤 8：再次编辑 picture.bmp 文件，做些更改后再保存。

步骤 9：右击 picture.bmp 文件，在弹出的快捷菜单中选择"属性"命令，打开"picture.bmp 属性"对话框，如图 6-68 所示，在"以前的版本"选项卡中可以看到该文件以前的版本。可以单击"打开"按钮，查看以前的文件；也可以单击"复制"按钮，将以前的版本复制到一个新文件；还可以单击"还原"按钮，将以前的版本覆盖现有的文件。

2）找回删除的文件

如果不小心删除了文件，也可以使用卷影副本恢复删除的文件。

下面先删除 picture.bmp 文件，再利用卷影副本恢复删除的文件，操作步骤如下。

步骤 1：删除"设计图纸"文件夹中的 picture.bmp 文件。

步骤 2：右击"设计图纸"文件夹，在弹出的快捷菜单中选择"还原以前的版本"命令，打开"设计图纸 属性"对话框，如图 6-69 所示。

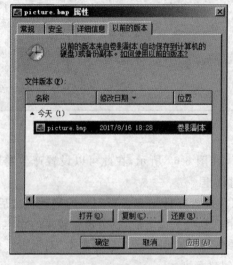

图 6-68 "picture.bmp 属性"对话框

图 6-69 "设计图纸 属性"对话框

步骤 3：在"以前的版本"选项卡中，单击"打开"按钮，可以看到该文件夹以前的版本，如图 6-70 所示。在这里可以看到删除的文件，可以将其复制到其他位置。

注意　在图 6-69 中如果单击"还原"按钮，将会把"设计图纸"整个文件夹恢复到以前的版本。

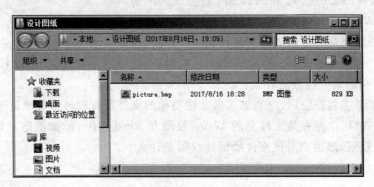

图 6-70 "设计图纸"文件夹以前的版本

6.5 习题

一、填空题

1. 可供设置的标准 NTFS 文件权限有_____、_____、_____、_____、_____。

2. 加密文件系统（EFS）提供了用于在_____分区上存储加密文件的核心文件加密技术。

3. 共享文件夹的权限有_____、_____和_____ 3 种。

4. 创建共享文件夹的用户必须属于_____、Server Operators、Power Users 等用户组的成员。

5. 共享用户的权限级别有_____、_____和所有者 3 种。

6. 要设置隐含共享，需要在共享名的后面加_____。

二、选择题

1. 目录的可读意味着_____。

   A. 可以在该目录下建立文件　　　　B. 可以从该目录中删除文件

   C. 可以从一个目录转到另一个目录　D. 可以查看该目录下的文件

2. _____属于共享命名管道的资源。

   A. driveletter $　　B. ADMIN $　　C. IPC $　　　　D. PRINT $

3. 要启用磁盘配额管理，Windows Server 2008 R2 驱动器必须使用_____文件系统。

   A. FAT16 或 FAT32　　　　　　　B. 只使用 NTFS

   C. NTFS 或 FAT32　　　　　　　D. 只使用 FAT32

4. "卷影副本"内的文件只可以读取,不可以修改,而且每个卷最多只可以有_____
个"卷影副本"。如果达到此限制数时,则最旧版本也就是最开始创建的第一个"卷影副本"
会被删除。

    A. 256   B. 64   C. 1024   D. 8

三、简答题

1. 简述 FAT16、FAT32 和 NTFS 文件系统的区别。

2. 重装 Windows Server 2008 R2 后,原来加密的文件为什么无法打开?

3. 特殊权限与标准权限的区别是什么?

4. 如果一位用户拥有某文件夹的 Write 权限,而且还是该文件夹 Read 权限的成员,该用户对该文件夹的最终权限是什么?

5. 如果某员工离开公司,应当怎么做才能将他的文件所有权转给其他员工?

6. 如果一位用户拥有某文件夹的 Write 权限和 Read 权限,但被拒绝对该文件夹内某文件的 Write 权限,该用户对该文件的最终权限是什么?

项目 7

磁 盘 管 理

项目学习目标

(1) 熟悉基本磁盘管理。

(2) 掌握动态磁盘管理。

(3) 掌握数据的备份和还原。

7.1 项目提出

随着公司业务的增长和人员的增加,原有的文件服务已明显不能满足需求:磁盘负载越来越重,文件的访问速度变慢,磁盘可用空间越来越少,以至于无法安装或升级一些应用程序。另外,数据的安全性问题也时有发生,如果没有及时备份而遭遇磁盘失败,会造成极大的损失。作为网络管理员,如何利用 Windows Server 2008 进行磁盘管理,提高磁盘的性能、可用性和安全性?

7.2 项目分析

对于企业而言,数据是极其重要的。对于数据的读取、存储的速度以及安全性更是重中之重。对于中、大型企业,它们会重视数据存储,愿意购置昂贵的设备以保障较高的访问速度和安全性;而对于小型企业,可能由于技术力量、经费等原因,无法购买较高端的硬件设备。

无论是文件服务器、FTP 服务器还是数据库服务器,都需要磁盘能够有良好的性能来快速响应大量并发用户的访问请求,这就要求磁盘有很好的 I/O 吞吐能力。同时,重要的文件服务器还需要有磁盘冗余,以避免因为磁盘的硬件故障而造成的数据丢失或不可访问。

在 Windows Server 2008 中提供了 RAID(磁盘阵列)功能,可以在没有 RAID 卡的服务器上通过创建软 RAID 实现较好的读取和写入功能,以及容错功能。此时,需要将磁盘转化为动态磁盘。

在动态磁盘中可以创建带区卷(RAID-0)、镜像卷(RAID-1)及 RAID-5 卷。其中,RAID-1 和 RAID-5 有容错能力,RAID-0 有很好的读/写性能。

7.3 相关知识点

7.3.1 磁盘概述

在数据能够被存储到磁盘之前，该磁盘必须被划分成一个或多个磁盘分区。在磁盘内有一个称为"分区表"的区域，它用来存储这些磁盘分区的相关数据，如每个磁盘分区的起始地址、结束地址、是否为活动磁盘分区等。然而分区表存储在哪里呢？

1. MBR 磁盘

如果用户的计算机是基于 x86 的计算机，则分区表被存储在主引导记录（Master Boot Record，MBR）内。MBR 位于硬盘的 0 磁道的第一个扇区，它的大小是 512B，而这个区域可以分为三个部分。第一部分为主引导程序区，占 446B，用于硬盘启动时将系统控制转给用户指定的、并在分区表中登记的某个操作系统；第二部分是磁盘分区表区（Partition Table 区），占 64B，由 4 个分区表项构成（每个 16B）；第三部分是结束标志 AA55（十六进制），占 2B。

计算机启动时，BIOS 会先读取 MBR，并将计算机的控制权交给 MBR 内的主引导程序，然后由该程序继续后续的启动任务。我们将采用 MBR 的磁盘称为"MBR 磁盘"。

传统的 MBR 分区支持的最大分区为 2TB，每个磁盘最多有 4 个主磁盘分区，或者 3 个主磁盘分区和 1 个扩展磁盘分区。

2. GPT 磁盘

如果用户的计算机是基于 64 位版本的计算机，则分区表存储在全局唯一标识磁盘分区表（GUID Partition Table，GPT）内。我们将采用 GPT 的磁盘称为"GPT 磁盘"。GPT 磁盘通过可扩展固件接口（Extensible Firmware Interface，EFI）作为计算机硬件与操作系统之间沟通的桥梁。GPT 是 EFT 标准（被 Intel 用于替代个人计算机的 BIOS）的一部分，被用于替代 BIOS 系统中的 MBR 分区表。

与 MBR 相比，GPT 具有更多优点，因为它允许每个磁盘有多达 128 个分区，支持高达 $9ZB(9 \times 10^{21}B)$ 的分区大小，在硬盘最后保存了一份分区表的副本，还支持唯一的磁盘分区 ID（GUID）。

从 Windows 2000 开始，Windows 系统将磁盘存储类型分为基本磁盘和动态磁盘两种。

7.3.2 基本磁盘

基本磁盘是平常使用的默认磁盘类型，通过分区来管理和应用磁盘空间。一个基本磁盘是包含主磁盘分区、扩展磁盘分区和逻辑驱动器的物理磁盘。基本磁盘上的分区和逻辑驱动器称为基本卷，只能在基本磁盘上创建基本卷。基本磁盘可包含最多 4 个主磁盘分区，或者 3 个主磁盘分区和 1 个扩展磁盘分区，而在扩展磁盘分区中可包含至多 24 个逻辑驱动器，如图 7-1 所示。

1）主磁盘分区

主磁盘分区是物理磁盘的一部分，它像物理上独立的磁盘那样工作。主磁盘分区通常

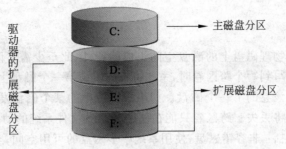

驱动器的扩展磁盘分区

主磁盘分区

扩展磁盘分区

图 7-1　磁盘分区示意图

用于启动操作系统。对于 MBR 磁盘，一个物理磁盘最多可创建 4 个主磁盘分区，或者 3 个主磁盘分区和 1 个有多个逻辑驱动器的扩展磁盘分区。对于 GPT 磁盘，最多可创建 128 个主磁盘分区。由于 GPT 磁盘并不限制 4 个分区，因此不必创建扩展磁盘分区或逻辑驱动器。

可以在不同的主磁盘分区安装不同的操作系统，以实现多系统引导。

2）扩展磁盘分区

扩展磁盘分区是相对于主磁盘分区而言的一种分区类型。一个硬盘可将除主磁盘分区外的所有磁盘空间划为扩展磁盘分区。在扩展磁盘分区中可以创建一个或多个逻辑驱动器。

3）逻辑驱动器

磁盘驱动器是在扩展磁盘分区中创建的分区。逻辑驱动器类似于主磁盘分区，只是每个磁盘最多只能有 4 个主磁盘分区（MBR 磁盘），而在每个磁盘上创建的逻辑驱动器的数目不受限制。逻辑驱动器可以被格式化并被指派驱动器号。

7.3.3　动态磁盘

动态磁盘可以提供一些基本磁盘不具备的功能，例如创建可跨越多个磁盘的卷（跨区卷和带区卷）和创建具有容错能力的卷（镜像卷和 RAID-5 卷），所有动态磁盘上的卷都是动态卷。动态卷有五种类型：简单卷、跨区卷、带区卷、镜像卷和 RAID-5 卷。

不管动态磁盘使用 MBR 还是 GPT 分区样式，都可以创建最多 2000 个动态卷，推荐值是 32 个或更少。基本磁盘和动态磁盘之间可以相互转换。将一个基本磁盘升级为动态磁盘时不会丢失数据；而将动态磁盘转换成基本磁盘时会丢失数据。因此为了将动态磁盘转换成基本磁盘，首先要删除动态磁盘上的数据和卷，然后从未分配的磁盘空间上重新创建基本磁盘。

1. 简单卷

简单卷由单个物理磁盘上的磁盘空间组成，可以被扩展到同一磁盘的不连续的多个区域（最多 32 个区域）。简单卷不能提供容错功能。简单卷支持 FAT16、FAT32、NTFS 文件系统。

其特点包括：包含单一磁盘上或者硬件阵列卷的磁盘空间；类似基本磁盘的基本卷；只有一个磁盘时只能创建简单卷；磁盘空间可以不连续；无大小和数量的限制；可扩容，可被扩展。

2. 跨区卷

跨区卷是由多个物理磁盘上的磁盘空间组成的卷，因此至少需要两个动态磁盘才能创建跨区卷。当将数据写到一个跨区卷时，系统将首先填满第一个磁盘上的扩展卷部分，然后将剩余部分数据写到该卷的下一个磁盘。如果跨区卷中的某个磁盘发生故障，则存储在该磁盘上的所有数据都将丢失。跨区卷只能在使用 NTFS 文件系统的动态磁盘中创建。

跨区卷的特点包括：非容错磁盘，使用系统中多磁盘的可用空间；至少需要两块硬盘上的存储空间；最大支持 32 个硬盘；每块硬盘可以提供不同的磁盘空间；可以随时扩展容量（NTFS）；无法被镜像。

3. 带区卷（RAID-0）

如图 7-2 所示，带区卷可以将两个或多个物理磁盘上的可用空间区域合并到一个卷上。当数据写入带区卷时，数据被分割为 64KB 的"块"并按一定的顺序传输到阵列中的所有磁盘。带区卷可以同时对构成带区卷的所有磁盘进行读、写数据的操作。使用带区卷可以充分改善访问硬盘的速度。但带区卷不提供容错功能，如果包含带区卷的其中一块硬盘出现故障，则整个卷将无法工作。

带区卷的特点包括：非容错磁盘（RAID-0）；在系统中的多个磁盘中分布数据；至少需要两块硬盘；最大支持 32 个硬盘；将数据分成 64KB 的"块"。

4. 镜像卷（RAID-1）

如图 7-3 所示，镜像卷是一个简单的两个相同副本，存储在不同的硬盘上。镜像卷提供了在硬盘发生故障时的容错功能。容错就是在硬件出现故障时，计算机或操作系统确保数据完整性的能力。通常为了防止数据丢失，管理员可以创建一个镜像卷。

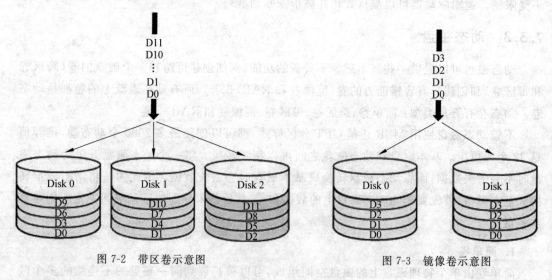

图 7-2　带区卷示意图　　　　　　　　图 7-3　镜像卷示意图

镜像卷的特点包括：容错磁盘（RAID-1），把数据从一个磁盘向另一个磁盘做镜像；每块磁盘提供相同大小的空间；磁盘空间利用率为 50%；无法提高读、写性能。

5. RAID-5 卷

如图 7-4 所示，RAID-5 卷是包含数据和奇偶校验的容错卷，它分布于 3 个或更多的物理磁盘上,分别在每个磁盘上添加一个奇偶校验带区。奇偶校验是指在向包含冗余信息的数据流中添加位的数学技术,允许在数据流的一部分已损坏或丢失时重建该数据流。RAID-5 又被称为"廉价磁盘冗余阵列"或"独立磁盘的冗余阵列"。

RAID-5 的特点包括:至少需要 3 个硬盘,最大支持 32 个硬盘;每个硬盘必须提供相同的磁盘空间;提供容错,提高读/写性能;空间利用率为 $n-1/n$(其中 n 为磁盘数量)。

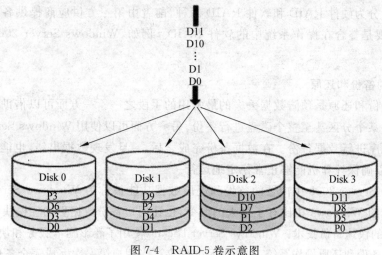

图 7-4　RAID-5 卷示意图

简单卷、跨区卷、带区卷、镜像卷和 RAID-5 卷的性能比较如表 7-1 所示。

表 7-1　简单卷、跨区卷、带区卷、镜像卷和 RAID-5 卷的性能比较

性能指标	简单卷	跨区卷	带区卷	镜像卷	RAID-5 卷
磁盘数	＝1	≥2	≥2	＝2	≥3
容错功能	无	无	无	有	有
读/写速度	一般	一般	最快	一般	较快
存储空间计算	磁盘空间可不连续,磁盘空间利用率为 100%	每个磁盘提供空间可不同,磁盘空间利用率为 100%	每个磁盘提供空间相同,磁盘空间利用率为 100%	每个磁盘提供空间相同,磁盘空间利用率为 1/2	每个磁盘提供空间相同,磁盘空间利用率为 $(n-1)/n$

7.3.4　系统容错和灾难恢复

系统容错是指在系统出现各种软硬件故障时,系统仍然能够保护正在运行的工作和继续提供正常服务的能力。因此,保证数据和服务的可用性是容错的一个重要内容。

灾难恢复是指在出现软硬件故障后尽最大可能保护重要的数据,使资源不受破坏,也包括当出现故障时使损失降低到最小,并且不影响其他服务。

主要的系统容错和灾难恢复方法有下述 3 种。

1. 配置不间断电源

不间断电源(Uninterruptible Power System/Uninterruptible Power Supply,UPS)实际就是配置一个蓄电池,其主要作用是保证提供给计算机的电源不中断,防止电压欠载、电涌

和频率偏移等现象。有了 UPS 之后，一旦遇到意外断电之类的情况，计算机就不会由于突然断电而造成系统崩溃、程序出错、文件丢失，甚至硬盘损坏之类的故障。

2. 利用 RAID 实现容错

RAID 是为了防止因为硬盘故障而导致数据丢失或者导致系统不能正常工作的一组硬盘阵列。通过 RAID 可以将重复的数据保存到多个硬盘上，因此降低了丢失数据的风险。常见的 RAID 分为硬件 RAID 和软件 RAID 两种，前者由第三方供应商提供各种磁盘阵列产品，后者主要是整合在操作系统中的软件 RAID。例如，Windows Server 2008 中内置的 RAID 功能。

3. 数据的备份和还原

数据的备份和还原是预防数据丢失的最常用的手段之一。一方面可以借助 Ghost 之类的专业工具对某个分区甚至整个磁盘进行备份，另一方面可以使用 Windows Server 2008 中内置的备份程序进行数据备份。在数据备份完成之后，一旦发现数据出错，也能够在最短的时间内恢复，以确保计算机能够正常稳定地运行。

Windows Server 2008 中内置的备份和还原数据功能被称为 Windows Server Backup，它和以前版本的 Windows 相比有了很大的改变，也让用户备份数据更加轻松快捷。

（1）全新的快速备份技术：Windows Server Backup 使用了卷影副本服务和块级别的备份技术来有效地备份和还原操作系统、文件以及文件夹。当用户第一次完成完全备份后，系统会自动运行增量备份操作，这样就只会传输上次备份后变化的数据，而在以前的版本中，用户则需要手动设置每次的备份工作究竟是选择完全备份，还是增量备份。

（2）简便快捷的还原方法：Windows Server Backup 能够自动识别出备份操作的增量备份动作，然后一次性完成还原，用户可以简单地选择所需还原的文件的不同版本，还可以选择还原一个完整的文件夹或者是文件夹中的某些特定文件。

（3）对于 DVD 光盘备份的支持：随着备份量的增大以及刻录工具的普及，DVD 介质的备份使用越来越普遍，Windows Server Backup 也提供了对于 DVD 光盘备份的支持。

7.4 项目实施

7.4.1 任务 1：动态磁盘的创建与管理

1. 任务目标

通过任务掌握创建和删除简单卷、跨区卷、带区卷、镜像卷和 RAID-5 卷，扩展一个简单卷或跨区卷，修改镜像卷和 RAID-5 卷等动态磁盘的相关操作。

2. 任务内容

（1）转换为动态磁盘。

（2）创建简单卷。

（3）创建跨区卷。

（4）创建带区卷。

（5）创建镜像卷。

（6）创建 RAID-5 卷。

（7）使用数据恢复功能。

3. 完成任务所需的设备和软件

安装有 Windows Server 2008 R2 操作系统的虚拟机（Win2008-2）1 台。

4. 任务实施步骤

1）添加虚拟硬盘并转换为动态磁盘

（1）添加虚拟硬盘。下面将在 Windows Server 2008 R2 中做动态磁盘的实验，为了学习和实验的方便，在 Win2008-2 虚拟机中添加 5 块容量大小为 10GB 的虚拟硬盘，即可组成实验环境，操作步骤如下。

步骤 1：在 VMware Workstation 窗口中，在左侧窗格中选择 Win2008-2 虚拟机后，再选择"虚拟机"→"设置"命令，打开"虚拟机设置"对话框。

步骤 2：在"硬件"选项中单击"添加"按钮，打开"添加硬件向导"对话框，如图 7-5 所示。

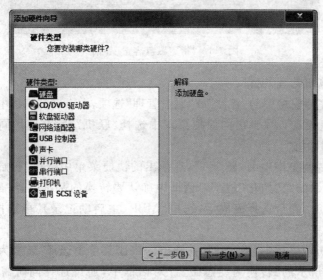

图 7-5   "添加硬件向导"对话框

步骤 3：选中"硬盘"选项并单击"下一步"按钮，出现"选择磁盘类型"界面。

步骤 4：选中"SCSI（推荐）"单选按钮，单击"下一步"按钮，出现"选择磁盘"界面。

步骤 5：选中"创建新虚拟磁盘"单选按钮，单击"下一步"按钮，出现"指定磁盘容量"界面，如图 7-6 所示。

步骤 6：设置最大磁盘大小为 10GB，选中"将虚拟磁盘存储为单个文件"单选按钮，单击"下一步"按钮，出现"指定磁盘文件"界面。

步骤 7：保留默认磁盘文件名不变，单击"完成"按钮，完成虚拟硬盘的添加。

步骤 8：按照以上方法，再添加 4 块大小、型号均相同的虚拟硬盘。

（2）转换为动态磁盘。在创建动态磁盘的卷时，必须对新添加的硬盘进行联机、初始化磁盘和转换为动态磁盘的工作，否则将不能使用该磁盘，操作步骤如下。

步骤 1：以管理员身份登录 Win2008-2 虚拟机，选择"开始"→"管理工具"→"计算机管

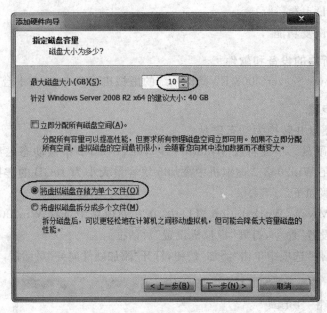

图 7-6 "指定磁盘容量"界面

理"命令，打开"计算机管理"窗口。

步骤 2：选中左侧窗格中的"存储"→"磁盘管理"选项，右击右侧窗格中的"磁盘 1"（这是添加的第一块虚拟硬盘），在弹出的快捷菜单中选择"联机"命令，使用同样的方法将另外 4 块新添加的磁盘"联机"。

步骤 3：右击右侧窗格中的"磁盘 1"，在弹出的快捷菜单中选择"初始化磁盘"命令，在打开的如图 7-7 所示的"初始化磁盘"对话框中确认要转换的基本磁盘（磁盘 1、磁盘 2、磁盘 3、磁盘 4、磁盘 5），磁盘选择完成后，选中"MBR（主启动记录）"单选按钮，单击"确定"按钮。

步骤 4：右击初始化后的"磁盘 1"，在弹出的快捷菜单中选择"转换为动态磁盘"命令，在打开的如图 7-8 所示的"转换为动态磁盘"对话框中，还可选择同时需要转换的其他基本磁盘（磁盘 2、磁盘 3、磁盘 4、磁盘 5），单击"确定"按钮，即将原来的基本磁盘转换为动态磁盘。

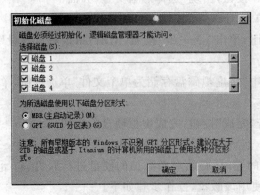

图 7-7 "初始化磁盘"对话框

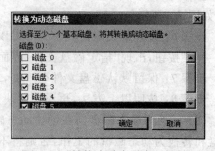

图 7-8 "转换为动态磁盘"对话框

升级完成后在"计算机管理"窗口中可以看到，磁盘的类型已被更改为动态磁盘。如果升级的基本磁盘中包括有系统磁盘分区或引导磁盘分区，则升级之后需要重新启动计算机。

2) 创建简单卷

下面开始创建和扩展简单卷，要求如下：在"磁盘 1"上分别创建一个 3000MB 容量的简单卷 F 和 2000MB 容量的简单卷 G，使"磁盘 1"拥有两个简单卷，然后再从未分配的空间中划分一个 4000MB 的空间添加到 F 中，使简单卷 F 的容量扩展到 7000MB。操作步骤如下。

步骤 1：在"计算机管理"窗口中右击"磁盘 1"的未分配空间，在弹出的快捷菜单中选择"新建简单卷"命令，如图 7-9 所示。

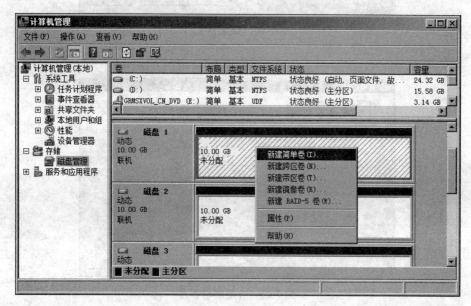

图 7-9 新建简单卷

步骤 2：在打开的"新建简单卷向导"对话框中单击"下一步"按钮，出现"指定卷大小"界面，设置简单卷大小为 3000MB，如图 7-10 所示。

步骤 3：单击"下一步"按钮，出现"分配驱动器号和路径"界面，分配驱动器号为 F，如图 7-11 所示。

步骤 4：单击"下一步"按钮，出现"格式化分区"界面，设置文件系统为 NTFS，选中"执行快速格式化"复选框，如图 7-12 所示。

步骤 5：单击"下一步"按钮，出现"正在完成新建简单卷向导"界面，单击"完成"按钮，系统开始对该磁盘进行分区和格式化。

步骤 6：使用相同的方法创建简单卷 G，容量为 2000MB，如图 7-13 所示。

步骤 7：右击简单卷 F，在弹出的快捷菜单中选择"扩展卷"命令，打开"扩展卷向导"对话框。

步骤 8：单击"下一步"按钮，出现"选择磁盘"界面，在"选择空间量"文本框中输入扩展空间容量 4000MB，如图 7-14 所示。此时，卷大小总数为 7000MB。

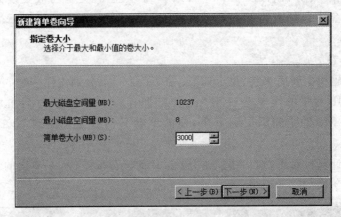

图 7-10　指定卷大小

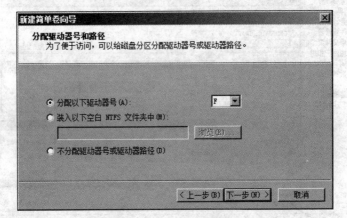

图 7-11　分配驱动器号

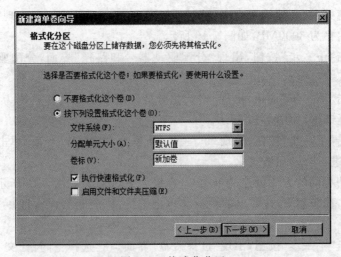

图 7-12　格式化分区

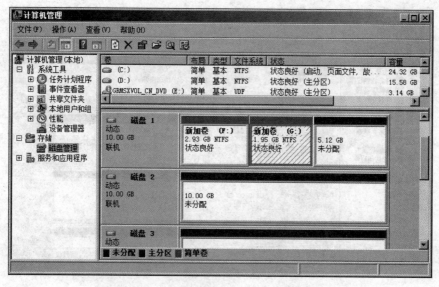

图 7-13　创建容量为 2000MB 的简单卷 G

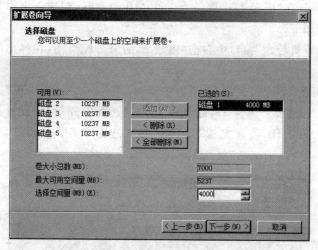

图 7-14　扩展空间容量

步骤 9：单击"下一步"按钮，出现"完成扩展卷向导"界面，单击"完成"按钮。

扩展完成后的结果如图 7-15 所示，可看出整个简单卷 F 在磁盘的物理空间上是不连续的两个部分，总容量为 7000MB，同时简单卷的颜色变为"橄榄绿"。

【说明】

① 系统卷和引导卷无法被扩展。

② 扩展的空间可以是同一块磁盘上连续的或不连续的空间。

③ 简单卷与分区相似，但仍有不同：简单卷既没有大小限制，也没有在一块磁盘上可创建卷的数目的限制。

3）创建跨区卷

下面开始创建跨区卷，要求如下：在"磁盘 2"中取一个 2000MB 的空间，在"磁盘 3"中取

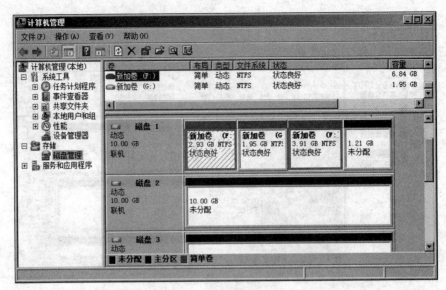

图 7-15　扩展卷

一个 2000MB 的空间，在"磁盘 4"中取一个 1500MB 的空间，创建一个容量为 5500MB 的跨区卷 H。操作步骤如下。

　　步骤 1：在"计算机管理"窗口中右击"磁盘 2"的未分配空间，在弹出的快捷菜单中选择"新建跨区卷"命令。

　　步骤 2：在打开的"新建跨区卷"对话框中单击"下一步"按钮，出现"选择磁盘"界面，通过"添加"按钮选择"磁盘 2""磁盘 3""磁盘 4"，并在"选择空间量"中设置其容量大小分别为 2000MB、2000MB、1500MB，设置完成后可在"卷大小总数"中看到总容量为 5500MB，如图 7-16 所示。

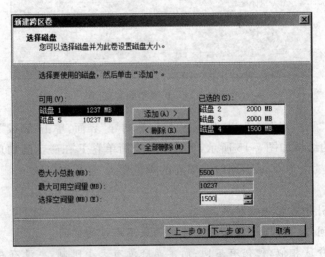

图 7-16　设置跨区卷容量

　　步骤 3：单击"下一步"按钮，出现"分配驱动器号和路径"界面，分配驱动器号为 H。
　　步骤 4：单击"下一步"按钮，出现"卷区格式化"界面，设置文件系统为 NTFS，选中"执行快速格式化"复选框。

步骤 5：单击"下一步"按钮，出现"正在完成新建跨区卷向导"界面，单击"完成"按钮，完成创建跨区卷的操作。

跨区卷完成后的结果如图 7-17 所示，可以看出整个跨区卷 H 在磁盘的物理空间分别在"磁盘 2""磁盘 3"和"磁盘 4"上，用户看到的是一个容量为 5500MB 的卷，同时跨区卷的颜色变为"玫红色"。

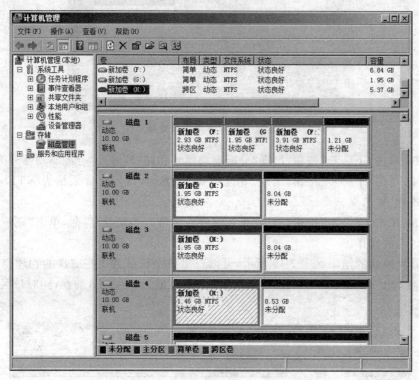

图 7-17　跨区卷

【说明】

① 跨区卷不能包含系统卷和引导卷。

② 可以在 2～32 块磁盘上创建跨区卷，同时组成跨区卷的空间容量可以不同。

③ 一个跨区卷的所有成员被视为一个整体，无法将其中的一个成员独立出来，除非将整个跨区卷删除。

④ 跨区卷在磁盘空间的利用率上比简单卷好，但它不能成为其他动态卷的一部分。

4）创建带区卷

下面开始创建带区卷，要求如下：在"磁盘 3""磁盘 4""磁盘 5"中创建一个容量为 6000MB 的带区卷 I。操作步骤如下。

步骤 1：在"计算机管理"窗口中，右击"磁盘 3"的未分配空间，在弹出的快捷菜单中选择"新建带区卷"命令。

步骤 2：在打开的"新建带区卷"对话框中单击"下一步"按钮，出现"选择磁盘"界面，通过"添加"按钮选择"磁盘 3""磁盘 4""磁盘 5"，并在"选择空间量"中设置其容量大小均为 2000MB，设置完成后可在"卷大小总数"中看到总容量为 6000MB，如图 7-18 所示。

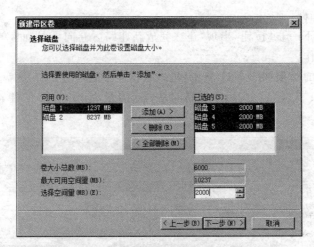

图 7-18　设置带区卷容量

步骤 3：单击"下一步"按钮，出现"分配驱动器号和路径"界面，分配驱动器号为 I。

步骤 4：单击"下一步"按钮，出现"卷区格式化"界面，设置文件系统为 NTFS，选中"执行快速格式化"复选框。

步骤 5：单击"下一步"按钮，出现"正在完成新建带区卷向导"界面，单击"完成"按钮，完成创建带区卷的操作。

带区卷完成后的结果如图 7-19 所示，可以看出整个带区卷 I 在磁盘的物理空间分别在"磁盘 3""磁盘 4"和"磁盘 5"上，用户看到的是一个容量为 6000MB 的卷，同时带区卷的颜色变为"海绿色"。

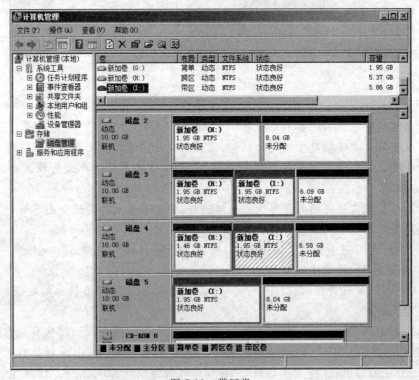

图 7-19　带区卷

【说明】

① 带区卷不能包含系统卷和引导卷,并且无法扩展。

② 可以在 2~32 块磁盘上创建带区卷,至少需要两块磁盘,同时组成带区卷的空间容量必须相同。

③ 一个带区卷的所有成员被视为一个整体,无法将其中的一个成员独立出来,除非将整个带区卷删除。

5) 创建镜像卷

下面开始创建镜像卷,要求如下:在"磁盘 4"和"磁盘 5"中创建一个容量为 3000MB 的镜像卷 J。操作步骤如下。

步骤 1:在"计算机管理"窗口中,右击"磁盘 4"的未分配空间,在弹出的快捷菜单中选择"新建镜像卷"命令。

步骤 2:在打开的"新建镜像卷"对话框中单击"下一步"按钮,出现"选择磁盘"界面,通过"添加"按钮选择"磁盘 4"和"磁盘 5",并在"选择空间量"中设置其容量大小均为 3000MB,设置完成后可在"卷大小总数"中看到总容量为 3000MB,如图 7-20 所示。

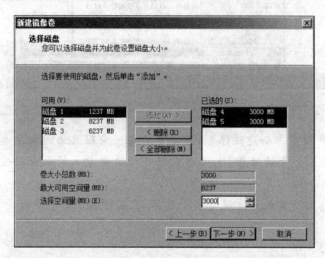

图 7-20　设置镜像卷容量

步骤 3:单击"下一步"按钮,出现"分配驱动器号和路径"界面,分配驱动器号为 J。

步骤 4:单击"下一步"按钮,出现"卷区格式化"界面,设置文件系统为 NTFS,选中"执行快速格式化"复选框。

步骤 5:单击"下一步"按钮,出现"正在完成新建镜像卷向导"界面,单击"完成"按钮,完成创建镜像卷的操作。

镜像卷完成后的结果如图 7-21 所示,可以看出整个镜像卷 J 在磁盘的物理空间分别在"磁盘 4"和"磁盘 5"上,用户看到的是一个容量为 3000MB 的卷,同时镜像卷的颜色变为"褐色"。

【说明】

① 组成镜像卷的空间容量必须相同,并且无法扩展。

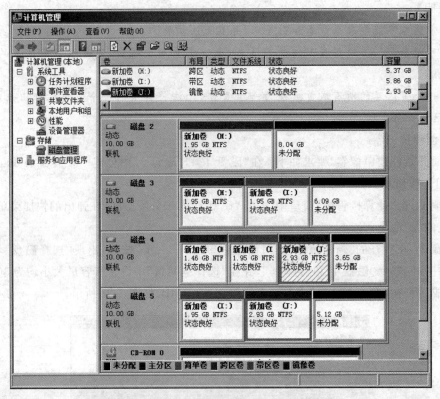

图 7-21　镜像卷

② 只能在两块磁盘上创建镜像卷，用户可通过一块磁盘上的简单卷和另一块磁盘上的未分配空间组合成一个镜像卷，也可以直接将两块磁盘上的未分配空间组合成一个镜像卷。

③ 一个镜像卷的所有成员被视为一个整体，无法将其中的一个成员独立出来，除非将整个镜像卷删除。

6）创建 RAID-5 卷

下面开始创建 RAID-5 卷，要求如下：在"磁盘 3""磁盘 4"和"磁盘 5"中创建一个容量为 5000MB 的 RAID-5 卷 K。操作步骤如下。

步骤 1：在"计算机管理"窗口中，右击"磁盘 3"的未分配空间，在弹出的快捷菜单中选择"新建 RAID-5 卷"命令。

步骤 2：在打开的"新建 RAID-5 卷"对话框中单击"下一步"按钮，出现"选择磁盘"界面，通过"添加"按钮选择"磁盘 3""磁盘 4"和"磁盘 5"，并在"选择空间量"中设置其容量大小均为 2500MB，设置完成后可在"卷大小总数"中看到总容量为 5000MB，如图 7-22 所示。

步骤 3：单击"下一步"按钮，出现"分配驱动器号和路径"界面，分配驱动器号为 K。

步骤 4：单击"下一步"按钮，出现"卷区格式化"界面，设置文件系统为 NTFS，选中"执行快速格式化"复选框。

步骤 5：单击"下一步"按钮，出现"正在完成新建 RAID-5 卷向导"界面，单击"完成"按

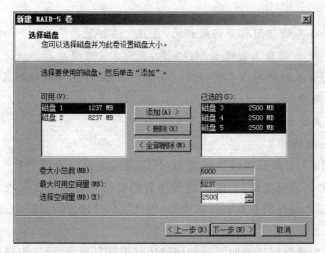

图 7-22　设置 RAID-5 卷容量

钮,完成创建 RAID-5 卷的操作。

　　RAID-5 卷完成后的结果如图 7-23 所示,可以看出整个 RAID-5 卷 K 在磁盘的物理空间分别在"磁盘 3""磁盘 4"和"磁盘 5"上,用户看到的是一个容量为 5000MB 的卷,同时RAID-5 卷的颜色变为"青绿色"。

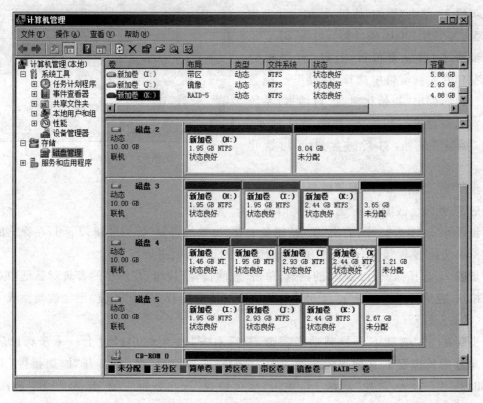

图 7-23　RAID-5 卷

【说明】

① 组成 RAID-5 卷的空间容量必须相同，并且无法扩展。

② 可以在 3～32 块磁盘上创建 RAID-5 卷，至少需要 3 块磁盘。

③ 一个 RAID-5 卷的所有成员被视为一个整体，无法将其中的一个成员独立出来，除非将整个 RAID-5 卷删除。

④ RAID-5 卷不能包含系统卷和引导卷。

7) 使用数据恢复功能

镜像卷和 RAID-5 卷都有数据容错能力，所以当组成卷的磁盘中有一块磁盘出现故障时，仍然能够保证数据的完整性，但此时这两种卷的数据容错能力已失效或下降，若卷中再有磁盘发生故障，那么保存的数据就可能丢失，因此应尽快修复或更换磁盘以恢复卷的容错能力。

利用虚拟机模拟硬盘损坏进而了解如何使用数据恢复功能，操作步骤如下。

步骤 1：在虚拟的操作系统中，分别在各个硬盘的盘符上复制一些文件（如 hlg.txt 文件），然后关闭虚拟的 Windows Server 2008 R2 操作系统。

步骤 2：选择"虚拟机"→"设置"命令，打开"虚拟机设置"对话框，选中第 5 块硬盘（添加的第 4 块虚拟硬盘"磁盘 4"），单击"移除"按钮将其删除，从而模拟该硬盘损坏。

步骤 3：单击"添加"按钮，添加一块新虚拟硬盘，大小为 10GB，磁盘类型为 SCSI。

步骤 4：启动虚拟机，打开"计算机管理"窗口，在左侧窗格中选择"存储"→"磁盘管理"选项，弹出"初始化磁盘"对话框，系统要求对新磁盘进行初始化，如图 7-24 所示，单击"确定"按钮，对新磁盘进行初始化操作。

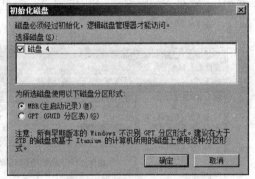

图 7-24　初始化磁盘

步骤 5：如图 7-25 所示，"磁盘 4"为新安装的磁盘，而发生故障的原"磁盘 4"此时显示为"丢失"。

步骤 6：在图 7-25 中，右击"丢失"磁盘上有"失败的重复"标识的镜像卷 J，在弹出的快捷菜单中选择"删除镜像"命令，打开"删除镜像"对话框，如图 7-26 所示。

步骤 7：选择标识为"丢失"的磁盘，单击"删除镜像"按钮，在弹出的警告对话框中单击"是"按钮，完成后可以发现"磁盘 5"中原先失败的镜像卷 J（失败的重复）已经被转换成了简单卷（状态良好）。

步骤 8：将"磁盘 4"转换到动态磁盘，然后右击"磁盘 5"中经过上一个步骤已转换为简单卷的镜像卷 J，在弹出的快捷菜单中选择"添加镜像"命令，打开"添加镜像"对话框，如图 7-27 所示，选择"磁盘 4"，单击"添加镜像"按钮即可恢复"磁盘 4"和"磁盘 5"组成的镜像卷 J。

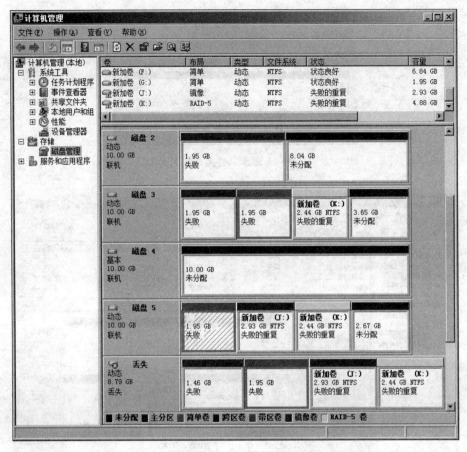

图 7-25　丢失数据的磁盘

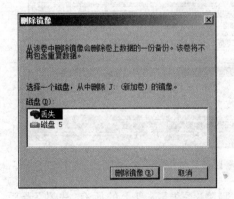

图 7-26　选择删除镜像的磁盘

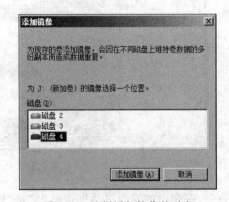

图 7-27　选择添加镜像的磁盘

步骤 9：在图 7-25 中，右击任何一个有"失败的重复"标识的 RAID-5 卷 K，在弹出的快捷菜单中选择"修复卷"命令，打开"修复 RAID-5 卷"对话框，如图 7-28 所示。

步骤 10：选择新添加的"磁盘 4"，以便修复 RAID-5 卷。单击"确定"按钮，完成后 RAID-5 卷 K 将被修复，如图 7-29 所示。

步骤 11：在图 7-29 中，右击"丢失"磁盘的"失败"卷，在弹出的快捷菜单中选择"删除

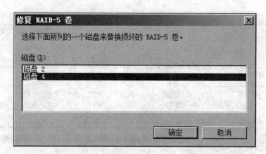

图 7-28　选择一个磁盘来替换损坏的 RAID-5 卷

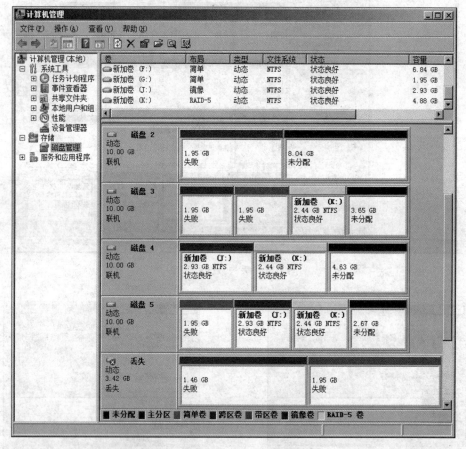

图 7-29　RAID-5 卷 K 被修复

卷"命令，在弹出的警告对话框中单击"是"按钮。删除"丢失"磁盘上的所有"失败"卷后，会自动删除"丢失"磁盘。

【说明】

① 镜像卷恢复后，数据会自动从没有发生故障的磁盘复制到新磁盘上，这样数据又恢复了镜像，从而保证了数据的安全。

② RAID-5 卷恢复时，系统会利用没有发生故障的 RAID-5 卷将数据恢复到新磁盘上，保证了数据的安全性。

③ 磁盘 4 上的带区卷、跨区卷数据不支持容错,不能恢复。

7.4.2 任务 2:数据的备份和还原

1. 任务目标

掌握 Windows Server 2008 R2 中备份和还原数据的方法。

2. 任务内容

(1) 添加 Windows Server Backup 功能。

(2) 使用 Windows Server Backup 备份数据。

(3) 使用 Windows Server Backup 恢复数据。

3. 完成任务所需的设备和软件

安装有 Windows Server 2008 R2 操作系统的虚拟机(Win2008-2)1 台。

4. 任务实施步骤

1) 添加 Windows Server Backup 功能

虽然 Windows Server 2008 R2 内置了 Windows Server Backup 功能,但是这个功能在系统安装时并没有被默认安装,可以参照下述步骤来添加该功能。

步骤 1:选择"开始"→"管理工具"→"服务器管理器"命令,打开"服务器管理器"窗口,选择左侧窗格中的"功能"选项,在右侧窗格单击"添加功能"超链接,如图 7-30 所示。

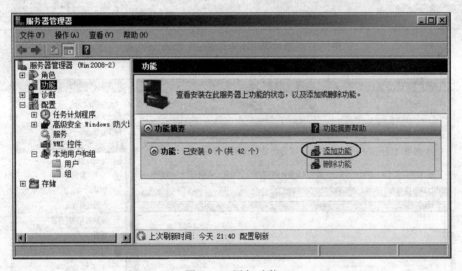

图 7-30 添加功能

步骤 2:在打开的"添加功能向导"对话框中,选中 Windows Server Backup 复选框,如图 7-31 所示。

步骤 3:单击"下一步"按钮,出现"确认安装选择"界面。

步骤 4:单击"安装"按钮,开始安装 Windows Server Backup 功能。

步骤 5:安装完成后,单击"关闭"按钮。

2) 使用 Windows Server Backup 备份数据

安装 Windows Server Backup 功能之后,选择"开始"→"管理工具" →Windows Server

Backup 命令，打开 Windows Server Backup 窗口，如图 7-32 所示，在窗口右侧提供了备份计划、一次性备份、恢复等选项，现在就可以对 Windows Server 2008 创建备份了。

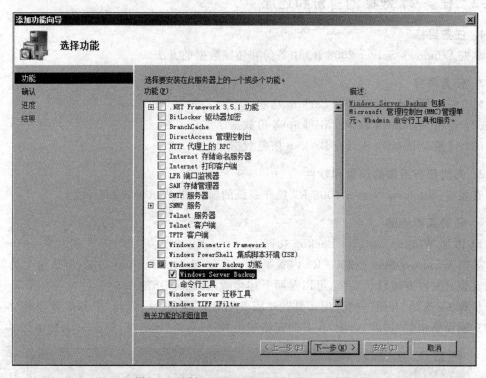

图 7-31　添加 Windows Server Backup 功能

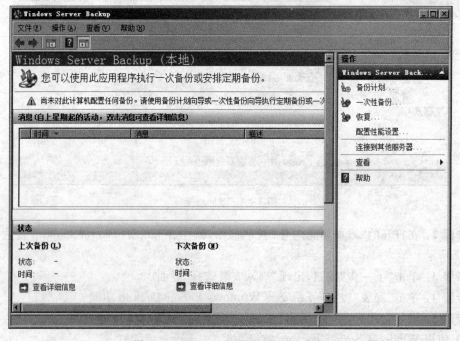

图 7-32　Windows Server Backup 窗口

(1) 备份计划。备份计划是指预先设定需要备份的源文件路径与时间,然后由系统自动进行备份。设置备份计划可以参照下述步骤进行操作。

步骤 1:单击如图 7-32 所示的右侧窗格中的"备份计划"超链接,打开"备份计划向导"对话框。

步骤 2:单击"下一步"按钮,出现"选择备份配置"界面,如图 7-33 所示。

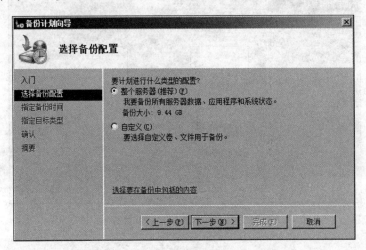

图 7-33　"选择备份配置"界面

步骤 3:可以选择"整个服务器(推荐)"或者"自定义"选项,在此选中"整个服务器(推荐)"单选按钮进行备份,两个选项具体含义如下。

① 整个服务器:能够备份所有服务器数据、应用程序以及系统状态,是对 Windows Server 2008 R2 系统创建一个完整的备份。

② 自定义:根据实际需要选择需要备份的项目。

步骤 4:单击"下一步"按钮,出现"指定备份时间"界面,如图 7-34 所示,此时可以选择每日备份一次或者多次。如果选择"每日一次"备份,则只需设置固定备份的时间点即可;如果对服务器中数据非常关注,则可以选中"每日多次"单选按钮,并且在"可用时间"列表中选择时间点,单击"添加"按钮将其添加到右侧的"已计划的时间"列表中,以实现每天多次备份的目的。在此选中"每日一次"单选按钮,并选择备份时间为 21:00。

步骤 5:单击"下一步"按钮,出现"指定目标类型"界面,如图 7-35 所示,可以选择"备份到专用于备份的硬盘(建议)""备份到卷"或"备份到共享网络文件夹"选项,在此选中"备份到专用于备份的硬盘(建议)"单选按钮进行备份。各选项具体功能如下。

① 备份到专用于备份的硬盘(建议):选择此选项以便以最安全的方式存储备份。所使用的硬盘将被格式化,然后专用于存储备份。

② 备份到卷:如果无法将整个磁盘专用于备份,请选择此选项。注意,使用此选项存储备份时,卷的性能可能降低多达一半。建议不要在同一卷上存储其他服务器的数据。

③ 备份到共享网络文件夹:不希望在服务器上本地存储时,请选择此选项。注意,由于在创建新备份时将覆盖以前的备份,因此一次仅能拥有一个备份。

步骤 6:单击"下一步"按钮,出现"选择目标磁盘"界面,单击"显示所有可用磁盘"按钮,

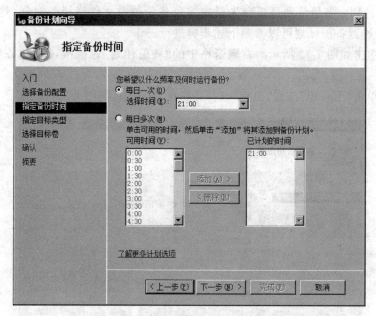

图 7-34 "指定备份时间"界面

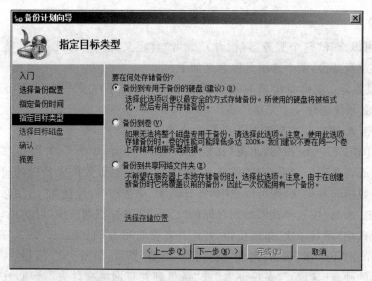

图 7-35 "指定目标类型"界面

打开"显示所有可用磁盘"对话框,如图 7-36 所示,选中"磁盘 2"复选框后,单击"确定"按钮,返回"选择目标磁盘"界面,再选中"磁盘 2"复选框。

步骤 7:单击"下一步"按钮,在弹出的警告对话框中单击"是"按钮,出现"确认"界面。

步骤 8:单击"完成"按钮,出现"摘要"界面,单击"关闭"按钮。

【**说明**】 完成上述备份计划设置向导操作之后,系统就会在预设的时间自动进行文件数据的备份。对于采用这种备份方式的用户而言,可以设置在深夜或者服务器负担较小时进行备份,这样既确保了服务器的正常运行,又能够顺利完成系统备份。

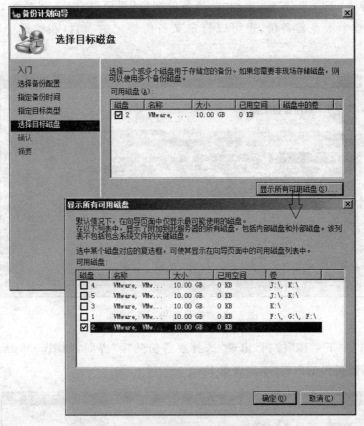

图 7-36 "显示所有可用磁盘"对话框

（2）一次性备份。与备份计划相比，一次性备份可以让用户设置相关的备份参数，并立即开始数据备份。进行一次性备份可以参照下述步骤进行操作。

步骤 1：在图 7-32 中，单击 Windows Server Backup 右侧窗格的"一次性备份"超链接，打开"一次性备份向导"对话框，如图 7-37 所示，选中"其他选项"单选按钮。

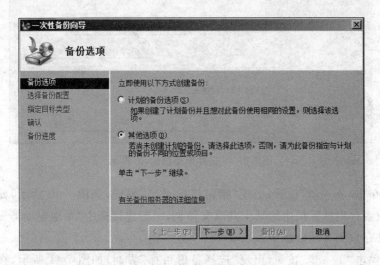

图 7-37 "一次性备份向导"对话框

步骤 2：单击"下一步"按钮，出现"选择备份配置"界面，如图 7-38 所示，在选择备份类型时可以针对整个服务器备份，也可以自定义备份特定的项目，在此选中"自定义"单选按钮。

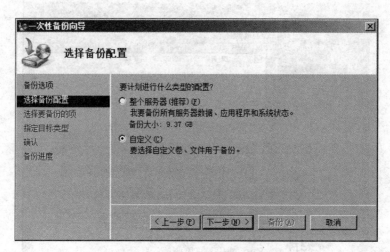

图 7-38 "选择备份配置"界面

步骤 3：单击"下一步"按钮，出现"选择要备份的项"界面，如图 7-39 所示，通过"添加项"按钮添加需要备份的内容（本地磁盘 D）。

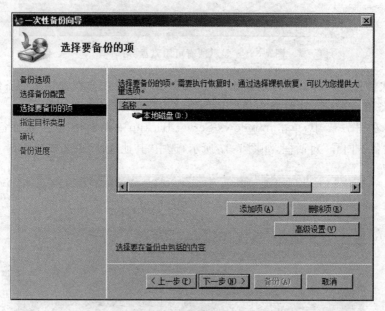

图 7-39 "选择要备份的项"界面

步骤 4：单击"下一步"按钮，出现"指定目标类型"界面，如图 7-40 所示，此时可以选择本地驱动器或者远程计算机中的某个共享文件夹，一般建议选中"本地驱动器"单选按钮，直接把备份文件存放到本地磁盘中。

步骤 5：单击"下一步"按钮，出现"选择备份目标"界面，如图 7-41 所示，在"备份目标"

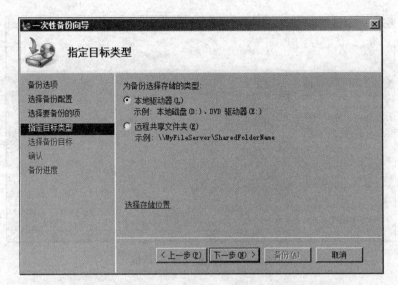

图 7-40　"指定目标类型"界面

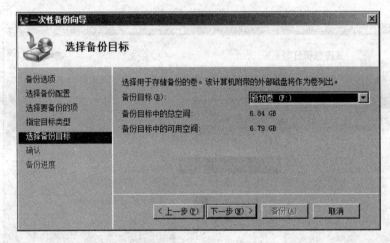

图 7-41　"选择备份目标"界面

下拉框中选择有较大可用空间的本地磁盘(如 F 卷)来存放备份文件。

步骤 6：单击"下一步"按钮,出现"确认"界面,可以了解到备份设置的主要信息。

步骤 7：单击"备份"按钮,出现"备份进度"界面,整个备份过程所需时间比较长,在此期间可以查看到备份的进度、数据容量等信息,备份完成后可以在 Windows Server Backup 窗口中查看到相关信息,有助于用户了解备份内容和备份文件信息。

3) 使用 Windows Server Backup 恢复数据

一旦由于误操作、计算机病毒或者其他意外原因导致系统数据受损,可以通过已经备份的文件快速恢复系统。

使用 Windows Server Back 恢复备份文件可以通过下述步骤进行。

步骤 1：在 Windows Server Backup 窗口中,单击 Windows Server Backup 右侧窗格中的"恢复"超链接,打开"恢复向导"对话框,如图 7-42 所示,选中"此服务器"单选按钮。

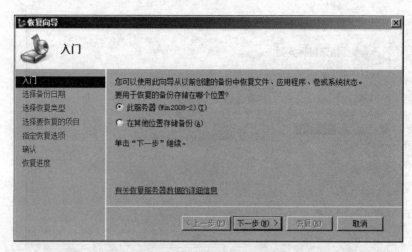

图 7-42　"恢复向导"对话框

步骤 2：单击"下一步"按钮，出现"选择备份日期"界面，如图 7-43 所示，选择可用备份文件的日期。

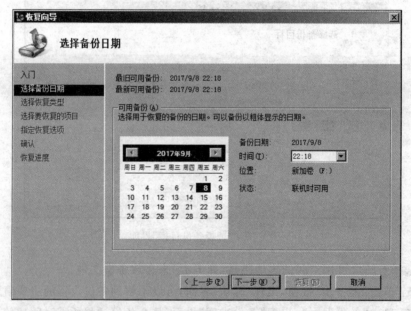

图 7-43　"选择备份日期"界面

步骤 3：单击"下一步"按钮，出现"选择恢复类型"界面，如图 7-44 所示。在设置恢复类型时选择恢复文件与文件夹，也能够恢复整个卷。当恢复文件和文件夹时，可以由用户恢复指定部分的文件与文件夹，而恢复卷则是把整个卷中的所有数据全部恢复。在此选中"文件和文件夹"单选按钮进行恢复。

步骤 4：单击"下一步"按钮，出现"选择要恢复的项目"界面，如图 7-45 所示，针对文件和文件夹恢复时，可以在目录树中选择某个需要恢复的文件或文件夹，选择之后即可针对该文件或文件夹进行恢复。

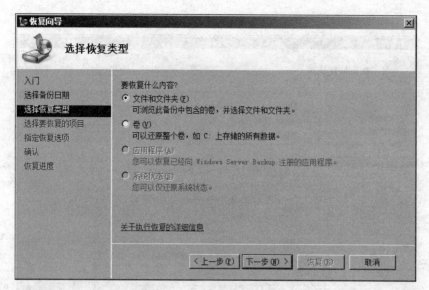

图 7-44　"选择恢复类型"界面

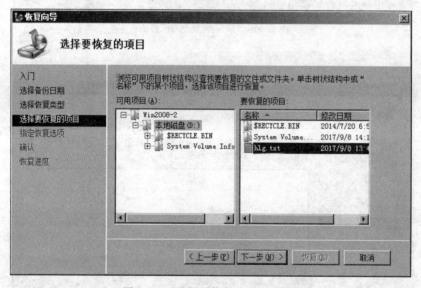

图 7-45　"选择要恢复的项目"界面

步骤 5：单击"下一步"按钮，出现"指定恢复选项"界面，如图 7-46 所示，指定恢复选项中可设置相关的参数，一般采用默认的设置即可。

需要注意的是，在"当该向导在恢复目标中已有的备份中查找项目时"选项框中建议设置为"创建副本，以便您具有两个版本"，这样可以避免直接覆盖已有的文件或文件夹造成的数据丢失。

步骤 6：单击"下一步"按钮，出现"确认"界面，如图 7-47 所示，可以查看到需要恢复的项目信息。

步骤 7：单击"恢复"按钮，出现"恢复进度"界面，如图 7-48 所示，在恢复过程中可以查看到恢复进度信息，在所有文件恢复完毕之后单击"关闭"按钮结束恢复操作。

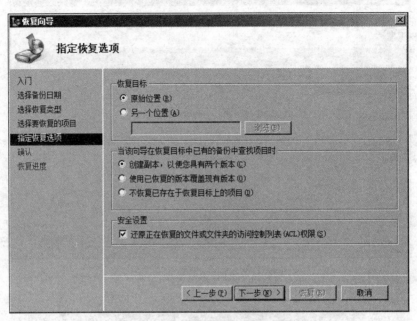

图 7-46 "指定恢复选项"界面

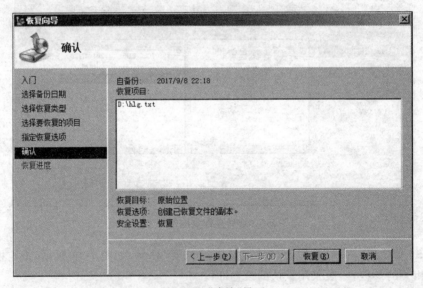

图 7-47 "确认"界面

恢复备份完成之后,在 Windows Server Backup 窗口中可以查看到备份文件和恢复备份之后的相关信息。

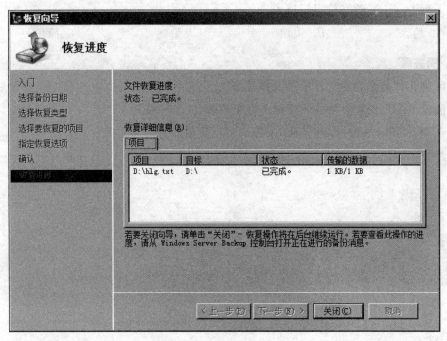

图 7-48 "恢复进度"界面

7.5 习题

一、填空题

1. Windows Server 2008 R2 将磁盘存储类型分为_____和_____两种。

2. 基本磁盘是指包含_____、_____或_____的物理磁盘,它是 Windows Server 2008 R2 中默认的磁盘类型。

3. 镜像卷的磁盘空间有效利用率只有_____,所以镜像卷的花费相对较高。与镜像卷相比,RAID-5 卷的磁盘空间有效利用率为_____,硬盘数量越多,冗余数据带区的成本越低,所以 RAID-5 卷的性价比较高,被广泛应用于数据存储的领域。

4. 带区卷又称为_____技术,RAID-1 又称为_____卷,RAID-5 又称为_____卷。

二、选择题

1. 一个基本磁盘上最多有_____个主磁盘分区。

    A. 1   B. 2   C. 3   D. 4

2. 镜像卷不能使用_____文件系统。

    A. FAT16   B. NTFS   C. FAT32   D. EXT3

3. 主要的系统容错和灾难恢复方法不包括_____。

    A. 对重要数据定期存盘   B. 配置不间断电源系统

    C. 利用 RAID 实现容错   D. 数据的备份和还原

4. 下列_____卷支持容错技术。

    A. 跨区   B. 镜像   C. 带区   D. 简单

三、简答题

1. 区别几种动态卷的工作原理及创建方法。

2. 假设 RAID-5 卷中某一块磁盘出现了故障，应怎样恢复？

3. 在 Windows Server 2008 R2 中如何实现数据的备份和还原？

项目 8
网络负载平衡和服务质量

项目学习目标
(1) 了解 Web Farm 的基本概念。
(2) 了解网络负载平衡和服务质量。
(3) 掌握设置网络负载平衡的方法。
(4) 掌握设置服务质量的方法。

8.1　项目提出

某公司原来有一台 Web 服务器可以正常访问,现在由于公司规模扩大,人员增多,访问量增加,公司内部的 Web 服务器经常出现宕机的现象。为了满足公司对 Web 服务器的正常访问需求,现要求对 Web 服务器进行整改,作为网络管理员,有何合适的解决方案?

8.2　项目分析

对于访问量较多的网站,可以创建镜像 Web 站点或通过网络负载平衡技术实现服务器的高可用性和负载平衡。这样,多个 Web 服务器对外使用一个 IP 地址提供服务,不同访问者的访问流量可以平均或按一定比例分配到每个 Web 站点上,从而提高访问速率。

在网络中,一个服务器可能既是文件服务器也是 Web 服务器。在这种情况下,为了保证用户访问 Web 服务器时的带宽,可以在 Windows Server 2008 服务器上配置"服务质量"来控制访问共享资源时使用的最大网络带宽,从而保证了 Web 服务器的访问带宽。

8.3　相关知识点

8.3.1　Web Farm 概述

Web Farm 是指将多台 IIS Web 服务器组成一起,Web Farm 可以提供一个具备容错与负载平衡功能的高可用性网站,为用户提供一个不间断的、可靠的网站服务。Web Farm 的主要功能如下。

（1）当 Web Farm 接收到不同用户访问网站的请求时，这些请求会被分散送给 Web Farm 中不同的 Web 服务器进行处理，因此可以提高网页的访问效率。

（2）如果 Web Farm 中有 Web 服务器出现故障，此时会由 Web Farm 中的其他 Web 服务器继续为用户提供服务，因此 Web Farm 具有容错功能。

在 Web Farm 的架构中，为了避免单点故障而影响到 Web Farm 的正常运行，架构中的每一个设备（包括防火墙、负载平衡器、Web 服务器等）都不止一台，如图 8-1 所示。

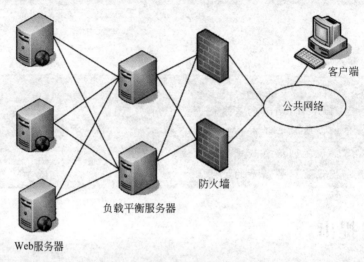

图 8-1　Web Farm 的一般架构

8.3.2　Windows 系统的网络负载平衡功能

随着互联网的迅速发展，各个应用服务器工作量日益增加，负载平衡技术的应用越来越广泛。而在众多的负载平衡技术中，网络负载平衡技术由于其自身的优势，成为目前使用最为广泛的技术。

在 Windows Server 2008 系统中内置了网络负载平衡（Network Load Balance，NLB）功能，所以可以使用 Windows NLB 功能代替图 8-1 中的负载平衡服务器，达到提供容错和负载平衡的目的。

在图 8-2 中，Web Farm 内每一台 Web 服务器的外网卡都有一个固定的静态 IP 地址，这些服务器对外的流量都是通过静态 IP 地址送出的。新建 NLB 群集后，启用外网卡的 Windows NLB，将 Web 服务器加入 NLB 群集后，它们还会共享一个相同的群集 IP 地址，并通过这个群集 IP 地址来接收外部的访问请求。NLB 群集接收到这些请求后，会将它们平均或按权重分配给群集中的 Web 服务器处理。当某个 Web 服务器出现故障或脱机时，Windows NLB 会自动在仍然正常运行的其他 Web 服务器之间重新分发访问请求，同时将断开与出现故障或脱机的 Web 服务器之间的活动连接。

NLB 群集中的服务器交换检测信息以保持有关群集成员身份的数据的一致性。默认情况下，当服务器在 5s 内未能发送检测消息时，便认为该服务器出现了故障。当服务器出现故障时，群集中的剩余服务器将重新进行聚合。

在聚合期间，仍然活动的服务器会查找一致的检测信号。如果无法发送检测信号的服

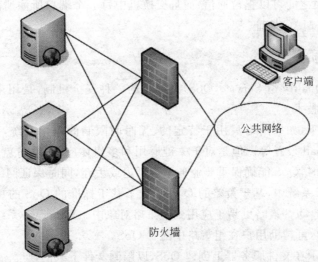

图 8-2　启用 Windows NLB 的 Web Farm 架构

务器开始提供一致的检测信号,则会在聚合过程中重新加入群集。当新的服务器尝试加入群集时,也会发送检测消息,该消息也会触发聚合。当所有群集服务器对当前的群集成员身份达成一致之后,会向剩余服务器重新分发客户端访问请求,并完成聚合。

聚合通常只需几秒钟,因此由群集聚合引起的客户端服务中断是非常少的。在聚合期间,仍然活动的服务器会继续处理客户端访问请求,而不会影响现有的客户端访问。如果所有服务器在几个检测期间报告的群集成员身份和分发映射都一致,则聚合结束。

8.3.3　Windows NLB 的操作模式

Windows NLB 的操作模式分为单播模式和多播模式。

1. 单播模式

在单播模式下,NLB 群集中每一台 Web 服务器的网卡 MAC 地址都会被替换成一个相同的群集的 MAC 地址。它们通过此群集的 MAC 地址接收外部的访问请求,发送到此群集 MAC 地址的访问请求,会被送到群集中的每一台 Web 服务器。

在单播模式下,如果两台 Web 服务器同时连接到交换机上,而两台服务器的 MAC 地址被改成相同的群集 MAC 地址,当这两台服务器通过交换机通信时,由于交换机每一个端口所注册的 MAC 地址必须是唯一的,也就不允许两个端口注册相同的 MAC 地址。Windows NLB 利用 MaskSource MAC 功能来解决这个问题。MaskSource MAC 是根据每一台服务器的主机 ID 来更改外送数据包中的源 MAC 地址的,也就是将群集 MAC 地址中最高的第 2 组字符改为主机 ID,然后将修改后的不同的 MAC 地址在交换机的端口注册。

2. 多播模式

在多播模式下,访问请求数据包会同时发送给多台 Web 服务器,这些 Web 服务器都属于同一个多播组,它们拥有一个共同的多播 MAC 地址。

在多播模式下,NLB 群集中每一台 Web 服务器的网卡仍然会保留原来唯一的 MAC 地址，因此群集成员之间可以正常通信，而且交换机中每一个端口所注册的 MAC 地址就是每台服务器唯一的 MAC 地址。

8.3.4 服务质量

服务质量（Quality of Service，QoS）是网络的一种安全机制，是用来解决网络延迟和阻塞等问题的一种技术。

在一般情况下，如果网络只用于特定的、无时间限制的应用系统，并不需要 QoS，比如 Web 应用或 E-mail 设置等。但是对于关键应用和多媒体应用，QoS 就十分必要了，因为当网络过载或拥塞时，QoS 能确保重要业务不会延迟或丢弃，同时保证网络的高效运行。

在 Windows 系统中，基于策略的 QoS 结合了基于标准的 QoS 的功能性和组策略的可管理性，此组合使 QoS 策略更易于应用到组策略对象中。Windows 系统中还包括一个基于策略的 QoS 向导，可帮助用户在组策略中配置 QoS。

下面举例展示在文件服务器上创建 QoS，以限制文件下载的速度。

在本例中，Win2008-2 既是 Web 服务器，又是文件服务器，为了给 Web 服务器保留足够的网络带宽，需在 Win2008-2 上创建 QoS 策略，控制下载文件的网络带宽在 1024KBps 以内。

如图 8-3 所示，客户端 Win2008-1 访问文件服务器共享文件夹使用的端口为 TCP 的 445 端口，接下来将基于此端口设置 QoS 策略。此策略还可以将通信限制到特定的 IP 地址。在实际部署中，可以将部署限制到一组 IP 地址中（如某一个子网），用该子网 ID 代替单一 IP 地址即可实现。

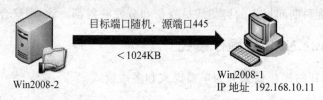

目标端口随机，源端口445

<1024KB

Win2008-2

Win2008-1
IP 地址　192.168.10.11

图 8-3　限制网络带宽示意图

8.4　项目实施

8.4.1　任务 1：配置和验证网络负载平衡

1. 任务目标

掌握配置和验证网络负载平衡的方法，了解通过网络负载平衡技术实现服务器的高可靠性和高性能。

2. 任务内容

（1）安装网络负载平衡功能。

（2）创建网络负载平衡群集。

（3）添加主机到群集。

（4）验证网络负载平衡。

3. 完成任务所需的设备和软件

(1) 安装有 Windows Server 2008 R2 操作系统的虚拟机(Win2008-1 和 Win2008-2)两台。

(2) Win2008-1 的 IP 地址为 192.168.10.11,子网掩码为 255.255.255.0,位于工作组 WORKGROUP 中。

(3) Win2008-2 的 IP 地址为 192.168.10.12,子网掩码为 255.255.255.0,位于工作组 WORKGROUP 中。

(4) 网络负载平衡群集的 IP 地址为 192.168.10.10,子网掩码为 255.255.255.0。

4. 任务实施步骤

1) 安装网络负载平衡功能

在 Win2008-1 和 Win2008-2 虚拟机上安装网络负载平衡功能,操作步骤如下。

步骤 1:在 Win2008-1 虚拟机中选择"开始"→"管理工具"→"服务器管理器"命令,打开"服务器管理器"窗口,选择左侧窗格中的"功能"选项,在右侧窗格单击"添加功能"超链接。

步骤 2:在打开的"添加功能向导"对话框中选中"网络负载平衡"复选框,如图 8-4 所示。

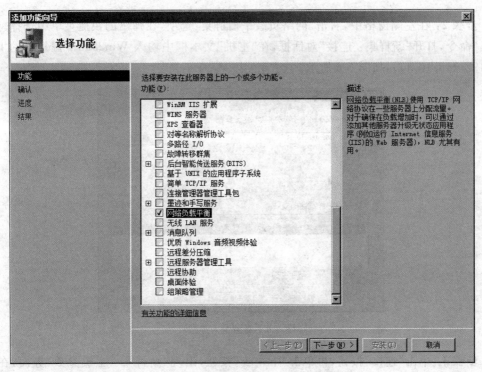

图 8-4 选中"网络负载平衡"复选框

步骤 3:单击"下一步"按钮,出现"确认安装选择"界面,单击"安装"按钮,开始安装网络负载平衡功能。

步骤 4:安装完成后,单击"关闭"按钮结束网络负载平衡功能的安装。

步骤 5:使用相同的方法,在 Win2008-2 虚拟机中安装网络负载平衡功能。

2）创建网络负载平衡群集

网络负载平衡功能安装完成之后，在两台虚拟机之间创建网络负载平衡群集，操作步骤如下。

步骤 1：在 Win2008-1 虚拟机中选择"开始"→"管理工具"→"网络负载平衡管理器"命令，打开"网络负载平衡管理器"窗口，如图 8-5 所示。

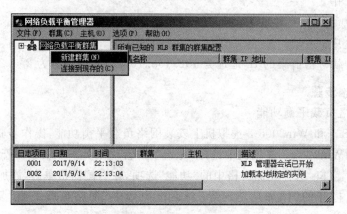

图 8-5 "网络负载平衡管理器"窗口

步骤 2：在左侧窗格中，右击"网络负载平衡群集"选项，在弹出的快捷菜单中选择"新建群集"命令，打开"新群集：连接"对话框，在"主机"文本框中输入 Win2008-1 虚拟机的 IP 地址（192.168.10.11），如图 8-6 所示。

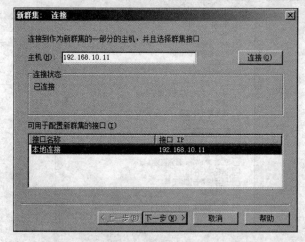

图 8-6 新群集：连接

步骤 3：单击"连接"按钮，再单击"下一步"按钮，出现"新群集：主机参数"界面，在"优先级（单一主机标识符）"下拉列表框中选择 1 选项，如图 8-7 所示。

【说明】 系统为每个主机指定一个唯一的 ID。群集的当前成员中，优先级数值最低的主机处理端口规则未涉及所有群集网络通信。可以通过在"端口规则"选项卡中指定规则来覆盖这些优先级或者为特定范围的端口提供负载平衡。

如果新主机加入了群集，并且其优先级与群集中的另一个主机冲突，则不接受该主机作

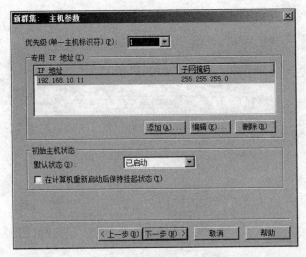

图 8-7　新群集：主机参数

为群集的一部分。群集的其余部分将继续处理流量,同时会将描述此问题的消息写入 Windows 事件日志中。

　　步骤 4:单击"下一步"按钮,出现"新群集:群集 IP 地址"界面。单击"添加"按钮,在打开的"添加 IP 地址"对话框中输入 NLB 的 IPv4 地址(192.168.10.10)和子网掩码(255. 255.255.0),如图 8-8 所示。

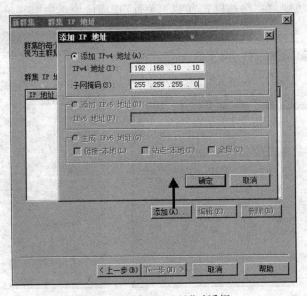

图 8-8　"添加 IP 地址"对话框

　　步骤 5:单击"确定"按钮,返回到"新群集:群集 IP 地址"界面。再单击"下一步"按钮,出现"新群集:群集参数"界面。在"完整 Internet 名称"文本框中输入完整的 Internet 名称,如果是 Web 站点,可以输入访问该站点的域名(www.nos.com),群集操作模式选择"多播"模式,如图 8-9 所示。

　　【说明】　在多播模式下实体主机之间可以互相通信。一般来说,创建 NLB 时的原则是

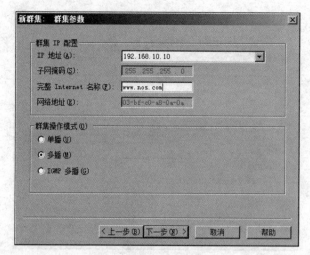

图 8-9　新群集：群集参数

单网卡使用多播，双网卡使用单播。双网卡使用单播时，因为主机之间不能互相通信，必须设置内网通信的网卡，也就是群集中设置的"心跳"。微软官方推荐在 NLB 设置时，首先考虑单播模式，单播不能满足要求时，再考虑多播模式。

　　步骤 6：单击"下一步"按钮，出现"新群集：端口规则"界面，如图 8-10 所示。

　　步骤 7：单击"编辑"按钮，打开"添加/编辑端口规则"对话框，如图 8-11 所示，可以在此对话框中编辑端口规则，在"筛选模式"的"相关性"选项区中选中"无"单选按钮。

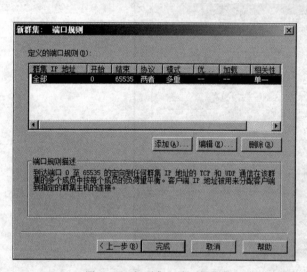

图 8-10　新群集：端口规则

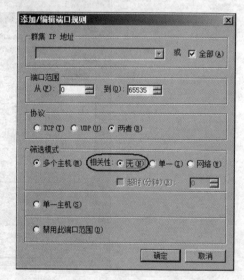

图 8-11　编辑端口规则

　　端口规则可以指定在哪些端口和协议上实现网络负载平衡。比如 Web 站点的负载平衡就可以选择 TCP 的 80 端口。下面对图 8-11 中的其他选项解释如下。

　　(1) 筛选模式中的"多个主机"参数指定群集中的多个主机将针对关联的端口规则处理网络通信。该筛选模式通过将网络负载分发到多个主机中来提供缩放的性能和容错。可以指定在各个主机中同等分发负载，也可以指定每个主机处理指定的负载权重。

（2）"单一主机"参数指定由群集中的单个主机根据指定的处理优先级处理针对关联端口规则的网络通信。该筛选模式提供端口特定的容错来处理网络通信。

（3）"禁用此端口范围"参数指定阻止针对关联端口规则的所有网络通信。在这种情况下，NLB 驱动程序将筛选所有相应的网络数据包或数据报。该筛选模式允许用户阻止地址为特定端口范围的网络通信。

（4）"相关性"参数仅适用于"多个主机"筛选模式。其中，"无"选项指定来自相同客户端 IP 地址的多个连接可以由不同的群集主机进行处理（没有客户端关联）。为了使网络负载平衡能够正确处理 IP 分片数据。选择 UDP 或者"两者"作为协议设置时，应该避免使用"无"选项。

（5）"单一"选项指定 NLB 应该将来自相同客户端 IP 地址的多个请求引导至同一个群集主机，这是"相关性"的默认设置。还可以通过启用"网络"选项来代替"单一"选项，修改 NLB 客户端关联，以便将来自 TCP/IP 的 C 类地址范围（而不是单个 IP 地址）的所有客户端请求引导至单个群集主机。该功能确保使用多个代理服务器访问群集的客户端可以使其 TCP 连接指向同一个群集主机。

在客户端站点上使用多个代理服务器会导致来自单个客户端的请求显示为来自不同的计算机。如果所有客户端的代理服务器都位于同一个地址范围内，则"网络"关联会确保正确处理客户端会话。如果不需要该功能，请使用"单一"关联以最大限度地提高缩放性能。

步骤 8：单击"确定"按钮，返回到"新群集：端口规则"界面。单击"完成"按钮，完成网络负载平衡群集的创建。

步骤 9：在命令提示符下运行 ipconfig 命令，可以看到添加的 NLB 的 IP 地址（192.168. 10.10），如图 8-12 所示。

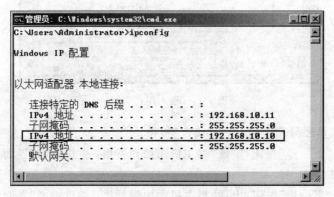

图 8-12　NLB 的 IP 地址

3）添加主机到群集

创建好群集后，添加另外的主机到群集，操作步骤如下。

步骤 1：如图 8-13 所示，右击刚才创建的群集，在弹出的快捷菜单中选择"添加主机到群集"命令。

步骤 2：如图 8-14 所示，在出现的"将主机添加到群集：连接"对话框的"主机"文本框中输入 Win2008-2 的 IP 地址（192.168.10.12），单击"连接"按钮，在出现的对话框中输入

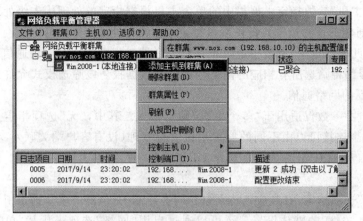

图 8-13　选择"添加主机到群集"命令

图 8-14　输入用户凭据

Win2008-2 的管理员账号和密码，单击"确定"按钮。

　　步骤 3：单击"下一步"按钮，出现"将主机添加到群集：主机参数"界面，如图 8-15 所示，在这里优先级默认为 2。

　　步骤 4：单击"下一步"按钮，出现"将主机添加到群集：端口规则"界面，如图 8-16 所示，单击"完成"按钮。

注意　　如果连接不成功，需要关闭 Win2008-1 和 Win2008-2 的防火墙或 IPSec 设置。

　　步骤 5：过一段时间，群集中的两个节点都会变成已聚合的状态，如图 8-17 所示，说明群集配置成功。

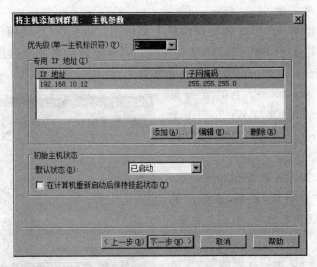

图 8-15 "将主机添加到群集:主机参数"对话框

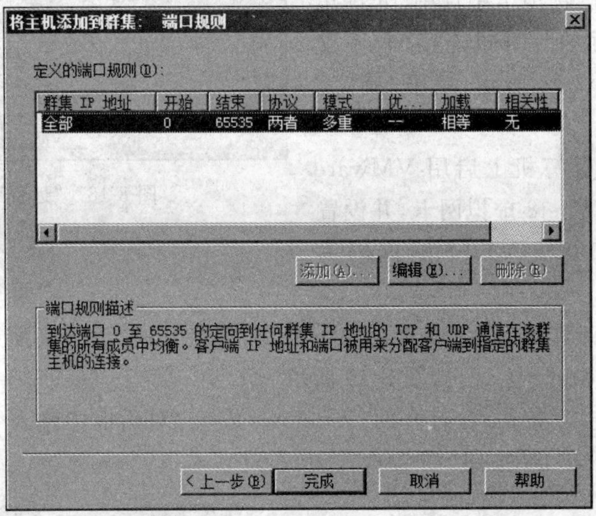

图 8-16 "将主机添加到群集:端口规则"对话框

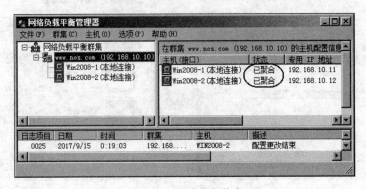

图 8-17 查看节点状态

4）验证网络负载平衡

在 Win2008-1 和 Win2008-2 两台虚拟机上都启用远程桌面，在物理机上打开两个远程桌面客户端连接群集地址（192.168.10.10），验证 NLB 是否会将两个远程桌面会话分摊到两台虚拟机 Win2008-1 和 Win2008-2，操作步骤如下。

步骤 1：修改 Win2008-2 上的管理员 Administrator 的密码，使其与 Win2008-1 上的管理员 Administrator 的密码完全一样（镜像账户）。

步骤 2：在 Win2008-1 和 Win2008-2 上，分别右击桌面上的"计算机"图标，在弹出的快捷菜单中选择"属性"命令，打开"系统"窗口。

步骤 3：单击"系统"窗口左侧的"远程设置"超链接，打开"系统属性"对话框。

步骤 4：在"远程"选项卡中选中"允许运行任意版本远程桌面的计算机连接（较不安全）"单选按钮，如图 8-18 所示，单击"确定"按钮。

步骤 5：在物理计算机上启用 VMware Network Adapter VWnet8 虚拟网卡，并设置其 IP 地址为 192.168.10.1，子网掩码为 255.255.255.0。

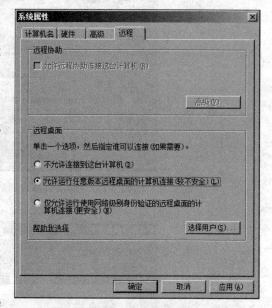

图 8-18　"远程"选项卡

步骤 6：在物理计算机上运行 mstsc.exe 命令，在打开的"远程桌面连接"对话框中输入 NLB 的 IP 地址 192.168.10.10，如图 8-19 所示。

步骤 7：单击"连接"按钮，在打开的"Windows 安全"对话框中输入管理员账户和密码，如图 8-20 所示，单击"确定"按钮。

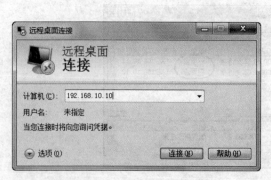

图 8-19　"远程桌面连接"对话框

图 8-20　"Windows 安全"对话框

步骤8：再次运行 mstsc.exe 命令，连接 192.168.10.10，输入账号和密码。使用远程桌面连接成功后，右击远程桌面中的"计算机"图标，在弹出的快捷菜单中选择"属性"命令，打开"系统"窗口，查看计算机名，可以看到连接了不同的服务器，如图 8-21 和图 8-22 所示，说明已经实现网络负载平衡。

图 8-21　连接到 Win2008-1

图 8-22　连接到 Win2008-2

步骤9：断开 Win2008-1 的网络连接（禁用网卡）。

步骤10：在物理机上再次运行 mstsc.exe 命令，连接 192.168.10.10，输入账号和密码，发现仍然可以连接上，但现在连接的都是 Win2008-2，说明 NLB 还可以实现容错。

8.4.2 任务 2：使用服务质量

1. 任务目标

掌握 QoS 策略的创建方法，了解 QoS 的作用。

2. 任务内容

（1）监控网络流量。

（2）创建 QoS 策略。

（3）验证 QoS 限速。

3. 完成任务所需的设备和软件

（1）安装有 Windows Server 2008 R2 操作系统的虚拟机（Win2008-1 和 Win2008-2）两台。

（2）Win2008-1 的 IP 地址为 192.168.10.11，子网掩码为 255.255.255.0，位于工作组 WORKGROUP 中。

（3）Win2008-2 的 IP 地址为 192.168.10.12，子网掩码为 255.255.255.0，位于工作组 WORKGROUP 中。

（4）Win2008-2 作为文件服务器，Win2008-1 可从 Win2008-2 下载共享文件。

4. 任务实施步骤

1）监控网络流量

首先我们使用性能计数器监控没有配置 QoS 策略时，Win2008-1 从 Win2008-2 下载文件的网速，操作步骤如下。

步骤 1：在 Win2008-2 虚拟机中设置一个共享文件夹 Share，该文件夹内有一个电影文件。

步骤 2：选择"开始"→"管理工具"→"性能监视器"命令，打开"性能监视器"窗口，选择左侧窗格中的"性能监视器"选项，再选中右侧窗格底部的 Processor Time 计数器，单击▇按钮，删除该计数器，如图 8-23 所示。

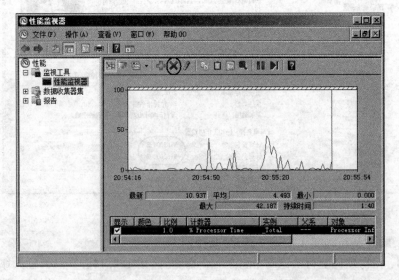

图 8-23　删除 Processor Time 计数器

步骤 3：单击 ![]按钮，打开"添加计数器"对话框，选中 Network Interface 中的 Bytes Total/sec 计数器，再选中 Intel[R] PRO_1000 MT Network Connection 网卡，如图 8-24 所示，单击"添加"按钮，再单击"确定"按钮。

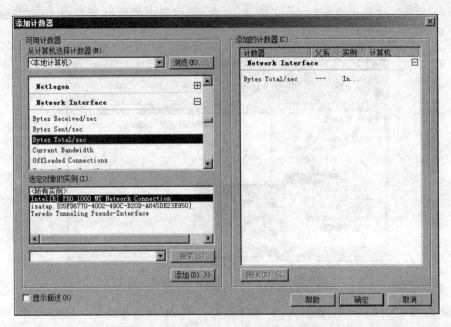

图 8-24　添加 Bytes Total/sec 计数器

步骤 4：在 Win2008-1 中访问 Win2008-2 中的共享文件夹(\\Win2008-2\Share)，将其中的一个电影文件复制到 Win2008-1 桌面上。

步骤 5：在 Win2008-2 中单击 ![]按钮右侧的下拉箭头，在打开的下拉列表中选择"报告"选项，可以看到传输的速度约为 23MBps，如图 8-25 所示。可以看到在没有限制带宽使用的情况下，复制文件将尽可能地使用网络带宽。

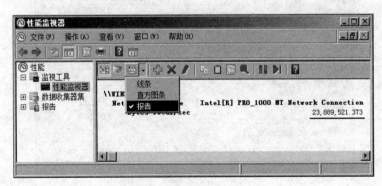

图 8-25　查看网络传输速度

2) 创建 QoS 策略

接下来在 Win2008-2 上创建 QoS 策略，将复制文件所用的网络带宽限制在 1MBps (1024KBps)以内，操作步骤如下。

步骤 1：在 Win2008-2 中选择"开始"→"运行"命令，在打开的"运行"对话框中输入gpedit.msc 命令，单击"确定"按钮。

步骤 2：如图 8-26 所示，在打开的"本地组策略编辑器"窗口中展开"计算机配置"→"Windows 设置"→"基于策略的 QoS"选项，并右击，在弹出的快捷菜单中选择"新建策略"命令。

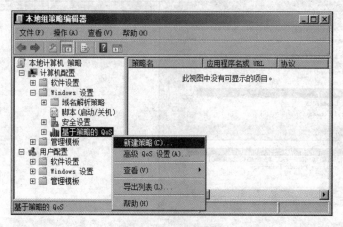

图 8-26 新建策略

步骤 3：如图 8-27 所示，在打开的"基于策略的 QoS"对话框中输入策略名称，如"限制文件下载速度"，取消选中"指定 DSCP 值"复选框，选中"指定出站调节率"复选框，输入带宽1024KBps，单击"下一步"按钮。

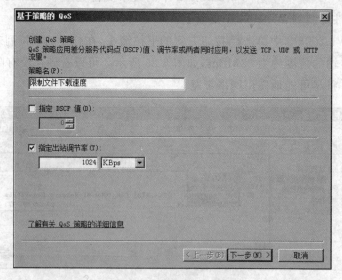

图 8-27 创建 QoS 策略

步骤 4：如图 8-28 所示，选中"所有应用程序"单选按钮，单击"下一步"按钮。

步骤 5：如图 8-29 所示，选中"仅用于以下目标 IP 地址或前缀"单选按钮，输入Win2008-1 的 IP 地址及前缀（192.168.10.11/24），单击"下一步"按钮。

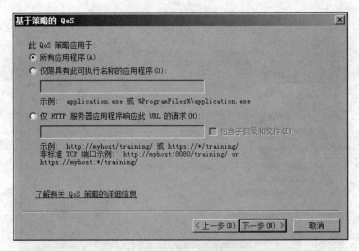

图 8-28　选择 QoS 的应用场景

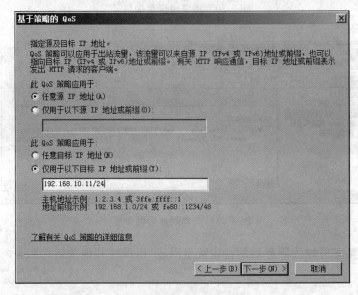

图 8-29　指定源及目标 IP 地址

步骤 6：如图 8-30 所示，选择 TCP 协议，选中"来自此源端口号或范围"单选按钮，输入445（"文件共享"端口号），单击"完成"按钮。

3）验证 QoS 限速

应用了 QoS 策略后，可以看到 Win2008-1 访问 Win2008-2 共享文件的速度被限制在1MBps 左右。验证步骤如下。

步骤 1：在 Win2008-1 中访问 Win2008-2 上的共享文件夹，将其中的一个电影文件复制到 Win2008-1 的桌面上。

步骤 2：如图 8-31 所示，在 Win2008-2 上打开"性能监视器"窗口，单击 按钮右侧的下拉箭头，在打开的下拉列表中选择"报告"选项，可以看到以数字显示的带宽为 1MBps 左右。这说明刚才创建的限制文件传输速度的 QoS 策略已经起作用了。

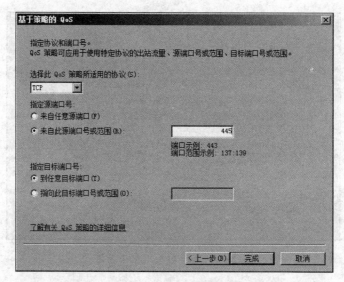

图 8-30　指定协议和端口号

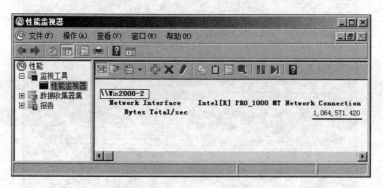

图 8-31　查看限速后的带宽

可见，QoS 策略可以为服务器的特定流量限速，以保证其他关键性服务的正常运行。

8.5　习题

一、填空题

1. Web Farm 是指将多台 IIS Web 服务器组成一起，可以提供一个具备容错与负载平衡功能的高可用性网站，为用户提供一个_____、_____网站服务。

2. 新建 NLB 群集后，启用外网卡的 Windows NLB，将 Web 服务器加入 NLB 群集后，它们还会共享一个相同的_____地址，并通过这个地址来接收外部的访问请求。

3. 服务质量（Quality of Service，QoS）是网络的一种安全机制，是用来解决_____和_____等问题的一种技术。

4. 在 Windows 系统中，基于策略的 QoS 结合了基于_____的功能性和_____的可管理性，此组合使 QoS 策略更易于应用到组策略对象中。

二、选择题

1. Windows NLB 具有_____作用。

　　A. 容错　　　　　　　　　　　　B. 负载平衡

　　C. 容错和负载平衡　　　　　　　D. 没有作用

2. 在单播模式下，NLB 群集中每一台 Web 服务器的网卡 MAC 地址都会被替换成_____。

　　A. 其他 Web 服务器的网卡 MAC 地址

　　B. 群集 MAC 地址

　　C. 路由器的 MAC 地址

　　D. 广播 MAC 地址

3. 在多播模式下，访问请求数据包会同时发送给多台 Web 服务器，这些 Web 服务器都属于同一个多播组，它们拥有一个共同的_____地址。

　　A. 单播 MAC　　　B. 多播 MAC　　　C. 广播 MAC　　　D. IP

4. "文件共享"的端口号是_____。

　　A. 80　　　　　　B. 1024　　　　　　C. 443　　　　　　D. 445

三、简答题

1. 什么是 Web Farm？Web Farm 的主要功能是什么？

2. Windows NLB 的操作模式是哪两种？

3. QoS 有何作用？

项目 9

打印机管理

项目学习目标

(1) 了解打印机的概念。

(2) 掌握安装打印服务器的方法。

(3) 掌握打印服务器的管理。

(4) 掌握共享网络打印机的用法。

9.1 项目提出

某公司组建了单位内部的办公网络,办公用计算机 100 多台,服务器 8 台,打印设备只有 15 台,不能每人配备一台。而且打印机的型号及所在楼层各异,每人每天都有打印需求,有的需要紧急打印,有的不需要立即打印,有的需要预约打印。为了提高效率,作为网络管理员,应该如何管理公司的打印设备,满足公司每个人不同的打印需求呢?

9.2 项目分析

对于这样一个办公网络,需要有效地管理这些打印设备,使它们高效地完成工作。当有紧急的打印任务时能够得到及时的处理。Windows Server 2008 系统提供了打印服务功能,通过建立打印服务器可以有效地管理这些打印设备,通过网络让客户端充分利用打印资源。

通过设置和管理逻辑打印机、打印队列、打印权限、打印优先级、打印机池,还可以配置 Internet 打印来满足公司不同用户不同的打印需求。

9.3 相关知识点

9.3.1 Windows Server 2008 打印概述

用户使用 Windows Server 2008 系统,可以在整个网络范围内共享打印资源。各种计算机和操作系统上的客户端,可以通过 Internet 将打印作业发送到运行 Windows Server 2008 操作系统的打印服务器所连接的本地打印机,或者发送到使用内置网卡连接到网络或其他服务器的打印机。

Windows Server 2008 系统支持多种高级打印功能。例如，无论运行 Windows Server 2008 操作系统的打印服务器位于网络中的哪个位置，管理员都可以对它进行管理。另一项高级功能是，客户不必在 Windows 7 客户端计算机上安装打印机驱动程序就可以使用打印机。当客户端连接运行 Windows Server 2008 操作系统的打印服务器时，驱动程序将自动下载。

为了建立 Windows Server 2008 网络打印服务环境，首先需要掌握以下几个基本概念。

(1) 打印设备：实际执行打印的物理设备，可以分为本地打印设备和带有网络接口的打印设备(有 IP 地址)。根据使用的打印技术，可以分为针式打印设备、喷墨打印设备和激光打印设备。

(2) 打印机(逻辑打印机)：在 Windows Server 2008 中，所谓"逻辑打印机"并不是物理设备，而是介于应用程序与打印设备之间的软件接口，用户的打印文档就是通过它发送给打印设备的。

(3) 打印服务器：连接着本地打印设备，并将打印设备共享出来的计算机系统。网络中的打印客户端会将作业发送到打印服务器处理，因此打印服务器需要有较高的内存以处理作业。对于较频繁的或大尺寸文件的打印环境，还需要打印服务器上有足够的磁盘空间以保存打印假脱机文件。

无论打印设备还是逻辑打印机，它们都可以被简称为"打印机"。不过，为了避免混淆，在本书中有些地方，会以"打印机"表示"逻辑打印机"，而以"打印设备"表示"物理打印机"。

9.3.2　共享打印机的连接模式

在网络中共享打印机时，主要有两种不同的连接模式，即"打印服务器＋打印机"模式和"打印服务器＋网络打印机"模式。

1. 打印服务器＋打印机

此模式就是将一台普通打印设备安装在打印服务器上，然后通过网络共享该打印设备，供局域网上的授权用户使用。打印服务器既可以由通用计算机担任，也可以由专门的打印服务器担任。

如果网络规模较小，则可采用普通计算机来担任打印服务器，操作系统可以用 Windows XP/7/10 等。如果网络规模较大，则应当采用专门的服务器，操作系统也应当采用 Windows Server 2008，以便于打印权限和打印队列的管理，保证繁重的打印任务。

2. 打印服务器＋网络打印机

此模式是将一台带有网卡的网络打印设备通过网线接入局域网，给定网络打印设备的 IP 地址，使网络打印设备成为网络上一个不依赖于其他计算机的独立节点，然后在打印服务器上对该网络打印设备进行管理，用户就可以使用网络打印设备进行打印了。网络打印设备通过 EIO 插槽直接连接网络适配卡，能够以网络的速度实现高速打印输出。打印设备不再是计算机的外设，而成为一个独立的网络节点。

由于计算机的端口有限，因此采用普通打印设备时，打印服务器所能管理的打印设备数量也就较少。而由于网络打印设备采用以太网端口接入网络，因此一台打印服务器可以管理数量非常多的网络打印设备，更适合于大型网络的打印服务。

9.3.3　打印权限

将打印机安装在网络上后，系统会为它指派默认的打印机权限，该权限允许所有用户访问打印机并进行打印，也允许管理员选择组来对打印机和发送给它的打印文档进行管理。由于打印机可用于网络上的所有用户，因此可能就需要管理员通过指派特定的打印机权限来限制某些用户的访问权。

Windows Server 2008 提供了 3 种等级的打印安全权限。

（1）打印：使用"打印"权限，用户可以连接到打印机，并将文档发送到打印机。在默认情况下，"打印"权限将指派给 Everyone 组。

（2）管理打印机：使用"管理打印机"权限，用户可以执行与"打印"权限相关联的任务，并且具有对打印机的完全管理控制权。用户可以暂停和重新启动打印机、更改打印后台处理程序设置、共享打印机、调整打印机权限，还可以更改打印机属性。默认情况下，"管理打印机"权限将指派给服务器的 Administrators 组、域控制器上的 Print Operators 以及 Server Operators 组的成员。

（3）管理文档：使用"管理文档"权限，用户可以暂停、继续、重新开始和取消由其他用户提交的文档，还可以重新安排这些文档的顺序。但是用户无法将文档发送到打印机。默认情况下，"管理文档"权限指派给 Creator Owner 组的成员。当用户被指派给"管理文档"权限时，用户将无法访问当前已在等待打印的现有文档，此权限只应用于在该权限被指派给用户之后发送到打印机的文档。

当共享打印机被安装到网络上时，默认的打印机权限将允许所有的用户访问该打印机并进行打印。为了保证安全性，管理员可以选择指定的用户组来管理发送到打印机的文档，可以选择指定的用户组来管理打印机，也可以明确地拒绝指定的用户或组对打印机的访问。

管理员可能想通过授予明确的打印机权限来限制一些用户对打印机的访问。例如，管理员可以给部门中所有无管理权的用户设置"打印"权限，而给所有管理人员设置"打印"和"管理文档"权限，这样所有用户和管理人员都能打印文档，但只有管理人员能更改发送给打印机的任何文档的打印状态。

有些情况下，管理员可能想给某个用户组授予访问打印机的权限，但同时又想限制该组中的若干成员对打印机的访问。在这种情况下，管理员可以先为整个用户组授予可以访问打印机的权限（允许权限），然后再为该组中指定的用户授予拒绝权限。

9.3.4　打印优先级

在实际环境中，某个部门的普通员工经常打印一些文档，但不着急用，而该部门的经理经常打印一些短小但是急着用的文件。如果普通员工已经向打印机发送了打印任务，那么如何让部门经理的文件优先打印呢？

可以利用打印优先级的方式来解决上述问题。它的设置方式是创建两（多）个逻辑打印机，而这两个逻辑打印机同时映射到同一台打印设备。这种方式可以让同一台打印设备处理由多个逻辑打印机送来的文档。此时，Windows Server 2008 首先将优先级最高的文档发送到该打印设备。逻辑打印机的优先级示意图如图 9-1 所示。

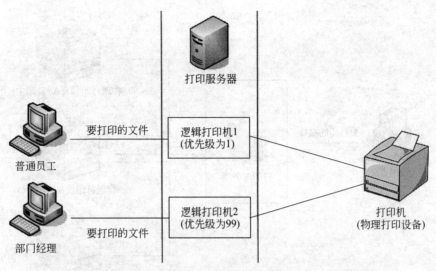

图 9-1　打印优先级示意图

在图 9-1 中，普通员工以优先级 1（最低优先级）向打印服务器发送打印文件，而部门经理以优先级 99（最高优先级）向打印服务器发送打印文件。由于普通员工的优先级比部门经理的优先级低，因此部门经理发送的文件将被优先打印。

要利用打印优先级系统，需为同一打印设备创建多个逻辑打印机。为每个逻辑打印机指派不同的优先等级，然后创建与每个逻辑打印机相关的用户组。

9.3.5　打印机池

所谓"打印机池"就是将多个相同的或者特性相同的打印设备集合起来，然后创建一个（逻辑）打印机映射到这些打印设备，也就是利用一台（逻辑）打印机同时管理多台相同的打印设备。

打印机池对于打印量很大的网络非常有用。当用户将文档送到此打印机时，打印机会根据打印设备是否正在使用，决定将该文档送到"打印机池"中的哪一台打印设备进行打印。如图 9-2 所示，打印服务器设置了打印机池，当其收到用户的打印文档时，由于打印设备 A 和 C 都在忙碌中（打印中），而打印设备 B 空闲，因此会将打印作业发送到打印设备 B 进行打印。

如果打印机池中有一个打印设备发生故障而停止打印（如缺纸），则只有当前正在打印的文档会被暂停在该打印设备上，其他的文档仍然可以从别的打印设备继续正常打印。

9.3.6　打印队列

打印队列是存放等待打印文件的地方。当应用程序选择"打印"命令后，Windows 就创建一个打印工作且开始处理它。若打印机这时正在处理另一项打印作业，则在打印机文件夹中将形成一个打印队列，保存着所有等待打印的文件。

管理员可以暂停、继续、重新开始和取消由其他用户提交的文档，还可以重新安排这些文档的顺序。

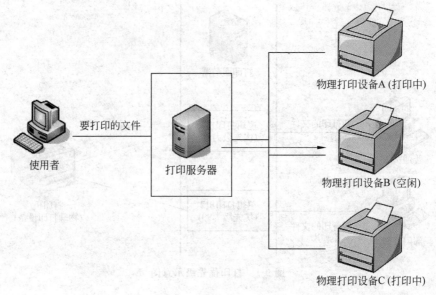

图 9-2　打印机池示意图

9.3.7　Internet 打印

　　局域网、Internet 或内部网中的用户如果出差在外或在家办公，是否能够使用企业网络中的打印机呢？如果能够像浏览网页那样实现 Internet 打印，无疑会给远程用户带来极大的方便。这种方式就是基于 Web 浏览器方式的打印。对于局域网中的用户来说，可以避免登录到"域控制器"的烦琐设置与登录过程；对于 Internet 中的用户来说，基于 Internet 技术的 Web 打印方式可能是其使用远程打印机的唯一途径。

　　Internet 打印服务系统是基于 B/S(Browser/Server)方式工作的，因此在设置打印服务系统时，应分别设置打印服务器和打印客户端两部分。要配置 Internet 打印，需要在打印服务器上安装"Internet 打印"角色服务。在客户端的计算机使用 Internet 打印时要注意，除了Windows 7 默认已经安装了"Internet 打印客户端"功能，其他操作系统没有安装"Internet打印客户端"功能，Windows Server 2008 客户端必须安装"Internet 打印客户端"功能后，才能连接 Internet 打印机。

9.4　项目实施

9.4.1　任务 1：安装打印服务器

1. 任务目标
正确理解打印服务器的基本概念，掌握打印服务器的安装方法。

2. 任务内容
（1）安装 Windows Server 2008 打印服务器角色。

（2）安装并共享本地打印机。

3. 完成任务所需的设备和软件

(1) 安装有 Windows Server 2008 R2 操作系统的虚拟机（Win2008-1 和 Win2008-2）两台。

(2) Win2008-1 的 IP 地址为 192.168.10.11，子网掩码为 255.255.255.0，位于工作组 WORKGROUP 中。

(3) Win2008-2 的 IP 地址为 192.168.10.12，子网掩码为 255.255.255.0，位于工作组 WORKGROUP 中。

(4) 在 Win2008-1 上安装打印服务器和连接打印设备，在 Win2008-2 上连接共享打印机。

4. 任务实施步骤

1) 安装 Windows Server 2008 R2 打印服务器

安装打印服务器，首先利用"添加角色"向导安装打印服务。这个向导可以通过"服务器管理器"应用程序打开，操作步骤如下。

步骤 1：以管理员身份登录 Win2008-1 虚拟机，选择"开始"→"管理工具"→"服务器管理器"命令，打开"服务器管理器"窗口，选择左侧窗格中的"角色"选项，在右侧窗格单击"添加角色"超链接，打开"添加角色向导"对话框。

步骤 2：单击"下一步"按钮，出现"选择服务器角色"界面，选中"打印和文件服务"复选框，如图 9-3 所示。

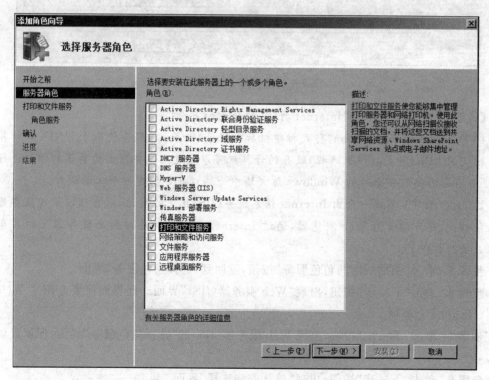

图 9-3 选中"打印和文件服务"复选框

步骤 3：单击"下一步"按钮，出现"打印和文件服务"界面，此界面简单介绍了打印和文件服务的作用，以及安装注意事项。

步骤 4：单击"下一步"按钮，出现"选择角色服务"界面，选中"打印服务器""LPD 服务"和"Internet 打印"复选框。在选中"Internet 打印"复选框时，会弹出安装 Web 服务器角色的提示框，如图 9-4 所示。

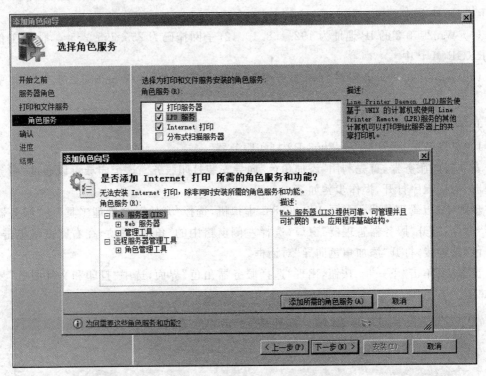

图 9-4 "选择角色服务"界面

【说明】 "LPD 服务"和"Internet 打印"的含义如下。

LPD(Line Printer Daemon，行式打印机后台程序)服务：该服务使基于 UNIX 的计算机或其他使用 LPR(行式打印机远程)服务的计算机可以通过此服务器上的共享打印机进行打印，还会在具有高级安全性的 Windows 防火墙中为端口 515 创建一个入站例外。

Internet 打印：创建一个由 Internet 信息服务(IIS)托管的网站，用户可以管理服务器上的打印作业，还可以使用 Web 浏览器，通过 Internet 打印协议连接到此服务器上的共享打印机并进行打印。

步骤 5：单击"添加所需的角色服务"按钮，返回到"选择角色服务"界面。

步骤 6：单击"下一步"按钮，出现"Web 服务器(IIS)"界面。此界面简要介绍了 Web 服务器(IIS)和注意事项。

步骤 7：单击"下一步"按钮，出现 Web 服务器(IIS)的"选择角色服务"界面，保留默认设置不变。

步骤 8：单击"下一步"按钮，出现"确认安装选择"界面。

步骤 9：单击"安装"按钮，进行"打印和文件服务"和"Web 服务器"角色的安装。

步骤 10：安装完毕后，单击"关闭"按钮。

2）安装并共享本地打印机

Win2008-1 已成为网络中的打印服务器,在这台计算机上还要安装并共享本地打印机,也可以管理其他打印服务器。安装并共享本地打印机的操作步骤如下。

步骤 1:确保打印设备已连接在 Win2008-1 计算机上,然后以管理员身份登录 Win2008-1 计算机,选择"开始"→"管理工具"→"打印管理"命令,打开"打印管理"窗口。

步骤 2:在左侧窗格中,展开"打印服务器"→"Win2008-1(本地)"选项,右击,在弹出的快捷菜单中选择"添加打印机"命令,如图 9-5 所示。

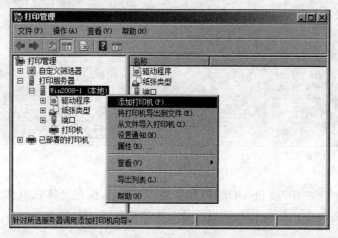

图 9-5 "打印管理"窗口

步骤 3:在打开的"网络打印机安装向导"对话框中选中"使用现有的端口添加新打印机"单选按钮,在其右侧的下拉列表中选择"LPT1:(打印机端口)"选项,如图 9-6 所示。

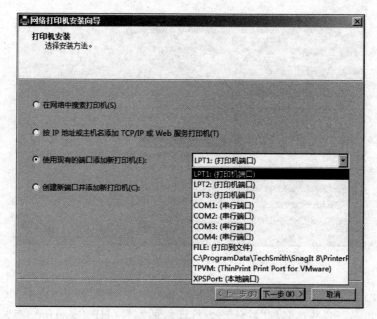

图 9-6 "网络打印机安装向导"对话框

步骤 4：单击"下一步"按钮，出现"打印机驱动程序"界面，选中"安装新驱动程序"单选按钮，如图 9-7 所示。

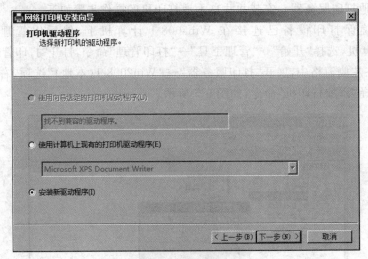

图 9-7 "打印机驱动程序"界面

步骤 5：单击"下一步"按钮，出现"打印机安装"界面，根据计算机具体连接的打印设备情况选择打印设备的生产厂商和打印机型号。本例选择了 HP 的 LaserJet 4250 PCL6 打印机，如图 9-8 所示。

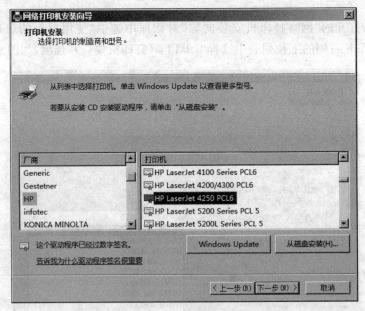

图 9-8 "打印机安装"界面

步骤 6：单击"下一步"按钮，出现"打印机名称和共享设置"界面，选中"共享此打印机"复选框，"打印机名"和"共享名称"默认均为打印机的型号（HP LaserJet 4250 PCL6），修改"共享名称"为 HP1，如图 9-9 所示。

"位置"和"注释"的内容可根据实际情况输入。

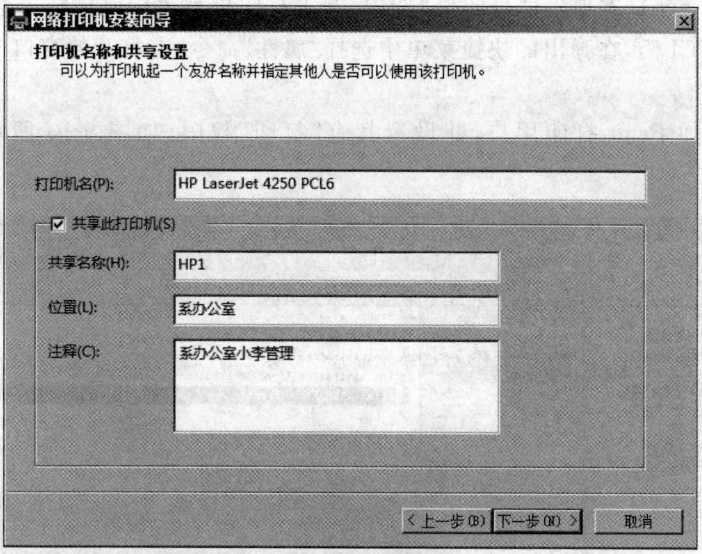

图 9-9　"打印机名称和共享设置"界面

注意

在默认情况下,添加打印机向导会共享该打印机并在 Active Directory 中发布,除非在向导的"打印机名称和共享设置"界面中取消选中"共享此打印机"复选框。

步骤 7:单击"下一步"按钮,出现"找到打印机"界面。

步骤 8:单击"下一步"按钮,出现"正在完成网络打印机安装向导"界面,单击"完成"按钮。

【说明】　也可以在打印机建立后,在其"打印机属性"中设置共享名。在共享打印机后,Windows 将在防火墙中启用"文件和打印机共享"规则,以接受客户端的共享连接。

9.4.2　任务 2:客户端连接共享打印机

1. 任务目标
掌握客户端连接共享打印机的方法。

2. 任务内容
(1)添加共享打印机。
(2)使用"网络"或"查找"功能安装共享打印机。

3. 任务实施步骤
打印服务器安装和设置成功后,即可在客户端添加共享打印机。在客户端添加共享打印机的过程与本地打印机的安装过程非常相似,都需要借助"打印机安装向导"来完成。

1)添加共享打印机

为 Win2008-2 客户端添加共享打印机,操作步骤如下。

步骤 1:在 Win2008-1 计算机上,利用"计算机管理"控制台新建打印用户 Print。

步骤 2:选择"开始"→"管理工具"→"打印管理"命令,打开"打印管理"窗口,展开"打印服务器"→Win2008-1(本地)→"打印机"选项,右击打印机列表中刚完成安装的打印机(HP LaserJet 4250 PCL6),在弹出的快捷菜单中选择"属性"命令,在打开的窗口中选择"安全"选项卡。

步骤3：添加 Print 打印用户,并设置其有"打印"权限,如图 9-10 所示,单击"确定"按钮。

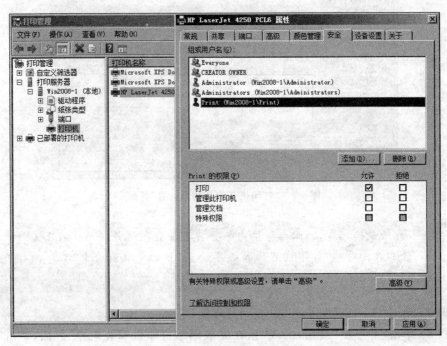

图 9-10　设置 Print 用户有"打印"权限

步骤4：以管理员身份登录 Win2008-2 计算机后,选择"开始"→"设备和打印机"命令,打开"设备和打印机"窗口,单击"添加打印机"按钮,打开"添加打印机"对话框,如图 9-11 所示。

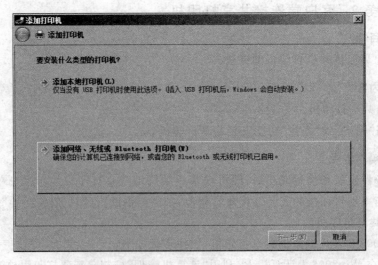

图 9-11　"添加打印机"对话框

步骤 5：单击"添加网络、无线或 Bluetooth 打印机"按钮，系统会自动搜索网络中的共享打印机。如果没有从网络中搜索到共享打印机，用户可以手动添加共享打印机，如图 9-12 所示。

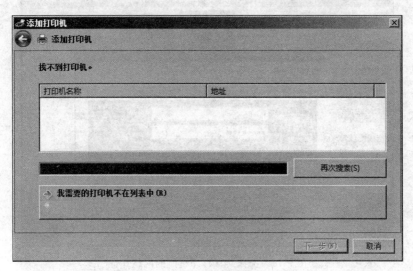

图 9-12　搜索网络中的共享打印机

步骤 6：单击"我需要的打印机不在列表中"按钮，出现"按名称或 TCP/IP 地址查找打印机"界面，如图 9-13 所示。

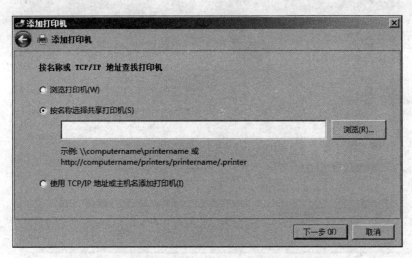

图 9-13　"按名称或 TCP/IP 地址查找打印机"界面

步骤 7：选中"按名称选择共享打印机"单选按钮，单击"浏览"按钮查找共享打印机，出现网络上存在的计算机列表，双击 Win2008-1 计算机图标，弹出"Windows 安全"对话框，在此输入打印用户名 Print 及其密码，如图 9-14 所示。

步骤 8：单击"确定"按钮，显示 Win2008-1 计算机上共享的打印机 hp1，如图 9-15 所示。双击 hp1 打印机图标，返回到"按名称或 TCP/IP 地址查找打印机"界面。

步骤 9：单击"下一步"按钮，开始安装共享打印机的驱动程序。安装完成后，单击"下一

图 9-14　选择共享打印机时的网络凭证

图 9-15　找到的共享打印机

步"按钮,出现成功添加共享打印机的界面,选中"设置为默认打印机"复选框,如图 9-16 所示,单击"完成"按钮。

如果单击"打印测试页"按钮,可以进一步测试所安装的打印机是否工作正常。

【说明】

① 要保证开启两台计算机的"网络发现"功能,请参照项目 1 中的相关内容。

② 本例是在工作组方式下完成的。如果是在域环境下,也需要为共享打印机的用户创

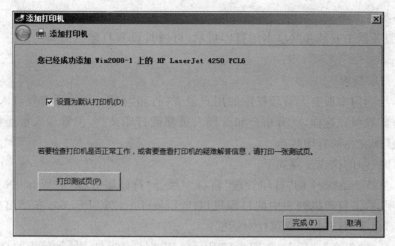

图 9-16　成功添加网络打印机

建用户名,比如 Domainprint,并赋予该用户名允许打印的权限。在连接共享打印机时,以用户 Domainprint 身份登录域,然后添加共享打印机。添加共享打印机的过程与工作组方式下的添加过程基本一样,按照向导完成即可,这里不再赘述。

2) 使用"网络"或"查找"功能安装打印机

除了可以采用"打印机安装向导"安装共享打印机之外,还可以使用"网络"或"查找"功能安装打印机,操作步骤如下。

步骤 1:在 Win2008-2 上选择"开始"→"网络"命令,在打开的"网络"窗口中找到打印服务器 Win2008-1,或者使用"查找"功能,以 IP 地址或计算机名称找到打印服务器,如在"运行"对话框中输入"\\192.168.10.11"。双击打开计算机 Win2008-1,根据系统提示输入有访问权限的用户名和密码,比如打印用户名 Print 及其密码,然后显示其中所有的共享文档和"共享打印机"。

步骤 2:双击要安装的共享打印机,比如 hp1。该打印机的驱动程序将自动被安装到本地,并显示该打印机中当前的打印任务。或者右击共享打印机,在弹出的快捷菜单中选择"连接"命令,完成共享打印机的安装。

9.4.3　任务 3:管理打印服务器

1. 任务目标

熟练掌握打印服务器的基本设置与方法,重点掌握 Internet 打印的设置。

2. 任务内容

(1) 设置打印权限。

(2) 设置打印优先级。

(3) 设置打印机池。

(4) 设置支持多种客户端。

(5) 管理打印队列。

(6) 配置 Internet 打印。

3. 任务实施步骤

在打印服务器上安装并共享本地打印机后，可通过设置打印机的属性来进一步管理打印机。

1）设置打印权限

本例中，给部门中所有无管理权限的用户设置"打印"权限，而给所有管理人员设置"打印和管理文档"权限。这样，所有用户和管理人员都能打印文档，但管理人员还能更改发送给打印机的任何文档的打印状态。

设置打印权限的操作步骤如下。

步骤1：在 Win2008-1 的"打印管理"窗口中展开"打印服务器"→Win2008-1（本地）→"打印机"选项，右击打印机列表中的打印机（HP LaserJet 4250 PCL6），在弹出的快捷菜单中选择"属性"命令，打开打印机属性对话框。

步骤2：选择"安全"选项卡，如图 9-17 所示。Windows 提供了 3 种等级的打印权限：打印、管理此打印机和管理文档。默认情况下，"打印"权限指派给了 Everyone 组中的所有成员，用户可以连接到打印机，并可将文档发送到打印机进行打印。

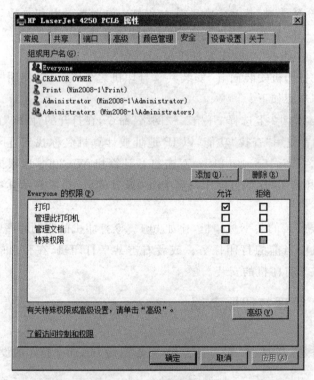

图 9-17 "安全"选项卡

步骤3：在"组或用户名"列表框中选择要设置权限的用户，在"权限"列表框中可以选择要为用户设置的权限。

如果要设置新用户或组的权限，单击"添加"按钮，打开"选择用户或组"对话框，输入要为其设置权限的用户或组的名称即可。或者单击"高级"→"立即查找"按钮，在出现的用户或组列表中选择要为其设置权限的用户或组。

2）设置打印优先级

要利用打印优先级系统，需为同一打印设备创建多个逻辑打印机。为每个逻辑打印机指派不同的优先等级，然后创建与每个逻辑打印机相关的用户组。例如，Group1 中的用户拥有访问优先级为 1 的打印机权利，Group2 中的用户拥有访问优先级为 2 的打印机权利，以此类推。1 代表最低优先级，99 代表最高优先级。设置打印机优先级的操作步骤如下。

步骤 1：在 Win2008-1 计算机中，为连接在 LPT1 端口的同一台打印设备安装两台逻辑打印机：hp1（共享名）已经安装，需再安装一台 hp2（共享名）。

步骤 2：利用"计算机管理"控制台创建两个用户组 Group1 和 Group2，并为这两个用户组分配成员。

步骤 3：在"打印管理"窗口展开"打印服务器"→Win2008-1（本地）→"打印机"选项，右击打印机列表中共享名为 hp1 的打印机，在弹出的快捷菜单中选择"属性"命令，打开打印机属性对话框，在"高级"选项卡中设置优先级为 1，如图 9-18 所示。

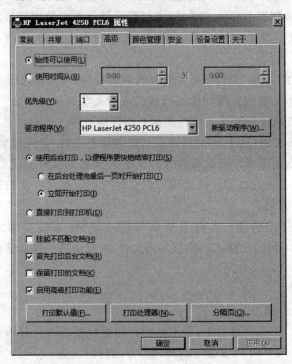

图 9-18　"高级"选项卡

步骤 4：在"安全"选项卡中，删除 Everyone 用户组，添加用户组 Group1 允许打印。

步骤 5：使用相同的方法，设置 hp2 的优先级为 2，添加用户组 Group2 允许在 hp2 上打印（删除 Everyone 用户组）。

如图 9-18 所示的"高级"选项卡中的相关选项的含义如下。

（1）始终可以使用：系统默认的是选中该单选按钮，表示此打印机全天 24 小时都提供服务。

（2）使用时间从：如果选中了该单选按钮，则可以进一步设置此打印机允许使用的时间区间,例如一般的上班时间为 8:00—18:00。

(3) 优先级:可以设置此打印机的打印优先级,默认值为 1,这是最低的优先级。最高的优先级为 99。

(4) 使用后台打印,以便程序更快地结束打印:后台打印的作用是先将收到的打印文档存储在硬盘内,然后将其发送到打印设备进行打印。文档送往打印设备的工作由后台处理程序负责,并且在后台运行。

(5) 在后台处理完最后一页时开始打印:表示必须收到打印文档的所有页数后,才会开始将其送往打印设备进行打印。

(6) 立即开始打印:只要收到整个文档的第一页就开始打印,不需要等到收齐所有的文件。

(7) 直接打印到打印机:表示文档是直接发送到打印设备,而不会先送到后台打印区内。

(8) 挂起不匹配文档:选择该复选框后,如果所要打印文档的文件格式的设备与打印机不符合,则该文档会被搁置不打印。例如,将打印设备设置为使用信纸尺寸的纸张,但是文件格式却不是设置成信纸尺寸的纸张,则打印机收到该文档后,并不会将其发送到打印设备。

(9) 首先打印后台文档:先打印已经完整送到后台的文档,而数据尚未完整收齐的文档稍后打印,即使这份不完整的文档的优先级较高或者先收到也是如此。如果不选中此复选框,则打印的先后顺序取决于其优先级与送到打印机的顺序。

(10) 保留打印的文档:当打印文档被送到打印服务器时,会先被暂时存储到服务器的硬盘内排队等待打印,这个操作就是所谓的后台处理(该临时文件就被称为后台文档),轮到时再将其送往打印设备进行打印。该选项可以让用户决定是否在文档送到打印设备后,就将后台文档从硬盘中删除。

(11) 启用高级打印功能:当启用高级打印功能后,系统会采用增强性图元文件(Enhanced MetaFile,EMF)的格式转换打印的文件,并且支持一些其他的高级打印功能(根据打印设备而定)。

3) 设置打印机池

设置打印机池的步骤如下。

步骤 1:在 Win2008-1 计算机中,在不同的打印端口安装两台打印设备:LPT1 端口已安装打印设备,需要在 LPT2 再安装一台相同型号的打印设备。

步骤 2:在"打印管理"窗口展开"打印服务器"→Win2008-1(本地)→"打印机"选项,右击打印机列表中的某台打印机,在弹出的快捷菜单中选择"属性"命令,打开打印机属性对话框,选择"端口"选项卡。

步骤 3:选中"启用打印机池"复选框,再选中打印设备所连接的多个打印端口,如图 9-19 所示。必须选择一个以上的打印端口,否则弹出"打印机属性"提示警告(除非选择多个端口,否则无法启用打印机池)。然后单击"确定"按钮。

【说明】 打印机池中的所有打印设备必须是同一型号,使用相同的驱动程序。由于用户不知道指定的文档由池中的哪一台打印设备进行打印,因此应确保打印机池中的所有打印设备位于同一位置。

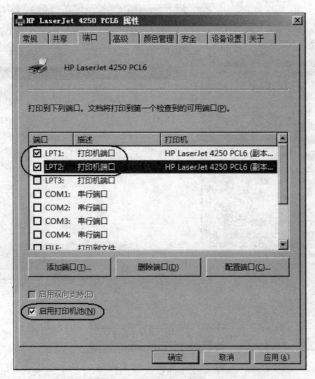

图 9-19　"端口"选项卡

4）设置支持多种客户端

如果运行不同版本的 Windows 的用户连接使用此共享打印机，则可以在打印服务器上安装其他驱动程序。这样，当用户连接共享打印机时就可以自动下载这些驱动程序。

设置支持多种客户端的操作步骤如下。

步骤 1：在"打印管理"窗口展开"打印服务器"→Win2008-1（本地）→"打印机"选项，右击打印机列表中的某台打印机，在弹出的快捷菜单中选择"属性"命令，打开打印机属性对话框，选择"共享"选项卡。

步骤 2：单击"其他驱动程序"按钮，打开"其他驱动程序"对话框，如图 9-20 所示，选中 Itanium、x64 和 x86 复选框，单击"确定"按钮，浏览到驱动盘，添加 Itanium 和 x86 版本的驱动程序。

5）管理打印队列

（1）查看打印队列中的文档。查看打印机打印队列中的文档不仅有利于用户和管理员确认打印文档的输出和打印状态，同时也有利于进行打印机的选择。

步骤 1：在 Win2008-2 中任意编辑几个文件并通过共享打印机进行打印。

步骤 2：在 Win2008-1 中选择"开始"→"设备和打印机"命令，打开"设备和打印机"窗口，双击要查看的打印机图标，出现"打印机"界面，如图 9-21 所示。

步骤 3：双击"查看正在打印的内容"图标，打开"打印队列"窗口，如图 9-22 所示，其中列出了当前所有要打印的文件。

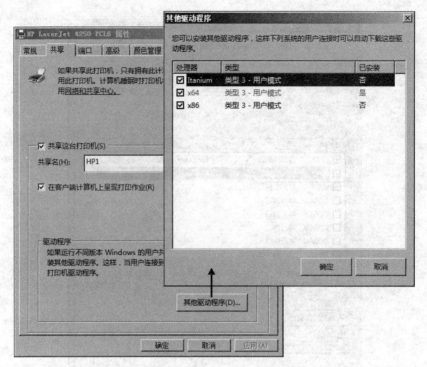

图 9-20　支持多种客户端

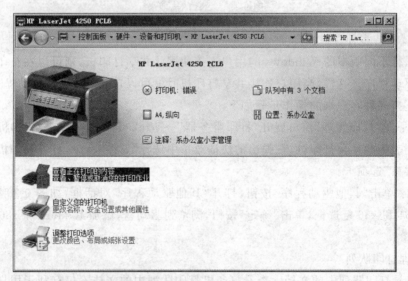

图 9-21　"打印机"界面

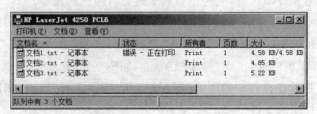

图 9-22　"打印队列"窗口

（2）调整打印文档的顺序。用户可通过更改打印优先级来调整打印文档的打印顺序，使急需的文档优先打印出来。调整打印文档的顺序，可采用如下步骤。

步骤 1：在如图 9-22 所示的"打印队列"窗口中，右击需要调整打印顺序的文档，在弹出的快捷菜单中选择"属性"命令，打开文档属性对话框，选择"常规"选项卡，如图 9-23 所示。

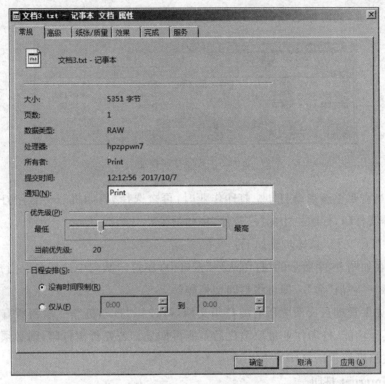

图 9-23　文档属性对话框

步骤 2：在"优先级"选项区域中，拖动滑块即可改变被选文档的优先级。对于需要提前打印的文档，应提高其优先级（优先级最高为 99）；对于不需要提前打印的文档，应降低其优先级（优先级最低为 1）。

（3）暂停和继续打印一个文档，具体步骤如下。

步骤 1：在如图 9-22 所示的"打印队列"窗口中右击需要暂停打印的文档，在弹出的快捷菜单中选择"暂停"命令，可以将该文档的打印工作暂停，状态栏中显示"已暂停"字样，如图 9-24 所示。

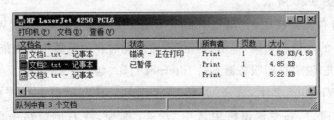

图 9-24　暂停打印文档

步骤 2：文档暂停之后，若想继续打印暂停的文档，只需要在打印文档的快捷菜单中选择"继续"命令即可。如果用户暂停了打印队列中优先级别最高的打印作业，打印机将停止工作，直到继续打印。

（4）暂停和重新启动打印机的打印作业

步骤 1：在如图 9-22 所示的"打印队列"窗口中选择"打印机"→"暂停打印"命令，即可暂停打印机的作业，此时标题栏中显示"已暂停"字样，如图 9-25 所示。

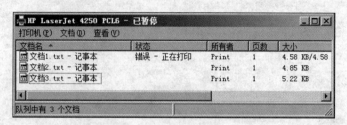

图 9-25　暂停打印作业

步骤 2：当需要重新启动打印机打印作业时，再次选择"打印机"→"暂停打印"命令，即可使打印机继续打印，标题栏中的"已暂停"字样消失。

（5）删除打印文档，具体步骤如下。

步骤 1：在如图 9-22 所示的"打印队列"窗口中，在打印队列中选择要取消打印的文档，再选择"文档"→"取消"命令，即可将打印文档删除。

步骤 2：如果管理员要清除所有的打印文档，可选择"打印机"→"取消所有文档"命令。打印机没有还原功能，打印作业被取消之后不能再恢复。若要再次打印，则必须对原打印队列中的所有文档进行重新打印。

6）配置 Internet 打印

安装 Internet 打印机，管理员可以通过网站远程管理打印机，安装了"Internet 打印客户端"的远程用户也可以通过 TCP 的 80 端口将打印作业发送到打印服务器。

配置 Internet 打印服务器和 Internet 打印客户端的操作步骤如下。

步骤 1：在 Win2008-1（IP 地址为 192.168.10.11）中安装"Internet 打印"角色服务，此步骤在以前的任务 1 中已完成。

步骤 2：选择"开始"→"管理工具"→"Internet 信息服务（IIS）管理器"命令，打开"Internet 信息服务（IIS）管理器"窗口，展开 Win2008-1→"网站"→Default Web Site→Printers 节点，如图 9-26 所示。

步骤 3：单击右侧窗格中的"浏览 ＊：80（http）"超链接，如果弹出"Windows 安全"窗口，则输入管理员的账号和密码，单击"确定"按钮。此时在浏览器中应该能够看到打印服务器上共享的打印机，说明打印服务器支持 Internet 打印，如图 9-27 所示。

步骤 4：在 Win2008-2 中，选择"开始"→"管理工具"→"服务器管理器"命令，打开"服务器管理器"窗口，在左侧窗格中选中"功能"选项，在右侧窗格中单击"添加功能"超链接。

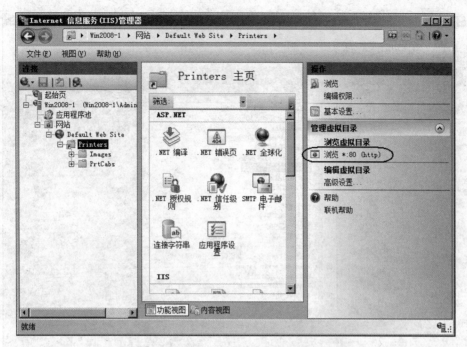

图 9-26 "Internet 信息服务(IIS)管理器"窗口

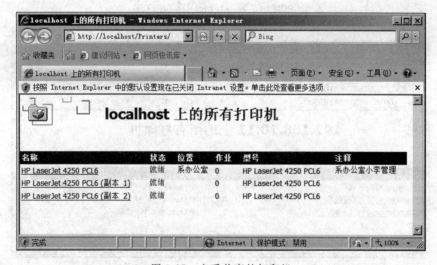

图 9-27 查看共享的打印机

步骤 5：在打开的"添加功能向导"对话框中选中"Internet 打印客户端"复选框，如图 9-28 所示。

步骤 6：单击"下一步"按钮，出现"确认安装选择"界面，单击"安装"按钮，安装成功后单击"关闭"按钮，并重新启动 Win2008-2 计算机。

步骤 7：重新启动后打开 IE 浏览器，输入网址 http://192.168.10.11/Printers/，按 Enter 键。

步骤 8：在弹出的"Windows 安全"窗口中输入账号 Print 及其密码后，单击"确定"按钮，此时在浏览器中应该能够看到 192.168.10.11 服务器上共享的打印机，如图 9-29 所示。

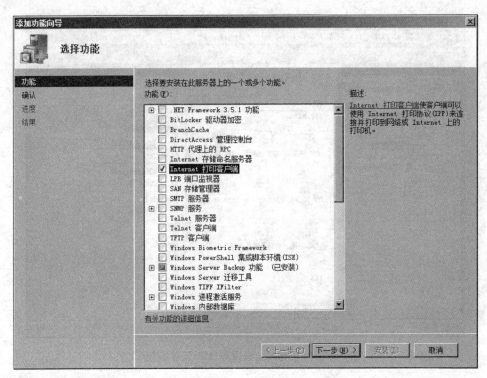

图 9-28　安装 Internet 打印客户端

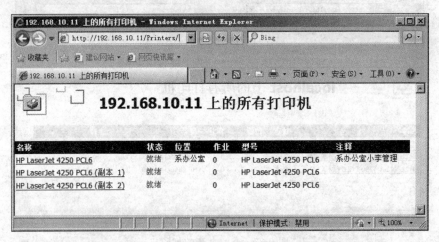

图 9-29　查看 192.168.10.11 服务器上共享的打印机

步骤 9：单击要使用的打印机，在弹出的 Internet Explorer 停止对话框中单击"添加"按钮，如图 9-30 所示。

步骤 10：在弹出的"可信站点"对话框中，单击"添加"按钮，添加"http://192.168.10.11"为可信站点，如图 9-31 所示，单击"关闭"按钮。

步骤 11：在出现的界面中单击"连接"超链接，在弹出的"添加 Web 打印机连接"对话框中单击"是"按钮，如图 9-32 所示。

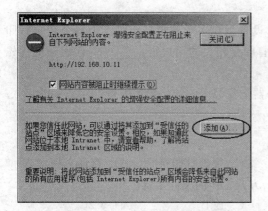

图 9-30　Internet Explorer 停止对话框

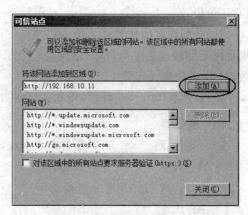

图 9-31　"可信站点"对话框

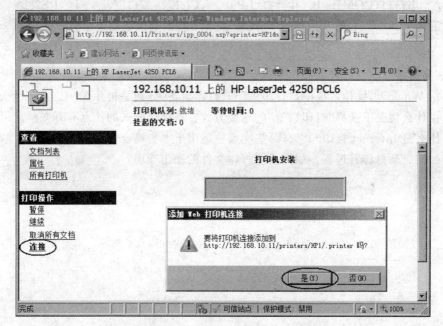

图 9-32　连接 Internet 打印机

步骤 12：安装成功后，Win2008-2 计算机的打印机列表中会出现 Internet 打印机，在客户端就可以使用此 Internet 打印机来打印了。

9.5　习题

一、填空题

1. 根据使用的打印技术，打印设备可以分为_____、_____和激光打印设备。

2. 在默认情况下，添加打印机向导会_____并在 Active Directory 中发布，除非在向导的"打印机名称和共享设置"界面中取消选中"共享此打印机"复选框。

3. 使用"管理文档"权限，用户可以暂停、继续、重新开始和取消由其他用户提交的文档，还可以_____。

4. 要利用打印优先级系统，需为同一打印设备创建多个逻辑打印机。为每个逻辑打印机指派不同的优先等级，然后创建与每个逻辑打印机相关的用户组，_____代表最低优先级，99 代表最高优先级。

5. 要配置 Internet 打印，需要在打印服务器上安装_____角色服务。

二、选择题

1. 下列权限_____不是打印安全权限。

    A. 打印   B. 浏览   C. 管理打印机   D. 管理文档

2. Internet 打印服务系统是基于_____方式工作的文件系统。

    A. B/S   B. C/S   C. B2B   D. C2C

3. 不能通过计算机的_____端口与打印设备相连。

    A. 串行口（COM）   B. 并行口（LPT）   C. 网络端口   D. RS232

4. 下列_____不是 Windows Server 2008 支持的其他驱动程序类型。

    A. x86   B. x64   C. 486   D. Itanium

三、简答题

1. 在 Windows 操作系统中，"打印机"和"打印设备"分别是指什么？二者有什么区别？

2. 在什么情况下选择"打印机池"的连接方式？该连接方式的优点有哪些？

3. 什么是 Internet 打印？它有哪些优点？适用于哪些场合？

4. 如何启动打印管理器？如何改变打印文件的输出顺序？

项目 10
DNS 服 务

项目学习目标

(1) 了解 DNS 服务器的作用及其在网络中的重要性。

(2) 理解 DNS 的域名空间结构及其工作过程。

(3) 掌握 DNS 服务器的安装、配置和管理方法。

(4) 掌握 DNS 客户端的测试方法。

10.1 项目提出

某公司的信息化进程推进很快,公司开发了网站,也架设了 WWW 服务器、FTP 服务器等。公司的大部分管理工作都可以在局域网中实现,这样给公司带来了极大的便利。

公司规模较小时,公司中计算机之间的相互访问是通过 IP 地址进行的。随着公司规模的不断扩大和计算机数量的持续增加,在使用网络的过程中经常出现 IP 地址记错或忘记了 IP 地址的现象,给使用者带来了诸多不便,同时也给网络管理增加了难度。作为网络管理员,有什么方法可以解决这些问题?

10.2 项目分析

在网络中,计算机之间都是通过 IP 地址进行定位并通信的,但是纯数字的 IP 地址非常难记,而且容易出错,因此,需要使用 DNS(域名系统)来负责整个网络中用户计算机的域名解析工作,使用户访问主机时不必使用 IP 地址,而是使用域名(通过 DNS 服务器自动解析成 IP 地址)访问服务器。因此,DNS 服务器工作的好坏将直接影响整个网络的运行。

10.3 相关知识点

10.3.1 DNS 概述

DNS(Domain Name System,域名系统)是 Internet/Intranet 中最基础也是非常重要的一项服务,它提供了网络访问中域名和 IP 地址的相互转换。

DNS 是一种新的主机域名和 IP 地址转换的机制，它使用一种分层的分布式数据库来处理 Internet 上众多的主机和 IP 地址转换。也就是说，网络中没有存放全部 Internet 主机信息的中心数据库，这些信息分布在一个层次结构中的若干台域名服务器上。DNS 是基于客户/服务器（C/S）模型设计的。本质上，整个域名系统以一个大的分布式数据库方式工作。具有 Internet 连接的企业网络都可以有一个域名服务器，每个域名服务器包含有指向其他域名服务器的信息，结果是这些服务器形成了一个大的协调工作的域名数据库。

10.3.2　DNS 组成

每当一个应用需要将域名解析成为 IP 地址时，这个应用便成为域名系统的一个客户。这个客户将待解析的域名放在一个 DNS 请求信息中，并将这个请求发给域名空间中的 DNS 服务器。服务器从请求中取出域名，将它解析为对应的 IP 地址，然后在一个回答信息中将结果返回给应用。如果接到请求的 DNS 服务器自己不能把域名解析为 IP 地址，将向其他 DNS 服务器查询，整个 DNS 域名系统由以下 3 个部分组成。

1. DNS 域名空间

如图 10-1 所示的是一个树形 DNS 域名空间结构示例，整个 DNS 域名空间呈树状结构分布，被称为"域树"。在 DNS 域树中，每个"节点"都可代表域树的一个分支或叶。其中，分支用于标识一组命名资源，叶用于标识某个特定命名资源。其实这与现实生活中的树、枝、叶三者的关系类似。

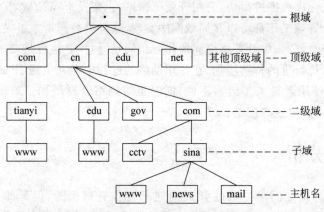

图 10-1　DNS 域名空间

DNS 域名空间树的最上面是一个无名的根（root）域，用点"."表示。在 Internet 中，根域是默认的，一般都不需要表示出来。全世界共有 13 台根域服务器，它们分布于世界各大洲，并由 InterNIC 管理。根域服务器中并没有保存任何域名，只具有初始指针指向第一级域，也就是顶级域，如 com、edu、net 等。

根域下是最高一级的域，再往下是二级域、三级域，最下面是主机名。最高一级的域名为顶级域名或一级域名。例如，在域名 www.sina.com.cn 中，cn 是一级域名，com 是二级域名，sina 是三级域名（也称为子域域名），而 www 是主机名。

完全限定的域名（Fully Qualified Domain Name，FQDN）是指主机名加上全路径，全路径中列出了序列中所有域成员。FQDN 用于指出其在域名空间树中的绝对位置，例如

www. microsoft. com 就是一个完整的 FQDN。

表 10-1 列出了一些常用的顶级域名。

表 10-1　常用的顶级域名

域　名	含　　义	域　名	含　　义	域　名	含　　义
gov	政府部门	ca	加拿大	edu	教育类
com	商业类	fr	法国	net	网络机构
mil	军事类	hk	中国香港	arc	康乐活动
cn	中国	info	信息服务	org	非营利组织
jp	日本	int	国际机构	web	与 WWW 有关的单位

2. DNS 服务器

DNS 服务器是保持和维护域名空间中数据的程序。由于域名服务是分布式的,每一个 DNS 服务器含有一个自身域名空间的完整信息,其控制范围称为区域(Zone)。对于本区内的请求由负责本区的 DNS 服务器解析,对于其他区的请求可由本区的 DNS 服务器与负责其他区的相应服务器联系。

区域是一个用于存储单个 DNS 域名的数据库,是域名空间树状结构的一部分,它将域名空间分区为较小的区段。区域文件是 DNS 服务器使用的配置文件,安装 DNS 服务器的主要工作就是要创建区域文件和资源记录。要为每个区域创建一个区域文件。单个 DNS 服务器能支持多个区域,因此可以同时支持多个区域文件。

区域文件是个采用标准化结构的文本文件,它包含的项目称为资源记录。不同的资源记录用于标识项目代表的计算机或服务程序的类型,每个资源记录具有一个特定的作用。有以下几种可能的记录。

(1) SOA(授权开始)。SOA 记录是区域文件的第一条记录,表示授权开始,并定义域的主域名服务器。

(2) NS(域名服务器)。为某一给定的域指定授权的域名服务器。

(3) A(地址记录)。用来提供从主机名到 IP 地址的转换。

(4) PTR(指针记录)。指针记录包含 IP 地址到 DNS 域名的映射。

(5) MX(邮件交换器)。允许用户指定在网络中负责接收外部邮件的主机。

(6) CNAME(别名)。用于在 DNS 中为主机设置别名,对于给出服务器的通用名称非常有用。要使用 CNAME,必须由该主机的另外一条记录(A 记录或 MX 记录)来指定该主机的真名。

(7) RP 和 TXT(文档项)。TXT 记录是自由格式的文本项,可以用来放置认为合适的任何信息,不过通常提供的是一些联系信息。RP 记录则明确指明对于指定域负责管理人员的联系信息。

当一台 DNS 服务器内存储着一个或多个区域的记录时,也就是说此 DNS 服务器的管辖范围可以涵盖域名空间内的一个或多个区域时,称此 DNS 服务器为这些区域的"权威服务器"。

3. 解析器

解析器是简单的程序或子程序,它从 DNS 服务器中提取信息以响应对"主机域名"的查询,用于 DNS 客户端。

10.3.3　DNS 查询

DNS 的作用就是用来把主机域名解析成对应的 IP 地址,或者由 IP 地址解析成对应的主机域名。这个解析过程是通过正向查询或反向查询过程来完成的。DNS 客户端需要查询所使用的域名时,它会查询 DNS 服务器来解析该域名。

当客户端程序要通过一个主机域名来访问网络中的一台主机时,它首先要得到这个主机域名所对应的 IP 地址,因为 IP 数据包中允许放置的是目的主机的 IP 地址,而不是主机域名。可以从本机的 hosts 文件中得到主机域名所对应的 IP 地址,但如果 hosts 文件不能解析该主机域名时,只能通过向客户机所设定 DNS 服务器进行查询。查询时可以以递归查询、迭代查询或反向查询的方式对 DNS 查询进行解析。

1. 递归查询

递归查询就是 DNS 客户端发出查询请求后,若 DNS 服务器内没有所需的记录,则 DNS 服务器会代替客户端向其他的 DNS 服务器进行查询。一般由 DNS 客户端所提出的查询请求属于递归查询。

2. 迭代查询

迭代查询就是当第 1 台 DNS 服务器向第 2 台 DNS 服务器提出查询请求后,若第 2 台 DNS 服务器内没有所需要的记录,则它会提供第 3 台 DNS 服务器的 IP 地址给第 1 台 DNS 服务器,让第 1 台 DNS 服务器自行向第 3 台 DNS 服务器进行查询。一般 DNS 服务器与 DNS 服务器之间的查询属于迭代查询。

下面以图 10-2 所示 DNS 客户端向本地 DNS 服务器查询域名为 www.example.com 的 IP 地址为例,来说明 DNS 查询的过程(参考图中的数字)。

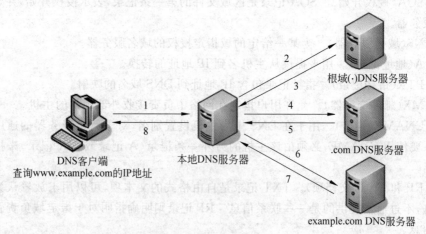

图 10-2　DNS 查询过程

(1) DNS 客户端向本地 DNS 服务器查询域名为 www.example.com 的 IP 地址(这属于递归查询)。

(2) 本地 DNS 服务器无法解析此域名,先向根域 DNS 服务器发出请求,查询.com 的 IP 地址(这属于迭代查询)。

（3）根域 DNS 服务器管理着 .com 及 .net 等顶级域名的地址解析。它收到请求后，把解析结果（管理 .com 域的服务器 IP 地址）返回给本地 DNS 服务器。

（4）本地 DNS 服务器得到查询结果后，接着向管理 .com 域的 DNS 服务器发出进一步的查询请求，要求得到 example.com 的 IP 地址（这属于迭代查询）。

（5）管理 .com 域的 DNS 服务器把解析结果（管理 example.com 域的服务器 IP 地址）返回给本地 DNS 服务器。

（6）本地 DNS 服务器得到查询结果后，接着向管理 example.com 域的 DNS 服务器发出进一步的查询请求，要求得到 www.example.com 的 IP 地址（这属于迭代查询）。

（7）管理 example.com 域的 DNS 服务器把解析结果（www.example.com 的 IP 地址）返回给本地 DNS 服务器。

（8）本地 DNS 服务器得到了最终的查询结果，它把这个结果返回给 DNS 客户端，从而使客户端能够和远程主机通信。

在实际的域名解析系统中，可以采用以下的解决方法来提高解析效率。

（1）解析从本地域名服务器开始。大部分域名解析都可以在本地域名服务器中完成。如果能在本地服务器中直接完成，则无须从根节点开始遍历域名服务器树。这样，域名解析既不会占用太多的网络带宽，也不会给根服务器造成太大的处理负荷。因此，可以提高域名的解析效率。当然，如果本地服务器不能解析请求的域名，则需要借助其他域名服务器来完成。

（2）域名服务器的高速缓存技术。域名解析从根节点向下解析会增加网络负担，开销很大。在互联网中可借用高速缓存减少非本地域名解析的开销。所谓高速缓存，就是在域名服务器中开辟专用内存区，存储最近解析过的域名及其相应的 IP 地址。

域名服务器一旦收到域名请求，首先检查域名与 IP 地址的对应关系是否在本地存在，如果存在，则在本地解析；否则检查域名高速缓冲区。如果是最近解析过的域名，将结果报告给解析器，否则再向其他域名服务器发出解析请求。

为保证高速缓冲区中的域名与 IP 地址之间映射关系的有效性，通常可以采用以下两种策略。

① 域名服务器向解析器报告缓存信息时，需注明是"非权威性"映射，并给出获取该映射的域名服务器 IP 地址。如果注重准确性，可联系该服务器。

② 高速缓存中的每一映射关系都有一个生存周期（TTL），生存周期规定该映射关系在缓存中保留的最长时间。一旦到达某映射关系的生存周期时间，系统便将它从缓存中删除。

（3）主机上的高速缓存技术。主机将从解析器获得的域名-IP 地址映射关系存储在高速缓存中。当解析器进行域名解析时，它首先在本地主机的高速缓存中进行查找，如果找不到，再将请求送往本地域名服务器。

10.3.4　DNS 根提示

局域网中的 DNS 服务器只能解析在本地域中添加的主机，而无法解析未知的域名。因此，要实现对 Internet 中所有域名的解析，就必须将本地无法解析的域名转发给其他域名服务器。这种转发可以通过"根提示"功能来实现，也可以通过转发器来实现。

如图 10-3 所示，根提示是存储在 DNS 服务器上的 DNS 资源记录，它列出了 DNS 根服

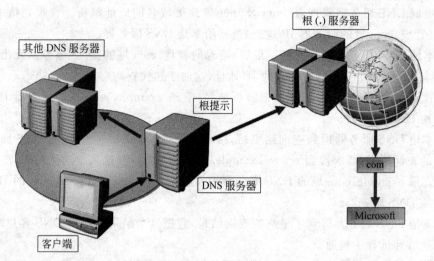

图 10-3　根提示

务器的 IP 地址。

当 DNS 服务器收到一个 DNS 查询请求后，会首先检索缓存。然后 DNS 服务器将尝试定位对被查询的域具有权威性的 DNS 服务器。假设这台 DNS 服务器没有此域的权威 DNS 服务器的 IP 地址，而且配置了根提示 IP 地址，那么这台 DNS 服务器将向一个根服务器提出查询请求，以便获得此 DNS 查询请求的顶级域的相关信息。

于是，DNS 根服务器返回一个顶级域的权威服务器的 IP 地址，然后 DNS 服务器顺着 FQDN 往下继续这一过程，直到它找到所需的权威性域服务器。

根提示存储在 ％SystemRoot％\System32\dns 文件夹下的文件 CACHE. DNS 中。

10.3.5　转发器

转发器是网络上的一台 DNS 服务器，当本地的 DNS 服务器不能解析或者由于某些原因不解析客户端的地址查询请求时，本地 DNS 服务器可以把客户端的请求转发给一台其他的 DNS 服务器，这台其他的 DNS 服务器就是"转发器"。

当本地 DNS 服务器收到一个查询请求后，它首先尝试在自己的区域文件中查找被请求的信息，如果查找失败（要么是因为这个 DNS 服务器对被请求的域名没有权威性，要么是因为它没有从先前的查询中获得关于此信息记录的缓存），它必须联系其他 DNS 服务器（转发器）以解析这个查询请求。转发器可以管理对网络外的名称（如 Internet 上的名称）的解析，并改善网络中计算机的名称解析效率。

对于小型网络，如果没有本网络域名解析的需要，则可以只设置一个与外界联系的 DNS 转发器，对于公网主机域名的查询，将全部转发到指定的 DNS 转发器或者转发到"根提示"选项卡中提示的 13 个根服务器。

对于大中型企事业单位，可能需要建立多个本地 DNS 服务器。如果所有 DNS 服务器都使用根提示向网络外发送查询，则许多内部和非常重要的 DNS 信息都可能暴露在 Internet 上，这除了导致安全和隐私问题外，还可生成费用昂贵的大量外部通信，降低了效率。为了内部网络的安全，一般只将其中的一台 DNS 服务器设置为可以与外界 DNS 服务器直通的服务器,这台负责所有本地 DNS 服务器查询的计算机就是 DNS 服务的转发器。

如果在 DNS 服务器上存在一个".”域(如在安装活动目录的同时安装 DNS 服务,就会自动生成该域),根提示和转发器功能就会全部失效,解决的方法就是直接删除".”域。

10.4　项目实施

10.4.1　任务 1:安装 DNS 服务器

1. 任务目标

(1) 理解 DNS 的基本概念和工作原理。

(2) 掌握 DNS 服务器的安装步骤。

(3) 掌握启动或停止 DNS 服务的方法。

2. 任务内容

(1) 安装"DNS 服务器"角色。

(2) DNS 服务的停止和启动。

3. 完成任务所需的设备和软件

(1) 安装有 Windows Server 2008 R2 操作系统的虚拟机(Win2008-1 和 Win2008-2)两台。

(2) Win2008-1 为 DNS 服务器,IP 地址为 192.168.10.11,子网掩码为 255.255.255.0,位于工作组 WORKGROUP 中。

(3) Win2008-2 为 DNS 客户端,IP 地址为 192.168.10.12,子网掩码为 255.255.255.0,位于工作组 WORKGROUP 中。

4. 任务实施步骤

1) 安装"DNS 服务器"角色

默认情况下,Windows Server 2008 R2 系统中没有安装"DNS 服务器"角色,因此管理员需要手工进行"DNS 服务器"角色的安装操作。如果服务器已经安装了活动目录,则 DNS 服务器角色已经自动安装,不必再进行"DNS 服务器"角色的安装。如果希望该 DNS 服务器能够解析 Internet 上的域名,还需保证该 DNS 服务器能正常连接 Internet。安装"DNS 服务器"角色的操作步骤如下。

步骤 1:以管理员身份登录到 Win2008-1 计算机上,选择"开始"→"管理工具"→"服务器管理器"命令,打开"服务器管理器"窗口,选择左侧窗格中的"角色"选项,单击右侧窗格中的"添加角色"超链接。

步骤 2:在打开的"添加角色向导"对话框中有相关说明和注意事项,单击"下一步"按钮,出现"选择服务器角色"界面,如图 10-4 所示,选中"DNS 服务器"复选框。

步骤 3:单击"下一步"按钮,出现"DNS 服务器"界面,可以查看 DNS 服务器简介以及安装时相关的注意事项。

步骤 4:单击"下一步"按钮,出现"确认安装选择"界面。

步骤 5:单击"安装"按钮,开始安装"DNS 服务器"角色,安装完成后出现"安装结果"界

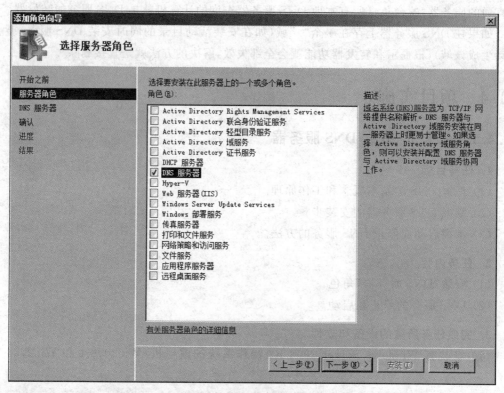

图 10-4 "选择服务器角色"界面

面,单击"关闭"按钮。

步骤 6:返回"服务器管理器"窗口之后,可以在"角色"中查看到当前服务器已经安装了"DNS 服务器"角色,如图 10-5 所示。

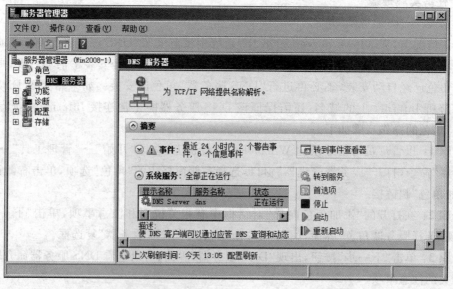

图 10-5 在"服务器管理器"窗口中查看"DNS 服务器"角色

2）DNS 服务的停止和启动

要启动或停止 DNS 服务，可以使用"服务器管理器"窗口、"DNS 管理器"窗口或"服务"窗口，也可以使用 net 命令，操作步骤如下。

（1）使用"服务器管理器"窗口，具体步骤如下。

步骤 1：在如图 10-5 所示的"服务器管理器"窗口中，在左侧窗格中展开"角色"→"DNS 服务器"选项。

步骤 2：在右侧窗格中单击"停止"或"启动"或"重新启动"超链接，即可停止或启动 DNS 服务。

（2）使用"DNS 管理器"窗口，具体步骤如下。

步骤 1：选择"开始"→"管理工具"→DNS 命令，打开"DNS 管理器"窗口。

步骤 2：在左侧窗格中右击服务器 Win2008-1，在弹出的快捷菜单中选择"所有任务"→"停止"或"启动"或"重新启动"命令，即可停止或启动 DNS 服务，如图 10-6 所示。

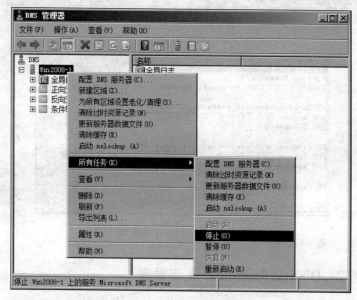

图 10-6　"DNS 管理器"窗口

（3）使用"服务"窗口，具体步骤如下。

步骤 1：选择"开始"→"管理工具"→"服务"命令，打开"服务"窗口。

步骤 2：找到 DNS Server 服务并右击，在弹出的快捷菜单中选择"停止"或"启动"或"重新启动"命令，即可停止或启动 DNS 服务，如图 10-7 所示。

（4）使用 net 命令，具体步骤如下。

步骤 1：单击桌面左下角的 Windows PowerShell 按钮，打开 Windows PowerShell 命令窗口。

步骤 2：输入命令 net stop dns 停止 DNS 服务，输入命令 net start dns 启动 DNS 服务，如图 10-8 所示。

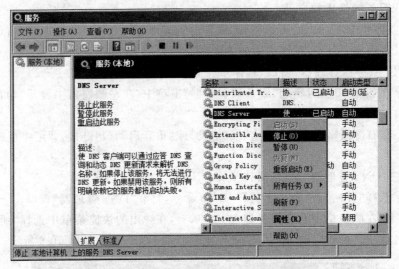

图 10-7 "服务"窗口

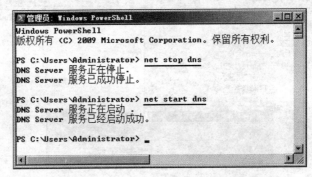

图 10-8 Windows PowerShell 命令窗口

10.4.2 任务 2：DNS 服务器的配置与管理

1. 任务目标

（1）理解 DNS 的基本概念和工作原理。

（2）掌握 DNS 服务器的正向区域、反向区域的配置。

（3）掌握主机、别名和邮件交换等记录的管理方法。

（4）理解转发器或根提示服务器的作用。

2. 任务内容

（1）创建正向主要区域。

（2）创建资源记录。

（3）创建反向主要区域。

（4）创建指针记录。

（5）查看缓存文件与设置转发器。

3. 完成任务所需的设备和软件

（1）安装有 Windows Server 2008 R2 操作系统的虚拟机（Win2008-1 和 Win2008-2）两台。

（2）Win2008-1 为 DNS 服务器，IP 地址为 192.168.10.11，子网掩码为 255.255.255.0，位于工作组 WORKGROUP 中。

（3）Win2008-2 为 DNS 客户端，IP 地址为 192.168.10.12，子网掩码为 255.255.255.0，位于工作组 WORKGROUP 中。

4. 任务实施步骤

1）创建正向主要区域

完成安装"DNS 服务器"角色后，"管理工具"中会增加一个 DNS 命令选项，管理员通过这个命令选项来完成 DNS 服务器的前期设置与后期的运行管理工作。创建正向主要区域 nos.com，操作步骤如下。

步骤 1：选择"开始"→"管理工具"→DNS 命令，打开"DNS 管理器"窗口。

步骤 2：展开 DNS 服务器（Win2008-1）→正向查找区域，右击"正向查找区域"选项，在弹出的快捷菜单中选择"新建区域"命令，如图 10-9 所示。

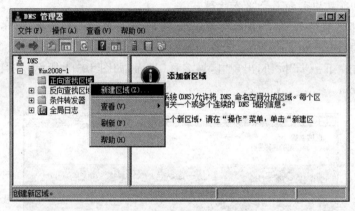

图 10-9　新建正向查找区域

【说明】　DNS 区域分为两大类，即正向查找区域和反向查找区域，其中，正向查找区域用于域名到 IP 地址的映射，当 DNS 客户端请求解析某个域名时，DNS 服务器在正向查找区域中进行查找，并返回给 DNS 客户端对应的 IP 地址；反向查找区域用于 IP 地址到域名的映射，当 DNS 客户端请求解析某个 IP 地址时，DNS 服务器在反向查找区域中进行查找，并返回给 DNS 客户端对应的域名。

步骤 3：在打开的"新建区域向导"对话框中，单击"下一步"按钮，出现"区域类型"界面，如图 10-10 所示，选中"主要区域"单选按钮。

【说明】

① 在 DNS 服务器设计中，针对每一个区域总是建议用户至少使用两台 DNS 服务器来进行管理，其中一台作为主要 DNS 服务器，而另外一台作为辅助 DNS 服务器。

② 主要区域的区域数据存放在本地文件中，只有主要 DNS 服务器可以管理此 DNS 区域。这意味着如果当主要 DNS 服务器出现故障时，此主要区域不能再进行修改。但是，辅

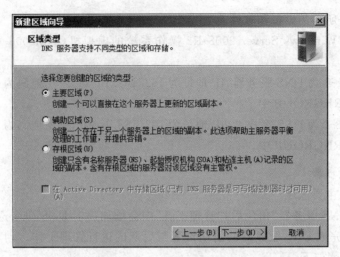

图 10-10　"区域类型"界面

助 DNS 服务器还可以答复 DNS 客户端的 DNS 解析请求。

③ 当 DNS 服务器管理辅助区域时,它将成为辅助 DNS 服务器。使用辅助 DNS 服务器的好处在于实现负载均衡和避免单点故障。

④ 管理存根区域的 DNS 服务器称为存根 DNS 服务器。一般情况下,不需要单独部署存根 DNS 服务器,而是和其他 DNS 服务器类型合用。

步骤 4：单击"下一步"按钮,出现"区域名称"界面,如图 10-11 所示,在"区域名称"文本框中输入 nos.com。

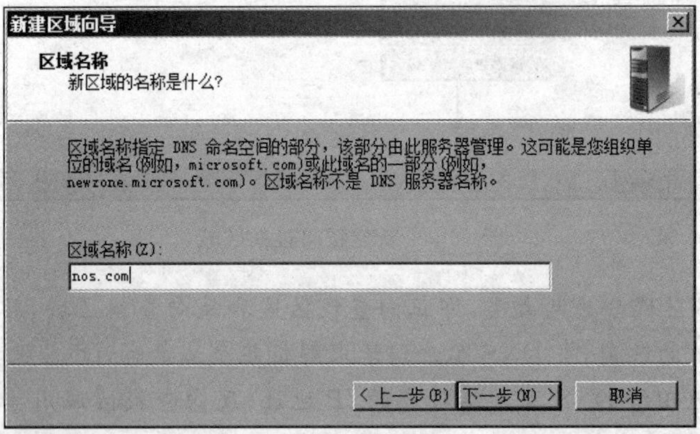

图 10-11　"区域名称"界面

步骤 5：单击"下一步"按钮,出现"区域文件"界面,如图 10-12 所示。因为创建的是新区域,在这里选中"创建新文件,文件名为"单选按钮。文本框中已自动填入了以域名为文件名的 DNS 文件,该文件的默认文件名为 nos.com.dns（区域名＋".dns"）,它被保存在 %SystemRoot%/System32/dns 文件夹中。

如果要使用已有的区域文件,可先选中"使用此现存文件"单选按钮,然后将该现存的文件复制到 %SystemRoot%/System32/dns 文件夹中即可。

步骤 6：单击"下一步"按钮,出现"动态更新"界面,如图 10-13 所示。选中"不允许动态

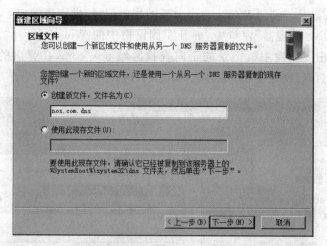

图 10-12　"区域文件"界面

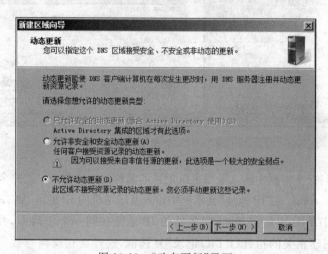

图 10-13　"动态更新"界面

更新"单选按钮,表示不接受资源记录的动态更新,更新记录必须以安全的手动方式进行。各选项的功能如下。

(1) 只允许安全的动态更新(适合 Active Directory 使用):只有在安装了 Active Directory 集成的区域才能使用该选项,所以该选项目前是灰色状态,不可选取。

(2) 允许非安全和安全动态更新:如果要使用任何客户端都可接受资源记录的动态更新,可选择该选项,但由于可以接受来自非信任源的更新,所以使用此选项时可能会不安全。

(3) 不允许动态更新:可使此区域不接受资源记录的动态更新,使用此选项比较安全。

步骤 7:单击"下一步"按钮,再单击"完成"按钮,新区域 nos.com 已添加到正向查找区域中。

2) 创建资源记录

DNS 服务器需要根据区域中的资源记录提供该区域的名称解释。因此,在区域创建完成之后,需要在区域中创建所需的资源记录。

（1）创建主机记录。创建 Win2008-1 对应的主机记录，操作步骤如下。

步骤 1：在"DNS 管理器"窗口中，展开左侧窗格中的 Win2008-1→"正向查找区域"→nos.com 选项，右击要创建主机记录的正向查找区域 nos.com，在弹出的快捷菜单中选择"新建主机"命令，打开"新建主机"对话框，如图 10-14 所示。

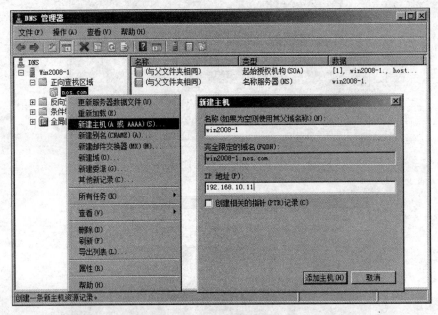

图 10-14 创建主机记录

步骤 2：在"名称"文本框中输入新增主机记录的名称，如 win2008-1，"完全限定的域名"自动变为 win2008-1.nos.com。在"IP 地址"文本框中输入新增主机的 IP 地址，如 192.168.10.11。

如果新增主机的 IP 地址与 DNS 服务器的 IP 地址在同一个子网中，并且有反向查找区域，则可以选中"创建相关的指针（PTR）记录"复选框，这样会在反向查找区域中自动添加一条搜索记录。这里不选中"创建相关的指针（PTR）记录"复选框。

步骤 3：单击"添加主机"按钮，再单击"完成"按钮，该主机的名称、类型及 IP 地址就会显示在"DNS 管理器"窗口中。

步骤 4：重复以上步骤，创建 Win2008-2 的主机记录（192.168.10.12），创建后的主机记录如图 10-15 所示。

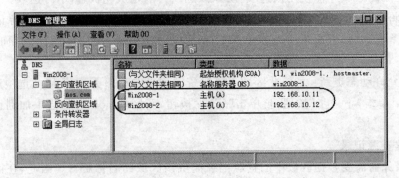

图 10-15 创建主机记录后的"DNS 管理器"窗口

（2）创建主机别名。当一台主机需要使用多个主机域名时，可以为该主机设置别名。
例如，一台主机（win2008-1. nos. com）用作
DNS 服务器时名为 dns. nos. com，用作
DHCP 服务器时名为 dhcp. nos. com，用作
Web 服务器时名为 www. nos. com，而用作
FTP 服务器时名为 ftp. nos. com，但这些名
称都是指同一 IP 地址（192. 168. 10. 11）的
主机。操作步骤如下。

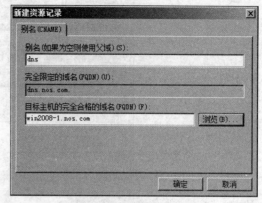

步骤 1：在正向查找区域中，右击想要
创建主机别名的区域名 nos. com，在弹出的
快捷菜单中选择"新建别名"命令，打开"新
建资源记录"对话框，如图 10-16 所示。

图 10-16 创建主机别名

步骤 2：在"别名"文本框中输入别名
dns，然后输入目标主机的完全合格的域名 win2008-1. nos. com（也可以通过单击"浏览"按
钮进行选择），单击"确定"按钮完成主机别名的创建。

步骤 3：重复以上步骤，分别创建别名 dhcp、www、ftp 等。图 10-17 显示了 win2008-
1. nos. com 的别名为 dns. nos. com、dhcp. nos. com、www. nos. com 和 ftp. nos. com。

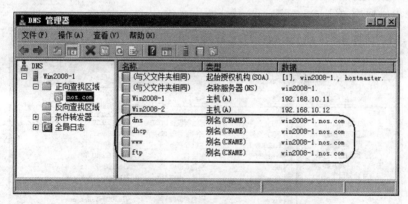

图 10-17 创建主机别名后的"DNS 管理器"窗口

（3）创建邮件交换器记录。创建 mail 对应的邮件交换器记录，操作步骤如下。

步骤 1：在正向查找区域中，右击想要创建邮件交换器的区域名 nos. com，在弹出的
快捷菜单中选择"新建邮件交换器"命令，打开"新建资源记录"对话框，如图 10-18
所示。

步骤 2：在"主机或子域"文本框中输入邮件交换器记录的名称 mail，该名称将与所在区
域的名称一起构成邮件地址中"@"右面的后缀（如 hlg@mail. nos. com）。"完全限定的域
名"文本框中自动填入了域名 mail. nos. com。

如果邮件地址为 hlg@nos. com，则应将邮件交换器记录的"主机或子域"设置为空
（"@"右面的后缀使用域名称 nos. com）。

步骤 3：在"邮件服务器的完全限定的域名（FQDN）"文本框中输入该邮件服务器的名
称（此名称必须是已经创建的对应于邮件服务器的主机记录），本例为 win2008-1. nos. com。

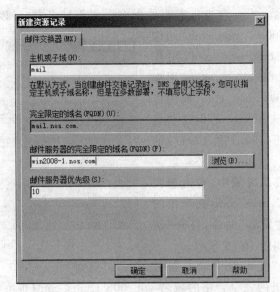

图 10-18　创建邮件交换器记录

步骤 4：在"邮件服务器优先级"文本框中可设置当前邮件交换器记录的优先级，默认为 10（0 最高，65535 最低）。如果存在两个或更多的邮件交换器记录，则在解析时将首选优先级高的邮件交换器记录。

步骤 5：单击"确定"按钮，完成邮件交换器记录的创建，结果如图 10-19 所示。

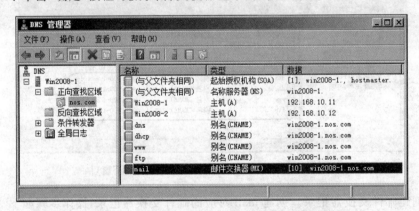

图 10-19　创建邮件交换器记录后的"DNS 管理器"窗口

3）创建反向主要区域

反向查找区域用于通过 IP 地址来查询 DNS 名称。创建反向主要区域的操作步骤如下。

步骤 1：在"DNS 管理器"窗口中选择"反向查找区域"选项，右击，在弹出的快捷菜单中选择"新建区域"命令，打开"新建区域向导"对话框。

步骤 2：单击"下一步"按钮，出现"区域类型"界面，选中"主要区域"单选按钮。

步骤 3：单击"下一步"按钮，出现"反向查找区域名称"界面，如图 10-20 所示，选中"IPv4 反向查找区域"单选按钮。

步骤 4：单击"下一步"按钮，在如图 10-21 所示的界面中输入网络 ID 或者反向查找区

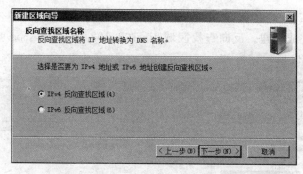

图 10-20　"反向查找区域名称"界面

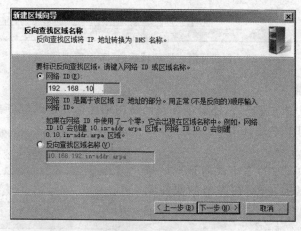

图 10-21　输入网络 ID

域名称,本例中输入的是网络 ID,反向查找区域名称会根据网络 ID 自动生成。例如,当输入网络 ID 为 192.168.10.时,反向查找区域的名称自动设为 10.168.192.in-addr.arpa。

　　步骤 5:单击"下一步"按钮,出现"区域文件"界面,如图 10-22 所示,选中"创建新文件,文件名为"单选按钮,下面的文本框中自动填入了以反向查找区域名称为文件名的 DNS 文件,即 10.168.192.in-addr.arpa.dns 文件。

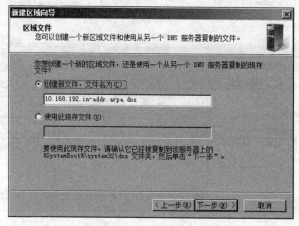

图 10-22　"区域文件"界面

步骤6：单击"下一步"按钮,选中"不允许动态更新"单选按钮,再单击"下一步"按钮,最后单击"完成"按钮完成创建。反向查找区域10.168.192.in-addr.arpa就添加到"反向查找区域"中了,如图10-23所示。

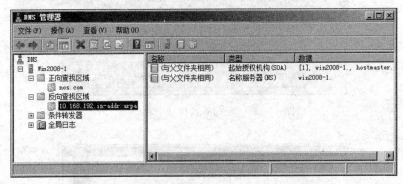

图 10-23　创建反向主要区域后的"DNS 管理器"窗口

4）创建指针记录

当反向查找区域创建完成后,还必须在该区域内创建指针记录（反向记录）,只有这些指针记录在实际的查询中才是有用的。创建指针记录的操作步骤如下。

步骤1：在图10-23中,右击反向查找区域名10.168.192.in-addr.arpa,在弹出的快捷菜单中选择"新建指针"命令,打开"新建资源记录"对话框,如图10-24所示。

步骤2：在"主机IP地址"文本框中输入主机的IP地址,如192.168.10.11。在"主机名"文本框中输入指针指向的域名,如win2008-1.nos.com,也可通过单击"浏览"按钮进行选择。

步骤3：单击"确定"按钮,完成指针记录的创建。

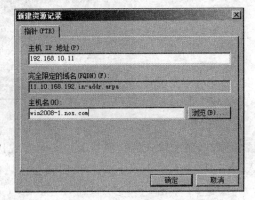

图 10-24　创建指针记录

步骤4：重复以上步骤,创建IP地址为192.168.10.12的指针（win2008-2.nos.com）,结果如图10-25所示。

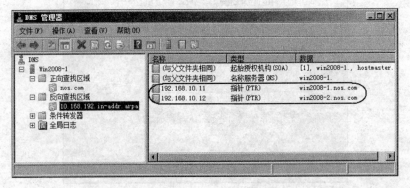

图 10-25　创建指针记录后的"DNS 管理器"窗口

【说明】　在正向查找区域中创建主机记录时,可以顺便在反向查找区域内创建一条反向记录,在如图 10-14 所示的对话框中选中"创建相关的指针(PTR)记录"复选框即可。但在选中此复选框时,相对应的反向查找区域必须已经存在。

5) 查看缓存文件与设置转发器

缓存文件中存储着根域内的 DNS 服务器的名称与 IP 地址的对应信息,每一台 DNS 服务器内的缓存文件都是一样的。企业内的 DNS 服务器要向外界 DNS 服务器执行查询时,需要用到这些信息,除非企业内部的 DNS 服务器指定了"转发器"。

(1) 查看缓存文件。本地 DNS 服务器就是通过名为 CACHE. DNS 的缓存文件找到根域内的 DNS 服务器的,查看该文件的操作步骤如下。

步骤 1:打开 C:\Windows\System32\dns 文件夹,找到并用"记事本"程序打开缓存文件 CACHE. DNS,内容如图 10-26 所示。

除了直接查看缓存文件,还可以在"DNS 管理器"窗口中查看。

步骤 2:在"DNS 管理器"窗口中右击 DNS 服务器名(Win2008-1),在弹出的快捷菜单中选择"属性"命令,打开"Win2008-1 属性"对话框,选择"根提示"选项卡,如图 10-27 所示,在"名称服务器"列表框中列出了 Internet 的 13 台根域服务器的 FQDN 和对应的 IP 地址。

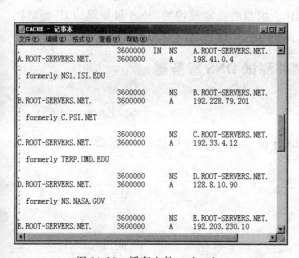

图 10-26　缓存文件 cache. dns

图 10-27　根提示

这些自动生成的条目一般不需要修改,当然如果企业的网络不需要连接到 Internet,则可以根据需要将此文件内根域的 DNS 服务器信息更改为企业内部最上层的 DNS 服务器。最好不要直接修改 cache. dns 文件,而是通过"DNS 管理器"所提供的"根提示"功能来修改。

(2) 设置转发器。设置转发器的操作步骤如下。

步骤 1:在"DNS 管理器"窗口中右击 DNS 服务器名(Win2008-1),在弹出的快捷菜单中选择"属性"命令,打开"Win2008-1 属性"对话框,选择"转发器"选项卡,如图 10-28 所示。

步骤 2:单击"编辑"按钮,打开"编辑转发器"对话框,如图 10-29 所示,可添加或修改转发器的 IP 地址。

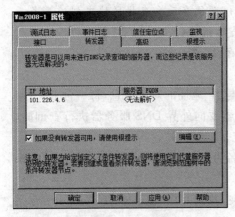

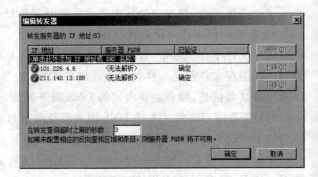

图 10-28　转发器　　　　　　　　　　　　　　　图 10-29　编辑转发器

步骤 3：在"转发服务器的 IP 地址"列表中，可以输入 ISP 提供的 DNS 服务器的 IP 地址。可输入多个 DNS 服务器的 IP 地址。需要注意的是，除了可以添加本地 ISP 的 DNS 服务器的 IP 地址外，也可以添加其他著名 ISP 的 DNS 服务器的 IP 地址。

步骤 4：在"转发服务器的 IP 地址"列表中，选择要调整顺序或删除的 IP 地址，单击"上移""下移"或"删除"按钮，即可执行相关操作。应当将反应最快的 DNS 服务器的 IP 地址调整到最高端，从而提高 DNS 的查询速度。单击"确定"按钮，保存对 DNS 转发器的设置。

10.4.3　任务 3：配置 DNS 客户端并测试 DNS 服务器

1. 任务目标

（1）掌握 DNS 客户端的配置方法。

（2）熟悉 ping、nslookup、ipconfig 等 DOS 命令，能正确使用这些 DOS 命令以及相关参数来测试 DNS 服务器是否正常工作。

2. 任务内容

（1）配置 DNS 客户端。

（2）测试 DNS 服务器。

（3）管理 DNS 客户端缓存。

3. 完成任务所需的设备和软件

（1）安装有 Windows Server 2008 R2 操作系统的虚拟机（Win2008-1 和 Win2008-2）两台。

（2）Win2008-1 为 DNS 服务器，IP 地址为 192.168.10.11，子网掩码为 255.255.255.0，位于工作组 WORKGROUP 中。

（3）Win2008-2 为 DNS 客户端，IP 地址为 192.168.10.12，子网掩码为 255.255.255.0，位于工作组 WORKGROUP 中。

（4）在 Win2008-1 上已配置 DNS 服务器。

4. 任务实施步骤

1）配置 DNS 客户端

在 C/S 模式中，DNS 客户端就是指那些使用 DNS 服务器的计算机。DNS 客户端分为静态 DNS 客户端和动态 DNS 客户端。

静态 DNS 客户端是指管理员手工配置 TCP/IP 协议的计算机,对于静态客户端,无论是 Windows 7/10 操作系统,还是 Windows Server 2008 R2 操作系统,设置的主要内容就是指定 DNS 服务器,一般只要设置 TCP/IP 的 DNS 服务器选项的 IP 地址即可。

动态 DNS 客户端是指使用 DHCP 服务器的计算机,对于动态 DNS 客户端来说,重要的是在配置 DHCP 服务器时,指定"IP 地址范围和 DNS 服务器"。

在 Windows 7/10 或 Windows Server 2008 R2 操作系统中配置 DNS 客户端的步骤大同小异,下面以 Windows Server 2008 R2 操作系统中配置静态 DNS 客户端为例进行介绍,操作步骤如下。

步骤 1:在 Win2008-2 计算机上,右击桌面右下角任务托盘区域的网络连接图标 🖥,在弹出的快捷菜单中选择"打开网络和共享中心"命令。

步骤 2:在打开的"网络和共享中心"窗口中单击"本地连接"超链接,打开"本地连接 状态"对话框,单击"属性"按钮,打开"本地连接 属性"对话框,如图 10-30 所示。

步骤 3:选中"Internet 协议版本 4(TCP/IPv4)"选项,然后单击"属性"按钮,打开"Internet 协议版本 4(TCP/IPv4)属性"对话框,如图 10-31 所示。

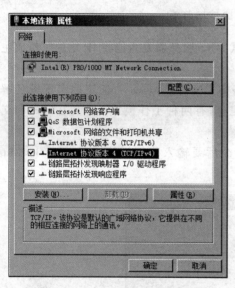

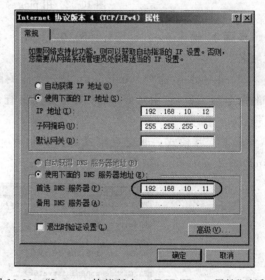

图 10-30 "本地连接 属性"对话框　　图 10-31 "Internet 协议版本 4(TCP/IPv4)属性"对话框

步骤 4:选中"使用下面的 DNS 服务器地址"单选按钮,在"首选 DNS 服务器"文本框中输入主 DNS 服务器 Win2008-1 的 IP 地址为 192.168.10.11,最后单击"确定"按钮。

2)测试 DNS 服务器

部署完主 DNS 服务器并启动 DNS 服务后,应该对 DNS 服务器进行测试,最常用的测试工具是 ping 和 nslookup 命令。

(1)ping 命令。ping 命令是用来测试 DNS 是否正常工作的最为简单和实用的工具。如果想测试 DNS 服务器能否解析域名 nos.com,可直接在客户端命令行输入命令,然后根据输出结果判断出 DNS 解析是否成功,操作步骤如下。

步骤 1:在 Win2008-1 计算机上,关闭防火墙或者设置防火墙允许 ping 命令通过(参考项目1）。

步骤2：在 Win2008-2 计算机上，单击桌面左下角的 Windows PowerShell 按钮，打开 Windows PowerShell 命令窗口。

步骤3：输入 ping win2008-1.nos.com 命令，然后按 Enter 键，结果如图 10-32 所示，可见域名 win2008-1.nos.com 已被成功解析为 IP 地址 192.168.10.11。

图 10-32　用 ping 命令测试 DNS 服务

步骤4：输入 ping -a 192.168.10.11 命令，测试 DNS 服务器是否能将 IP 地址解析成主机域名。

（2）nslookup 命令。nslookup 是一个监测网络中 DNS 服务器是否能正确实现域名解析的命令行工具，它用来向 DNS 服务器发出查询信息，有两种工作模式：非交互模式和交互模式。

① 非交互模式。非交互模式是在 nslookup 命令后要输入待解析的域名，如 nslookup win2008-2.nos.com，结果如图 10-33 所示。

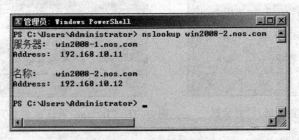

图 10-33　非交互模式

② 交互模式。输入 nslookup 并按 Enter 键，不需要参数，就可以进入交互模式。在交互模式下，直接输入域名进行查询。

任何一种模式都可以将参数传递给 nslookup 命令，但在 DNS 服务器出现故障时更多地使用交互模式。在交互模式下，可以在提示符"＞"下输入 help 或"?"来获得帮助信息。

下面是在客户端 Win2008-2 的交互模式下，测试上面部署的 DNS 服务器。操作步骤如下。

步骤1：在 Win2008-2 计算机的 Windows PowerShell 命令窗口中，输入 nslookup 并按

Enter 键,进入交互模式,如图 10-34 所示。

步骤 2:在提示符"＞"下输入 win2008-2. nos. com,测试主机记录解析,如图 10-35 所示。

图 10-34　交互模式

图 10-35　测试主机记录解析

步骤 3:在提示符"＞"下输入 www. nos. com,测试别名记录解析,如图 10-36 所示。

步骤 4:在提示符"＞"下先输入 set type＝mx,表示查找邮件服务器记录,然后输入 nos. com,测试邮件服务器记录解析,如图 10-37 所示。

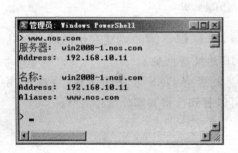

图 10-36　测试别名记录解析

图 10-37　测试邮件服务器记录解析

【说明】　set type 表示设置查找的类型。set type＝mx,表示查找邮件服务器记录;set type＝cname,表示查找别名记录;set type＝A,表示查找主机记录;set type＝ptr,表示查找指针记录;set type＝ns,表示查找域名服务器记录(用来指定该域名由哪个 DNS 服务器来进行解析)。

步骤 5:测试指针记录解析,如图 10-38 所示。

步骤 6:测试域名服务器记录解析,并结束退出 nslookup 交互模式(exit),如图 10-39 所示。

3) 管理 DNS 客户端缓存

DNS 客户端会将 DNS 服务器发来的解析结果缓存下来,在一定时间内,若客户端需要再次解析相同的域名,则会直接使用缓存中的解析结果,而不必再向 DNS 服务器发起查询。解析结果在 DNS 客户端缓存的时间取决于 DNS 服务器上相应资源记录设置的生存时间(TTL)。如果在生存时间规定的时间内,DNS 服务器对该资源记录进行了更新,则在客户端会出现短时间的解析错误。此时可尝试清空 DNS 客户端缓存来解决问题,操作步骤如下。

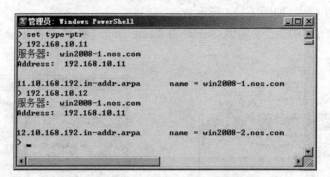

图 10-38　测试指针记录解析

图 10-39　测试域名服务器记录解析

步骤 1：在客户端输入 ipconfig /displaydns 命令，查看 DNS 客户端缓存中的域名与其 IP 地址的映射关系，其中包括域名、类型、生存时间、IP 地址等信息。

步骤 2：在客户端输入 ipconfig /flushdns 命令来清空 DNS 客户端缓存，再次使用 ipconfig/displaydns 命令来查看 DNS 客户端缓存，可以看到已将其部分缓存清空。

10.5　习题

一、填空题

1. _____是一个用于存储单个 DNS 域名的数据库，是域名称空间树状结构的一部分，它将域名空间分区为较小的区段。

2. _____是指 DNS 客户端发出查询请求后，如果 DNS 服务器内没有所需的数据，则 DNS 服务器会代替客户端向其他的 DNS 服务器进行查询。

3. DNS 顶级域名中表示官方政府单位的是_____。

4. _____表示邮件交换的资源记录。

5. 可以用来检测 DNS 资源创建是否正确的 2 个工具是_____和_____。

6. DNS 服务器的查询方式有_____和_____。

7. 如果要针对网络 ID 为 192.168.1 的 IP 地址来提供反向查找功能，则此反向区域的名称必须是_____。

二、选择题

1. DNS 提供了一个_____命名方案。

A. 分级　　　　　B. 分层　　　　　C. 多级　　　　　D. 多层

2. DNS 顶级域名中表示商业组织的是_____。

A. COM　　　　　B. GOV　　　　　C. MIL　　　　　D. ORG

3. 在 DNS 系统的资源记录中,类型_____表示别名。

A. MX　　　　　B. SOA　　　　　C. CNAME　　　　　D. PTR

4. 常用的 DNS 测试的命令包括_____。

A. nslookup　　　　B. hosts　　　　C. debug　　　　D. trace

5. 在 Windows Server 2008 R2 的 DNS 服务器上不可以新建的区域类型有_____。

A. 转发区域　　　　B. 辅助区域　　　　C. 存根区域　　　　D. 主要区域

6. 域名解析的两种主要方式为_____。

A. 直接解析和间接解析　　　　　　B. 直接解析和递归解析

C. 间接解析和迭代解析　　　　　　D. 递归解析和迭代解析

7. 要清除本地 DNS 缓存,使用_____命令。

A. ipconfig /displaydns　　　　　　B. ipconfig /renew

C. ipconfig /flushdns　　　　　　　D. ipconfig /release

8. 一台主机要解析 www.abc.edu.cn 的 IP 地址,如果这台主机配置的域名服务器为 202.120.66.68,因特网顶级域名服务器为 11.2.8.6,而存储 www.abc.edu.cn 与其 IP 地址对应关系的域名服务器为 202.113.16.10,那么这台主机需要解析该域名时,通常首先查询_____。

A. 202.120.66.68 域名服务器

B. 11.2.8.6 域名服务器

C. 202.113.16.10 域名服务器

D. 不能确定,可以从这 3 个域名服务器中任选一个

9. 某企业的网络工程师安装了一台基本 DNS 服务器,用来提供域名解析。网络中的其他计算机都作为这台 DNS 服务器的客户机。他在服务器上创建了一个标准主要区域,在一台客户机上使用 nslookup 工具查询一个主机域名,DNS 服务器能够正确地将其 IP 地址解析出来。可是当使用 nslookup 工具查询该 IP 地址时,DNS 服务器却无法将其主机域名解析出来。请问,应如何解决这个问题?_____

A. 在 DNS 服务器反向解析区域中为这条主机记录创建相应的 PTR 指针记录

B. 在 DNS 服务器区域属性上设置允许动态更新

C. 在要查询的这台客户机上运行命令 ipconfig /registerdns

D. 重新启动 DNS 服务器

三、简答题

1. DNS 的查询模式有哪几种?

2. DNS 的常见资源记录类型有哪些?

3. DNS 的管理与配置流程是什么?

4. DNS 服务器属性中的"转发器"的作用是什么?

11.1 项目提出

某公司新成立时只有 5 台计算机,管理员为每台计算机手工配置 IP 地址。随着公司规模的扩大,计算机增加到了 100 多台,有的员工还配备了笔记本电脑,在使用时出现的问题也越来越多。一是有个别员工经常去修改相关参数,导致 IP 地址经常冲突,无法正常上网;二是计算机数量多了,对相关参数的维护工作也越来越繁重;三是公司领导和部分员工配备笔记本电脑,需要在不同的环境下使用,要不断修改 IP 地址就很不方便。

作为网络管理员,有何办法解决上述问题?

11.2 项目分析

在 TCP/IP 网络中,计算机之间通过 IP 地址互相通信,每一台计算机都必须要有一个唯一的 IP 地址,否则,将无法与其他计算机进行通信。因此,管理、分配和配置客户端的 IP 地址就变得非常重要。

如果网络规模较小,管理员可以分别对每台计算机进行 IP 地址配置。在中大型网络中,管理的网络包含成百上千台计算机,那么为客户端管理和分配 IP 地址的工作会需要大量的时间和精力,如果还是以手工方式设置 IP 地址,不仅费时、费力,而且也非常容易出错。可以借助 DHCP(动态主机配置协议)服务器,对每台客户机的 IP 地址进行动态分配,可以大大提高工作效率,并减少发生 IP 地址故障的可能性,从而减少网络管理的复杂性。

11.3　相关知识点

11.3.1　DHCP 的意义

　　DHCP 是动态主机配置协议(Dynamic Host Configuration Protocol)的简称,是一个简化主机 IP 地址分配管理的 TCP/IP 标准协议。管理员可以利用 DHCP 服务器,从预先设置的 IP 地址池中动态地给主机分配 IP 地址,这种分配方式不仅能够保证 IP 地址不重复分配,也能及时回收 IP 地址,以提高 IP 地址的利用率。

　　TCP/IP 目前已经成为 Internet 的公用通信协议,它在局域网上也是必不可少的协议。用 TCP/IP 协议进行通信时,每一台计算机(主机)都必须有一个 IP 地址用于在网络上标识自己。对于一个设立了 Internet 服务的组织机构,由于其主机对外开放了诸如 WWW、FTP、E-mail 等访问服务,通常要对外公布一个固定的 IP 地址,以方便用户访问。如果 IP 地址由系统管理员在每一台计算机上手动进行设置,把它设定为一个固定的 IP 地址时,就称为静态 IP 地址方案。当然,数字 IP 不便于记忆和识别,人们更习惯于通过域名来访问主机,而域名实际上仍然需要被域名服务器(DNS)解析为 IP 地址。

　　而对于大多数拨号上网的用户,由于其上网时间和空间的离散性,为每个用户分配一个固定的静态 IP 地址是不现实的,如果 ISP(Internet Service Provider,Internet 服务供应商)有 10000 个用户,就需要 10000 个 IP 地址,这将造成 IP 地址资源的极大浪费。

　　对于网络规模较大的局域网,系统管理员给每一台计算机分配 IP 地址的工作量就会很大,而且用户常常会因为不遵守规则而出现错误,例如导致 IP 地址的冲突等。同时在把大批计算机从一个网络移动到另一网络,或者改变部门计算机所属子网时,同样存在改变 IP 地址的问题。

　　DHCP 应运而生,采用 DHCP 配置计算机 IP 地址的方案称为动态 IP 地址方案。在动态 IP 地址方案中,每台计算机并不设置固定的 IP 地址,而是在计算机开机时才被分配一个 IP 地址,这样可以解决 IP 地址不够用的问题。

　　在 DHCP 网络中有三类对象,分别是 DHCP 客户端、DHCP 服务器和 DHCP 数据库。DHCP 是采用客户端/服务器(Client/Server,C/S)模式,有明确的客户端和服务器角色的划分,分配到 IP 地址的计算机被称为 DHCP 客户端(DHCP Client),负责给 DHCP 客户端分配 IP 地址的计算机称为 DHCP 服务器。DHCP 数据库是 DHCP 服务器上的数据库,存储了 DHCP 服务配置的各种信息。

11.3.2　BOOTP 引导程序协议

　　DHCP 的前身是 BOOTP(Bootstrap Protocol,引导程序协议),所以这里先介绍 BOOTP。BOOTP 也称为自举协议,它使用 UDP 协议来使一个工作站自动获取配置信息。BOOTP 原本是用于无盘工作站连接到网络服务器的,网络的工作站使用 BOOTROM 而不是硬盘启动并连接网络服务的。

　　为了获取配置信息,协议软件广播一个 BOOTP 请求报文,收到请求报文的 BOOTP 服务器查找出发出请求的计算机的各项配置信息(如 IP 地址、子网掩码、默认网关等),然后将配置信息放入一个 BOOTP 应答报文，并将应答报文返回给发出请求的计算机。

这样，一台网络中的工作站就获得了所需的配置信息。由于计算机发送 BOOTP 请求报文时还没有 IP 地址，因此它会使用全广播地址作为目的地址，使用 0.0.0.0 作为源地址。BOOTP 服务器可使用广播将应答报文返回给计算机，或使用收到的广播帧上的网卡 MAC 地址进行单播。

BOOTP 用于相对静态的环境，管理员负责创建一个 BOOTP 配置文件，该文件定义了每一台主机的一组 BOOTP 参数。配置文件只能提供主机标识符到主机参数的静态映射，如果主机参数没有要求变化，BOOTP 的配置信息通常保持不变。BOOTP 的配置文件不能快速更改，此外管理员必须为每一台主机分配一个 IP 地址，并对服务器进行相应的配置，使它能够理解从主机到 IP 地址的映射。

由于 BOOTP 是静态配置 IP 地址和 IP 参数的，不可能充分利用 IP 地址和大幅度减少配置的工作量，因此非常缺乏"动态性"，已不适应现在日益庞大和复杂的网络环境。

11.3.3 DHCP 动态主机配置协议

DHCP 是 BOOTP 的增强版本，此协议从两个方面对 BOOTP 进行了扩充。第一，DHCP 可使计算机通过一个消息获取它所需要的配置信息。例如，一个 DHCP 报文除了能获得 IP 地址之外，还能获得子网掩码、网关等。第二，DHCP 允许计算机快速动态获取 IP 地址。为了使用 DHCP 的动态地址分配机制，管理员必须配置 DHCP 服务器，使它能够提供一组 IP 地址。任何时候一旦有新的计算机联网，新的计算机将与服务器联系并申请一个 IP 地址。服务器从管理员指定的一组 IP 地址（IP 地址池）中选择一个地址，并将它分配给该计算机。

DHCP 允许有 3 种类型的地址分配。

（1）自动分配方式。当 DHCP 客户端第一次成功地从 DHCP 服务器端租用到 IP 地址之后，就永远使用这个地址。

（2）动态分配方式。当 DHCP 客户端第一次成功地从 DHCP 服务器端租用到 IP 地址之后，并非永久使用该地址，只要租约到期，客户端就得释放这个 IP 地址，以给其他工作站使用。当然，客户端可以比其他主机更优先地更新租约，或是租用其他 IP 地址。

（3）手工分配方式。DHCP 客户端的 IP 地址是由网络管理员指定的，DHCP 服务器只是把指定的 IP 地址告诉客户端。

动态分配地址是 DHCP 的最重要和新颖的功能，与 BOOTP 所采用的静态分配地址不同的是，DHCP 动态 IP 地址的分配不是一对一的映射，服务器事先并不知道客户端的身份。

可以配置 DHCP 服务器，使任意一台客户端都可以获得 IP 地址并开始通信。为了使自动配置成为可能，DHCP 服务器保存着网络管理员定义的一组 IP 地址等 TCP/IP 参数，DHCP 客户端通过与 DHCP 服务器交换信息协商 IP 地址的使用。在交换过程中，服务器为客户端提供 IP 地址，客户端确认已经接收此地址。一旦客户端接收了一个地址，它就开始使用此地址进行通信。

将所有的 TCP/IP 参数保存在 DHCP 服务器，使网络管理员能够快速检查 IP 地址及其他配置参数，而不必前往每一台计算机进行操作。此外，由于 DHCP 的数据库可以在一个中心位置（即 DHCP 服务器）完成更改，因此重新配置时也无须对每一台计算机进行配置。

同时 DHCP 不会将同一个 IP 地址同时分配给两台计算机,从而避免了 IP 地址的冲突。

11.3.4　DHCP 服务器位置

　　充当 DHCP 服务器的有 PC 服务器、集成路由器和专用路由器。在多数大中型网络中,DHCP 服务器通常是基于 PC 的本地专用服务器;单台家庭 PC 的 DHCP 服务器通常位于 ISP 处,直接从 ISP 那里获得 IP 地址;家庭网络和小型企业网络使用集成路由器连接到 ISP 处,在这种情况下,集成路由器既是 DHCP 客户端又是 DHCP 服务器。集成路由器作为 DHCP 客户端从 ISP 那里获得 IP 地址,在本地网络中充当内部主机的 DHCP 服务器,如图 11-1 所示。

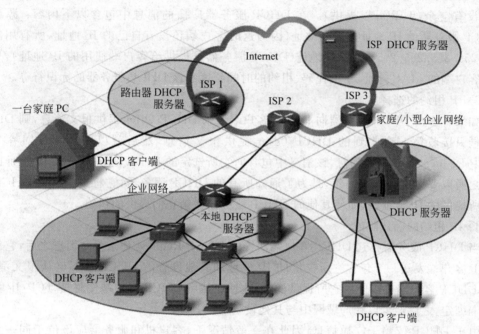

图 11-1　DHCP 服务器的位置

11.3.5　DHCP 的工作过程

　　当主机被配置为 DHCP 客户端时,要从位于本地网络中或 ISP 处的 DHCP 服务器获取 IP 地址、子网掩码、DNS 服务器地址和默认网关等网络属性。通常网络中只有一台 DHCP 服务器,如图 11-2 所示。DHCP 的工作过程如下。

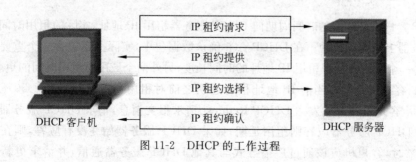

图 11-2　DHCP 的工作过程

1) IP 租约的请求阶段

请求阶段是 DHCP 客户端寻找 DHCP 服务器的过程。客户端启动时，以广播方式发送 DHCP Discover 发现报文消息来寻找 DHCP 服务器，请求租用一个 IP 地址。由于客户端还没有自己的 IP 地址，所以使用 0.0.0.0 作为源地址，同时客户端也不知道服务器的 IP 地址，所以它以 255.255.255.255 作为目的地址。网络上每一台安装了 TCP/IP 协议的主机都会接收到这种广播信息，但只有 DHCP 服务器才会做出响应。

2) IP 租约的提供阶段

当客户端发送要求租约的请求后，所有的 DHCP 服务器都收到了该请求，然后所有的 DHCP 服务器都会广播一个愿意提供租约的 DHCP Offer 提供报文消息（除非该 DHCP 服务器没有空余的 IP 可以提供）。在 DHCP 服务器广播的消息中包含以下内容：源地址（DHCP 服务器的 IP 地址）、目标地址（因为这时客户端还没有自己的 IP 地址，所有用广播地址 255.255.255.255）、客户端地址（DHCP 服务器可提供给客户端使用的 IP 地址），另外还有客户端的 MAC 地址、子网掩码、租约的时间长度和该 DHCP 服务器的标识符等。

3) IP 租约的选择阶段

如果有多台 DHCP 服务器向 DHCP 客户端发来 DHCP Offer 提供报文消息，则 DHCP 客户端只接收第一个收到的 DHCP Offer 提供报文消息，然后就以广播方式回答一个 DHCP Request 请求报文消息，该消息中包含向它所选定的 DHCP 服务器请求 IP 地址的内容。之所以要以广播方式回答，是为了通知所有的 DHCP 服务器，它将选择某台 DHCP 服务器所提供的 IP 地址，从而使其他的 DHCP 服务器撤销它们提供的租约。

4) IP 租约的确认阶段

当 DHCP 服务器收到 DHCP 客户端回答的 DHCP Request 请求报文消息之后，它便向 DHCP 客户端发送一个包含它所提供的 IP 地址和其他设置的 DHCP Ack 确认报文消息，告诉 DHCP 客户端可以使用它所提供的 IP 地址。然后 DHCP 客户端便将其 TCP/IP 协议与网卡绑定，之后便可以在局域网中与其他设备通信。

由于 DHCP 依赖于广播信息，因此在一般情况下，客户机和服务器应该位于同一个网络之内。可以设置网络中的路由器为可以转发 BootP 广播包（DHCP 中继），使服务器和客户机可以位于两个不同的网络中。然而配置转发广播信息不是一个很好的解决办法，更好的办法为使用 DHCP 中转计算机，DHCP 中转计算机和 DHCP 客户机位于同一个网络中来回应客户机的租用请求，只是它并不维护 DHCP 数据和拥有 IP 地址资源，而只是将请求通过 TCP/IP 转发给位于另一个网络上的 DHCP 服务器，进行实际的 IP 地址分配和确认。

11.3.6 DHCP 的时间域

DHCP 客户机按固定的时间周期向 DHCP 服务器租用 IP 地址，实际的租用时间长度是在 DHCP 服务器上进行配置的。在 DHCP Ack 确认数据包中，实际上还包含三个重要的时间周期信息域：一个域用于标识租用 IP 地址的时间长度；另外两个域用于租用时间的更新。

DHCP 客户机必须在当前 IP 地址租约过期之前对租用期限进行更新。50% 的租用时间过去之后，客户机就开始发送 DHCP Request 请求报文消息，请求 DHCP 服务器更新当前租约，如果 DHCP 服务器应答则租用延期；如果 DHCP 服务器始终没有应答，则在有效租用期的 87.5% 时，客户机应该通过广播方式与其他 DHCP 服务器通信，并请求更新它的配置信息；如果客户机在租用期到期时既不能对租用期进行更新，又不能从其他 DHCP 服务器那里获得新的租用期，那么它必须放弃使用当前的 IP 地址，并重新发送一个 DHCP Discover 报文以开始上述的 IP 地址获得过程。

DHCP 工作过程的第一步是请求 IP 租约（DHCP Discover）。DHCP 客户端发出的 DHCP Discover 广播数据包中含有 DHCP 客户端的网卡 MAC 地址和计算机名称。

当第一个 DHCP Discover 广播信息发送出去后，DHCP 客户端将等待 1s 的时间。在此期间，如果没有 DHCP 服务器做出响应，DHCP 客户端将分别在第 9s、第 13s 和第 16s 时重复发送一次 DHCP Discover 广播信息。如果仍然没有得到 DHCP 服务器的应答，DHCP 客户端将每隔 5min 广播一次 DHCP Discover 信息，直到得到一个应答为止。

> 如果一直没有应答，DHCP 客户端如果是 Windows 2000 以后的系统，客户端就选择一个自动私有 IP 地址（从 169.254.×.×地址段中选取）使用。尽管此时客户端已分配了一个静态 IP 地址（169.254.×.×），DHCP 客户端还要每持续 5min 发送一次 DHCP 广播信息。如果这时有 DHCP 服务器响应时，DHCP 客户端将从 DHCP 服务器获得 IP 地址及其配置，并以 DHCP 方式工作。

不管 IP 地址的租期有没有到期，DHCP 客户端每次重新登录网络时，不需要再发送 DHCP Discover 发现报文消息，而是直接发送包含前一次所分配的 IP 地址的 DHCP Request 请求报文信息。当 DHCP 服务器收到这一消息后，它会尝试让 DHCP 客户端继续使用原来的 IP 地址，并回答一个 DHCP Ack 确认报文消息。如果此 IP 地址已无法再分配给原来的 DHCP 客户端使用（例如此 IP 地址已分配给其他 DHCP 客户端使用），则 DHCP 服务器给 DHCP 客户端回答一个 DHCP Nack 否认报文消息。当原来的 DHCP 客户端收到此 DHCP Nack 否认报文消息后，它就必须重新发送 DHCP Discover 发现报文消息来请求新的 IP 地址。

11.3.7   DHCP 的优缺点

作为优秀的 IP 地址管理工具，DHCP 具有以下优点。

1. 提高效率

DHCP 使计算机自动获得 IP 地址信息并完成配置，减少了由于手工设置而可能出现的错误，并极大地提高了工作效率。利用 TCP/IP 进行通信时，仅有 IP 地址是不够的，常常还需要网关、WINS、DNS 等设置，DHCP 服务器除了能动态提供 IP 地址外，还能同时提供 WINS、DNS 等附加信息，完善 IP 地址参数的设置。

2. 便于管理

当网络使用的 IP 地址范围改变时，只需修改 DHCP 服务器的 IP 地址池即可，而不必逐一修改网络内的所有计算机的 IP 地址。

3. 节约 IP 地址资源

在 DHCP 系统中，只有当 DHCP 客户端请求时才由 DHCP 服务器提供 IP 地址，而当计算机关机后，又会自动释放该 IP 地址。通常情况下，网络内的计算机并不都是同时开机，因此即使有较小数量的 IP 地址，也能够满足较多计算机的需求。

DHCP 服务优点不少，但同时也存在着缺点：DHCP 不能发现网络上非 DHCP 客户端已经使用的 IP 地址；当网络上存在多个 DHCP 服务器时，一个 DHCP 服务器不能查出已被其他 DHCP 服务器租出去的 IP 地址；DHCP 服务器不能跨越路由器与客户端进行通信，除非路由器允许 BOOTP 转发。

使用 DHCP 服务时还要注意的是，由于客户端每次获得的 IP 地址不是固定的（当然现在的 DHCP 已经可以针对某一计算机分配固定的 IP 地址），如果想利用某主机对外提供网络服务（如 Web 服务、DNS 服务）等，一般采用静态 IP 地址配置方法，这是因为使用动态的 IP 地址是比较麻烦的，还得需要动态域名解析服务（DDNS）来支持。

11.4　项目实施

11.4.1　任务 1：安装与配置 DHCP 服务器

1. 任务目标

（1）理解 DHCP 的基本概念和工作原理。

（2）掌握 Windows Server 2008 中 DHCP 服务器的安装和配置方法。

（3）掌握 DHCP 客户端的设置方法。

2. 任务内容

（1）安装"DHCP 服务器"角色。

（2）配置 DHCP 服务器。

（3）配置 DHCP 客户端。

3. 完成任务所需的设备和软件

（1）安装有 Windows Server 2008 R2 操作系统的虚拟机（Win2008-1 和 Win2008-2）两台，Windows 7 虚拟机 1 台。

（2）Win2008-1 为 DHCP 服务器，IP 地址为 192.168.10.11，子网掩码为 255.255.255.0，位于工作组 WORKGROUP 中。

（3）Win2008-2 为 DHCP 客户端，自动获得 IP 地址，位于工作组 WORKGROUP 中。

4. 任务实施步骤

1）安装"DHCP 服务器"角色

在大中型的网络以及 ISP 网络中，通常采用 DHCP 服务器实现网络的 TCP/IP 动态配置与管理。这是网络管理任务中应用最多、最普通的一项管理技术。DHCP 服务系统采用了 C/S 网络服务模式，因此其配置与管理应当包括服务器和客户端。

与安装"DNS 服务器"角色一样，使用"添加角色"向导可以安装"DHCP 服务器"角色，这个向导可以通过"服务器管理器"或"初始化配置任务"应用程序打开。安装"DHCP 服务器"角色的操作步骤如下。

步骤 1：在 Win2008-1 计算机上选择"开始"→"管理工具"→"服务器管理器"命令，打开"服务器管理器"窗口，选择左侧窗格中的"角色"选项，再单击右侧窗格中的"添加角色"超链接。

步骤 2：在打开的"添加角色向导"对话框中有相关说明和注意事项，单击"下一步"按钮，出现"选择服务器角色"界面，如图 11-3 所示，选中"DHCP 服务器"复选框。

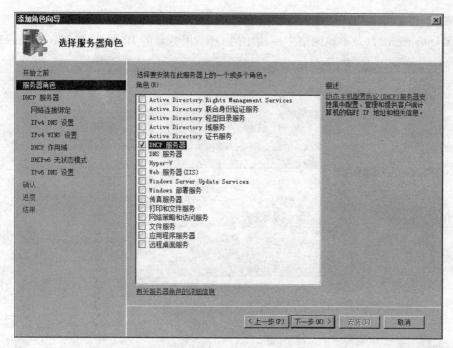

图 11-3　"选择服务器角色"界面

步骤 3：单击"下一步"按钮，出现"DHCP 服务器"界面，可以查看 DHCP 服务器简介以及安装时相关的注意事项。

步骤 4：单击"下一步"按钮，出现"选择网络连接绑定"界面，如图 11-4 所示，选择向客户端提供服务的网络连接，即 192.168.10.11 复选框。

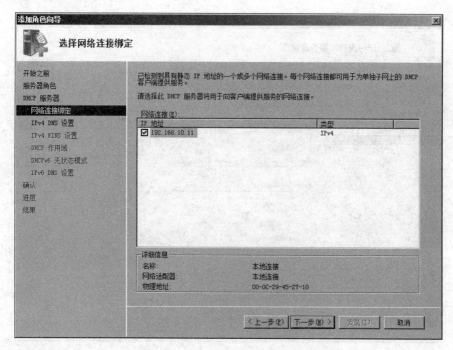

图 11-4　"选择网络连接绑定"界面

步骤 **5**：单击"下一步"按钮，出现"指定 IPv4 DNS 服务器设置"界面，如图 11-5 所示，输入父域名（nos.com）以及本地网络中所使用的 DNS 服务器的 IP 地址（192.168.10.11）。

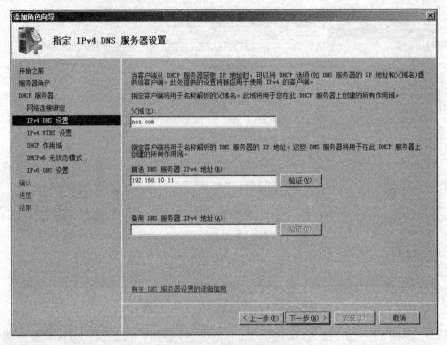

图 11-5　"指定 IPv4 DNS 服务器设置"界面

步骤 **6**：单击"下一步"按钮，出现"指定 IPv4 WINS 服务器设置"界面，如图 11-6 所示，选中"此网络上的应用程序不需要 WINS"单选按钮。

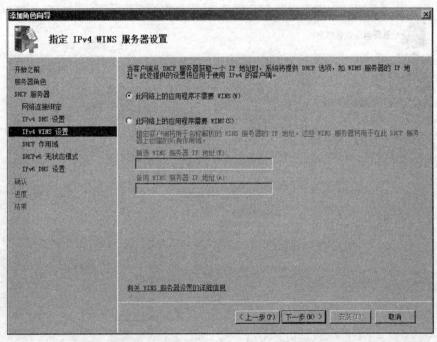

图 11-6　"指定 IPv4 WINS 服务器设置"界面

【说明】　WINS(Windows Internet Name Server)和 DNS 有些类似,可以动态地将内部计算机名称(NetBIOS 名)和 IP 地址进行映射。在网络中进行通信的计算机双方需要知道对方的 IP 地址才能通信,然而计算机的 IP 地址是一个 4 个字节的数字,难以记忆。除了使用主机名(DNS 计算机名)外,还可以使用内部计算机名称来代替 IP 地址,NetBIOS 名对早期一些 Windows 版本(如 Windows 95/98)来说是不可缺少的。

步骤 7：单击"下一步"按钮,出现"添加或编辑 DHCP 作用域"界面,如图 11-7 所示。

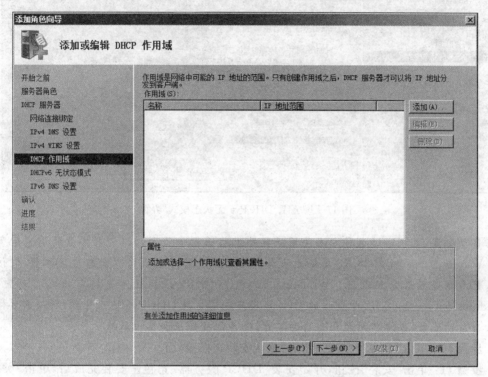

图 11-7　"添加或编辑 DHCP 作用域"界面

步骤 8：单击"添加"按钮,打开"添加作用域"对话框,如图 11-8 所示,输入作用域名称(DHCP-1)、起始 IP 地址(192.168.10.101)、结束 IP 地址(192.168.10.200)、子网类型[有线(租用持续时间将为 8 天)]、子网掩码(255.255.255.0)、默认网关(192.168.10.2),选中"激活此作用域"复选框。

步骤 9：单击"确定"按钮,返回到"添加或编辑 DHCP 作用域"界面,单击"下一步"按钮,出现"配置 DHCPv6 无状态模式"界面,如图 11-9 所示,选中"对此服务器禁用 DHCPv6 无状态模式"单选按钮。

【说明】　虽然 IPv6 支持通过 DHCPv6 服务器自动分配 IP 地址,但是 IPv6 不需要使用配置协议(如 DHCP)来自动分配地址。不使用 DHCPv6 服务器的自动配置称为无

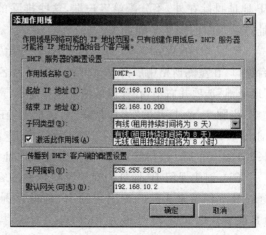

图 11-8　"添加作用域"对话框

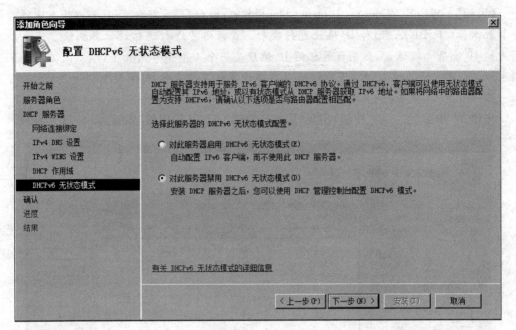

图 11-9 "配置 DHCPv6 无状态模式"界面

状态自动配置，主机通过这种方法使用从链路上路由器中收到的路由器播放的消息配置地址。Windows Server 2008 R2 支持无状态自动配置。IPv6 也提供有状态自动配置，它依靠 DHCPv6 服务器来分配地址。Windows Server 2008 R2 现在还不支持有状态自动配置，Windows Server 2008 R2 中包括的 DHCP 服务也不支持 DHCPv6 地址分配，所以需要依靠无状态自动配置，或者禁用无状态自动配置，手动配置地址和其他属性。

步骤 10：单击"下一步"按钮，出现"确认安装选择"界面。

步骤 11：单击"安装"按钮，开始安装"DHCP 服务器"角色。安装完成后，单击"关闭"按钮。

2）配置 DHCP 服务器

（1）创建 IP 地址排除范围。建立 IP 地址池后，还可以把 IP 地址池中的某个或者某些 IP 地址排除在外，不分配给客户端，这些排除的 IP 地址一般用作静态 IP 地址。创建 IP 地址排除范围的操作步骤如下。

步骤 1：在 Win2008-1 计算机上选择"开始"→"管理工具"→DHCP 命令，打开 DHCP 控制台窗口，在左侧窗格中展开 Win2008-1（服务器名）→IPv4→"作用域［192.168.10.0］DHCP-1"→"地址池"选项并右击，在弹出的快捷菜单中选择"新建排除范围"命令，如图 11-10 所示。

步骤 2：在打开的"添加排除"对话框中，在"起始 IP 地址"和"结束 IP 地址"文本框中均输入 192.168.10.150，如图 11-11 所示，单击"添加"按钮，再单击"关闭"按钮，表示 IP 地址 192.168.10.150 被排除，服务器不分配该地址，这样的地址一般是静态地址。

（2）创建保留 IP 地址。对于某些特殊的客户端，需要一直使用相同的 IP 地址，就可以通过建立保留来为其分配固定的 IP 地址。例如，要给网卡 MAC 地址为 00-0C-29-8A-1C-CE 的客户端保留 IP 地址为 192.168.1.150，操作步骤如下。

步骤 1：在 DHCP 控制台窗口的左侧窗格中依次展开 Win2008-1（服务器名）→IPv4→

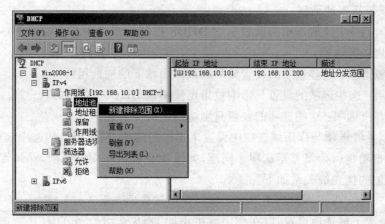

图 11-10   DHCP 控制台窗口(1)

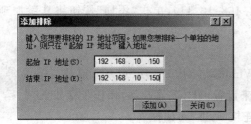

图 11-11 "添加排除"对话框

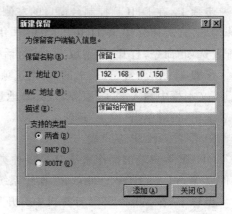

图 11-12 "新建保留"对话框

"作用域[192.168.10.0]DHCP-1"→"保留"选项并右击,在弹出的快捷菜单中选择"新建保留"命令,打开"新建保留"对话框,如图 11-12 所示。

步骤 2:在"保留名称"文本框中输入名称(保留 1),在"IP 地址"文本框中输入保留的 IP 地址(192.168.10.150),在"MAC 地址"文本框中输入客户端网卡的 MAC 地址(00-0C-29-8A-1C-CE)。如果有需要,可以在"描述"文本框中输入一些描述此客户的说明性文字(保留给网管),完成设置后单击"添加"按钮,再单击"关闭"按钮。

步骤 3:添加完成后,可在作用域中的"地址租用"选项中进行查看。大部分情况下,客户端使用的仍然是以前的 IP 地址。也可以用以下方法进行更新。

- ipconfig /release:释放现有 IP 地址。
- ipconfig /renew:更新 IP 地址。

(3) 配置 DHCP 选项。DHCP 服务器除了可以为 DHCP 客户端提供 IP 地址外,还可以设置 DHCP 客户端启动时的工作环境,如可以设置客户端登录的域名称、DNS 服务器、WINS 服务器、路由器、默认网关等。在客户端启动或更新租约时,DHCP 服务器可以自动设置客户端启动后的 TCP/IP 环境。

DHCP 服务器提供了许多选项,如默认网关、DNS 域名、DNS 服务器、WINS 服务器、路由器等。选项包括 4 种类型。

- 服务器选项：这些选项的设置影响 DHCP 控制台窗口中该服务器下所有作用域中的客户和类选项。
- 作用域选项：这些选项的设置只影响该作用域下的地址租约。
- 类选项：这些选项的设置只影响被指定使用该 DHCP 类 ID 的客户端。
- 保留客户选项：这些选项的设置只影响指定的保留客户。

如果在服务器选项与作用域选项中设置了不同的选项，则作用域的选项起作用，即在应用时，作用域选项将覆盖服务器选项。同理，类选项会覆盖作用域选项，保留客户选项会覆盖类选项，它们的优先级关系如下。

保留客户选项＞类选项＞作用域选项＞服务器选项

为了进一步了解选项设置，以在作用域中添加 DNS 选项为例，DHCP 的选项设置操作步骤如下。

步骤 1：在 DHCP 控制台窗口的左侧窗格中，依次展开 Win2008-1（服务器名）→IPv4→"作用域[192.168.10.0]DHCP-1"→"作用域选项"选项并右击，在弹出的快捷菜单中选择"配置选项"命令，打开"作用域 选项"对话框，如图 11-13 所示。

步骤 2：在"常规"选项卡的"可用选项"列表框中选中"006 DNS 服务器"复选框，在"IP地址"文本框中输入 DNS 服务器的 IP 地址（192.168.10.11），单击"添加"按钮将其添加到列表框中，最后单击"确定"按钮。

3）配置 DHCP 客户端

DHCP 客户端的操作系统有很多种类，如 Windows XP/7/10/2003/2008 或 Linux 等，下面以 Windows Server 2008 R2 操作系统为例来设置 DHCP 客户端，操作步骤如下。

步骤 1：在 Win2008-2 计算机中打开"本地连接 属性"对话框。

步骤 2：选中"Internet 协议版本 4(TCP/IPv4)"选项，单击"属性"按钮，打开"Internet 协议版本 4(TCP/IPv4) 属性"对话框，如图 11-14 所示。

图 11-13 "作用域 选项"对话框

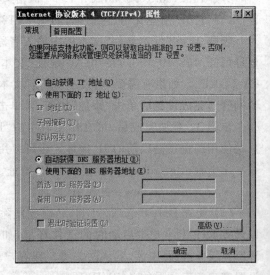

图 11-14 "Internet 协议版本 4 (TCP/IPv4) 属性"对话框

步骤 3：选中"自动获得 IP 地址"和"自动获得 DNS 服务器地址"单选按钮，然后单击"确定"按钮。

【说明】 由于 DHCP 客户端是在开机时自动获得 IP 地址的，因此并不能保证每次获得的 IP 地址是相同的。

步骤 4：打开命令提示符窗口，输入 ipconfig /all 和 ping 192.168.10.11 命令对 DHCP 客户端进行测试，结果如图 11-15 和图 11-16 所示。

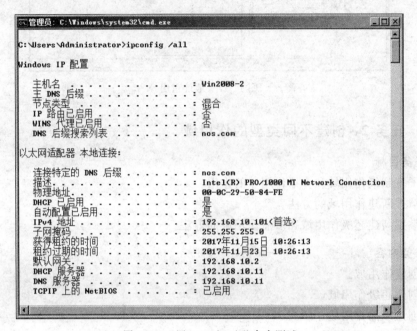

图 11-15 用 ipconfig /all 命令测试

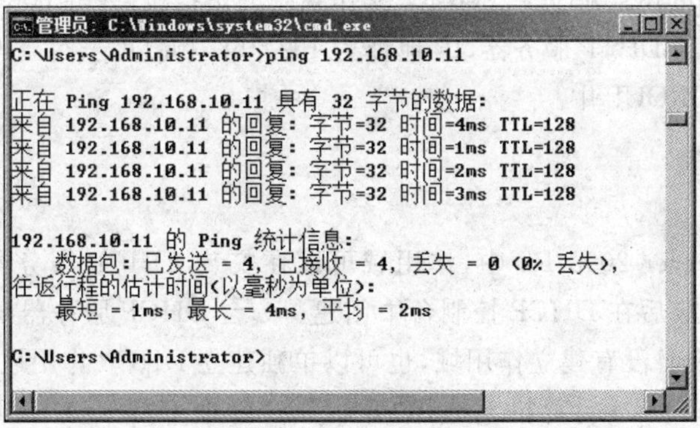

图 11-16 用 ping 192.168.10.11 命令测试

步骤 5：输入 ipconfig /release 命令手动释放 DHCP 客户端的 IP 地址租约。

步骤 6：输入 ipconfig /renew 命令手动更新 DHCP 客户端的 IP 地址租约。

步骤 7：在 Win2008-1 计算机的 DHCP 控制台窗口中选择"作用域［192.168.10.0］DHCP-1"→"地址租用"选项，可看到从当前 DHCP 服务器的当前作用域中租用 IP 地址的租约，如图 11-17 所示。

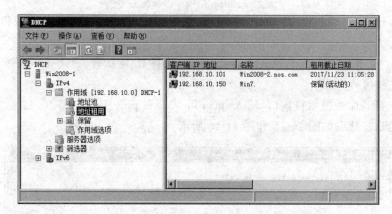

图 11-17　地址租用

11.4.2　任务 2：创建不同类型的作用域

1. 任务目标

（1）了解超级作用域和多播作用域的作用。

（2）掌握新建作用域的方法。

（3）掌握新建超级作用域和多播作用域的方法。

2. 任务内容

（1）创建作用域。

（2）创建超级作用域。

（3）创建多播作用域。

3. 完成任务所需的设备和软件

（1）安装有 Windows Server 2008 R2 操作系统的虚拟机（Win2008-1）1 台。

（2）Win2008-1 为 DHCP 服务器，IP 地址为 192.168.10.11，子网掩码为 255.255.255.0，位于工作组 WORKGROUP 中。

4. 任务实施步骤

1）创建作用域

在 Windows Server 2008 R2 中，作用域可以在安装"DHCP 服务器"角色的过程中创建，也可以在安装完成后在 DHCP 控制台中创建。一台 DHCP 服务器可以创建多个不同的作用域。如果在安装时没有建立作用域，也可以单独建立 DHCP 作用域，操作步骤如下。

步骤 1：在 Win2008-1 计算机上选择"开始"→"管理工具"→DHCP 命令，打开 DHCP 控制台窗口，在左侧窗格中展开 Win2008-1（服务器名），右击 IPv4 选项，在弹出的快捷菜单中选择"新建作用域"命令，如图 11-18 所示。

步骤 2：在打开的"新建作用域向导"对话框中单击"下一步"按钮，出现"作用域名称"界面，在"名称"文本框中输入新作用域的名称（DHCP-2），用来与其他作用域相区分，如图 11-19 所示。根据需要可在"描述"文本框中输入相应内容。

步骤 3：单击"下一步"按钮，出现"IP 地址范围"界面，在"起始 IP 地址"文本框中输入 192.168.11.101，在"结束 IP 地址"文本框中输入 192.168.11.200，如图 11-20 所示。

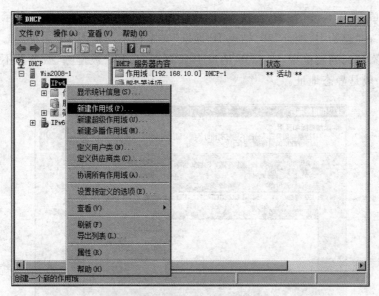

图 11-18 DHCP 控制台窗口(2)

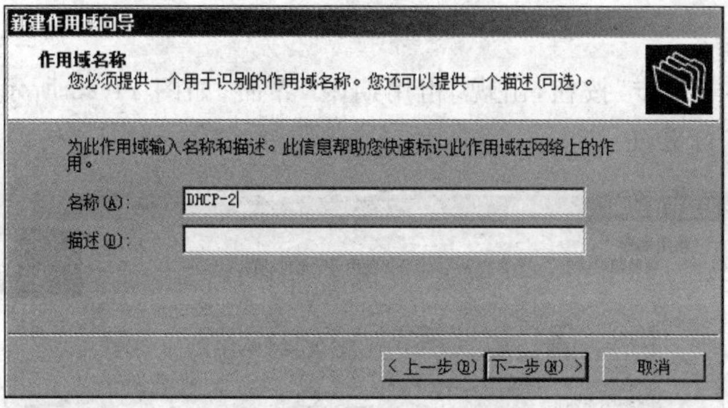

图 11-19 "作用域名称"界面

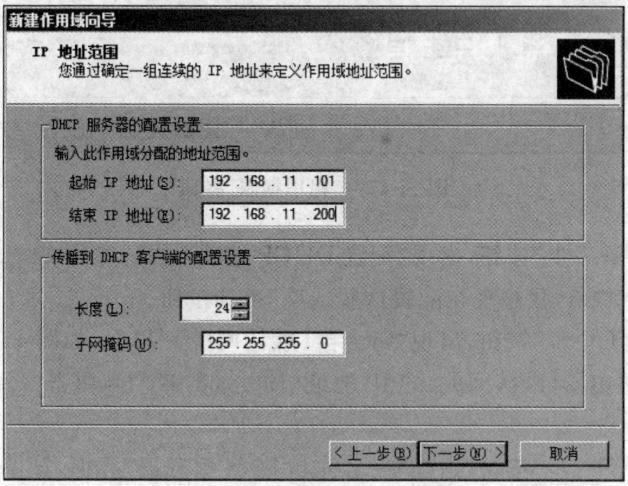

图 11-20 "IP 地址范围"界面

　　步骤 4：单击"下一步"按钮，出现"添加排除和延迟"界面，如图 11-21 所示，设置客户端的排除地址。在"起始 IP 地址"和"结束 IP 地址"文本框中均输入 192.168.11.150，单击"添加"按钮将其添加到列表框中，表示 IP 地址 192.168.11.150 被排除，服务器不分配该地址，这样的地址一般是静态地址。

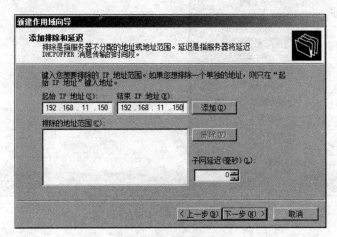

图 11-21　"添加排除和延迟"界面

　　步骤 5：单击"下一步"按钮，出现"租用期限"界面，如图 11-22 所示，默认租用期限为 8 天，可根据需要进行更改。

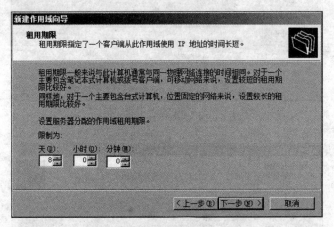

图 11-22　"租用期限"界面

　　步骤 6：单击"下一步"按钮，出现"配置 DHCP 选项"界面，如图 11-23 所示，提示是否配置 DHCP 选项，选中"是，我想现在配置这些选项"单选按钮。

　　步骤 7：单击"下一步"按钮，出现"路由器（默认网关）"界面，如图 11-24 所示，在"IP 地址"文本框中输入路由器（默认网关）的 IP 地址（192.168.11.2），单击"添加"按钮，将其添加到列表框中。

　　步骤 8：单击"下一步"按钮，出现"域名称和 DNS 服务器"界面，如图 11-25 所示，在"父域"文本框中输入进行 DNS 解析时使用的父域（nos.com），在"IP 地址"文本框中输入 DNS 服务器的 IP 地址（192.168.10.11），单击"添加"按钮将其添加到列表框中。

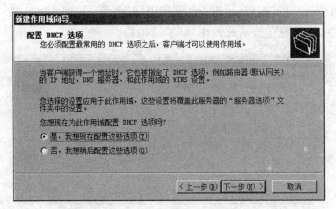

图 11-23 "配置 DHCP 选项"界面

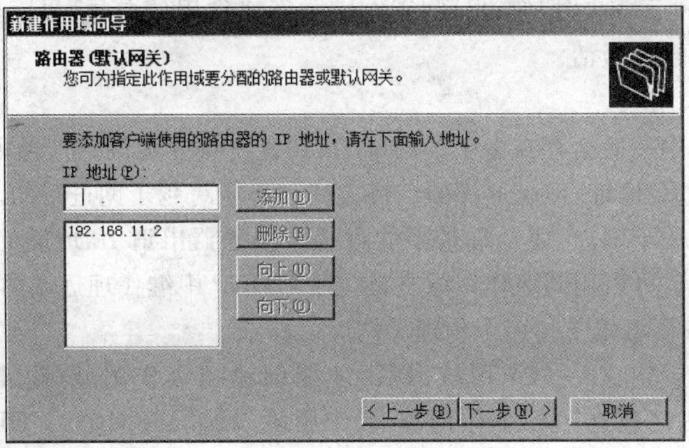

图 11-24 "路由器(默认网关)"界面

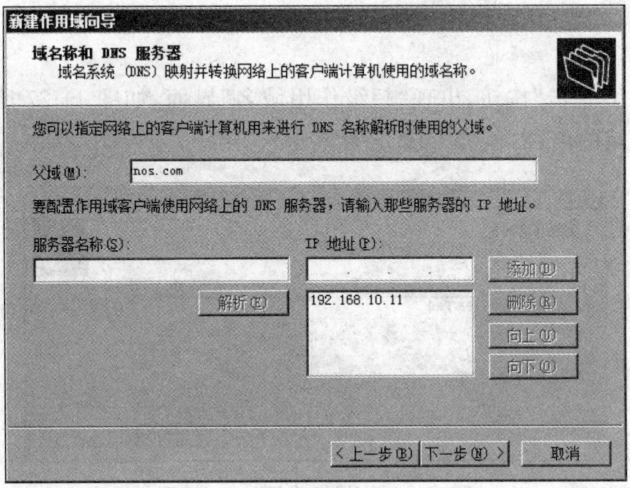

图 11-25 "域名称和 DNS 服务器"界面

步骤 9：单击"下一步"按钮，出现"WINS 服务器"界面。如果网络中没有配置 WINS 服务器，则不必设置。

步骤 10：单击"下一步"按钮，出现"激活作用域"界面，如图 11-26 所示，询问是否要激活作用域，选中"是，我想现在激活此作用域"单选按钮。

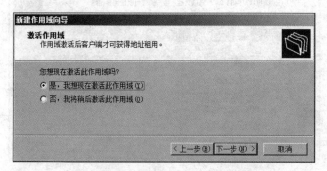

图 11-26   "激活作用域"界面

步骤 11：单击"下一步"按钮，出现"正在完成新建作用域向导"界面，单击"完成"按钮，作用域创建完成并自动激活。

2）创建超级作用域

在大型的网络中一般会存在多个子网，DHCP 客户端通过网络广播消息获得 DHCP 服务器的响应后得到 IP 地址，但是这样的广播方式是不能跨越子网进行的。如果 DHCP 客户端和服务器在不同的子网内，客户端是不能直接向服务器申请 IP 地址的，所以要想实现跨越子网进行 IP 申请，可以用超级作用域支持位于 DHCP 中继代理远端的 DHCP 客户端，这样一台 DHCP 服务器可以支持多个物理子网。

在服务器上至少定义一个作用域以后，才能创建超级作用域（防止创建空的超级作用域）。假设网络内已建立了 2 个作用域："作用域[192.168.10.0] DHCP-1"和"作用域[192.168.11.0] DHCP-2"，将这 2 个作用域定义为超级作用域的子作用域，操作步骤如下。

步骤 1：在 Win2008-1 计算机的 DHCP 控制台窗口中展开左侧窗格中的 Win2008-1（服务器名），右击 IPv4 选项，在弹出的快捷菜单中选择"新建超级作用域"命令，打开"新建超级作用域向导"对话框。

步骤 2：单击"下一步"按钮，出现"超级作用域名"界面，如图 11-27 所示，在"名称"文本框中输入超级作用域的名称，例如 DHCP-S。

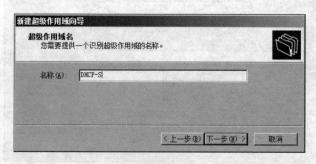

图 11-27   "超级作用域名"界面

步骤 3：单击"下一步"按钮，出现"选择作用域"界面，如图 11-28 所示，在"可用作用域"列表框中按住 Shift 键，同时选择 DHCP-1 和 DHCP-2 作用域。

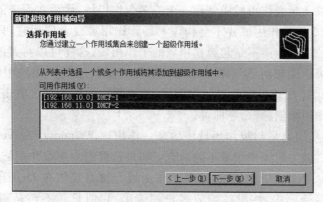

图 11-28 "选择作用域"界面

步骤 4：单击"下一步"按钮，出现"正在完成新建超级作用域向导"界面，如图 11-29 所示，这里显示出将要建立超级作用域的相关信息。单击"完成"按钮，完成超级作用域的创建。

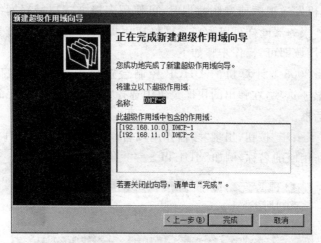

图 11-29 "正在完成新建超级作用域向导"界面

步骤 5：当超级作用域创建完成后，在 DHCP 控制台窗口中展开"超级作用域 DHCP-S"选项，原有的作用域就像是超级作用域的下一级目录，管理起来非常方便，如图 11-30 所示。

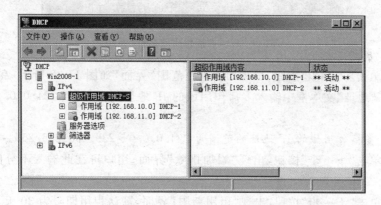

图 11-30 已创建好的超级作用域

如果需要，可以从超级作用域中删除一个或多个作用域，然后在服务器上重新构建作用域。从超级作用域中删除作用域并不会物理上删除作用域或者停用它，只是让这个作用域直接位于服务器分支下面，而不是超级作用域的子作用域，这样可以将其添加到不同的作用域，或者在删除超级作用域时不影响其中的作用域。要从超级作用域中删除作用域，打开DHCP控制台窗口，并打开相应的超级作用域，在要删除的作用域上右击，在弹出的快捷菜单中选择"从超级作用域删除"命令即可。

如果被删除的作用域是超级作用域中的唯一作用域，Windows Server 2008 R2也会移除这个超级作用域，因为超级作用域不能为空。如果选择删除超级作用域，则会删除超级作用域，但是不会删除下面的子作用域，这些子作用域会被直接放在DHCP服务器分支下显示，而且作用域不会受影响，将继续响应客户端请求，它们只是不再是超级作用域的成员而已。

3）创建多播作用域

当用户需要在网络中架设视频或音频服务器（如使用视频会议或音频会议服务），以向网络中的其他计算机发送视频或音频数据时，可使用多播方式以减轻网络负载。Windows Server 2008 DHCP服务器同样可以为多播网络应用提供自动分配多播IP地址服务，用户只需要创建多播作用域即可，操作步骤如下。

步骤1：在Win2008-1计算机的DHCP控制台窗口中展开左侧窗格中的服务器名Win2008-1，右击IPv4选项，在弹出的快捷菜单中选择"新建多播作用域"命令，打开"新建多播作用域向导"对话框。

步骤2：单击"下一步"按钮，出现"多播作用域名称"界面，如图11-31所示，在"名称"文本框中，输入多播作用域的名称，例如MULTI。

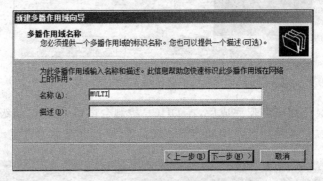

图11-31 "多播作用域名称"界面

步骤3：单击"下一步"按钮，出现"IP地址范围"界面，如图11-32所示，在"起始IP地址"和"结束IP地址"文本框中输入多播作用域的IP地址范围，例如224.0.0.101～224.0.0.200。

【说明】 多播作用域的IP地址的范围为224.0.0.0～239.255.255.255。

步骤4：单击"下一步"按钮，出现"添加排除"界面，用户可在此输入不分配的IP地址范围。

步骤5：单击"下一步"按钮，出现"租用期限"界面，默认租用期限为30天，可根据需要进行更改。

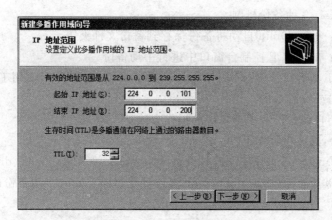

图 11-32 "IP 地址范围"界面

步骤 6：单击"下一步"按钮，出现"激活多播作用域"界面，默认选中"是"单选按钮。

步骤 7：单击"下一步"按钮，出现"正在完成新建多播作用域向导"界面，单击"完成"按钮，完成多播作用域的创建。

11.4.3 任务 3：DHCP 数据库的维护

1. 任务目标

（1）了解 DHCP 数据库的重要性。

（2）掌握备份、还原、迁移 DHCP 数据库的方法。

2. 任务内容

（1）备份 DHCP 数据库。

（2）还原 DHCP 数据库。

（3）迁移 DHCP 数据库。

3. 完成任务所需的设备和软件

（1）安装有 Windows Server 2008 R2 操作系统的虚拟机（Win2008-1 和 Win2008-2）两台。

（2）Win2008-1 为 DHCP 服务器，IP 地址为 192.168.10.11，子网掩码为 255.255.255.0，位于工作组 WORKGROUP 中。

（3）Win2008-2 作为新的 DHCP 服务器（要安装"DHCP 服务器"角色），IP 地址为 192.168.10.12，子网掩码为 255.255.255.0，位于工作组 WORKGROUP 中。

4. 任务实施步骤

DHCP 服务器的配置信息，例如作用域、地址池、保留的 IP 地址以及其他设置等均保存在 DHCP 数据库中，并与日志文件一样存储在 %SystemRoot%\System32\dhcp 文件夹内，其中最主要的文件是 dhcp.mdb。

1）备份 DHCP 数据库

当管理员对 DHCP 服务器进行大量设置或修改后，将所设置信息及时备份是非常重要的，这样即使 DHCP 服务器出现问题，也可使用备份将其快速恢复。

DHCP 服务器有 3 种备份机制。

① 自动备份：每隔 60min 自动将备份保存到备份文件夹下。

② 手动备份：在 DHCP 控制台窗口中进行手动备份。

③ 使用备份工具进行备份：使用 Windows Server 2008 Backup 实用工具或第三方备份工具进行计划备份或按需备份。

下面主要介绍自动备份和手动备份的操作方法。

（1）自动备份，具体步骤如下。

步骤 1：在 Win2008-1 计算机中，打开％SystemRoot％\System32\dhcp\backup\new 文件夹，如图 11-33 所示，其中的 dhcp.mdb 文件就是每隔 60min 自动备份的 DHCP 数据库文件。

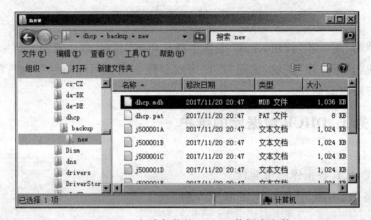

图 11-33　自动备份的 DHCP 数据库文件

步骤 2：如果想修改自动备份的时间间隔（默认 60min），运行 regedit.exe 程序，打开注册表，找到 HKEY_LOCAL_MACHINE\SYSTEM\CurrentControlSet\Services\DIICPServer\Parameters\BackupInterval 表项，修改该表项的值（默认为十进制值 60）即可。

（2）手动备份，具体步骤如下。

步骤 1：在 Win2008-1 计算机的 DHCP 控制台窗口中右击 DHCP 服务器名 Win2008-1，在弹出的快捷菜单中选择"备份"命令，打开"浏览文件夹"对话框，如图 11-34 所示。

步骤 2：选择存放备份的文件夹（系统默认存储在％SystemRoot％\System32\dhcp\backup 文件夹中），单击"确定"按钮。

2）还原 DHCP 数据库

还原 DHCP 数据库分为自动还原和手动还原。

① 自动还原：当 DHCP 服务器启动时会检查数据库的完整情况，如果数据库损坏，DHCP 服务器会自动利用％SystemRoot％\System32\dhcp\backup\new 文件夹中的备份恢复。

② 手动还原：在 DHCP 控制台窗口中进行手动还原。

（1）自动还原，具体步骤如下。

步骤 1：停止 DHCP 服务器的运行。实现方法有两种：一种是在 DHCP 控制台窗口中

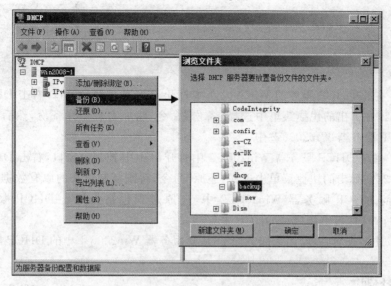

图 11-34　备份 DHCP 数据库

选择要停止的 DHCP 服务器名称并右击,然后在弹出的快捷菜单中选择"所有任务"→"停止"命令;另一种是在 DHCP 服务器的命令行提示符下运行 net stop dhcpserver 命令。

步骤 2:删除％SystemRoot％\System32\dhcp 文件夹下的 dhcp.mdb 文件,模拟该文件损坏。

步骤 3:重新启动 DHCP 服务器的运行。实现方法有两种:一种是在 DHCP 控制台窗口中选择要重新启动的 DHCP 服务器名称并右击,然后在弹出的快捷菜单中选择"所有任务"→"启动"命令;另一种是在 DHCP 服务器的命令行提示符下运行 net start dhcpserver 命令。

步骤 4:再次打开％SystemRoot％\System32\dhcp 文件夹,观察 dhcp.mdb 文件是否已自动还原。

(2) 手动还原,具体步骤如下。

步骤 1:在 DHCP 控制台窗口中右击 DHCP 服务器名 Win2008-1,在弹出的快捷菜单中选择"还原"命令,打开"浏览文件夹"对话框。

步骤 2:选择能找到备份文件的文件夹(系统默认存放备份文件的文件夹为％Systemroot％\System32\dhcp\backup),单击"确定"按钮,弹出警告对话框,提示"为了使改动生效,必须停止和重新启动服务。要这样做吗?"。

步骤 3:单击"是"按钮,DHCP 服务器先停止 DHCP 服务,再还原 DHCP 数据库,然后再重新启动 DHCP 服务,并弹出数据库已成功还原的提示对话框,如图 11-35 所示,单击"确定"按钮。

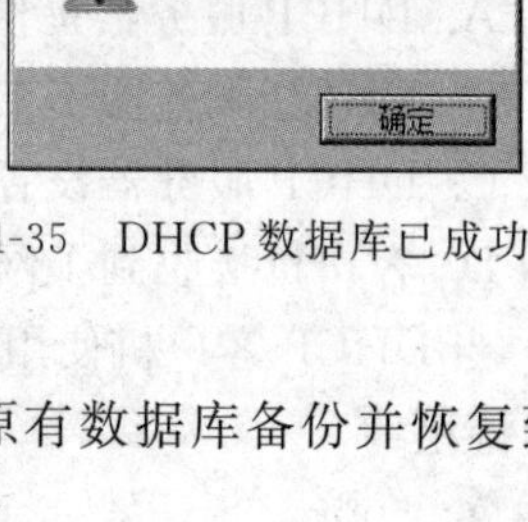

图 11-35　DHCP 数据库已成功还原

3) 迁移 DHCP 数据库

如果用户需要将 DHCP 服务器由一台计算机 (Win2008-1)迁移至另一台(Win2008-2),可通过以下步骤将原有数据库备份并恢复到新的 DHCP 服务器中。操作步骤如下。

两台服务器必须均运行 Windows Server 2008 R2 操作系统并安装"DHCP 服务器"角色。

步骤 1：在原 DHCP 服务器 Win2008-1 中打开 DHCP 控制台窗口，右击 DHCP 服务器名 Win2008-1，在弹出的快捷菜单中选择"备份"命令，将原有数据库备份，然后将该备份复制到新 DHCP 服务器 Win2008-2 中。

步骤 2：在新 DHCP 服务器 Win2008-2 中打开 DHCP 控制台窗口，右击 DHCP 服务器名 Win2008-2，在弹出的快捷菜单中选择"还原"命令，将刚复制过来的原有数据库还原恢复（迁移）到新的 DHCP 服务器 Win2008-2 中，还原过程包括先停止 DHCP 服务，再还原 DHCP 数据库，然后再重新启动 DHCP 服务。

步骤 3：迁移成功后，停用或卸载原 DHCP 服务器 Win2008-1 中的 DHCP 服务。

11.5 习题

一、填空题

1. DHCP 是采用_____模式，有明确的客户端和服务器角色的划分。

2. DHCP 协议的前身是 BOOTP，BOOTP 也称为自举协议，它使用_____来使一个工作站自动获取配置信息。

3. DHCP 允许有三种类型的地址分配：_____、_____、_____。

4. DHCP 客户端无法获得 IP 地址时，将自动从 Microsoft 保留地址段_____中选择一个作为自己的地址。

5. 在 Windows 环境下，使用_____命令可以查看 IP 地址配置，释放 IP 地址使用_____命令，续订 IP 地址使用_____命令。

6. DHCP 的工作过程包括_____、_____、_____、_____ 4 个阶段。

7. 多播作用域只可以指定_____至_____之间的 IP 地址范围。

二、选择题

1. _____命令可以手动释放 DHCP 客户端的 IP 地址。

    A. ipconfig   B. ipconfig /renew

    C. ipconfig /all   D. ipconfig /release

2. 某 DHCP 服务器的地址池范围为 192.168.1.101～192.168.1.150，该网段下某 Windows 客户机启动后，自动获得的 IP 地址为 169.254.220.167，其可能的原因是_____。

    A. DHCP 服务器提供保留的 IP 地址

    B. DHCP 服务器不工作

    C. DHCP 服务器设置的租约时间太长

    D. 客户机接收到了网段内其他 DHCP 服务器提供的 IP 地址

3. 当 DHCP 客户机使用 IP 地址的时间到达租约的_____时，DHCP 客户机会自动尝试续订租约。

    A. 50%   B. 70%   C. 87.5%   D. 100%

4. 在使用 DHCP 服务时,当客户机租约使用时间超过租约的 50% 时,客户机会向服务器发送_____数据包,以更新现有的地址租约。

    A. DHCP Discover   B. DHCP Offer

    C. DHCP Request   D. DHCP Ack

5. DHCP 服务器分配给客户机 IP 地址,默认的租用时间是_____天。

    A. 1   B. 3   C. 5   D. 8

6. 关于 DHCP 协议,下列说法中错误的是_____。

    A. Windows Server 2008 R2 DHCP 服务器(有线)默认租约期是 8 天

    B. DHCP 协议的作用是为客户机动态地分配 IP 地址

    C. 客户端发送 DHCP Discover 报文请求 IP 地址

    D. DHCP 协议提供 IP 地址到域名的解析

7. 在 Windows Server 2008 R2 系统中,DHCP 服务器中的设置数据存放在名为 dhcp. mdb 数据库文件中,该文件夹位于_____。

    A. \Windows\dhcp   B. \Windows\System

    C. \Windows\System32\dhcp   D. \Programs Files\dhcp

三、简答题

1. 什么是 DHCP? 引入 DHCP 有什么好处?

2. 动态 IP 地址方案有什么优点和缺点? 简述 DHCP 的工作过程。

3. 如何备份和还原 DHCP 数据库?

项目 12
Web 和 FTP 服务

项目学习目标

(1) 理解 IIS 的基本概念。

(2) 掌握 IIS 的安装方法。

(3) 掌握 Web 网站和虚拟主机的配置方法。

(4) 掌握网站的安全性设置和远程管理。

(5) 掌握 FTP 服务器的架设方法。

(6) 掌握 FTP 客户端的使用方法。

12.1 项目提出

某公司为了推广销售与加强广告宣传的力度,想把自己的产品和相关业务在网站上推广实施,所以要着手做一个自己的网站。目前该公司已有域名 www.nos.com,那么作为网络管理员,需做哪些服务配置来完成网站可被浏览与访问呢?

另外,还想实现员工能方便、快捷地从服务器上传和下载文件,还需配置什么服务来满足员工的这个需求呢?

12.2 项目分析

目前,大部分公司都有自己的网站,用来实现信息发布、资料查询、数据处理、网络办公、远程教育和视频点播等功能,还可以用来实现电子邮件服务。搭建网站要靠 Web 服务来实现,而在中小型网络中使用最多的系统是 Windows Server 2008 系统,因此微软公司的 IIS 系统提供的 Web 服务和 FTP 服务也成为使用最为广泛的服务。

通过 Web 服务器架设公司网站,可方便单位内部用户或互联网用户访问公司主页。通过 FTP 服务器可实现文件的上传和下载,方便用户文件共享。

12.3　相关知识点

12.3.1　WWW 概述

1. WWW 的基本概念

1) WWW 服务系统

WWW(World Wide Web),或 Web 服务,采用客户机/服务器工作模式,它以超文本标记语言(HTML)和超文本传输协议(HTTP)为基础。WWW 服务具有以下特点。

(1) 以超文本方式组织网络多媒体信息。

(2) 可在世界范围内任意查找、检索、浏览及添加信息。

(3) 提供生动、直观、易于使用、统一的图形用户界面。

(4) 服务器之间可相互链接。

(5) 可访问图像、声音、影像和文本等信息。

2) Web 服务器

Web 服务器上的信息通常以 Web 页面的方式进行组织,还包含指向其他页面的超链接。利用超链接可以将 Web 服务器上的一个页面与互联网上其他服务器的任意页面进行关联,使用户在检索一个页面时可以方便地查看其他相关页面。

Web 服务器不但需要保存大量的 Web 页面,而且需要接收和处理浏览器的请求,实现 Web 服务器功能。通常,Web 服务器在 TCP 的 80 端口侦听来自 WWW 浏览器的连接请求。当 Web 服务器接收到浏览器对某一 Web 页面的请求信息时,服务器搜索该 Web 页面,并将该 Web 页面内容返回给浏览器。

3) WWW 浏览器

WWW 的客户机程序称为 WWW 浏览器,它是用来浏览服务器中 Web 页面的软件。

WWW 浏览器负责接收用户的请求(从键盘或鼠标输入),利用 HTTP 协议将用户的请求传送给 Web 服务器。服务器将请求的 Web 页面返回给浏览器后,浏览器再对 Web 页面进行解释,显示在用户的屏幕上。

4) 页面地址和 URL

Web 服务器中的 Web 页面很多,通过 URL(Uniform Resource Location,统一资源定位器)指定使用什么协议、哪台服务器和哪个文件等。URL 由 3 部分组成:协议类型、主机名、路径及文件名。如 http://(协议类型)netlab. nankai. edu. cn(主机名)/student/network. html(路径及文件名)。

2. WWW 系统的传输协议

超文本传输协议(HyperText Transfer Protocol,HTTP)是客户浏览器和 Web 服务器之间的传输协议,是建立在 TCP 连接基础之上的,属于应用层的面向对象的协议。为保证客户浏览器与 Web 服务器之间的通信没有歧义,HTTP 精确定义了请求报文和响应报文的格式。

客户浏览器和 Web 服务器通过 HTTP 协议的会话过程如图 12-1 所示。

图 12-1　通过 HTTP 协议的会话过程

（1）TCP连接：客户端和 Web 服务器通过三次"握手"建立 TCP 连接。

（2）请求：客户端发送 HTTP 请求。

（3）应答：服务器接收 HTTP 请求，把 HTTP 响应反馈至客户端。

（4）关闭：服务器或客户端关闭 TCP 连接。

还有一个 HTTP 的安全版本称为 HTTPS，HTTPS 支持能被页面双方所理解的加密算法。

12.3.2　Internet 信息服务

IIS 是 Internet 信息服务（Internet Information Services）的缩写，它是微软公司随网络操作系统提供的信息服务软件，IIS 与 Windows 系统紧密集成在一起，它提供了可用于 Intranet、Internet 或 Extranet 上的集成 Web 服务器能力，这种服务器具有可靠性、可伸缩性、安全性以及可管理性的特点。

在 Windows Server 2008 R2 中使用的是 IIS 7.5，IIS 7.5 提供的基本服务包括发布信息、传输文件、支持用户通信和更新这些服务所依赖的数据存储。

1. WWW 服务

WWW 服务即万维网发布服务，通过将客户端 HTTP 请求连接到在 IIS 中运行的网站上，万维网发布服务向 IIS 最终用户提供 Web 发布。WWW 服务管理 IIS 核心组件，这些组件处理 HTTP 请求并配置管理 Web 应用程序。

2. FTP 服务

FTP 服务即文件传输协议服务，IIS 提供对管理和处理文件的完全支持。该服务使用传输控制协议（TCP），这就确保了文件传输的完成和数据传输的准确。IIS 7.5 中的 FTP 支持在站点级别上隔离用户，以帮助管理员保护其 Internet 站点的安全，并使之商业化。

3. SMTP 服务

SMTP 服务即简单邮件传输协议服务，IIS 通过此服务能够发送和接收电子邮件。例如，为确认用户提交表格成功，可以对服务器进行编程以自动发送邮件来响应事件，也可以使用 SMTP 服务以接收来自网站客户反馈的消息。SMTP 不支持完整的电子邮件服务。要提供完整的电子邮件服务，可使用 Microsoft Exchange Server。

4. NNTP 服务

NNTP 服务即网络新闻传输协议，可以使用此服务主控单个计算机上的 NNTP 本地讨论组。因为该功能完全符合 NNTP 协议，所以用户可以使用任何新闻阅读客户端程序加入新闻组进行讨论。

5. IIS 管理服务

IIS 管理服务管理 IIS 配置数据库，并为 WWW 服务、FTP 服务、SMTP 服务和 NNTP 服务更新 Microsoft Windows 操作系统注册表。配置数据库用来保存 IIS 的各种配置参数。IIS 管理服务对其他应用程序公开配置数据库，这些应用程序包括 IIS 核心组件、在 IIS 上建立的应用程序，以及独立于 IIS 的第三方应用程序（如管理或监视工具）。

12.3.3　虚拟目录和虚拟主机技术

1. 虚拟目录

由于站点磁盘的空间是有限的,随着网站的内容不断增加,同时一个站点只能指向一个主目录,所以可能出现磁盘容量不足的问题,网络管理员可以通过创建虚拟目录来解决问题。

Web 中的目录分为两种类型:物理目录和虚拟目录。

(1) 物理目录是位于计算机物理文件系统中的目录(文件夹),它可以包含文件及其他目录。

(2) 虚拟目录是在网站主目录下建立的一个友好的名称,它是 IIS 中指定并映射到本地或远程服务器上的物理目录的目录名称。虚拟目录可以在不改变别名的情况下,任意改变其对应的物理文件夹。虚拟目录只是一个文件夹,并不真正位于 IIS 宿主文件夹内(％SystemDrive％:\Inetpub\wwwroot)。但在访问 Web 站点的用户看来,则如同位于 IIS 服务的宿主文件夹一样。

虚拟目录具有以下特点。

① 便于扩展:随着时间的增长,网站内容也会越来越多,而磁盘的剩余空间却有减不增,最终硬盘空间被消耗殆尽。这时,就需要安装新的硬盘以扩展磁盘空间,并把原来的文件都移到新增的磁盘中,然后,再重新指定网站文件夹。而事实上,如果不移动原来的文件,而以新增磁盘作为该网站的一部分,就可以在不停机的情况下实现磁盘的扩展,此时,就需要借助虚拟目录来实现。虚拟目录可以与原有网站文件不在同一个文件夹,不在同一磁盘,甚至可以不在同一计算机。但在用户访问网站时,还觉得像在同一个文件夹中一样。

② 增删灵活:虚拟目录可以根据需要随时添加到 Web 网站,或者从网站中移除,因此具有非常大的灵活性。同时,在添加或移除虚拟目录时,不会对 Web 网站的运行造成任何影响。

③ 易于配置:虚拟目录使用与宿主网站相同的 IP 地址、端口号和主机头名,因此不会与其标识产生冲突。同时,在创建虚拟目录时,将自动继承宿主网站的配置,并且对宿主网站配置时,也将直接传递至虚拟目录,因此,Web 网站(包括虚拟目录)配置更加简单。

2. 虚拟主机技术

使用 IIS 7.5 可以很方便地架设 Web 网站。虽然在安装 IIS 时系统已经建立了一个现成的默认 Web 网站,直接将网站内容放到其主目录或虚拟目录中即可直接浏览,但最好还是重新设置,以保证网站的安全。如果需要,还可以在一台服务器上建立多个虚拟主机,以实现多个 Web 网站,这样可以节约硬件资源,节省空间,降低能源成本。

虚拟主机的概念对于 ISP 来讲非常有用,因为虽然一个组织可以将自己的网页挂在具备其他域名的服务器上的下级网址上,但使用独立的域名和根网址更为正式,易为众人接受。传统上,必须自己设立一台服务器才能达到单独域名的目的,然而这需要维护一个单独的服务器,很多小单位缺乏足够的维护能力,所以更为合适的方式是租用别人维护的服务器。ISP 也没有必要为每一个机构提供一个单独的服务器,完全可以使用虚拟主机,使一个服务器为多个域名提供 Web 服务,而且不同的服务互不干扰,对外就表现为多个不同的服务器。

使用 IIS 7.5 的虚拟主机技术,通过设置不同的 TCP 端口、IP 地址和主机头名,可以在一台服务器上建立多个虚拟 Web 网站。每个网站都具有唯一的,由端口号、IP 地址和主机头名 3 部分组成的网站标识,用来接收来自客户端的请求。不同的 Web 网站可以提供不同的 Web 服务,而且每一个虚拟主机和一台独立的主机完全一样。这种方式适用于企业或组织需要创建多个网站的情况,可以节省成本。

虚拟技术将一个物理主机分割成多个逻辑上的虚拟主机使用,显然能够节省经费,对于访问量较小的网站来说比较经济实惠,但由于这些虚拟主机共享这台服务器的硬件资源和带宽,在访问量较大时就容易出现资源不够用的情况。

使用不同的虚拟主机技术,架设多个 Web 网站可以通过以下 3 种方式。

1) 使用不同的端口号架设多个 Web 网站

如今 IP 地址资源越来越紧张,有时需要在 Web 服务器上架设多个网站,但计算机却只有一个 IP 地址,这时该怎么办呢? 此时,利用这一个 IP 地址,使用不同的端口号也可以达到架设多个网站的目的。

其实,用户访问所有的网站都需要使用相应的 TCP 端口。不过,Web 服务器默认的 TCP 端口号为 80,在用户访问时不需要输入。但如果网站的 TCP 端口号不是 80,在输入网址时就必须添加上端口号,而且用户在上网时也会经常遇到必须使用端口号才能访问的网站。利用 Web 服务的这个特点,可以架设多个网站,每个网站均使用不同的端口号。这种方式创建的网站,其域名或 IP 地址部分完全相同,仅端口号不同。只是用户在使用网址访问时,必须添加相应的端口号。

2) 使用不同的 IP 地址架设多个 Web 网站

如果要在一台 Web 服务器上创建多个网站,为了使每个网站域名都能对应于独立的 IP 地址,一般都使用多个 IP 地址来实现,这种方案称为 IP 虚拟主机技术,也是比较传统的解决方案。当然,为了使用户在浏览器中可使用不同的域名来访问不同的 Web 网站,必须将主机名及其对应的 IP 地址添加到域名解析系统(DNS)。如果使用此方法在 Internet 上维护多个网站,也需要通过 InterNIC 注册域名。

要使用多个 IP 地址架设多个网站,首先需要在一台服务器上绑定多个 IP 地址。Windows Server 2008 系统支持在一台服务器上安装多块网卡,并且一块网卡还可以绑定多个 IP 地址,再将这些 IP 地址分配给不同的虚拟网站,就可以达到一台服务器利用多个 IP 地址来架设多个 Web 网站的目的。

3) 使用不同的主机头名架设多个 Web 网站

主机头名又称为域名或主机名。由于 IP 地址的紧缺,可将多个域名绑定到同一个 IP 地址。这是通过使用具有单个 IP 地址的主机头名建立多个网站来实现的,前提条件是在域名设置中将多个域名映射到同一个 IP 地址。一旦来自客户端的 Web 访问请求到达服务器,服务器将使用在 HTTP 主机头(Host Header)中传递的主机头名来确定客户请求的是哪个网站。例如,使用 www.nos.com 访问第 1 个 Web 网站,使用 www2.nos.com 访问第 2 个 Web 网站,其 IP 地址均为 192.168.10.11。

在创建多个 Web 网站时,要根据企业本身现有的条件,如投资的多少、IP 地址的多少、网站性能的要求等,选择不同的虚拟主机技术。

12.3.4　FTP 概述

FTP(File Transfer Protocol)就是文件传输协议,其突出的优点是可在不同类型的计算机之间传输和交换文件。Internet 最重要的功能之一就是能让用户共享资源,包括各种软件和文档资料,这方面 FTP 最为擅长。FTP 服务器以站点(Site)的形式提供服务,一台 FTP 服务器可支持多个站点。FTP 管理简单,且具备双向传输功能,在服务器端许可的前提下可非常方便地将文件从本地传送到远程系统。

1. FTP 的工作过程

FTP 采用客户端/服务器模式运行。FTP 工作的过程就是一个建立 FTP 会话并传输文件的过程,如图 12-2 所示。与一般的网络应用不同,一个 FTP 会话中需要两个独立的网络连接,FTP 服务器需要监听两个端口。一个端口作为控制端口(默认 TCP 21),用来发送和接收 FTP 的控制信息,一旦建立 FTP 会话,该端口在整个会话期间始终保持打开状态;另一个端口作为数据端口(默认 TCP 20),用来发送和接收 FTP 数据,只有在传输数据时才打开,一旦传输结束就断开。FTP 客户端动态分配自己的端口。

FTP 控制连接建立之后,再通过数据连接传输文件。FTP 服务器所使用的数据端口取决于 FTP 连接模式。FTP 数据连接可分为主动模式(Active Mode)和被动模式(Passive Mode)。FTP 服务器端或 FTP 客户端都可设置这两种模式。究竟采用何种模式,最终取决于客户端的设置。

2. 主动模式与被动模式

主动模式又称为标准模式,一般情况下都使用这种模式,参见图 12-2。

(1) FTP 客户端打开一个动态选择的端口(1024 以上)向 FTP 服务器的控制端口(默认 TCP 21)发起连接,经过 TCP 的 3 次握手之后,建立控制连接。

(2) 客户端接着在控制连接上发出 PORT 指令通知服务器自己所用的临时数据端口。

(3) 服务器接到该指令后,使用固定的数据端口(默认 TCP 20)与客户端的数据端口建立数据连接,并开始传输数据。在这个过程中,由 FTP 服务器发起到 FTP 客户端的数据连接,所以称其为主动模式。由于客户端使用 PORT 指令联系服务器,又称为 PORT 模式。

被动模式的工作过程如图 12-3 所示。

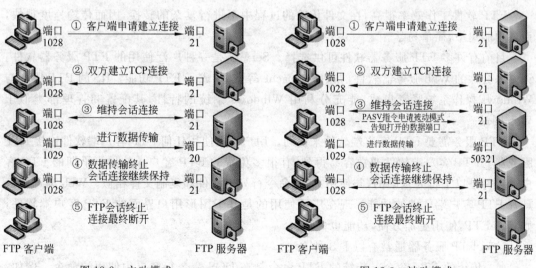

图 12-2　主动模式　　　　　　　　图 12-3　被动模式

（1）采用与主动模式相同的方式建立控制连接。

（2）FTP客户端在控制连接上向FTP服务器发出PASV指令请求进入被动模式。

（3）服务器接到该指令后，打开一个空闲的端口（1024以上）监听数据连接，并进行应答，将该端口通知给客户端，然后等待客户端与其建立连接。

（4）当客户端发出数据连接命令后，FTP服务器立即使用该端口连接客户端并传输数据。在这个过程中，由FTP客户端发起到FTP服务器的数据连接，所以称其为被动模式。由于客户端使用PASV指令联系服务器，又称为PASV模式。

 采用被动模式，FTP服务器每次用于数据连接的端口都不同，是动态分配的。采用主动模式，FTP服务器每次用于数据连接的端口相同，是固定的。如果在FTP客户端与服务器之间部署有防火墙，采用不同的FTP连接模式，防火墙的配置也不一样。客户端从外网访问内网的FTP服务器时，一般采用被动模式。

3. 匿名FTP和用户FTP

用户对FTP服务的访问有两种形式：匿名FTP和用户FTP。

匿名FTP允许任何用户访问FTP服务器。匿名FTP登录的用户账户通常是anonymous，一般不需要密码，有的则是以电子邮件地址作为密码。在许多FTP站点上，都可以自动匿名登录，从而查看或下载文件。匿名用户的权限很小，这种FTP服务比较安全。Internet上的一些FTP站点，通常只允许匿名访问。

用户FTP为已在FTP服务器上建立了特定账号的用户使用，必须以用户名和密码来登录。这种FTP应用存在一定的安全风险。当用户与FTP服务器连接时，如果所用的密码以明文形式传输，接触系统的任何人都可以使用相应的程序获取该用户的账户和密码。通常使用SSL等安全连接来解决这个安全问题。客户端要上传或删除文件，应使用用户FTP。

4. FTP解决方案

FTP软件工作效率很高，在文件传输的过程中不进行复杂的转换，因而传输速度很快，而且功能集中，简单易学。

目前有许多FTP服务器软件可供选择。Serv-U是一种广泛使用的FTP服务器软件。许多综合性的Web服务器软件，如IIS、Apache等，都集成了FTP功能。IIS的FTP服务与Windows操作系统紧密集成，能充分利用Windows系统的特性，其配置和管理都类似于Web网站。

FTP服务需要FTP客户端软件来访问。用户可以使用任何FTP客户端软件连接FTP服务器。FTP客户端软件非常容易得到，有很多免费的FTP客户端软件。早期的FTP客户端软件是以字符为基础的，与使用DOS命令行列出文件和复制文件相似。Web浏览器也具有FTP客户端软件的功能。现在广泛使用的是基于图形用户界面的FTP客户端软件，如CuteFTP，使用更加方便，功能也更强大。

访问FTP服务器通常有以下3种方法。

（1）传统的FTP命令。传统的FTP命令是在DOS命令行窗口中使用的命令。例如，ftp命令表示进入ftp会话；quit或bye命令表示退出ftp会话；close命令表示中断与服务器的 ftp 连接;pwd 命令表示显示远程主机的当前工作目录等。

（2）浏览器。在 WWW 中,采用"FTP://URL 地址"格式访问 FTP 站点。

（3）FTP 客户端软件。以图形窗口的形式访问 FTP 站点,操作非常方便。目前有很多很好的 FTP 客户端软件,比较著名的软件主要有 CuteFTP、LeapFTP、FlashFXP 等。

12.4　项目实施

12.4.1　任务 1：IIS 的安装与 Web 的基本设置

1. 任务目标

（1）熟悉 IIS 7.5 服务器角色的安装方法。

（2）掌握测试 IIS 7.5 安装成功的方法。

（3）掌握 Web 服务器的网站主目录、默认文档等的基本设置方法。

2. 任务内容

（1）IIS 7.5 的安装。

（2）网站主目录的设置。

（3）网站默认文档的设置。

3. 完成任务所需的设备和软件

（1）安装有 Windows Server 2008 R2 操作系统的虚拟机（Win2008-1 和 Win2008-2）两台。

（2）Win2008-1 为 Web 服务器,IP 地址为 192.168.10.11,子网掩码为 255.255.255.0,位于工作组 WORKGROUP 中。

（3）Win2008-2 为 Web 客户端,IP 地址为 192.168.10.12,子网掩码为 255.255.255.0,位于工作组 WORKGROUP 中。

4. 任务实施步骤

1）IIS 7.5 的安装

默认情况下,在 Windows Server 2008 R2 操作系统中,IIS 7.5 不会被默认安装,因此使用 Windows Server 2008 R2 架设 Web 服务器进行网站发布时,必须首先安装 IIS 7.5,然后再进行与 Web 服务器相关的基本设置。操作步骤如下。

步骤 1：以管理员身份登录到 Win2008-1 计算机上,选择"开始"→"管理工具"→"服务器管理器"命令,打开"服务器管理器"窗口,选择左侧窗格中的"角色"选项,单击右侧窗格中的"添加角色"超链接。

步骤 2：在打开的"添加角色向导"对话框中有相关说明和注意事项,单击"下一步"按钮,出现"选择服务器角色"界面,如图 12-4 所示,选中"Web 服务器（IIS）"复选框。

步骤 3：单击"下一步"按钮,出现"Web 服务器（IIS）"界面,可以查看 Web 服务器（IIS）简介以及安装时相关的注意事项。

步骤 4：单击"下一步"按钮,出现"选择角色服务"界面,如图 12-5 所示,默认只选择安装 Web 服务器所必需的角色服务,用户可以根据实际需要选择欲安装的角色服务。

在此将"FTP 服务器"复选框选中,在安装 Web 服务器的同时,也安装 FTP 服务器。建

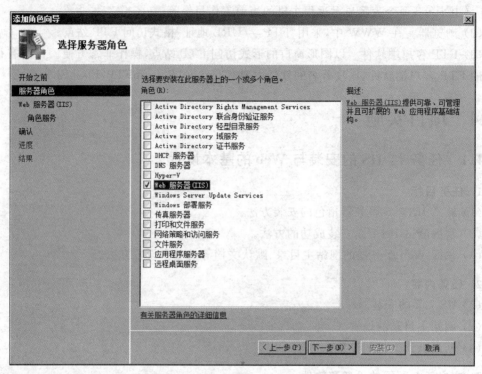

图 12-4　"选择服务器角色"界面

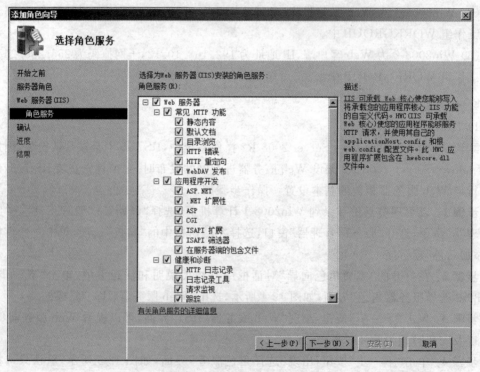

图 12-5　"选择角色服务"界面

议对"角色服务"中的各选项全部进行安装,特别是身份验证方式。如果安装不全,后面做网站安全时,会有部分功能不能使用。

步骤 5：单击"下一步"按钮,出现"确认安装选择"界面,这里显示了 Web 服务器安装的详细信息。

步骤 6：单击"安装"按钮开始安装 Web 服务器。安装完成之后,单击"关闭"按钮。

步骤 7：安装完 IIS 7.5 以后,还应对该 Web 服务器进行测试,以检测网站是否正确安装并运行。

(1) 利用本地回送地址：在本地浏览器中输入 http://127.0.0.1 或 http://localhost 来测试连接网站。

(2) 利用本地计算机名称：在本地浏览器中输入 http://Win2008-1 来测试连接网站。

(3) 利用 IP 地址：在本地浏览器中输入 http://192.168.10.11 来测试连接网站。

(4) 利用 DNS 域名：如果已设置了 DNS 服务器,在本地浏览器中输入 http://www.nos.com 或 http://win2008-1.nos.com 来测试连接网站。

如果 IIS 7.5 安装成功,则会在 IE 浏览器中显示如图 12-6 所示的页面。如果没有显示出该网页,检查 IIS 是否出现问题或重新启动 IIS 服务,也可以删除 IIS 后再重新安装。

图 12-6　Web 测试页面

2) 网站主目录的设置

任何一个网站都需要有主目录作为默认目录,当客户端请求链接时,就会将主目录中的网页等内容显示给用户。主目录是指保存 Web 网站相关文件的文件夹,当用户访问该网站时,Web 服务器会自动将该文件夹中的默认网页显示给客户端用户。

默认的网站主目录是％SystemDrive％\Inetpub\wwwroot,可以使用 IIS 管理器来更改网站的主目录。当用户访问默认网站时,Web 服务器会自动将其主目录中的默认网页传送给用户的浏览器。但在实际应用中通常不采用该默认主目录，因为将数据文件和操作系统放在同一磁盘分区中，会失去安全保障和系统安装、恢复不太方便等问题，并且当保存大量音视频文件时，可能造成磁盘或分区的空间不足。所以最好将作为数据文件的 Web 主目录保存在其他硬盘或非系统分区中。操作步骤如下。

步骤 1：在 Win2008-1 计算机上选择"开始"→"管理工具"→"Internet 信息服务（IIS）管理器"命令，打开"Internet 信息服务（IIS）管理器"窗口，该窗口采用了 3 列式界面，双击"连接"窗格中的 IIS 服务器名（Win2008-1），可以看到"功能视图"中有 IIS 默认的相关图标以及"操作"窗格中的对应操作，如图 12-7 所示。

图 12-7 "Internet 信息服务（IIS）管理器"窗口

步骤 2：在"连接"窗格中，展开控制台树中的"网站"节点，有系统自动建立的默认 Web 站点 Default Web Site，可以直接利用它来发布网站，也可以另建一个新网站。

步骤 3：选择 Default Web Site 节点后，在"操作"窗格中，单击"浏览"超链接，将打开系统默认的网站主目录 C:\inetpub\wwwroot，如图 12-8 所示。

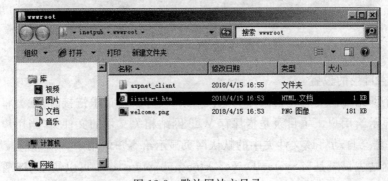

图 12-8 默认网站主目录

当用户访问此默认网站时,浏览器将会显示网站主目录中的默认网页,即 wwwroot 子文件夹中的 iisstart.htm 页面。

步骤 4: 本步骤是创建一个新的 Web 站点。在"连接"窗格中,右击"网站"节点,在弹出的快捷菜单中选择"添加网站"命令,在打开的"添加网站"对话框中设置 Web 站点的相关参数,如图 12-9 所示。例如,网站名称为"我的 Web",物理路径也就是 Web 站点的主目录,可以选择网站文件所在的文件夹 C:\myweb,Web 站点的 IP 地址可以直接在"IP 地址"下拉列表中选择系统默认的 IP 地址(192.168.10.11),端口号默认为 80。完成之后返回到"Internet 信息服务(IIS)管理器"窗口,即可查看到刚才新建的"我的 Web"站点,如图 12-10 所示。

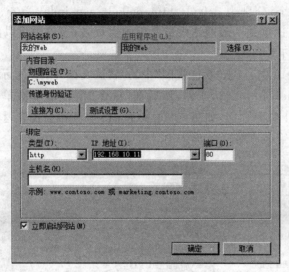

图 12-9   "添加网站"对话框

图 12-10   创建完成的 Web 站点

提示　　　也可以在"物理路径"文本框中输入远程共享的文件夹，就是将主目录指定到另外一台计算机内的共享文件夹，当然该文件夹内必须有网页存在，同时需单击"连接为"按钮，必须指定一个有权访问此文件夹的用户名和密码。

3）网站默认文档的设置

通常情况下，Web 网站都需要一个默认文档，当在 IE 浏览器中使用 IP 地址或域名访问时，Web 服务器会将默认文档回应给浏览器，并显示内容。当用户浏览网页时没有指定文档名时，例如输入的是 http://192.168.10.11，而不是 http://192.168.10.11/default.htm，IIS 服务器会把事先设定的默认文档返回给用户，这个文档就称为默认页面。

默认文档共有 6 个，分别为 default.htm、default.asp、index.htm、index.html、iisstart.htm 和 default.aspx，这也是一般网站中最常用的主页名，当然也可以由用户自定义默认网页文件。操作步骤如下。

步骤 1：在图 12-10 中，双击"功能视图"中的"默认文档"图标，显示"默认文档"界面。

步骤 2：选中 index.htm 默认文档，然后在"操作"窗格中多次单击"上移"箭头 ⬆，使 index.htm 默认文档上移到顶端，如图 12-11 所示，IIS 服务器会优先返回 index.htm 默认文档（如果存在该文档）给客户端。

图 12-11　"默认文档"界面

IIS 服务器按照排列的前后顺序依次调用这些默认文档。当第一个默认文档存在时，将直接把它显示在用户的浏览器上，而不再调用后面的默认文档；当第一个文档不存在时，则将第二个默认文档显示给用户，以此类推。

还可以通过"添加"和"删除"按钮增删默认文档。

12.4.2　任务 2：使用虚拟目录和架设多个 Web 网站

1. 任务目标

（1）熟练掌握创建与管理虚拟目录的技术。

（2）熟练掌握在同一台主机上架设多个 Web 网站的技术。

2. 任务内容

（1）创建与管理虚拟目录。

（2）架设多个 Web 网站。

3. 完成任务所需的设备和软件

（1）安装有 Windows Server 2008 R2 操作系统的虚拟机（Win2008-1 和 Win2008-2）两台。

（2）Win2008-1 为 Web 服务器，IP 地址为 192.168.10.11，子网掩码为 255.255.255.0，位于工作组 WORKGROUP 中。

（3）Win2008-2 为 Web 客户端，IP 地址为 192.168.10.12，子网掩码为 255.255.255.0，位于工作组 WORKGROUP 中。

4. 任务实施步骤

1）创建与管理虚拟目录

下面创建一个名为 bbs 的虚拟目录，操作步骤如下。

步骤 1：在 Win2008-1 计算机上，在 IIS 服务器的 C 盘根目录下新建一个文件夹 mybbs，并且在该文件夹内复制网站的所有文件，查看主页文件 index.htm 的内容，并将其作为虚拟目录的默认文档。

步骤 2：在 IIS 管理器中，展开左侧的"网站"目录树，右击"我的 Web"站点，在弹出的快捷菜单中选择"添加虚拟目录"命令，打开"添加虚拟目录"对话框，如图 12-12 所示。

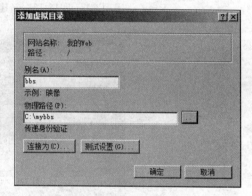

图 12-12　"添加虚拟目录"对话框

步骤 3：在"别名"文本框中输入 bbs，在"物理路径"文本框中输入该虚拟目录对应的文件夹路径，或单击"浏览"按钮进行选择，本例为 C:\mybbs。

步骤 4：单击"确定"按钮，返回 IIS 管理器，在"连接"窗格中，可以看到"我的 Web"站点下新建立的虚拟目录 bbs，如图 12-13 所示。

步骤 5：在客户端计算机 Win2008-2 上打开浏览器，输入 http://192.168.10.11/bbs 或 http://www.nos.com/bbs，就可以访问虚拟目录中的默认文档了。

2）架设多个 Web 网站

（1）使用不同的端口号架设多个 Web 网站。在同一台 Web 服务器上使用同一个 IP 地址（192.168.10.11）、两个不同的端口号（80、8080）架设两个网站，操作步骤如下。

步骤 1：新建第 2 个 Web 网站。在 Win2008-1 计算机的 IIS 管理器中，新建第 2 个 Web 网站，网站名称为"我的 Web2"，物理路径为 C:\myweb2，IP 地址为 192.168.10.11，端口号为 8080，如图 12-14 所示。

步骤 2：在客户端访问两个网站。在客户端计算机 Win2008-2 上打开浏览器，分别输入 http://192.168.10.11 和 http://192.168.10.11:8080，这时会发现打开了两个不同的网站

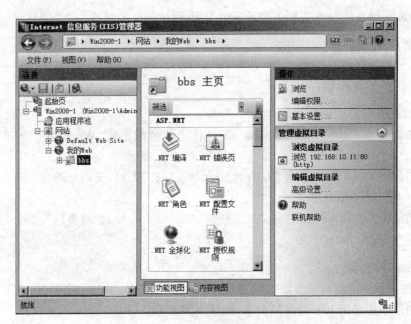

图 12-13　新建立的虚拟目录 bbs

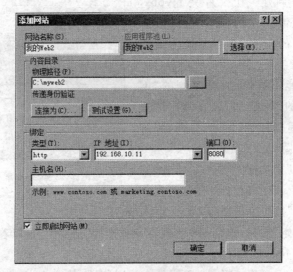

图 12-14　"添加网站"对话框

"我的 Web"和"我的 Web2"。

（2）使用不同的 IP 地址架设多个 Web 网站。在一台服务器上创建两个网站：www.nos.com 和 www.nos.net，所对应的 IP 地址分别为 192.168.10.11 和 192.168.10.13，需要在服务器网卡中添加这两个地址。操作步骤如下。

步骤 1：在 Win2008-1 计算机上右击桌面右下角任务托盘区域的"网络连接"图标，在弹出的快捷菜单中选择"打开网络和共享中心"命令，打开"网络和共享中心"窗口。

步骤 2：单击"本地连接"超链接，打开"本地连接 状态"对话框。

步骤 3：单击"属性"按钮，打开"本地连接 属性"对话框。

步骤 4：选择"Internet 协议版本 4（TCP/IPv4）"选项后，单击"属性"按钮，打开"Internet 协议版本 4(TCP/IPv4) 属性"对话框，单击"高级"按钮，打开"高级 TCP/IP 设置"对话框，如图 12-15 所示。

步骤 5：单击"添加"按钮，打开"TCP/IP 地址"对话框，在该对话框中输入 IP 地址 192.168.10.13，子网掩码为 255.255.255.0。单击"确定"按钮，完成 IP 地址的添加。

步骤 6：在 IIS 管理器中右击第 2 个网站"我的 Web2"，在弹出的快捷菜单中选择"编辑绑定"命令，打开"网站绑定"对话框，选择相应的选项后，单击"编辑"按钮，打开"编辑网站绑定"对话框，修改 IP 地址为 192.168.10.13，端口号为 80，如图 12-16 所示。最后单击"确定"按钮。

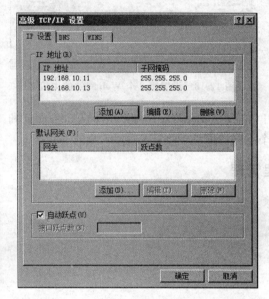
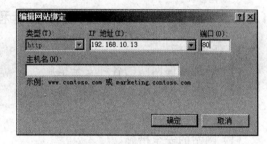

图 12-15　"高级 TCP/IP 设置"对话框　　　　图 12-16　"编辑网站绑定"对话框

步骤 7：在客户端计算机 Win2008-2 上打开浏览器，分别输入 http://192.168.10.11 和 http://192.168.10.13，这时会发现打开了两个不同的网站"我的 Web"和"我的 Web2"。

如果已经设置好了 DNS，也可分别输入 http://www.nos.com 和 http://www.nos.net 来打开两个不同的网站。

（3）使用不同的主机头名架设多个 Web 网站。使用 www.nos.com 访问第 1 个 Web 网站，使用 www2.nos.com 访问第 2 个 Web 网站，其 IP 地址均为 192.168.10.11，操作步骤如下。

步骤 1：在 Win2008-1 计算机的"DNS 管理器"控制台中，依次展开服务器和"正向查找区域"节点，单击区域 nos.com。

步骤 2：创建别名记录。右击区域 nos.com，在弹出的快捷菜单中选择"新建别名"命令，打开"新建资源记录"对话框。在"别名"文本框中输入 www2，在"目标主机的完全合格的域名（FQDN）"文本框中输入 win2008-1.nos.com，单击"确定"按钮。

【说明】 本例假设已创建区域 nos.com 和主机记录 win2008-1.nos.com（IP 地址为 192.168.10.11），并为该主机记录新建了别名 www，具体创建方法请参见项目 10 中的相关内容。

步骤 3：在 IIS 管理器中,打开第 1 个 Web 网站"我的 Web"的"编辑网站绑定"对话框,在"主机名"文本框中输入 www. nos. com,IP 地址为 192. 168. 10. 11,端口号为 80,如图 12-17 所示。

步骤 4：打开第 2 个 Web 网站"我的 Web2"的"编辑网站绑定"对话框,在"主机名"文本框中输入 www2. nos. com,IP 地址为 192. 168. 10. 11,端口号为 80,如图 12-18 所示。

图 12-17　设置第 1 个 Web 网站的主机名

图 12-18　设置第 2 个 Web 网站的主机名

步骤 5：在客户端计算机 Win2008-2 上打开浏览器,分别输入 http://www. nos. com 和 http://www2. nos. com,这时会发现打开了两个不同的网站"我的 Web"和"我的 Web2"。

12.4.3　任务 3：网站的安全性和远程管理

1. 任务目标

(1) 熟练掌握网站的各种安全措施。

(2) 熟练掌握对 IIS 的远程管理。

2. 任务内容

(1) 网站的安全措施。

(2) 网站的远程管理。

3. 完成任务所需的设备和软件

(1) 安装有 Windows Server 2008 R2 操作系统的虚拟机(Win2008-1 和 Win2008-2)两台。

(2) Win2008-1 为 Web 服务器,IP 地址为 192. 168. 10. 11,子网掩码为 255. 255. 255. 0,位于工作组 WORKGROUP 中。

(3) Win2008-2 为 Web 客户端,IP 地址为 192. 168. 10. 12,子网掩码为 255. 255. 255. 0,位于工作组 WORKGROUP 中。

4. 任务实施步骤

网站的安全是每个网络管理员所必须关心的事情,网络管理员必须通过各种方式和手段来降低入侵者攻击的风险。如果 Web 服务器采用了正确的安全措施,就可以降低或消除来自怀有恶意的个人以及意外获准访问限制信息或无意中更改重要文件的用户的各种安全威胁。

1) 禁止使用匿名账户访问网站

在许多网站中,大部分 WWW 访问都是匿名的,客户端请求时不需要使用用户名和密码,只有这样才可以使所有用户都能访问该网站。但对访问有特殊要求或者安全性要求较高的网站,则需要对用户进行身份验证。利用身份验证机制,可以确定哪些用户可以访问 Web 应用程序,从而为这些用户提供对 Web 网站的访问权限。

IIS 7.5 提供匿名身份验证、基本身份验证、摘要式身份验证、ASP. NET 模拟身份验证、Forms 身份验证、Windows 身份验证等多种身份验证方法。默认情况下,IIS 7.5 支持匿名身份验证和 Windows 身份验证,一般在禁止匿名身份验证时,才使用其他的身份验证方法。

各种身份验证方法介绍如下。

(1) 匿名身份验证。通常情况下,绝大多数 Web 网站都允许匿名访问,即 Web 用户无须输入用户名和密码,即可访问 Web 网站。匿名访问其实也是需要身份验证的,称为匿名验证。在安装 IIS 时,系统会自动建立一个用来代表匿名账户的用户账户(IUSR),当用户试图连接到网站时,Web 服务器将连接分配给 Windows 用户账户 IUSR,当允许匿名访问时,就向用户返回网页页面;如果禁止匿名访问,IIS 将尝试使用其他验证方法。对于一般的、非敏感的企业信息发布,建议采用匿名访问方法。如果启用了匿名验证,则 IIS 始终尝试先使用匿名验证对用户进行验证,即使启用了其他验证方法也是如此。

(2) 基本身份验证。基本身份验证方法要求提供用户名和密码,提供很低级别的安全性,最适用于给需要很少保密性的信息授予访问权限。由于密码在网络上是以弱加密的形式发送的,这些密码很容易被截取,因此可以认为安全性很低。一般只有确认客户端和服务器之间的连接是安全时,才使用此种身份验证方法。基本身份验证还可以跨防火墙和代理服务器工作,所以在仅允许访问服务器上的部分内容而非全部内容时,这种身份验证方法是个不错的选择。

(3) 摘要式身份验证。摘要式身份验证使用 Windows 域控制器来对请求访问服务器上的内容的用户进行身份验证,提供与基本身份验证相同的功能,但是摘要式身份验证在通过网络发送用户凭据方面提高了安全性。摘要式身份验证将用户凭据经过 MD5 加密处理后,再在网络上传送。

(4) ASP. NET 模拟身份验证。如果要在 ASP. NET 应用程序的非默认安全环境中运行 ASP. NET 应用程序,请使用 ASP. NET 模拟身份验证。在为 ASP. NET 应用程序启用模拟后,该应用程序将可以在两种环境中运行:以已通过 IIS 7.0 身份验证的用户身份运行,或作为设置的任意账户运行。例如,如果使用的是匿名身份验证,并选择作为已通过身份验证的用户运行 ASP. NET 应用程序,那么该应用程序将在为匿名用户设置的账户(通常为 IUSER)下运行。同样,如果选择在任意账户下运行应用程序,则它将运行在为该账户设置的任意安全环境中。默认情况下,ASP. NET 模拟处于禁用状态。启用模拟后,ASP. NET 应用程序将在通过 IIS 7.0 身份验证的用户的安全环境中运行。

(5) Forms 身份验证。Forms 身份验证使用客户端重定向来将未经过身份验证的用户重定向到一个 HTML 表单,用户可以在该表单中输入凭据,通常是用户名和密码。确认凭据有效后,系统会将用户重定向到他们最初请求的页面。由于 Forms 身份验证以明文形式向 Web 服务器发送用户名和密码,因此应当对应用程序的登录页面和其他所有页面使用安全套接层(SSL)加密。该身份验证非常适用于在公共 Web 服务器上接收大量请求的站点或应用程序,能够使用户在应用程序级别的管理客户端注册,而无须依赖操作系统提供的身份验证机制。

（6）Windows 身份验证。Windows 身份验证使用 NTLM 或 Kerberos 协议对客户端进行身份验证，密码在传输时会经过加密处理，是一种相对安全的验证方式。它优先于基本身份验证，但它并不先提示用户输入用户名和密码，只有验证（登录时所输入的用户名和密码）失败后，服务器才提示用户另外输入用户名和密码。虽然 Windows 身份验证比较安全，但是 Kerberos 会被防火墙阻挡且代理服务器不支持 NTLM，因此 Windows 身份验证最适用于 Intranet 环境。

在实际应用中，可以根据不同的安全性需要设置不同的用户身份认证方法。

设置 Web 网站安全，使得所有用户不能匿名访问 Web 网站，而只能以 Windows 身份验证访问，操作步骤如下。

步骤 1：在计算机 Win2008-1 的 IIS 管理器中，展开左侧的"网站"目录树，选择"我的 Web"网站，在"功能视图"界面中找到"身份验证"图标，并双击打开，可以看到"我的 Web"网站默认启用了"匿名身份验证"，如图 12-19 所示，也就是说，任何人都可以访问"我的 Web"网站。

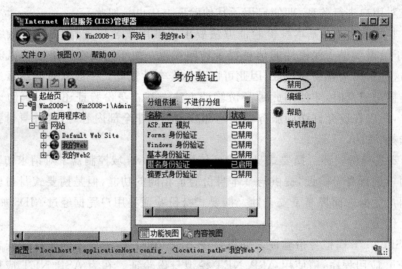

图 12-19　"身份验证"界面

步骤 2：选择"匿名身份验证"，然后单击"操作"界面中的"禁用"按钮，即可禁用网站的匿名访问。

步骤 3：在如图 12-19 所示的"身份验证"界面中，选择"Windows 身份验证"，然后单击"操作"界面中的"启用"按钮，即可启用该身份验证方法。

步骤 4：在客户端计算机 Win2008-2 上打开浏览器，输入 http://www.nos.com 访问网站，弹出如图 12-20 所示的"Windows 安全"窗口，输入能被网站进行身份验证的用户账户和密码，这里输入 administrator 账户进行访问，然后单击"确定"按钮即可访问该网站。

注意　在本例中，为了消除其他网站可能带来的影响，应停止使用 Default Web Site 和"我的 Web2"网站。为方便后面的网站设置工作，本实验后，将网站访问改为匿名后继续进行。

图 12-20 "Windows 安全"窗口

2）限制访问网站的客户端数量

设置"限制连接数"限制访问"我的 Web"网站的用户数量为 1，操作步骤如下。

步骤 1：在 Win2008-1 计算机的 IIS 管理器中，展开左侧的"网站"目录树，选择"我的 Web"网站，然后在"操作"界面中单击"配置"区域的"限制"超链接，如图 12-21 所示。

图 12-21 IIS 管理器

步骤 2：在打开的"编辑网站限制"对话框中，选中"限制连接数"复选框，并设置要限制的连接数为 1，如图 12-22 所示。单击"确定"按钮即可完成限制连接数的设置。

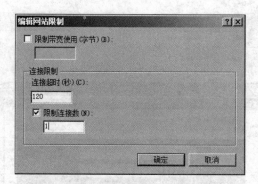

图 12-22 "编辑网站限制"对话框

步骤 3：在本机 Win2008-1 上打开浏览器，输入 http://www.nos.com 访问网站，访问正常。

步骤 4：在客户端计算机 Win2008-2 上打开浏览器，输入 http://www.nos.com 访问网站，显示如图 12-23 所示的页面，表示超过网站限制连接数。

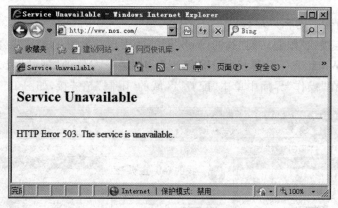

图 12-23 访问网站时超过连接数

3) 限制客户端访问网站的带宽

步骤 1：在 Win2008-1 计算机上，在如图 12-22 所示的对话框中，选中"限制带宽使用（字节）"复选框，并设置要限制的最大带宽为 1024(字节/秒)，单击"确定"按钮即可完成限制带宽使用的设置。

步骤 2：在客户端计算机 Win2008-2 上打开浏览器，输入 http://www.nos.com 访问网站，发现打开网页的速度非常慢，这是因为设置了带宽限制的原因。

4) 使用"IPv4 地址限制"限制客户端计算机访问网站

使用用户验证的方式，每次访问网站都需要输入用户名和密码，对于授权用户而言比较麻烦。由于 IIS 会检查每个来访者的 IP 地址，因此可以通过限制 IP 地址的访问，防止或允许某些特定的计算机、计算机组、域甚至整个网络访问网站。

使用"IPv4 地址限制"限制客户端计算机 Win2008-2(192.168.10.12)访问 www.nos.com 网站(192.168.10.11)，操作步骤如下。

步骤 1：在 Win2008-1 计算机的 IIS 管理器中，展开左侧的"网站"目录树，选择"我的

Web"网站,然后在"功能视图"界面中,双击"IP 地址和域限制"图标,进入"IP 地址和域限制"界面,如图 12-24 所示。

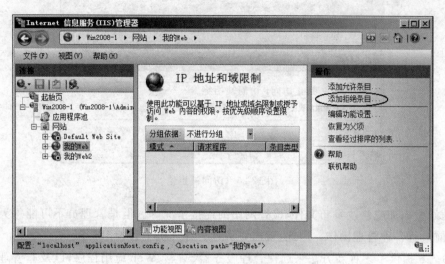

图 12-24　"IP 地址和域限制"界面

步骤 2:在"操作"界面中,单击"添加拒绝条目"超链接,在打开的"添加拒绝限制规则"对话框中,选中"特定 IP 地址"单选按钮,并设置要拒绝的 IP 地址为 192.168.10.12,如图 12-25 所示。单击"确定"按钮,完成 IP 地址的限制。

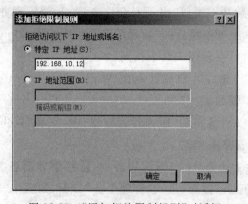

图 12-25　"添加拒绝限制规则"对话框

步骤 3:在客户端计算机 Win2008-2(192.168.10.12)上,打开 IE 浏览器,输入 http://www.nos.com,这时客户机不能访问,显示错误号为"403-禁止访问:访问被拒绝"的信息,如图 12-26 所示,说明客户端计算机的 IP 地址在被拒绝访问"我的 Web"网站的范围内。

　　　　为方便后面的网站设置工作,本实验后,删除拒绝 192.168.10.12 访问网站的条目后继续进行。

5) 远程管理网站

当一个 Web 服务器搭建完成后,对它的管理是非常重要的,如添加/删除虚拟目录、站

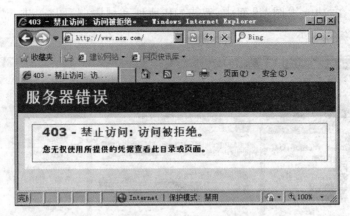

图 12-26　访问被拒绝

点，在网站中添加或修改发布文件，检查网站的连接情况等。但是管理员不可能每天都坐在服务器前进行各种管理操作。因此，就需要从远程计算机上管理 IIS 了。

IIS 7.5 提供了多种新方法来远程管理服务器、站点、Web 应用程序，以及非管理员的安全委派管理权限，通过在图形界面中直接构建远程管理功能（通过不受防火墙影响的 HTTPS 工作）来对此进行管理。IIS 7.5 中的远程管理服务在本质上是一个小型 Web 应用程序，它作为单独的服务，在服务名为 WMSVC 的本地服务账户下运行，此设计使即使在 IIS 服务器自身无响应的情况下仍可维持远程管理功能。

与 IIS 7.5 中的大多数功能类似，出于安全性考虑，远程管理并不是默认安装的。要安装远程管理功能，将 Web 服务器角色的"管理服务"添加到 Windows Server 2008 R2 的"服务器管理器"中，该管理器可在管理工具中找到。

使用"管理服务"功能，允许客户端计算机 Win2008-2（192.168.10.12）远程管理网站（192.168.10.11），操作步骤如下。

步骤 1：在 Win2008-1 计算机的"服务器管理器"中，安装"Web 服务器"角色的"管理服务"角色服务，如已安装，省略本步骤。

步骤 2：在 Win2008-1 计算机的 IIS 管理器中，选择服务器名 Win2008-1，然后在"功能视图"界面中，双击"管理服务"图标，进入"管理服务"界面，如图 12-27 所示。

步骤 3：选中"启用远程连接"复选框，设置连接服务器的 IP 地址为 192.168.10.11，端口默认为 8172；系统中有一个默认的名为 WMSvc-Win2008-1 的证书，这是系统专门为远程管理服务准备的证书；"未指定的客户端的访问权"设置为"拒绝"，然后单击"允许"按钮，在打开的"添加允许连接规则"对话框中，选中"特定 IPv4 地址"单选按钮，并设置要允许的 IP 地址为 192.168.10.12，如图 12-28 所示，单击"确定"按钮。

步骤 4：在"操作"窗格中，单击"应用"超链接，再单击"启动"超链接。

　　为了使服务器重新启动后，仍然可以对其进行远程管理，可在"服务"窗口中，设置 Web Management Service（WMSVC）的启动类型为"自动"。

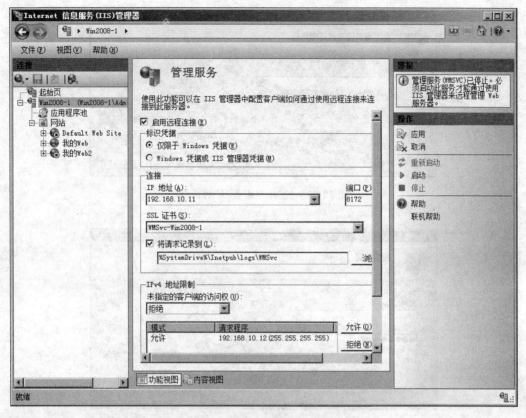

图 12-27　"管理服务"界面

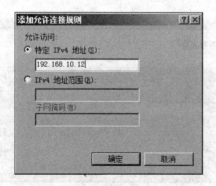

图 12-28　"添加允许连接规则"对话框

步骤 5：在客户端计算机 Win2008-2(192.168.10.12)上，打开 IIS 管理器，在左侧窗格中，右击"起始页"选项，在弹出的快捷菜单中选择"连接至服务器"命令，打开"连接至服务器"对话框，如图 12-29 所示。

步骤 6：在"服务器名称"文本框中输入要远程管理的服务器名 Win2008-1(或 Win2008-1.nos.com)，单击"下一步"按钮，出现"提供凭据"界面，如图 12-30 所示。

步骤 7：输入 Win2008-1 计算机上的用户名 administrator 及其密码，单击"下一步"按钮，出现"指定连接名称"界面，如图 12-31 所示，单击"完成"按钮，即可在 IIS 管理器中看到

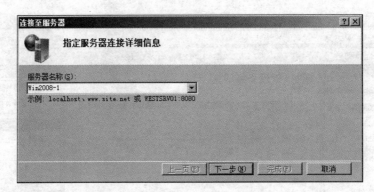

图 12-29 "连接至服务器"对话框

图 12-30 "提供凭据"界面

图 12-31 "指定连接名称"界面

要管理的远程网站，如图 12-32 所示。

【说明】 如果不能连接到 Win2008-1 计算机，可在 Win2008-1 计算机上关闭防火墙后再试。

12.4.4 任务 4：FTP 服务器的架设

1. 任务目标

（1）熟练掌握创建与管理 FTP 站点以及 FTP 站点的日常设置、维护与管理工作。

图 12-32　远程管理界面

（2）熟练掌握如何利用客户端软件访问 FTP 站点。

2. 任务内容

（1）创建 FTP 站点。

（2）访问 FTP 站点。

3. 完成任务所需的设备和软件

（1）安装有 Windows Server 2008 R2 操作系统的虚拟机（Win2008-1 和 Win2008-2）两台。

（2）Win2008-1 为 FTP 服务器，IP 地址为 192.168.10.11，子网掩码为 255.255.255.0，位于工作组 WORKGROUP 中。

（3）Win2008-2 为 FTP 客户端，IP 地址为 192.168.10.12，子网掩码为 255.255.255.0，位于工作组 WORKGROUP 中。

4. 任务实施步骤

1）创建 FTP 站点

创建一个 myftp 站点，对应的主目录为 C:\ftp，允许匿名用户具有"读取"权限，允许管理员 administrator 具有"读取"和"写入"权限，操作步骤如下。

步骤 1：在 Win2008-1 计算机的"服务器管理器"中，添加"Web 服务器"角色的"FTP 服务器"角色服务，如已添加，省略本步骤。

"FTP 服务器"角色服务包含 FTP Service 和"FTP 扩展"2 个角色服务，如图 12-33 所示。

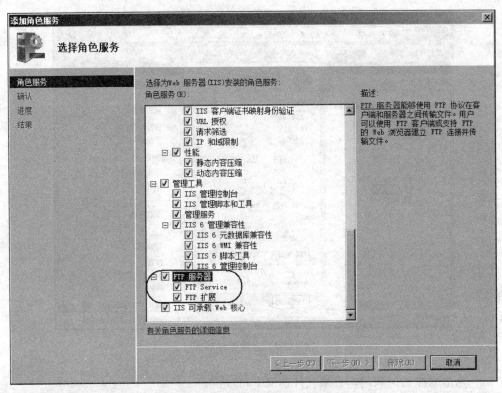

图 12-33　"选择角色服务"界面

步骤 2：在 C 盘根目录下新建 ftp 文件夹，并在 C:\ftp 文件夹中新建一个测试文件 filel.txt，文件内容任意。

步骤 3：在 IIS 管理器中，右击服务器名 Win2008-1，在弹出的快捷菜单中选择"添加 FTP 站点"命令，打开"添加 FTP 站点"对话框，如图 12-34 所示。

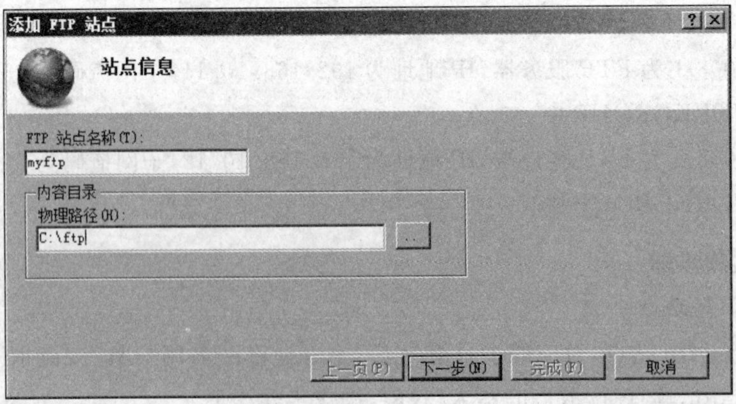

图 12-34　"添加 FTP 站点"对话框

步骤 4：在"FTP 站点名称"文本框中输入 myftp，物理路径为 C:\ftp，单击"下一步"按钮，出现"绑定和 SSL 设置"界面，如图 12-35 所示。

步骤 5：设置 IP 地址为 192.168.10.11，端口号为 21，选中"自动启动 FTP 站点"复选

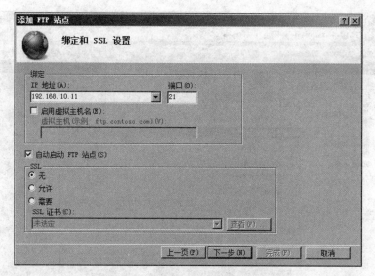

图 12-35　"绑定和 SSL 设置"界面

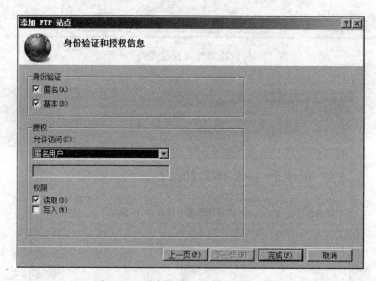

图 12-36　"身份验证和授权信息"界面

框,在 SSL 选项区域中选中"无"单选按钮,单击"下一步"按钮,出现"身份验证和授权信息"界面,如图 12-36 所示。

　　步骤 6:选中"匿名"和"基本"2 种身份验证复选框,设置允许"匿名用户"具有"读取"权限,单击"完成"按钮。

　　步骤 7:在 IIS 管理器中,展开"网站"节点,选择 myftp 站点,在"功能视图"中,双击"FTP 授权规则"图标;在"操作"窗格中,单击"添加允许规则"超链接,打开"添加允许授权规则"对话框,如图 12-37 所示。

　　步骤 8:选中"指定的用户"单选按钮,设置管理员 administrator 具有"读取"和"写入"权限,单击"确定"按钮。

　　步骤 9:在客户端计算机 Win2008-2(192.168.10.12)上,打开 IE 浏览器,在地址栏中

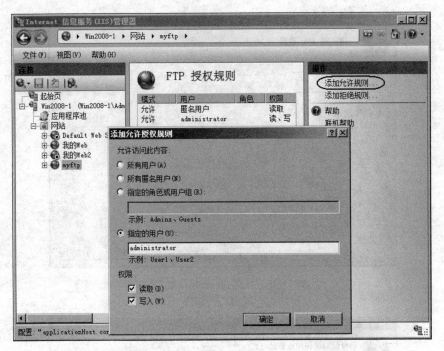

图 12-37　"添加允许授权规则"对话框

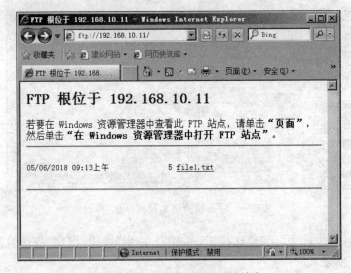

图 12-38　通过 IE 访问 FTP 站点

输入 ftp://192.168.10.11，就可以匿名访问刚才创建的 FTP 站点了，如图 12-38 所示。

步骤 10：选择"页面"→"在 Windows 资源管理器中打开 FTP 站点"命令，可在 Windows 资源管理器中打开该 FTP 站点。

步骤 11：在客户端计算机 Win2008-2 的桌面上新建一个测试文件 file2.txt，拖动该文件到已打开 FTP 站点的 Windows 资源管理器中，弹出"将文件复制到 FTP 服务器时发生错误。请检查是否有权限将文件放到该服务器上。"的错误提示信息，如图 12-39 所示，这是因为"匿名用户"只有"读取"权限,而没有"写入"权限。

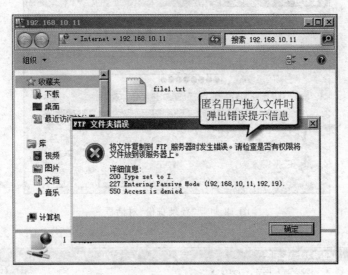

图 12-39　匿名用户拖入文件时弹出错误提示信息

步骤 12：在已打开 FTP 站点的 Windows 资源管理器中右击空白处,在弹出的快捷菜单中选择"登录"命令,如图 12-40 所示。

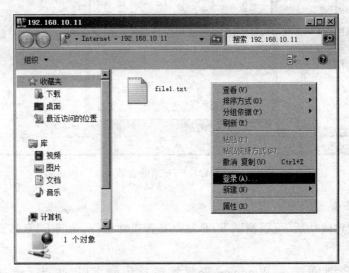

图 12-40　登录 FTP 站点

步骤 13：在打开的"登录身份"对话框中输入用户名 administrator 及相应的密码,单击"登录"按钮,如图 12-41 所示。

步骤 14：再次把计算机 Win2008-2 桌面上的文件 file2.txt 拖动到已打开 FTP 站点的 Windows 资源管理器中,可以看到该文件已经成功复制到 FTP 站点中,这是因为用户 administrator 具有"写入"权限。

步骤 15：在 Win2008-1 计算机的 IIS 管理器中选择 myftp 站点,在"功能视图"中,双击 "FTP 当前会话"图标,可以看到当前登录到 myftp 站点的用户名,如图 12-42 所示。

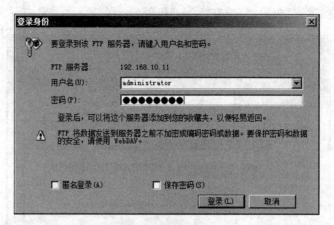

图 12-41 "登录身份"对话框

图 12-42 FTP 当前会话

2）访问 FTP 站点

FTP 站点创建成功后，可以测试 FTP 站点是否正常运行，访问 FTP 站点的方法通常有以下 3 种方法。

（1）通过 IE 浏览器或 Windows 资源管理器访问 FTP 站点。通过 IE 浏览器或 Windows 资源管理器访问 FTP 站点的方法，在前面已经使用过，如图 12-38～图 12-40 所示。

（2）通过 FTP 程序访问 FTP 站点。Windows 自带有 FTP 程序，可以通过 FTP 程序访问 FTP 站点。在计算机 Win2008-2 的命令提示符窗口中，输入 ftp 192.168.10.11 命令，然后根据屏幕上的信息提示，在"用户（192.168.10.11：（none））："处输入匿名账户 anonymous，在"密码："处输入电子邮件账户或直接按 Enter 键即可。可以用"?"查看可供使用的命令，用 quit 或 bye 命令退出 FTP，如图 12-43 所示。

（3）通过 FTP 客户端软件访问 FTP 站点。FTP 客户端软件允许用户以图形窗口的形式访问 FTP 站点,操作非常方便。目前有很多很好的 FTP 客户端软件,比较著名的软件主要有 CuteFTP、LeapFTP、FlashFXP 等。如图 12-44 所示,就是利用 FlashFXP 软件连接到 myftp 站点,其操作窗口与 Windows 资源管理器很相似。

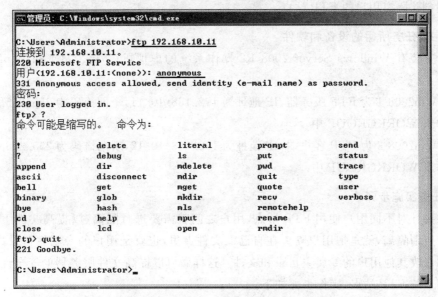

图 12-43　通过 FTP 程序访问 FTP 站点

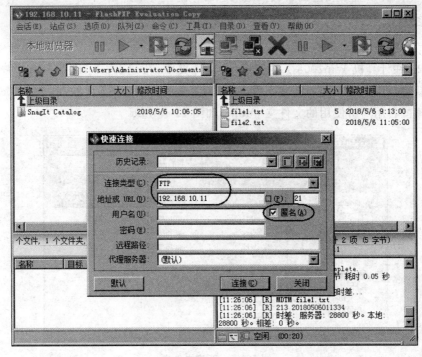

图 12-44　通过 FTP 客户端软件访问 FTP 站点

12.4.5　任务 5：创建隔离用户的 FTP 站点

1. 任务目标

掌握创建隔离用户的 FTP 站点。

2. 完成任务所需的设备和软件

（1）安装有 Windows Server 2008 R2 操作系统的虚拟机（Win2008-1 和 Win2008-2）两台。

（2）Win2008-1 为 FTP 服务器，IP 地址为 192.168.10.11，子网掩码为 255.255.255.0，位于工作组 WORKGROUP 中。

（3）Win2008-2 为 FTP 客户端，IP 地址为 192.168.10.12，子网掩码为 255.255.255.0，位于工作组 WORKGROUP 中。

3. 任务实施步骤

如果要针对不同用户使用 FTP 站点，用户之间就需要进行隔离，以提高文件服务器的安全性。所谓隔离，就是把用户隔离在自己的文件夹里，也就是用户的专属主目录内，而无权查看和修改其他用户的专属主目录和文件。这样做可以提高文件服务器的安全性。要创建隔离用户的 FTP 站点，操作步骤如下。

步骤 1：在计算机 Win2008-1 的命令提示符下，输入以下两条命令，添加 2 名新用户 user1 和 user2，并设置了相应的密码"a1!"和"a2!"。

```
net user user1 a1! /add
net user user2 a2! /add
```

步骤 2：在计算机 Win2008-1 的 C:\ftp 文件夹中，新建 localuser 文件夹，在 localuser 文件夹下新建与用户名一样的两个文件夹，分别为 user1 和 user2 文件夹，再在 localuser 文件夹下新建匿名用户所使用的文件夹 public，如图 12-45 所示。

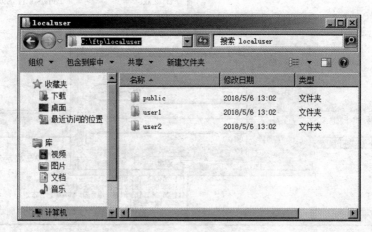

图 12-45　新建文件夹

步骤 3：在 user1 文件夹下新建测试文件 user1.txt 文件，内容任意；在 user2 文件夹下新建测试文件 user2.txt 文件，内容任意；在 public 文件夹下新建测试文件 public.txt 文件，内容任意。

步骤 4：在图 12-37 中，添加 2 条允许规则，分别允许用户 user1 和 user2 访问 FTP 站点，并具有"读取"和"写入"权限。

步骤 5：在 IIS 管理器中，选择 myftp 站点，在"功能视图"中，双击"FTP 用户隔离"图标，选中"用户名目录（禁用全局虚拟目录）"单选按钮，然后在"操作"窗格中单击"应用"选项，如图 12-46 所示。

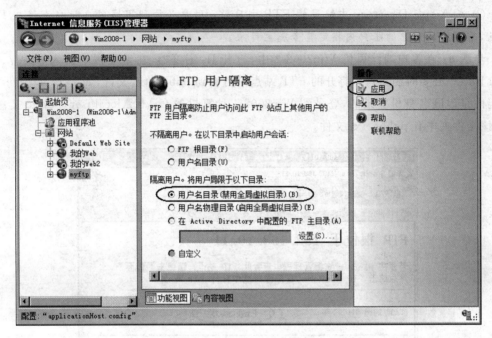

图 12-46　FTP 用户隔离

【说明】　在图 12-46 中，各选项的含义如下。

（1）不隔离用户。在以下目录中启动用户会话：它不会隔离用户，不过用户登录后的主目录并不相同。

① FTP 根目录：所有用户都会被导向到 FTP 站点的主目录（默认值）。

② 用户名目录：用户拥有自己的主目录，不过并不隔离用户，也就是只要拥有适当的权限，用户便可以通过 FTP 程序或 FTP 客户端软件，切换到其他用户的主目录，因而可以查看、修改其内的文件。它所采用的方法是在 FTP 站点内建立目录名称与用户名相同的物理或虚拟目录（匿名用户的目录名称为 default），用户连接到 FTP 站点后，便会被导向到目录名称与用户名相同的目录。

（2）隔离用户。将用户局限于以下目录：它会隔离用户，用户拥有其专属主目录，而且会被限制在其专属主目录内，因而无法查看或修改其他用户的主目录内的文件。

① 用户名目录（禁用全局虚拟目录）：它所采用的方法是在 FTP 站点的 localuser 文件夹内建立目录名称与用户名相同的物理或虚拟目录（匿名用户的目录名称为 public），用户连接到 FTP 站点后，便会被导向到目录名称与用户名相同的目录（用户专属主目录）。用户

无法访问 FTP 站点内的全局虚拟目录（创建于 FTP 主目录下的虚拟目录，而不是创建于用户专属主目录下的虚拟目录）。

② 用户名物理目录（启用全局虚拟目录）：它所采用的方法是在 FTP 站点的 localuser 文件夹内建立目录名称与用户名相同的物理目录（匿名用户的目录名称为 public），用户连接到 FTP 站点后，便会被导向到目录名称与用户名相同的目录。用户可以访问 FTP 站点内的全局虚拟目录。

③ 在 Active Directory 中配置的 FTP 主目录：用户必须利用域用户账户来连接 FTP 站点，需要在域用户的账户内指定其专属主目录。

步骤 6：在客户端计算机 Win2008-2 中，打开 IE 浏览器，在地址栏中输入 ftp://192.168.10.11（必要时刷新），在打开的 FTP 站点中可看到 public.txt 文件，如图 12-47 所示，说明当前是以匿名身份登录的，登录到 Win2008-1 计算机的 C:\ftp\localuser\public 文件夹下，该文件夹中有 public.txt 文件。

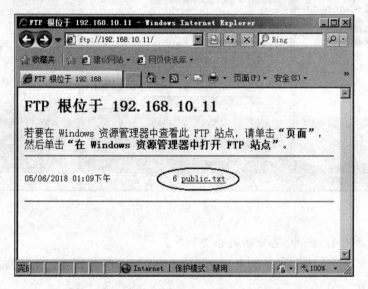

图 12-47　在 IE 中匿名登录到 public 文件夹

步骤 7：在 Windows 资源管理器或 IE 浏览器的地址栏中，输入 ftp://user1:a1!@192.168.10.11（必要时删除 IE 中的历史记录），结果如图 12-48 所示，说明当前是以 user1 身份登录的，登录到 Win2008-1 计算机的 C:\ftp\localuser\user1 文件夹下，该文件夹中有 user1.txt 文件。

使用相同的方法，输入 ftp://user2:a2!@192.168.10.11 可登录到 Win2008-1 计算机的 C:\ftp\localuser\user2 文件夹下，该文件夹中有 user2.txt 文件。

步骤 8：把计算机 Win2008-2 桌面上的文件 file2.txt 拖动到如图 12-48 所示的 user1 的主目录中，可以看到该文件已经成功复制到 user1 的主目录中，这是因为用户 user1 具有"写入"权限。

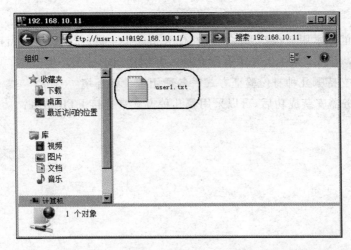

图 12-48　在 Windows 资源管理器中以 user1 身份登录到 user1 文件夹

12.5　习题

一、填空题

1. IIS 与 Windows 系统紧密集成在一起,它提供了可用于＿＿＿＿、＿＿＿＿或＿＿＿＿上的集成 Web 服务器能力,这种服务器具有可靠性、可伸缩性、安全性以及可管理性的特点。

2. Web 中的目录分为两种类型:物理目录和＿＿＿＿。

3. 在 DOS 命令提示符窗口,输入命令 ftp 192.168.10.11,然后根据屏幕上的信息提示,在"用户(192.168.10.11:(none)):"处输入匿名账户＿＿＿＿,在"密码:"处输入＿＿＿＿或直接按 Enter 键即可登录 FTP 站点。

4. 比较著名的 FTP 客户端软件有＿＿＿＿、＿＿＿＿、＿＿＿＿等。

5. FTP 服务器需要监听两个端口,一个端口作为控制端口,默认端口号为＿＿＿＿,另一个端口作为数据端口,默认端口号为＿＿＿＿。

二、选择题

1. 虚拟主机技术,不能通过＿＿＿＿来架设网站。

　　A. 计算机名　　　　　B. TCP 端口　　　　　C. IP 地址　　　　　D. 主机头名

2. 远程管理 Windows Server 2008 中 IIS 服务器时的端口号为＿＿＿＿。

　　A. 80　　　　　　　B. 8172　　　　　　　C. 8080　　　　　　D. 8000

3. 虚拟目录不具备的特点是＿＿＿＿。

　　A. 便于扩展　　　　　　　　　　B. 增删灵活

　　C. 易于配置　　　　　　　　　　D. 动态分配空间

4. FTP 服务使用的端口是＿＿＿＿。

　　A. 21　　　　　　　B. 23　　　　　　　　C. 25　　　　　　　D. 80

5. 从 Internet 上获得软件,最常采用的工具是＿＿＿＿。

　　A. www　　　　　　B. Telnet　　　　　　C. FTP　　　　　　D. DNS

三、简答题

1. IIS 7.5 的基本服务包括哪些内容？什么是虚拟主机？什么是虚拟目录？

2. 目前最常用的虚拟主机技术有哪 3 种？分别适用于什么环境？

3. IIS 7.5 支持哪几种身份验证方式？各适用于什么环境？

4. FTP 服务器安装成功后，可以采用哪几种方式来连接 FTP 站点？

项目 13
流媒体服务

项目学习目标

  (1) 掌握流媒体技术的基本概念和相关格式。

  (2) 熟悉 Windows Media 服务器的安装方法。

  (3) 熟悉 Windows Media 服务器的配置与管理。

  (4) 熟悉流媒体文件的发布和访问。

13.1 项目提出

  某教育机构由于教学的需要建设了网络教育教学平台,千兆光纤接入 Internet,架设了 Web 服务器和 FTP 服务器,对外提供信息发布、文件下载等服务。

  随着业务量的扩大和学员人数的增加,以及现代远程教学的需要,该教育机构决定提供在线远程教学服务。远程学员可以在线点播相关教学内容的视频、音频等。作为网络管理员,如何满足广大学员的这种需求?

13.2 项目分析

  随着 Internet 的不断普及和网络带宽的不断提升,Internet 对人们的工作、学习和生活方式产生了巨大的影响。人们已不再满足于浏览文字和图片,越来越多的人更喜欢在网上看视频、听音乐等。现代远程视频教学就是一个典型的例子。要实现在线视频点播和音频点播,就必须架设流媒体服务器。Windows Server 2008 提供了流媒体服务,可以很方便地架设流媒体服务器。

13.3 相关知识点

13.3.1 流媒体技术简介

  流媒体是从英语 Streaming Media 中翻译过来,它是一种可以使音频、视频和其他媒体类型能在网络上以实时的、无须下载等待的方式进行播放的技术。流媒体文件格式是支持采用流式传输及播放的媒体格式。流式传输方式是将动画、视音频等多媒体文件经过特殊的压缩方式分成一个个的压缩包,由视频服务器向用户计算机连续、实时传送。在采用流式传输方式的系统中,用户不必像非流式播放那样等到整个文件全部下载完毕后才能看到其中的内容,而是只须经过几秒或十几秒的启动延时即可在用户的计算机上利用相应的播放器或其他的硬件、软件对压缩的动画、视频和音频等流式多媒体文件解压后进行播放和观看,而多媒体文件的剩余部分会从服务器上继续下载。

与传统的文件下载方式相比,流式传输方式具有以下优点。

(1) 启动延时大幅度地缩短:用户不用等待所有内容下载到硬盘即可浏览,通常一个45min 的影片片段在 1min 以内就可以在客户端上播放,而且播放过程中一般不会出现断续的情况。另外,客户端全屏播放对播放速度几乎无影响,但执行快进、快倒操作时需要时间等待。

(2) 对系统缓存容量的需求大大降低:由于 Internet 和局域网都是以包传输为基础进行断续的异步传输,数据被分解为许多包进行传输,动态变化的网络使各个包可能选择不同的路由,因此到达用户计算机的时间延迟也就不同。所以,在客户端需要缓存系统来弥补延迟和抖动的影响,并保证数据包传输顺序的正确,使媒体数据能连续输出,不会因网络暂时拥堵而使播放出现停顿。虽然流式传输仍需要缓存相应的文件,但由于不需要把所有的动画、视音频内容都下载到缓存中,因此对缓存的要求也相应降低。

(3) 流式传输的实现有特定的实时传输协议:采用 RTSP 等实时传输协议,更加适合动画、视频和音频在网上的流式实时传输。

通常流媒体系统包括以下 5 个方面的内容。

① 编码工具:用于创建、捕捉和编辑多媒体数据,形成流媒体格式。

② 流媒体数据。

③ 服务器:存放和控制流媒体的数据。

④ 网络:适合多媒体传输协议甚至是实时传输协议的网络。

⑤ 播放器:供客户端浏览流媒体文件。

这 5 个部分有些是网站需要的,有些是客户端需要的,而且不同的流媒体标准和不同公司的解决方案会在某些方面有所不同。

13.3.2　常见的流媒体格式

在 Internet 和局域网上所传输的多媒体格式中,基本上只有文本、图形可以照原格式传输。动画、音频、视频等虽然可以直接在网上播放,但文件偏大,要等完全下载后才能观看,这 3 种类型的媒体均要采用流式技术来进行处理以便于在网上传输。由于不同的公司设计开发的文件格式不同,传送的方式也有所差异,因此,必须非常清楚各种流媒体文件的格式。

1. rm 视频影像格式和 ra 的音频格式

ra 格式是 RealNetworks 公司所开发的一种新型流式音频 Real Audio 文件格式,rm 格式则是流式视频 Real Video 文件格式,主要用来在低速率的网络上实时传输活动视频影像,可以根据网络传输速率的不同而采用不同的压缩比率,使用户在数据传输过程中边下载边播放音频和视频,从而实现多媒体的实时传送和播放。客户端可通过 RealPlayer 播放器进行播放。

2. asf 格式

微软公司的 asf 格式也是一种网上流行的流媒体格式,它的使用与 Windows 操作系统是分不开的,其播放器 Microsoft Media Player 已经与 Windows 操作系统捆绑在一起,不仅可用于 Web 方式播放,还可以用于在浏览器以外播放影音文件。

3. mov 格式

Quick Time Movie 的 mov 格式是 Apple 公司开发的一种音频、视频文件格式,用于保存音频和视频信息,具有先进的音频和视频功能。Quick Time 文件格式支持 25 位的彩色,支持 RLE、JPEG 等领先的集成压缩技术,提供若干视频效果。

4. swf 格式

swf 格式是基于 Macromedia 公司 Shockwave 技术的流式动画格式,是用 Flash 软件制作的一种格式,源文件为 fla 格式。由于它体积小、功能强、交互性能好、支持多个层和时间线程等特点,所以越来越多地应用到网络动画中。该文件是 Flash 的其中一种发布格式,已广泛用于 Internet,客户端只须安装 Shockwave 的插件即可播放。

13.3.3 流媒体的传输协议

在观看网上电影或者电视时,一般都会注意到这些文件的连接都不是用 http 或者 ftp 开头,而是以 rtsp 或者 mms 开头的地址。实际上,以 rtsp 或者 mms 开头的地址和 http 或者 ftp 一样,都是数据在网络上传输的协议,它们是专门用来传输流式媒体的协议。

(1) MMS(Microsoft Media Server,微软媒体服务器协议):这是用来访问 Windows Media 服务器中 asf 文件的一种协议,是用于访问 Windows Media 发布点上的单播内容,是连接 Windows Media 单播服务的默认方法。如果用户在 Windows Media Player 中输入一个 URL 以链接内容,而不是通过超链接访问内容,则他们必须使用 MMS 协议引用该流。

(2) RTP(Real-time Transport Protocol,实时传输协议):这是用于 Internet 上针对多媒体数据流的一种传输协议。RTP 通常工作在点对点或点对多点的传输情况下,其目的是提供时间和实现流同步。RTP 通常使用 UDP 传送数据,也可使用 TCP 传送数据。

(3) RTCP(Real-time Transport Control Protocol,实时传输控制协议):RTCP 和 RTP 一起提供流量控制和拥塞控制服务。通常 RTP 和 RTCP 配合使用,RTP 依靠 RTCP 为传送的数据包提供可靠的传送机制、流量控制和拥塞控制,因而特别适合传送网上的实时数据。

(4) RTSP(Real-time Streaming Protocol,实时流协议):它是由 RealNetworks 公司和 Netscape 公司共同提出的,该协议定义了点对多点应用程序如何有效地通过 IP 网络传送多媒体数据。

(5) RSVP(Resource Reservation Protocol,资源预留协议):它是网络控制协议,运行在传输层。由于音、视频流对网络的延时比传统数据更敏感,因此在网络中除带宽要求外还需要满足其他条件,在 Internet 上开发的资源预留协议可以为流媒体的传输预留一部分网络资源,从而保证服务质量。

(6) PNA(Progressive Networks Audio,渐进网络音频协议):这也是 RealNetworks 公司专用的实时传输协议,它一般采用 UDP,并占用 7070 端口。

除上述协议之外，流媒体技术还包括对于流媒体类型的识别，这主要是通过多用途Internet 邮件扩展 MIME(Multipurpose Internet Mail Extensions)进行的。它不仅用于电子邮件，还能用来标记在 Internet 上传输的任何文件类型。通过它 Web 服务器和 Web 浏览器才可以识别流媒体并进行相应的处理。浏览器通过 MIME 来识别流媒体的类型，并调用相应的程序或 Plug-in 来处理，尤其在 IE 浏览器中提供了丰富的内建媒体支持。

13.3.4 流媒体播放方式

流媒体服务器可以提供多种播放方式，它可以根据用户的要求，为每个用户独立地传送流数据，实现 VOD(Video On Demand，视频点播)的功能；也可以为多个用户同时传送数据，实现在线电视或现场直播的功能。流媒体播放方式有单播、广播、组播以及点播四种。

1. 单播

当采用单播方式时，每个客户端都与流媒体服务器建立一个单独的数据通道，从服务器发送的每个数据包都只能传给一台客户机。对用户来说，单播方式可以满足自己的个性化要求，可以根据需要随时使用停止、暂停、快进等控制功能。但对服务器来说，单播方式无疑会带来沉重的负担，因为它必须为每个用户提供单独的查询，向每个用户发送所申请的数据包。当用户数很多时，对网络速度、服务器性能的要求都很高。如果这些性能不能满足要求，就会造成播放停顿，甚至停止播放。

2. 广播

承载流数据的网络报文还可以使用广播方式发送给子网上的所有用户，此时，所有的用户同时接收一样的流数据。因此，服务器只需要发送一份数据包就可以为子网上所有的用户服务，大大减轻了服务器的负担。此时，客户机只能被动地接收流数据，而不能控制流数据。也就是说，用户不能暂停、快进或后退所播放的内容，而且用户也不能对节目进行选择。

3. 组播

单播方式虽然为用户提供了最大的灵活性，但网络和服务器的负担很重。广播方式虽然可以减轻服务器的负担，但用户不能选择播放内容，只能被动地接收流数据。组播吸取了上述两种传输方式的长处，可以将数据包发送给需要的多个用户，而不是像单播方式那样把数据包的多个文件传输到网络上，也不像广播方式那样将数据包发送给那些不需要的用户，从而保证数据包占用最小的网络带宽。当然，组播方式需要在具有组播能力的网络上使用。

4. 点播

点播连接是客户端与服务器之间主动的连接。在点播连接中，用户通过选择内容项目来初始化客户端连接。用户可以开始、停止、后退、快进或暂停流。点播连接提供了对流的最大控制，但这种方式由于每个客户端各自连接了服务器，因此会迅速耗尽网络带宽。

13.3.5 Windows Media 流媒体服务器

Windows Media 流媒体服务器是微软公司推出的信息流式播放方案，其主要目的是在Internet 和局域网上实现包括音频、视频信息在内的多媒体流信息的传输。Windows Media

流媒体服务器的核心是 asf 文件,这是一种包含音频、视频、图像以及控制命令、脚本等多媒体信息在内的数据格式,通过分成一个个的网络数据包在 Internet 和局域网上传输来实现流式多媒体内容发布。asf 支持任意的压缩/解压缩编码方式,并可以使用任何一种底层网络传输协议,因此具有很大的灵活性。

Windows Media 流媒体服务器由 Media Tools、Media Server 和 Media Player 工具构成。Media Tools 提供了一系列的工具帮助用户生成 asf 格式的多媒体流,其中分为创建工具和编辑工具两种。创建工具主要用于生成 asf 格式的多媒体流,包括 Media Encoder、Media Author、VidToASF、WavToASF、Media Presenter 5 个工具;编辑工具主要对 asf 格式的多媒体流信息进行编辑与管理,包括后期制作编辑工具 ASF Indexer 与 ASF Chop,以及对 ASF 流进行检查并改正错误的 ASF Check。Media Server 可以保证文件的保密性(而不被下载),并使每个使用者都能以最佳的影片品质浏览网页,它具有多种文件发布形式和监控管理功能。

13.4 项目实施

13.4.1 任务 1:架设 Windows Media 服务器

1. 任务目标

(1) 掌握 Windows Media 服务器的安装方法。

(2) 掌握点播发布点、广播发布点的添加方法和公告文件的创建。

(3) 熟悉各种访问流媒体发布点的方法。

2. 任务内容

(1) 安装 Windows Media 服务器。

(2) 添加点播发布点。

(3) 创建公告文件。

(4) 访问流媒体发布点。

(5) 添加单播广播发布点。

(6) 添加多播广播发布点。

3. 完成任务所需的设备和软件

(1) 安装有 Windows Server 2008 R2 操作系统的虚拟机(Win2008-1 和 Win2008-2)两台。

(2) Win2008-1 为 Windows Media 服务器,IP 地址为 192.168.10.11,子网掩码为 255.255.255.0,默认网关为 192.168.10.2,位于工作组 WORKGROUP 中。

(3) Win2008-2 为 Windows Media 客户端,IP 地址为 192.168.10.12,子网掩码为 255.255.255.0,位于工作组 WORKGROUP 中。

4. 任务实施步骤

1) 安装 Windows Media 服务器

在 Windows Server 2008 R2 中,流媒体服务(Windows Media Services,WMS)不是作为

一个系统组件而存在，而是作为一个免费的系统插件，需要用户下载后进行安装。

架设 Windows Media 服务器的过程可以分两个阶段：准备阶段和架设阶段。准备阶段进行的是 Windows Media Services 2008 插件的安装，准备流媒体文件；架设阶段进行的是添加流媒体服务器角色，提供流媒体服务。

（1）准备阶段。Windows Media Services 2008 插件并不集成于 Windows Server 2008 R2 中，而是单独作为插件，因此需要通过微软官方网站免费下载安装。操作步骤如下。

步骤 1：以管理员身份登录到 Win2008-1 计算机上，访问 https://www.microsoft.com/zh-cn/download/details.aspx? id＝20424 下载安装程序包文件，如图 13-1 所示。

图 13-1　下载流媒体服务角色安装程序包文件

步骤 2：双击安装程序包文件 Windows6.1-KB963697-x64.msu，打开"Windows Update 独立安装程序"对话框，单击"是"按钮。

步骤 3：在"阅读许可条款"对话框中，单击"我接受"按钮。

步骤 4：下载并安装更新完成后，单击"关闭"按钮。

（2）架设阶段。安装插件包后，在 Win2008-1 计算机上添加"流媒体服务"角色的操作步骤如下。

步骤 1：在 Win2008-1 计算机上选择"开始"→"管理工具"→"服务器管理器"命令，打开"服务器管理器"窗口，选择左侧窗格中的"角色"选项，再单击右侧窗格中的"添加角色"超链接。

步骤 2：在打开的"添加角色向导"对话框中有相关说明和注意事项，单击"下一步"按钮，出现"选择服务器角色"界面，如图 13-2 所示，选中"流媒体服务"复选框。

步骤 3：单击"下一步"按钮，出现"流媒体服务"界面，可以查看流媒体服务简介以及安装时相关的注意事项。

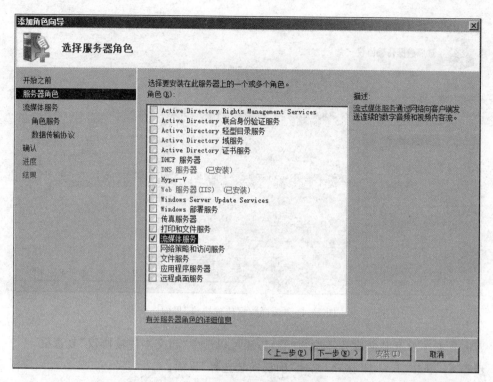

图 13-2　"选择服务器角色"界面

步骤 4：单击"下一步"按钮，出现"选择角色服务"界面，如图 13-3 所示，选中"Windows 媒体服务器""基于 Web 的管理"和"日志记录代理"复选框。

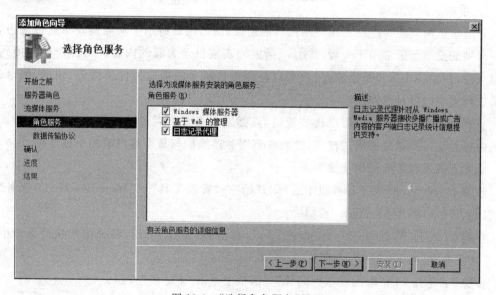

图 13-3　"选择角色服务"界面

步骤 5：单击"下一步"按钮，出现"选择数据传输协议"界面，如图 13-4 所示，选中"实时流协议（RTSP）"复选框。

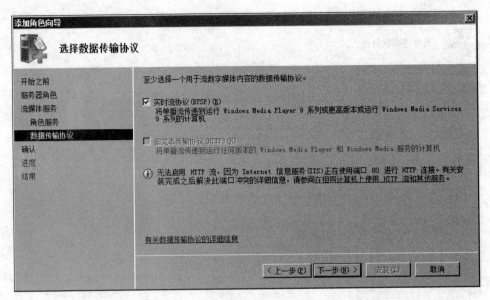

图 13-4　"选择数据传输协议"界面

若服务器中没有其他服务占用 80 端口，还可以选中"超文本传输协议"复选框。

步骤 6：单击"下一步"按钮，出现"确认安装选择"界面。

步骤 7：单击"安装"按钮开始安装，安装完成后，单击"关闭"按钮。

此时，依次选择"开始"→"管理工具"命令，可以查看到"Windows Media 服务"一项，则表示 Windows Media 服务器安装成功。

2）添加点播发布点

如果希望用户能够控制正在传输内容的播放过程，则最适用于从点播发布点传输内容。这种类型的发布点最常用于安置以文件、播放列表或目录为源的内容。当客户端连接到该发布点时，内容将从头开始播放，用户可以使用播放机上的播放控件来暂停、快进、倒退、跳过播放列表中的项目或停止。

只有当客户端已连接且可以接收流时，点播发布点才可以传输内容。从点播发布点传输的内容总是以单播流的形式传递，这意味着服务器维护与每个客户端的单独连接。

添加点播发布点的操作步骤如下。

步骤 1：在 Win2008-1 计算机上选择"开始"→"管理工具"→"Windows Media 服务"命令，打开"Windows Media 服务"窗口。

步骤 2：展开 Win2008-1→"发布点"节点，右击"发布点"节点，在弹出的快捷菜单中选择"添加发布点（向导）"命令，如图 13-5 所示。

步骤 3：在打开的"添加发布点向导"对话框中单击"下一步"按钮。

步骤 4：在出现的"发布点名称"界面中输入名称 Media_Server，如图 13-6 所示。

步骤 5：单击"下一步"按钮，出现"内容类型"界面，选中"目录中的文件（数字媒体或播放列表）（适用于通过一个发布点实现点播播放）"单选按钮，如图 13-7 所示。

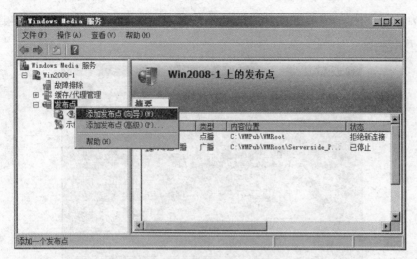

图 13-5 "Windows Media 服务"窗口

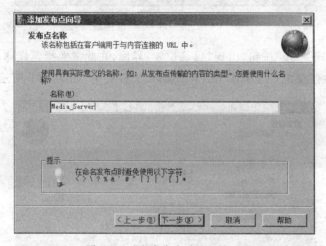

图 13-6 "发布点名称"界面(1)

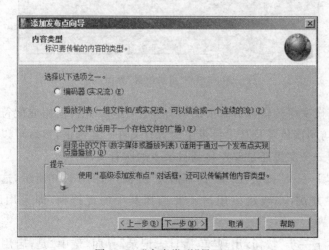

图 13-7 "内容类型"界面(1)

　　步骤 6：单击"下一步"按钮，出现"发布点类型"界面，选中"点播发布点"单选按钮，如图 13-8 所示。

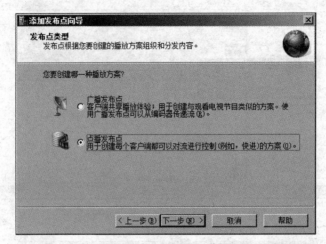

图 13-8　"发布点类型"界面(1)

　　步骤 7：单击"下一步"按钮，出现"目录位置"界面，在此需要指定媒体文件存放的路径，默认设置媒体文件存放在 C:\WMPub\WMRoot 文件夹中，如图 13-9 所示。

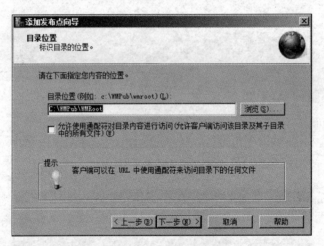

图 13-9　"目录位置"界面

　　如果希望能够按次序传输该目录下的所有文件，选中"允许使用通配符对目录内容进行访问（允许客户端访问该目录及其子目录中的所有文件）"复选框，然后可以使用公告文件确定用户是要连接到一个文件还是要连接到目录下的所有文件。

　　步骤 8：单击"下一步"按钮，出现"内容播放"界面，如图 13-10 所示，这里提供了循环播放和无序播放两种方式，一般建议用户不要选择其中的复选框，即采用顺序无循环播放方式。

　　步骤 9：单击"下一步"按钮，出现"单播日志记录"界面，选中"是，启用该发布点的日志记录"复选框，如图 13-11 所示。

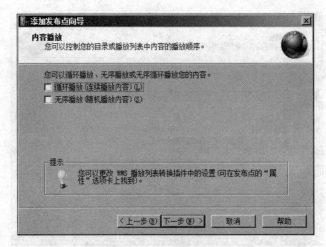

图 13-10   "内容播放"界面

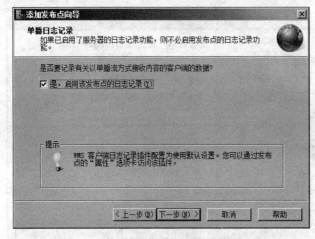

图 13-11   "单播日志记录"界面

如果已启用了服务器的日志记录功能,则不必启用发布点的日志记录功能。

步骤 10:单击"下一步"按钮,出现"发布点摘要"界面,在此显示了有关创建发布点的具体信息,如图 13-12 所示。

步骤 11:单击"下一步"按钮,出现"正在完成'添加发布点向导'"界面,取消选中"完成向导后"复选框,单击"完成"按钮,完成创建点播发布点,如图 13-13 所示。

如果需要使用向导创建公告文件、包装播放列表或网页,则选中"完成向导后"复选框,并选择相应选项,单击"完成"按钮,将在向导中创建这些内容。

在发布点创建完成后,也可以随时从发布点的"公告"选项卡中启动公告向导,创建公告文件;或者单击发布点"广告"选项卡中的"包装编辑器"按钮启动"创建包装向导",创建包装播放列表。

3) 创建公告文件

在 Windows Media 服务器中添加发布点之后,还需要创建相应的.asx 格式的公告文件

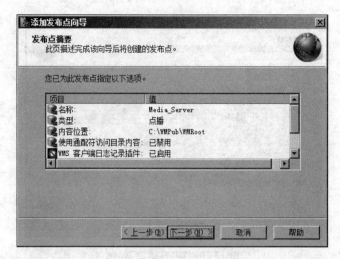

图 13-12 "发布点摘要"界面(1)

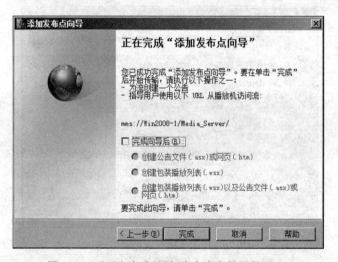

图 13-13 "正在完成'添加发布点向导'"界面(1)

或者.htm 格式的网页文件,这样客户端用户才能够通过网络收看节目。创建公告文件的操作步骤如下。

步骤 1：在"Windows Media 服务"窗口中选择 Media_Server 发布点,在右侧窗格的"源"选项卡中可以看到该点播发布点的位置和视频文件。

步骤 2：在"公告"选项卡中可以看到客户端直接访问该点播节目的方法为 mms://Win2008-1/Media_Server/insert_file_name_here.wma,还可以通过客户端播放列表或者通过网页来访问,如图 13-14 所示。

步骤 3：单击"运行单播公告向导"按钮,打开"单播公告向导"对话框。

步骤 4：单击"下一步"按钮,出现"点播目录"界面,选中"目录中的一个文件"单选按钮,如图 13-15 所示。

步骤 5：单击"浏览"按钮,在打开的"Windows Media 浏览-Win2008-1"对话框中选中某

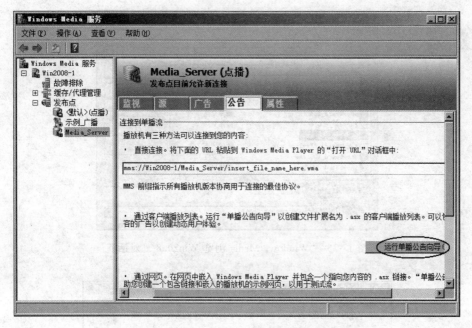

图 13-14　"公告"选项卡(1)

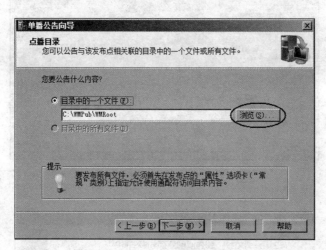

图 13-15　"点播目录"界面

个视频文件,如图 13-16 所示,单击"选择文件"按钮,返回到"点播目录"界面。

　　步骤 6：单击"下一步"按钮,出现"访问该内容"界面,显示指向内容的 URL 为 mms://Win2008-1/Media_Server/racecar_300.wmv,如图 13-17 所示。

　　如有必要,可更改服务器名称。单击"修改"按钮,可重新指定具体的文件路径信息。

　　步骤 7：单击"下一步"按钮,出现"保存公告选项"界面,选中"创建一个带有嵌入的播放机和指向该内容的链接的网页"复选框,显示公告文件的名称和位置为 C:\inetpub\wwwroot\Media_Server.asx,网页文件的名称和位置为 C:\inetpub\wwwroot\Media_Server.htm,如图 13-18 所示。

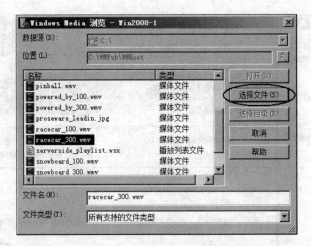

图 13-16 "Windows Media 浏览-Win2008-1"对话框

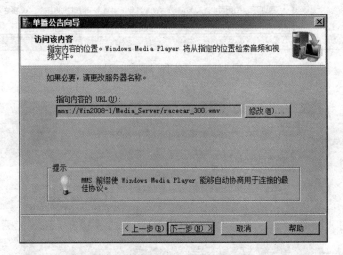

图 13-17 "访问该内容"界面(1)

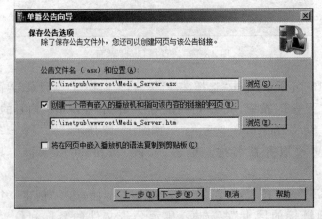

图 13-18 "保存公告选项"界面(1)

步骤 8：单击"下一步"按钮，出现"编辑公告元数据"界面，根据需要可设置主题（Title）、作者（Author）、版权（Copyright）、横幅（Banner）等公告元数据，如图 13-19 所示，这些数据会在 Windows Media Player 播放窗口中显示。

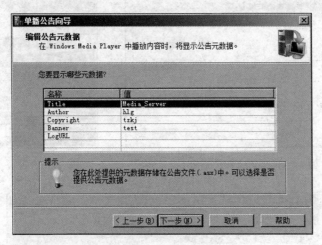

图 13-19   "编辑公告元数据"界面

步骤 9：单击"下一步"按钮，出现"正在完成'单播公告向导'"界面，选中"完成此向导后测试文件"复选框，如图 13-20 所示。

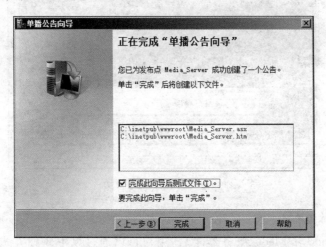

图 13-20   "正在完成'单播公告向导'"界面(1)

步骤 10：单击"完成"按钮，出现"测试单播公告"界面，如图 13-21 所示。

步骤 11：单击"测试公告"右侧的"测试"按钮，弹出 Windows Media Player 播放窗口，如图 13-22 所示。

必须安装"桌面体验"功能，才能测试流媒体服务器。"桌面体验"功能在"服务器管理器"控制台通过"添加功能"的方式安装。

步骤 12：单击"测试带有嵌入的播放机的网页"右侧的"测试"按钮，弹出 Web 播放界面,如图 13-23 所示。

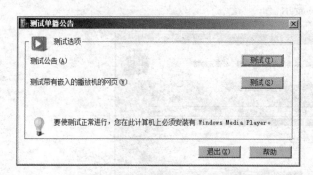

图 13-21 "测试单播公告"界面

图 13-22 asx 公告文件测试

图 13-23 htm 公告文件测试

4) 访问流媒体发布点

架设完成 Windows Media 服务器之后,用户可以通过以下 3 种方式来很方便地收看 Windows Media 服务器发布的媒体文件。

(1)直接连接。在客户端计算机 Win2008-2 的 IE 浏览器地址栏或者 Windows Media Player 的"打开 URL"对话框中,输入 mms://Win2008-1/Media_Server/racecar_300.wmv, 按 Enter 键即可访问架设的流媒体服务器。

访问之前,要确保在服务器 Win2008-1 上已经启用默认网站 Default Web Site(主目录为 C:\inetpub\wwwroot),在客户端计算机 Win2008-2 上已经添加 "桌面体验"功能。

注意

访问时，如有必要，可更改服务器名称，例如把 Win2008-1 改为 192.168.10.11、Win2008-1.nos.com、www.nos.com 等。

（2）通过客户端播放列表。通过"单播公告向导"创建的文件扩展名为.asx 的客户端播放列表来访问。在 IE 浏览器地址栏或者 Windows Media Player 的"打开 URL"对话框中，输入 http://Win2008-1/Media_Server.asx，按 Enter 键即可访问。

（3）通过网页。通过"单播公告向导"创建的一个带有嵌入的播放机和指向该内容的链接的网页来访问。在 IE 浏览器地址栏或者 Windows Media Player 的"打开 URL"对话框中，输入 http://Win2008-1/Media_Server.htm，通过内嵌在网页中的播放机来观赏媒体节目。

5）添加单播广播发布点

如果希望创造与观看电视节目类似的体验，则最适用于从广播发布点传输内容。这种类型的发布点最常用于从编码器、远程服务器或其他广播发布点传递实况流。当客户端连接到广播发布点时，客户端就加入了已在传递的广播中。例如，如果公司范围内的会议在上午 9：00 进行广播，在上午 9：15 连接的客户端将错过会议的前 15 分钟。客户端可以启动和停止广播流，但是不能暂停、快进、倒退或跳过。

还可以在广播发布点传输文件和文件的播放列表。当广播发布点将文件或播放列表作为来源时，由服务器将其作为广播流发送，播放机不能像控制点播流那样控制播放，用户感觉就好像是在接收实况编码流的广播。

通常，广播发布点在启动时开始传输，并一直继续，直到它被停止或传输完成内容。但是，可以将广播发布点配置为只有在连接了一个或多个客户端时才自动启动和运行，这样就可在没有客户端连接时节省网络带宽和服务器资源。还可以将广播发布点配置为在启动 Windows Media 服务器时自动启动。例如，如果因电源中断导致 Windows Media 服务器重新启动，则在启动服务器后，所有广播发布点都可以自动启动。

可以将广播发布点的内容作为单播或多播流来传递。也可以将来自广播发布点的流保存为存档文件，并将该文件以原广播的点播重放形式提供给用户。

添加单播广播发布点的操作步骤如下。

步骤 1：如图 13-5 所示，在计算机 Win2008-1 上右击"发布点"节点，在弹出的快捷菜单中选择"添加发布点（向导）"命令。

步骤 2：在打开的"添加发布点向导"对话框中单击"下一步"按钮。

步骤 3：在"发布点名称"界面中输入名称 Broadcast，如图 13-24 所示。

步骤 4：单击"下一步"按钮，出现"内容类型"界面，选中"播放列表（一组文件和/或实况流，可以结合成一个连续的流）"单选按钮，如图 13-25 所示。

步骤 5：单击"下一步"按钮，出现"发布点类型"界面，选中"广播发布点"单选按钮，如图 13-26 所示。

步骤 6：单击"下一步"按钮，出现"广播发布点的传递选项"界面，选中"单播（每个客户端都与服务器连接；适用于多数应用程序）"单选按钮，如图 13-27 所示。

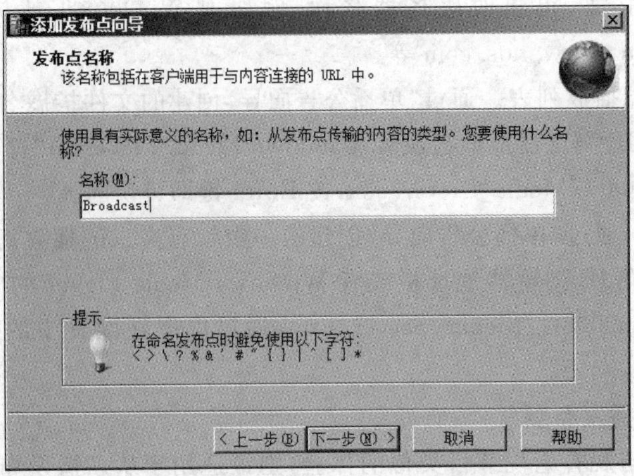

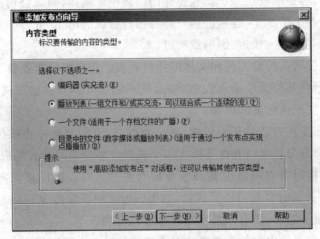

图 13-24 "发布点名称"界面(2)

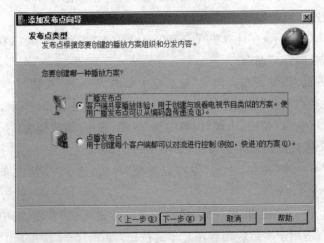

图 13-25 "内容类型"界面(2)

图 13-26 "发布点类型"界面(2)

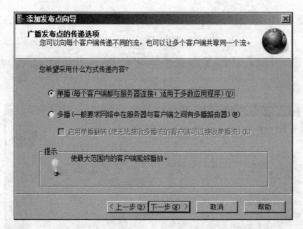

图 13-27 "广播发布点的传递选项"界面(1)

步骤 7：单击"下一步"按钮，出现"文件位置"界面，选中"现有播放列表"单选按钮，如图 13-28 所示。

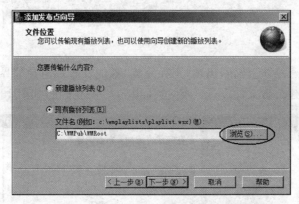

图 13-28 "文件位置"界面(1)

默认设置播放列表文件存放在 C:\WMPub\WMRoot 文件夹中。

步骤 8：单击"浏览"按钮，在打开的"Windows Media 浏览-Win2008-1"对话框中选中某个播放列表文件，如图 13-29 所示，单击"选择文件"按钮，返回到"文件位置"界面。

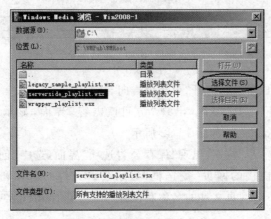

图 13-29 选择播放列表文件

步骤 9：单击"下一步"按钮，出现"单播日志记录"界面。

步骤 10：单击"下一步"按钮，出现"发布点摘要"界面，如图 13-30 所示，选中"向导结束时启动发布点"复选框，可以在添加发布点操作结束之后，自动启动发布点，从而省去用户手工启动的麻烦。

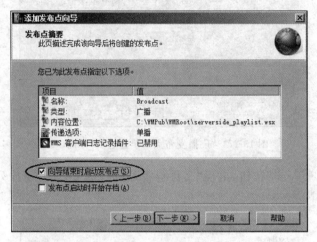

图 13-30　"发布点摘要"界面(2)

步骤 11：单击"下一步"按钮，出现"正在完成'添加发布点向导'"界面，选中"完成向导后"复选框，选中"创建公告文件(.asx)或网页(.htm)"单选按钮，如图 13-31 所示。

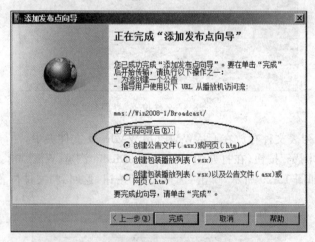

图 13-31　"正在完成'添加发布点向导'"界面(2)

步骤 12：单击"完成"按钮，打开"单播公告向导"对话框。

步骤 13：单击"下一步"按钮，出现"访问该内容"界面，显示指向内容的 URL 为 mms：//Win2008-1/Broadcast，如图 13-32 所示。

步骤 14：单击"下一步"按钮，出现"保存公告选项"界面，选中"创建一个带有嵌入的播放机和指向该内容的链接的网页"复选框，显示公告文件的名称和位置为 C:\inetpub\wwwroot\Broadcast.asx，网页文件的名称和位置为 C:\inetpub\wwwroot\Broadcast.htm，如图 13-33 所示。

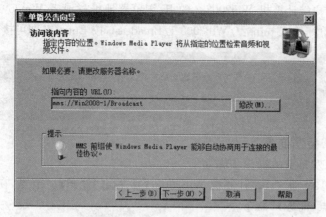

图 13-32　"访问该内容"界面(2)

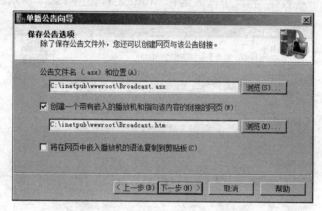

图 13-33　"保存公告选项"界面(2)

步骤 15：单击"下一步"按钮，出现"正在完成'单播公告向导'"界面，取消选中"完成此向导后测试文件"复选框，如图 13-34 所示。最后单击"完成"按钮。

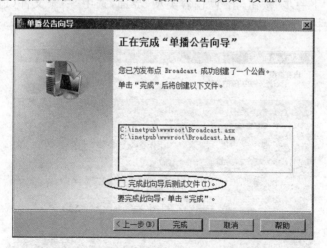

图 13-34　"正在完成'单播公告向导'"界面(2)

步骤 16：在客户端计算机 Win2008-2 的 IE 浏览器地址栏或者 Windows Media Player 的"打开 URL"对话框中，输入 mms://Win2008-1/Broadcast，按 Enter 键即可接收广播的节目。

 注意　广播的节目不能暂停、快进和倒退，也不能调整进度，但可以启动、停止播放。

6）添加多播广播发布点

添加多播广播发布点的操作步骤如下。

步骤 1：如图 13-5 所示，在计算机 Win2008-1 上右击"发布点"节点，在弹出的快捷菜单中选择"添加发布点（向导）"命令。

步骤 2：在打开的"添加发布点向导"对话框中单击"下一步"按钮。

步骤 3：在"发布点名称"界面中输入名称 Multicast，如图 13-35 所示。

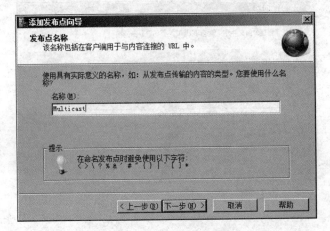

图 13-35　"发布点名称"界面（3）

步骤 4：单击"下一步"按钮，出现"内容类型"界面，选中"一个文件（适用于一个存档文件的广播）"单选按钮，如图 13-36 所示。

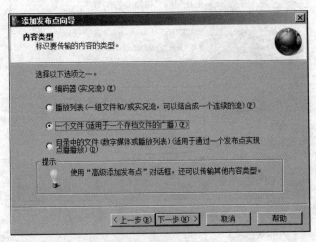

图 13-36　"内容类型"界面（3）

步骤 5：单击"下一步"按钮，出现"发布点类型"界面，选中"广播发布点"单选按钮。

步骤 6：单击"下一步"按钮，出现"广播发布点的传递选项"界面，选中"多播（一般要求网络中在服务器与客户端之间有多播路由器）"单选按钮，如图 13-37 所示。

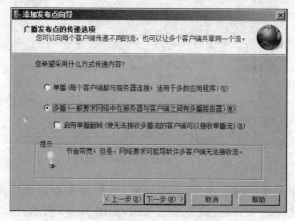

图 13-37 "广播发布点的传递选项"界面（2）

步骤 7：单击"下一步"按钮，出现"文件位置"界面，如图 13-38 所示。

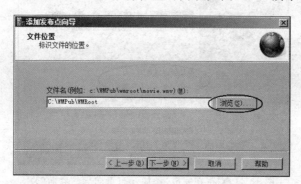

图 13-38 "文件位置"界面（2）

步骤 8：单击"浏览"按钮，在打开的"Windows Media 浏览-Win2008-1"对话框中，选中某个媒体文件，如图 13-39 所示，单击"选择文件"按钮，返回到"文件位置"界面。

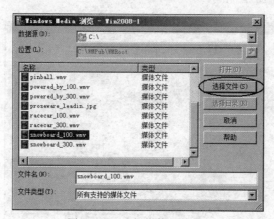

图 13-39 选择媒体文件（1）

步骤9：单击"下一步"按钮，出现"发布点摘要"界面，如图13-40所示。

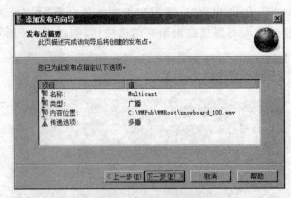

图13-40　"发布点摘要"界面(3)

步骤10：单击"下一步"按钮，出现"正在完成'添加发布点向导'"界面，选中"完成向导后"复选框，选中"创建.nsc文件（建议）"单选按钮，如图13-41所示。

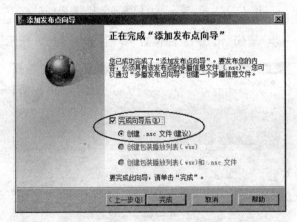

图13-41　"正在完成'添加发布点向导'"界面(3)

步骤11：单击"完成"按钮，打开"多播公告向导"对话框。

步骤12：单击"下一步"按钮，出现"指定要创建的文件"界面，选中"多播信息文件（.nsc)"单选按钮，如图13-42所示。

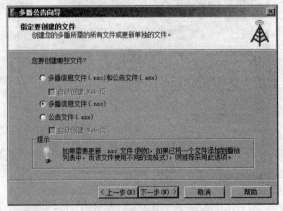

图13-42　"指定要创建的文件"界面

步骤 13：单击"下一步"按钮，出现"流格式"界面，如图 13-43 所示。

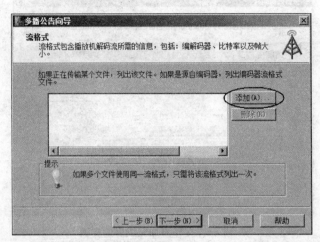

图 13-43　"流格式"界面

步骤 14：单击"添加"按钮，在打开的"添加流格式"对话框中，单击"浏览"按钮，在打开的对话框中选择某个媒体文件，如图 13-44 所示。

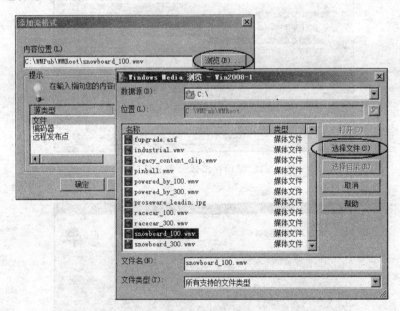

图 13-44　选择媒体文件（2）

步骤 15：单击"选择文件"按钮，返回到"添加流格式"对话框中，单击"添加"按钮，再单击"确定"按钮。文件添加完成后的界面如图 13-45 所示。

步骤 16：单击"下一步"按钮，出现"多播日志记录"界面。

步骤 17：单击"下一步"按钮，出现"保存多播公告文件"界面，如图 13-46 所示，可以看到多播信息文件的扩展名为.nsc。

步骤 18：单击"下一步"按钮，出现"对内容存档"界面，选中"否"单选按钮，如图 13-47 所示。

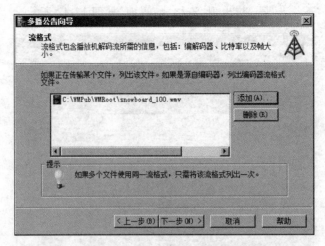

图 13-45　文件添加完成后的界面

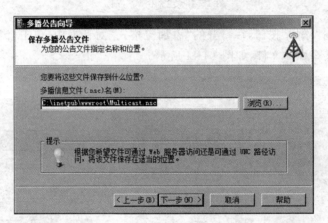

图 13-46　"保存多播公告文件"界面

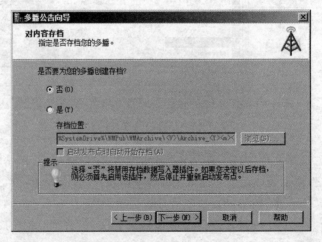

图 13-47　"对内容存档"界面

步骤 19：单击"下一步"按钮，出现"正在完成'多播公告向导'"界面，选中"完成向导后启动发布点"复选框，单击"完成"按钮。

步骤 20：在"Windows Media 服务"窗口中右击 Multicast 发布点，在弹出的快捷菜单中选择"允许新连接"命令，如图 13-48 所示。

图 13-48　允许新连接

步骤 21：将刚创建的 C:\inetpub\wwwroot\Multicast.nsc 文件复制到 Win2008-2 计算机的桌面上，双击打开该文件，在打开的 Windows 对话框中选中"从已安装程序列表中选择程序"单选按钮，如图 13-49 所示。

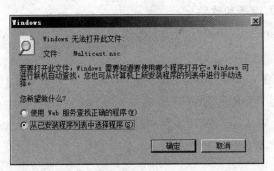

图 13-49　Windows 对话框

步骤 22：单击"确定"按钮，在打开的"打开方式"对话框中选中 Windows Media Player 程序，如图 13-50 所示。

步骤 23：单击"确定"按钮，可以看到能够播放视频，但不能调整播放进度，如图 13-51 所示。

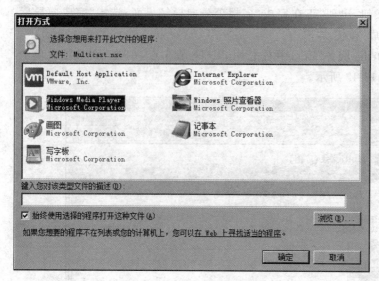

图 13-50 "打开方式"对话框   图 13-51 观看视频

13.4.2 任务 2：Windows Media 服务器的性能优化和远程管理

1. 任务目标

（1）掌握 Windows Media 服务器的性能优化。

（2）熟悉 Windows Media 服务器的远程管理。

2. 任务内容

（1）优化 Windows Media 服务器的性能。

（2）远程管理 Windows Media 服务器。

3. 完成任务所需的设备和软件

（1）安装有 Windows Server 2008 R2 操作系统的虚拟机（Win2008-1 和 Win2008-2）两台。

（2）Win2008-1 为 Windows Media 服务器，IP 地址为 192.168.10.11，子网掩码为 255.255.255.0，位于工作组 WORKGROUP 中。

（3）Win2008-2 为 Windows Media 客户端，IP 地址为 192.168.10.12，子网掩码为 255.255.255.0，位于工作组 WORKGROUP 中。

4. 任务实施步骤

1）优化 Windows Media 服务器的性能

虽然 Windows Media 服务器的架设比较简单，但是这种服务器毕竟要消耗系统资源和网络带宽，如何才能得知当前的系统性能，并且如何对其进行调整优化呢？在 Windows Media 服务器中附带了"监视"功能，这可以让用户对系统有一个直观的了解。性能优化的操作步骤如下。

步骤 1：在 Win2008-1 计算机上选择"开始"→"管理工具"→"Windows Media 服务"命

令,打开"Windows Media 服务"窗口。

　　步骤 2：展开 Win2008-1→"发布点"节点,选择 Media_Server 发布点,如图 13-52 所示,在"监视"选项卡中可以得知当前 Windows Media 服务器的相关信息。

图 13-52　查看媒体服务器信息

注意　　　在"监视"选项卡中可以了解服务器的相关信息,例如系统 CPU 的占用率、共有多少客户端用户连接到服务器收看媒体节目、网络带宽的峰值占用、当前分配的带宽等,这些信息有利于帮助用户了解服务器的运行情况。如果发现 CPU 占用资源超过 60%,则说明 CPU 资源不足,一方面可以通过升级计算机来提升服务器性能,另外也可以限制客户端的连接数量来减少 CPU 资源的占用率,因此在维护服务器和充分利用服务器资源之间可以找到一个平衡点,以使服务器长期稳定地工作。

　　步骤 3：在"源"选项卡中可以查看到设置的媒体文件夹中有哪些文件可以进行播放,而且通过中部的工具栏可以进行媒体文件的添加、删除等操作,如图 13-53 所示。

　　步骤 4：在图 13-53 下部的文件列表中选择某个媒体文件,还可以单击底部的"测试流"按钮▶实时测试播放,如图 13-54 所示。在测试过程中,能够得知跳过的帧数、接收到的包数、恢复和丢失的包数等具体信息。

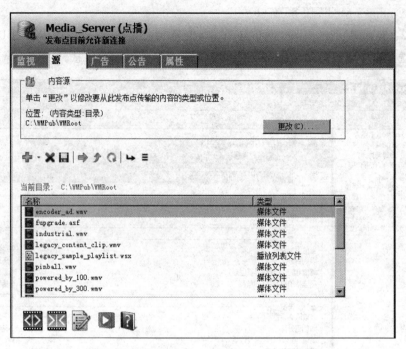

图 13-53　"源"选项卡

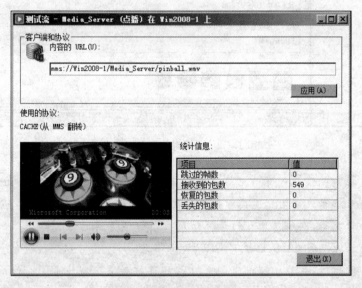

图 13-54　测试媒体文件

步骤 5：在"广告"选项卡中可以添加间隙广告或者片头和片尾广告，这些可以根据具体的需求进行设置，如图 13-55 所示。

步骤 6：在"公告"选项卡中可以创建单播公告或者多播公告，如图 13-56 所示。若在前面的操作中没有设置公告文件，则可以在此创建。

步骤 7：在"属性"选项卡中可以查看 Windows Media 服务器的设置，也能够在此较为全面地了解相关参数的设置。在"类别"列表中提供了常规、授权、日志记录、验证、限制等多

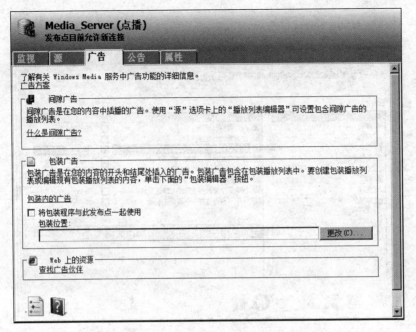

图 13-55　"广告"选项卡

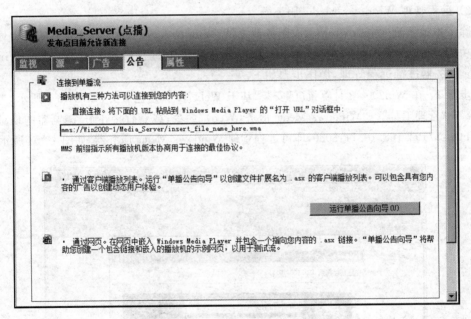

图 13-56　"公告"选项卡(2)

个选项,单击之后即可查看相关的设置,如图 13-57 所示。

步骤 8:如果需要更改一些设置,则可以在右侧的"属性"区域中进行操作。例如,选择"限制"选项之后,选中"限制播放机总带宽"复选框,并在右侧文本框内输入带宽限制值,这样就可以避免由于 Windows Media 服务器占用过多带宽而影响服务器其他网络程序的正常运行。

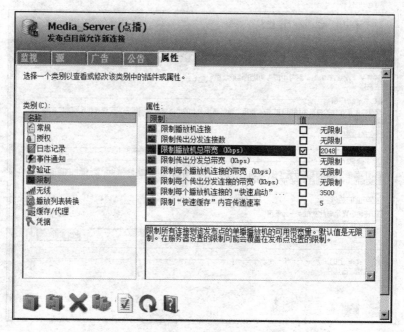

图 13-57 "属性"选项卡

2）远程管理 Windows Media 服务器

除了本地管理 Windows Media 服务器之外，Windows Server 2008 R2 还提供了远程管理的功能，可以让管理员在网络中的任何一台计算机上直接通过 IE 浏览器对 Windows Media 服务器进行远程管理，操作步骤如下。

步骤 1：在 Win2008-2 计算机（已安装"基于 Web 管理"角色服务，如图 13-3 所示）上选择"开始"→"管理工具"→"Windows Media 服务（Web）"命令，或者直接在 IE 浏览器的地址栏中输入 http://192.168.10.11:8080，即可远程管理 Windows Media 服务器，如图 13-58 所示。

图 13-58 从网页登录 Windows Media 服务器

其中,192.168.10.11 为 Windows Media 服务器的 IP 地址,8080 为 Windows Media 服务器的远程连接端口号。连接时,需要输入用户名和密码,默认的用户名和密码为系统管理员账户 administrator。

 要实现在网页中管理 Windows Media 服务器,在添加"流媒体服务"角色时,必须选中"基于 Web 管理"角色服务。

步骤 2:在远程管理 Windows Media 服务器页面中提供了"管理本地 Windows Media 服务器"和"管理一系列 Windows Media 服务器"超链接,如图 13-59 所示,此时单击前者继续操作。

图 13-59 远程管理 Windows Media 服务器页面

步骤 3:在打开的窗口中即可管理远程 Windows Media 服务器,如图 13-60 所示,其操作方法与在"Windows Media 服务"窗口中相似。

 为安全起见,在实际应用中,应为"Windows Media 管理网站"建立 SSL 安全机制。打开 IIS 管理器,在"网站"节点下即可看到"Windows Media 管理网站",在此可配置其 SSL。

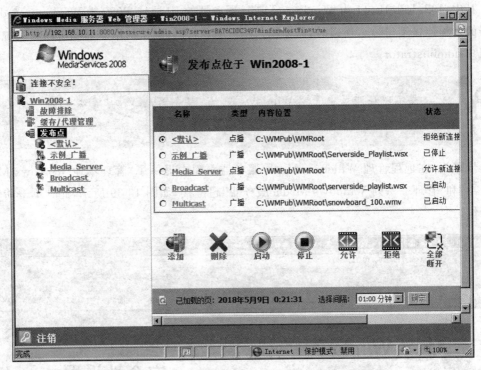

图 13-60　远程管理 Windows Media 服务器

13.5　习题

一、填空题

1. 流媒体是一种可以使_____、_____和其他多媒体能在网络上以实时的、无须下载等待的方式进行播放的技术。

2. 通常流媒体系统包括_____、_____、_____、_____和_____五个部分的内容。

3. 在"监视"选项卡中如果发现 CPU 占用资源超过 60%，则说明 CPU 资源不足，一方面可以通过升级计算机来提升服务器性能，另外也可以通过_____来减少 CPU 资源的占用率。

4. 微软公司的 asf 格式是一种网上流行的流媒体格式，它的使用与 Windows 操作系统是分不开的，其播放机_____已经与 Windows 操作系统捆绑在一起，不仅可用于 Web 方式播放，还可以用于在浏览器以外播放影音文件。

二、选择题

1. Windows Media 服务器默认的远程连接端口号是_____。

　　A. 80　　　　　　　　　B. 8000　　　　　　　C. 8080　　　　　　　D. 53

2. 下面_____不是访问流媒体发布点的方式。

　　A. 直接连接　　　　　　　　　　　　　　　B. 通过客户端播放列表

　　C. 通过网页　　　　　　　　　　　　　　　D. 远程管理

3. 下面_____协议不是专门用来传输流式媒体的协议。

　　A. MMS　　　　　　B. HTTPS　　　　　C. RTSP　　　　　D. RTCP

三、简答题

1. 流媒体系统由哪几部分组成？流媒体与传统文件相比具有哪些优点？

2. 常见的流媒体有哪几种传输格式？常见的流媒体传输协议有哪些？

3. 访问流媒体发布点有哪几种方法？如何调整流媒体服务器的性能？

4. 如何远程管理 Windows Media 服务器？

项目 14
远程桌面服务

项目学习目标

(1) 熟悉远程协助的启用、邀请等操作。

(2) 理解远程桌面服务的功能特点。

(3) 掌握远程桌面服务的安装方法。

(4) 掌握远程桌面服务器的配置和管理。

(5) 掌握如何连接远程桌面。

(6) 掌握部署并分发 RemoteApp 程序。

(7) 掌握如何通过 Web 浏览器连接到远程桌面服务。

14.1　项目提出

某公司的信息化进程推进很快,公司开发了网站,也架设了 WWW 服务器、FTP 服务器等。公司的大部分管理工作都可以在局域网中实现,这样给公司带来了极大的便利。

有一天网络管理员因为在外地出差,公司打来电话称网络中心的部分服务器出现故障,不能正常提供服务。此时有什么方法对网络中心的相关服务器进行远程异地维护,并保证系统足够安全呢?

另外,公司购买了一些正版软件,但无法保证公司内部所有员工都能进行安装,此时有什么办法可以让所有员工都能使用到正版软件呢?

14.2　项目分析

远程桌面服务是 Windows Server 2008 中的一个服务器角色,它提供的技术可让用户访问在远程桌面会话主机(RD 会话主机)服务器上安装的基于 Windows 的程序,或访问完整的 Windows 桌面。使用远程桌面服务,网络管理员可从公司网络内部或 Internet 访问 RD会话主机,也可在企业环境中有效地部署和维护软件。

通过配置远程桌面服务可以解决网络管理员远程管理的问题;通过桌面虚拟化将应用程序安装在远程桌面服务器,可以解决所有员工都能使用到正版软件的问题。

14.3　相关知识点

14.3.1　终端服务简介

在计算机发展的早期,由于计算机设备非常昂贵,无法做到每个用户一台计算机,为了使更多的用户使用计算机,经常采用主机/终端的模式,即从一台大型的主机上连接多个终端,这些终端带有显示器和键盘,如图 14-1 所示。这些终端仅仅是从键盘上接收用户的指令,交给主机进行处理,主机处理完毕后将结果返回给终端,终端负责在显示器上显示出来或者在打印机上打印出来。在主机/终端模式中,终端仅仅是一个输入/输出设备而已,真正负责运算的是主机上的 CPU,因此可以把终端看成主机上的键盘线和显示器线的延长。在早期的主机/终端模式中,大多是基于字符界面的。

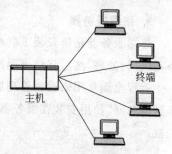

图 14-1　主机/终端模式

由于主机在多个用户之间快速切换,因此用户感觉不到主机还在运行其他用户的程序。当然,若有多个用户同时使用主机的某一种共享资源,如打印机等,可能就需要等待。远程登录就是基于主机的多任务而实现的。远程登录是 Internet 上应用非常广泛的服务,用户可以通过远程登录来使用主机的强大运算能力。通常,用户使用的计算机在运行大的复杂的程序时要耗费大量的时间,甚至根本无法完成。这样,用户可以远程登录到一台具有合法账户的主机上,在该主机上运行程序。主机完成运行后,将结果传送到用户的计算机中。其次,用户还可以登录到其他主机中来运行该机中的程序。例如,由于工作站上的软件非常昂贵,一般用户无法完全配齐,而不同工作站的拥有者可以协商购买不同的软件,然后互相向对方提供账户就可以运行各种软件了。

早在几十年前的 UNIX 系统中,就提供了远程登录的功能 Telnet,使用户使用 Telnet 来实现远程管理。远程登录是 Internet 上最诱人和重要的服务工具之一,它可以超越空间的界限,让用户可以访问外地的计算机,然而 Telnet 的字符界面发挥不了 Windows 强大的图形界面功能。终于微软公司在操作系统中提供了图形界面的远程登录功能,这就是终端服务。在客户端上安装简单的"远程桌面"程序后,用户就可以在客户端上使用鼠标完成对远程服务器的管理。

Windows Server 2008 中提供了一个图形界面的终端服务功能,用户通过网络连接到终端服务器上,使用 Windows 的操作界面远程控制服务器,就像用户坐在服务器跟前一样。用户在客户机下达对服务器的管理指令,通过网络将这些指令传到服务器上执行,然后再由服务器将执行的结果传回到客户机。

Windows Server 2008 终端服务系统中主要包括以下几个组成部分。

1. 远程桌面

远程桌面是安装在 Windows 客户端(可以是 Windows 2000/XP/7/10),甚至可以是 Macintosh 或者 UNIX 下的软件,它接收用户的各种输入指令(键盘、鼠标等),传到另一个位置的服务器进行处理,还要将服务器返回的处理结果在显示器上显示出来。

2. 远程桌面协议

远程桌面协议(Remote Desktop Protocol,RDP)是远程桌面和终端服务器进行通信的协议,该协议基于 TCP/IP 进行工作,允许用户访问运行在服务器上的应用程序和服务,无须他们在本地执行这些程序。该协议默认使用 TCP 的 3389 端口。RDP 将键盘操作和鼠标单击等指令从客户端传输到终端服务器,还要将终端服务器处理后的结果传回到远程桌面。

3. 终端服务器

终端服务器是指安装了终端服务并可被远程控制的服务器,它接收来自远程桌面的指令,并进行处理,然后将结果返回给远程桌面。

远程桌面是用来远程管理服务器的,最多只能连接 2 个会话。如果想让更多的用户连接到服务器,使用安装在服务器上的程序,必须在服务器上安装终端服务,并由终端服务器授权。

14.3.2 Windows Server 2008 R2 的远程桌面服务

微软公司从 Windows 2000 Server 开始支持基本的终端服务。Windows Server 2003 的终端服务开始支持 Web 浏览器访问,包括终端服务器和管理远程桌面两个组件,前者用于在服务器上部署和管理应用程序,实现多用户同时访问服务器上的程序;后者用于远程控制 Windows 服务器。Windows Server 2008 对终端服务进行了改进和创新,将其作为一个服务器角色,增加了终端服务远程应用程序(RemoteApp 程序)、终端服务网关和终端服务 Web 访问等组件,便于通过 Web 浏览器更便捷地访问远程程序或 Windows 桌面本身,同时支持远程终端访问和跨防火墙应用。

Windows Server 2008 R2 进一步改进了终端服务,并将其改称为远程桌面服务,它提供的技术让用户能够从企业内部网络或 Internet 访问在远程桌面会话主机服务器(相当于终端服务器)上安装的 Windows 程序或完整的 Windows 桌面。

1. 远程桌面服务的角色服务

在 Windows Server 2008 R2 中,已重命名所有远程桌面服务的角色服务,并新增了远程桌面虚拟化主机。这样,远程桌面服务角色由下列角色服务组成。

(1) 远程桌面会话主机(RD 会话主机)。该角色服务以前称为终端服务器,用于提供终端服务,使服务器可以集中部署和发布基于 Windows 的程序,或者提供完整的 Windows 桌面。用户可连接到该服务器来运行程序、保存文件,以及使用该服务器上的网络资源。

(2) 远程桌面 Web 访问(RD Web 访问)。它以前称为 TS Web 访问,用于让用户通过 Web 浏览器来访问 RemoteApp 程序和远程桌面,可帮助管理员简化远程应用程序的发布工作,同时还能简化用户查找和运行远程应用程序的过程。

(3) 远程桌面授权(RD 授权)。该角色服务以前称为 TS 授权,用于管理连接到远程桌面会话主机所需的客户端访问许可证(RDS CAL),具体是在远程桌面授权服务器上安装、颁发 RDS CAL 并跟踪其可用性。

(4) 远程桌面网关(RD 网关)。远程桌面网关以前称为 TS 网关,其目的是让远程用户无须使用 VPN 连接就能通过 Internet 连接到企业内部网络上的资源,将终端服务的适用范围扩展到企业防火墙之外的更广泛领域。它使用 HTTPS 上的 RDP 协议(RDP over HTTPS)在 Internet 上的计算机与内部网络资源之间建立安全的加密连接。远程桌面网关与网络访问保护整合起来以提高安全性。

(5) 远程桌面连接代理(RD 连接 Broker)。远程桌面连接代理以前称为 TS 会话 Broker,用于在负载平衡的 RD 会话主机服务器场中跟踪用户会话,还用于通过 RemoteApp 和桌面连接为用户提供对 RemoteApp 程序和虚拟机的访问。

(6) 远程桌面虚拟化主机(RD 虚拟化主机)。这是 Windows Server 2008 R2 新增的角色服务,集成了 Hyper-V(操作系统虚拟主机技术)以托管虚拟机,并将这些虚拟机作为虚拟桌面提供给用户。可以将唯一的虚拟机分配给组织中的每个用户,或为他们提供对虚拟机池的共享访问。远程桌面虚拟化主机需要使用远程桌面连接代理来确定将用户重定向到何处。

2. RemoteApp 程序

与传统的终端服务一样,Windows Server 2008 R2 的远程桌面服务支持高保真桌面。除了传统的基于会话的桌面,新增基于虚拟机的桌面。客户端可以访问远程桌面会话主机所提供的桌面连接来访问整个远程桌面。

远程桌面服务主要用于在服务器上(而不是在每台设备上)部署程序,这可以带来以下好处。

(1) 应用程序部署。可将基于 Windows 的程序快速部署到整个企业中的计算设备中。在程序经常需要更新、很少使用或难以管理的情况下,远程桌面服务尤其有用。

(2) 应用程序合并。从服务器安装和运行的程序,无须在客户端计算机上进行更新,从而可减少访问程序所需的网络带宽量。

(3) 远程访问。用户可以通过指定设备(如家庭计算机、展台、低能耗硬件)或非 Windows 的操作系统来访问 Windows 服务器上正在运行的程序。

(4) 分支机构访问。远程桌面服务为那些需要访问中心数据存储的分支机构工作人员提供更好的程序性能。有时,数据密集型程序没有针对低速连接进行优化的客户端/服务器协议。与典型的广域网连接相比,此类通过远程桌面服务连接运行的程序性能通常会更好。

RemoteApp 程序是 Windows Server 2008 开始提供的一种新型远程应用呈现技术,它与客户端的桌面集成在一起,而不是在远程服务器的桌面中向用户显示,这样用户像在本地计算机上一样远程使用应用程序。通过部署 RemoteApp 程序,企业可确保所有客户端都使用应用程序的最新版本。对于那些频繁更新、难以安装或者需要通过低带宽连接进行访问的业务应用程序来说,RemoteApp 程序是一种极具成本效益的部署手段。

基于 Windows Server 2008 R2 的 RemoteApp 程序的部署如图 14-2 所示,图 14-2 示意了远程桌面服务的基本运行机制。RemoteApp 程序可以通过远程桌面 Web 访问在网站上分发(提供指向 RemoteApp 程序的链接);也可以将 RemoteApp 程序作为.rdp 文件或 Windows Installer 程序包通过文件共享或其他分发机制分发给用户。通过部署远程桌面网关,支持客户端从 Internet 访问 RemoteApp 程序。

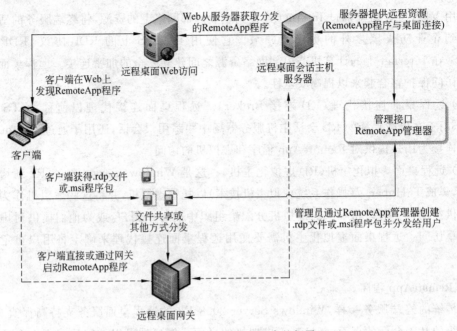

图 14-2　RemoteApp 程序的部署

14.4　项目实施

14.4.1　任务 1：使用 Windows Server 2008 R2 中的远程协助功能

1. 任务目标

（1）熟悉在 Windows Server 2008 R2 服务器中安装远程协助功能、发布远程协助邀请。

（2）熟悉远程协助的操作方法。

2. 任务内容

（1）安装远程协助功能。

（2）发布远程协助邀请。

（3）进行远程协助操作。

3. 完成任务所需的设备和软件

（1）安装有 Windows Server 2008 R2（Win2008-1）操作系统和 Windows 7 操作系统的虚拟机两台。

（2）Win2008-1 为远程协助服务器，IP 地址为 192.168.10.11，子网掩码为 255.255.255.0，位于工作组 WORKGROUP 中。

（3）Windows 7 为远程协助客户端，IP 地址为 192.168.10.1，子网掩码为 255.255.255.0，位于工作组 WORKGROUP 中。

4. 任务实施步骤

1）安装远程协助功能

远程协助是 Windows Server 2008 R2 中的一个远程管理功能，如果用户在使用

Windows Server 2008 R2 的过程中遇到问题,就可以借助这个功能向别人求助,从而通过文本交流、远程操作等方法来排除故障。

在默认情况下,Windows Server 2008 R2 并没有安装"远程协助"功能,这就需要用户手工安装此功能,操作步骤如下。

步骤 1:以管理员身份登录到 Win2008-1 计算机上,选择"开始"→"管理工具"→"服务器管理器"命令,打开"服务器管理器"窗口,在左侧窗格中选择"功能"选项,在右侧窗格中单击"添加功能"超链接,打开"添加功能向导"对话框,如图 14-3 所示,找到并选中"远程协助"复选框。

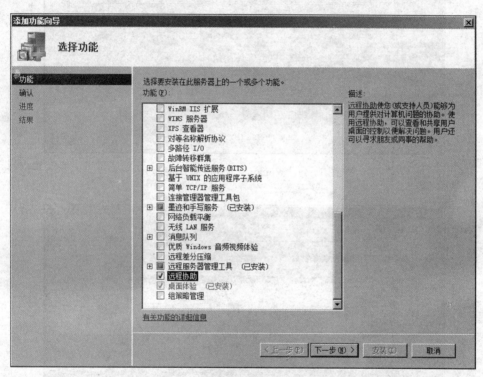

图 14-3　"添加功能向导"对话框

步骤 2:单击"下一步"按钮,出现"确认安装选择"界面。

步骤 3:单击"安装"按钮开始安装,安装结束后出现"安装结果"界面,单击"关闭"按钮完成安装。

2)发布远程协助邀请

安装"远程协助"功能后,还要发布远程协助邀请,操作步骤如下。

步骤 1:在 Win2008-1 计算机上选择"开始"→"所有程序"→"维护"→"Windows 远程协助"命令,打开"Windows 远程协助"对话框,如图 14-4 所示。

步骤 2:单击"邀请信任的人帮助您"按钮,出现"您希望如何邀请所信任的帮助者?"界面,如图 14-5 所示。

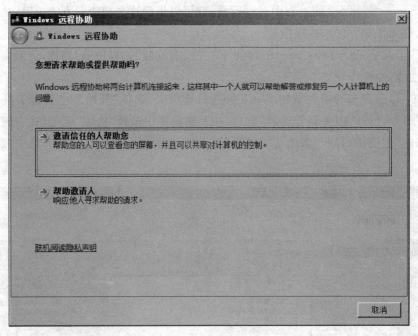

图 14-4　"Windows 远程协助"对话框

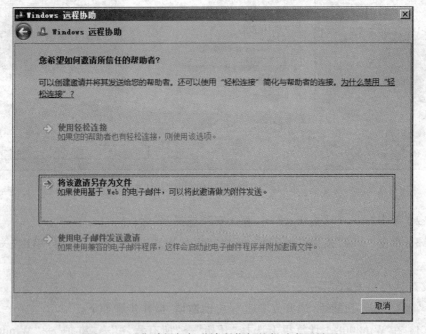

图 14-5　"您希望如何邀请所信任的帮助者？"界面

　　　　远程协助邀请成功之后，在图 14-4 的"邀请信任的人帮助您"按钮的右侧会显示以前邀请的用户列表，便于再次发出邀请。

步骤 3：单击"将该邀请另存为文件"按钮，打开"另存为"对话框，如图 14-6 所示。

图 14-6   "另存为"对话框

步骤 4：设置保存路径和文件名（文件扩展名为 . msrcIncident）后，单击"保存"按钮，出现"向您的帮助者提供邀请文件和密码"界面，并且该机处于"正在等待传入连接"状态，如图 14-7 所示。

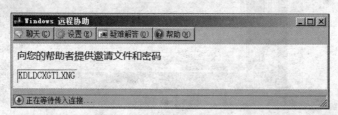

图 14-7   "向您的帮助者提供邀请文件和密码"界面

步骤 5：通过共享文件夹、QQ 等工具把刚保存的邀请文件和连接密码发送给远程用户（被邀请者）。

3）进行远程协助操作

当远程用户（被邀请者）接收到远程协助邀请文件之后，可以参照以下步骤进行远程协助操作。

步骤 1：在 Windows 7 计算机上双击接收到的邀请文件，打开"远程协助"对话框，如图 14-8 所示。

步骤 2：输入用于连接到远程计算机的密码后，单击"确定"按钮。

步骤 3：在发起远程协助的 Win2008-1 计算机上，会出现是否允许远程用户连接到计算机的询问提示框，如图 14-9 所示。

步骤 4：单击"是"按钮，允许远程用户建立远程连接。

步骤 5：双方计算机建立连接后，在 Windows 7 计算机上可以看到 Win2008-1 计算机的界面，同时双方可以借助"聊天"按钮进行文字交流，如图 14-10 所示。

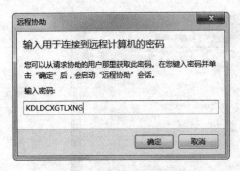

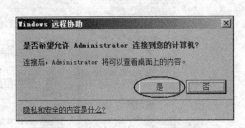

图 14-8　"远程协助"对话框　　　　　　　　　图 14-9　允许远程用户建立连接

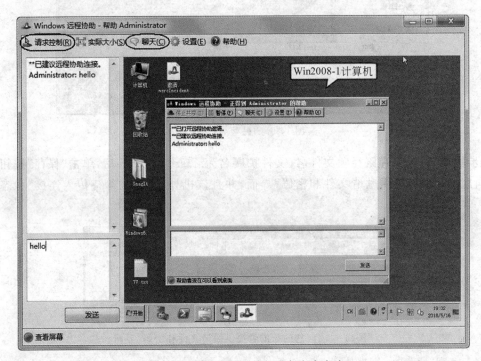

图 14-10　借助"聊天"按钮进行文字交流

步骤 6：如果需要对 Win2008-1 计算机进行远程操作来排除故障，则可以单击如图 14-10 所示的左上角的"请求控制"按钮，此时 Win2008-1 计算机上会弹出是否允许远程用户共享对桌面的控制的询问提示框，在此单击"是"按钮，如图 14-11 所示。

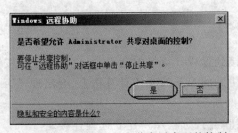

图 14-11　允许远程用户共享对桌面的控制

　　步骤 7：获取对 Win2008-1 计算机的控制权后，在 Windows 7 计算机上就可以像使用本地计算机一样对 Win2008-1 计算机进行各种操作，并且可以有针对性地排除相关故障，如图 14-12 所示。故障排除之后，双方用户均可以单击"停止共享"按钮中断连接，从而结束此次远程协助。

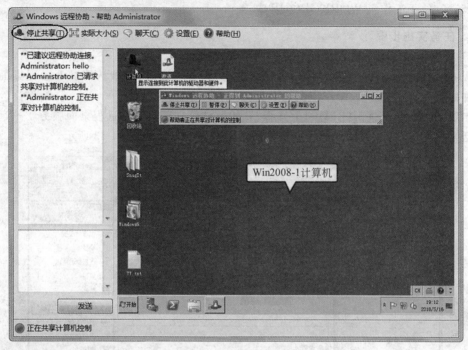

图 14-12　远程操作计算机

14.4.2　任务 2：使用 Windows Server 2008 R2 的远程桌面服务

1. 任务目标

(1) 掌握如何安装远程桌面服务。

(2) 掌握配置和管理远程桌面服务器。

(3) 掌握如何连接远程桌面。

(4) 掌握部署并分发 RemoteApp 程序。

(5) 掌握如何通过 Web 浏览器连接到远程桌面服务。

2. 任务内容

(1) 查看默认情况下远程桌面服务器的最大连接数。

(2) 安装远程桌面服务。

(3) 配置远程桌面会话主机。

(4) 客户端使用远程桌面连接。

(5) 部署并分发 RemoteApp 程序。

(6) 客户端通过 Web 浏览器连接到远程桌面服务。

3. 完成任务所需的设备和软件

(1) 安装有 Windows Server 2008 R2(Win2008-1)操作系统和 Windows 7 操作系统的

虚拟机两台。

（2）Win2008-1 为远程桌面服务的服务器，IP 地址为 192.168.10.11，子网掩码为 255.255.255.0，位于工作组 WORKGROUP 中。

（3）Windows 7 为远程桌面服务的客户端，IP 地址为 192.168.10.1，子网掩码为 255.255.255.0，位于工作组 WORKGROUP 中。

4. 任务实施步骤

1）查看默认情况下远程桌面服务器的最大连接数

Windows Server 2008 R2 将终端服务改称为远程桌面服务，默认情况下远程桌面服务器允许的最大连接数为 2，操作步骤如下。

步骤 1：在 Win2008-1 计算机上选择"开始"→"管理工具"→"远程桌面服务"→"远程桌面会话主机配置"命令，打开"远程桌面会话主机配置"窗口，如图 14-13 所示。

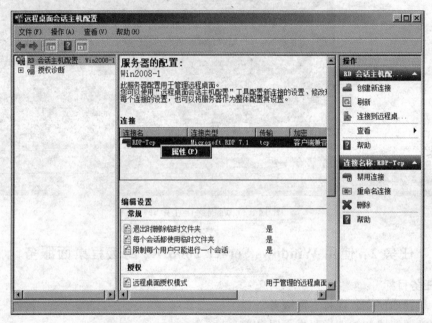

图 14-13　"远程桌面会话主机配置"窗口

步骤 2：右击中间窗格中的默认连接名 RDP-Tcp，在弹出的快捷菜单中选择"属性"命令，打开"RDP-Tcp 属性"对话框，如图 14-14 所示。

步骤 3：在"网络适配器"选项卡中，可以看到最大连接数为 2，并且不能增加最大连接数。

2）安装远程桌面服务

在 Windows Server 2008 R2 中，系统默认并未安装远程桌面服务，要增加远程桌面服务器允许的最大连接数（默认为 2），必须安装远程桌面服务，操作步骤如下。

步骤 1：在计算机 Win2008-1 的命令提示符下，输入以下两条命令，添加 2 名新用户 user1 和 user2，并设置了相应的密码"a1!"和"a2!"。

```
net user user1 a1! /add
net user user2 a2! /add
```

步骤 2：在 Win2008-1 计算机上选择"开始"→"管理工具"→"服务器管理器"命令，打开

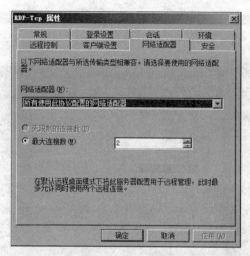

图 14-14　最大连接数为 2

"服务器管理器"窗口,在左侧窗格中,选择"角色"选项,在右侧窗格中单击"添加角色"超链接,打开"添加角色向导"对话框。

步骤 3:单击"下一步"按钮,出现"选择服务器角色"界面,如图 14-15 所示,找到并选中"远程桌面服务"复选框。

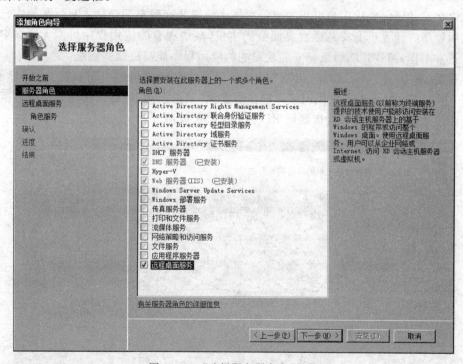

图 14-15　"选择服务器角色"界面

步骤 4:单击"下一步"按钮,出现"远程桌面服务"界面,对远程桌面服务进行了简要的介绍以及相关的注意事项。

步骤 5:单击"下一步"按钮,出现"选择角色服务"界面,如图 14-16 所示,选中"远程桌面会话主机"和"远程桌面 Web 访问"复选框。

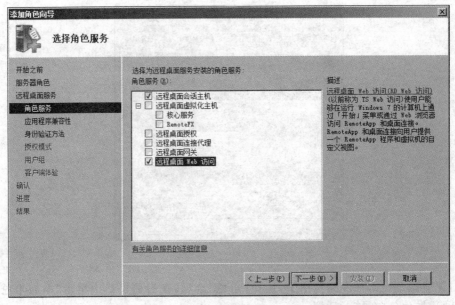

图 14-16 "选择角色服务"界面

步骤 6：单击"下一步"按钮，出现"卸载并重新安装兼容的应用程序"界面。

建议在安装任何要让用户可用的应用程序之前安装远程桌面会话主机。如果在已经安装了应用程序的计算机上安装远程桌面会话主机，某些现有的应用程序可能无法在多用户环境下正常工作，卸载并随后重新安装受影响的应用程序能解决这些问题。

步骤 7：单击"下一步"按钮，出现"指定远程桌面会话主机的身份验证方法"界面，如图 14-17 所示，选中"不需要使用网络级别身份验证"单选按钮，以确保使用其他版本远程桌面连接客户端的计算机能够连接到此 RD 会话主机服务器。

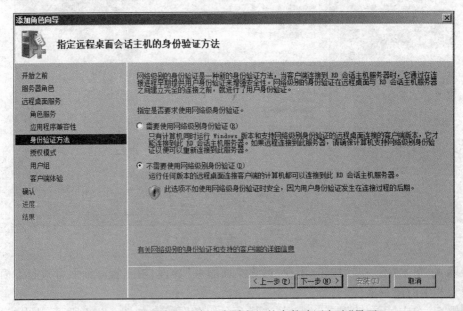

图 14-17 "指定远程桌面会话主机的身份验证方法"界面

步骤 8：单击"下一步"按钮，出现"指定授权模式"界面，如图 14-18 所示，选中"以后配置"单选按钮，允许免费使用 120 天。

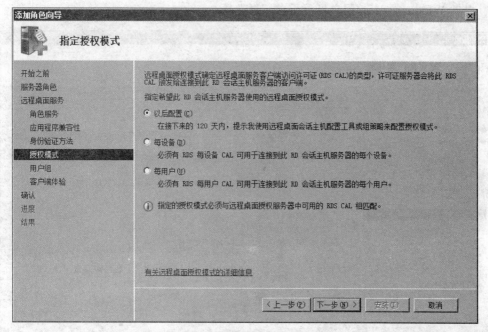

图 14-18　"指定授权模式"界面

步骤 9：单击"下一步"按钮，出现"选择允许访问此 RD 会话主机服务器的用户组"界面，如图 14-19 所示，默认已加入 Administrators 用户组，单击"添加"按钮，再添加用户 user1 和 user2，也就是将要访问的用户或用户组加入本地的 Remote Desktop Users 组中。

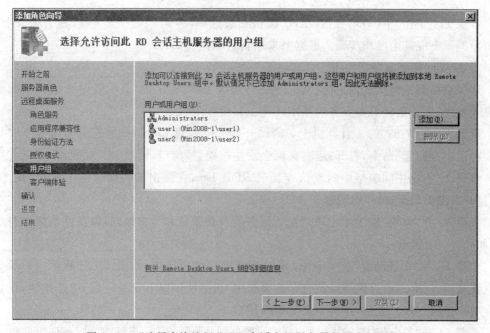

图 14-19　"选择允许访问此 RD 会话主机服务器的用户组"界面

以后还可以在服务器上进一步管理 Remote Desktop Users 组成员。

步骤 10：单击"下一步"按钮，出现"配置客户端体验"界面，如图 14-20 所示，选中"桌面元素（提供 Windows Aero 用户界面元素）"复选框。

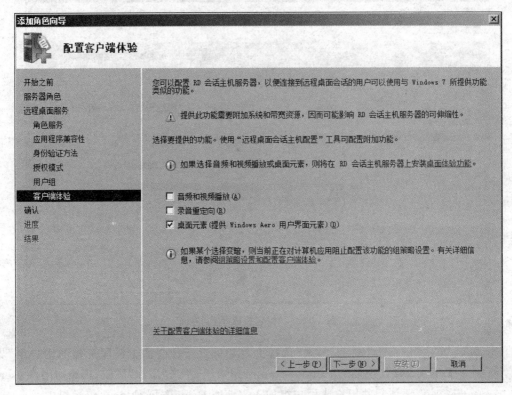

图 14-20 "配置客户端体验"界面

步骤 11：单击"下一步"按钮，出现"确认安装选择"界面，单击"安装"按钮开始安装，根据向导提示完成其余操作步骤。根据要求重新启动完成安装。

3）配置远程桌面会话主机

远程桌面服务是由远程桌面会话主机（终端服务器）提供的，其配置对于远程桌面服务具有全局性，决定远程桌面服务的基本环境。其操作步骤如下。

步骤 1：在 Win2008-1 计算机上，选择"开始"→"管理工具"→"远程桌面服务"→"远程桌面会话主机配置"命令，打开"远程桌面会话主机配置"窗口，如图 14-13 所示。

步骤 2：右击中间窗格中的默认连接名 RDP-Tcp，在弹出的快捷菜单中选择"属性"命令，打开"RDP-Tcp 属性"对话框。

步骤 3：在"常规"选项卡中可以配置服务器身份验证和加密级别，以及网络级别身份验证，如图 14-21 所示。

步骤 4：在"登录设置"选项卡中，可以设置用户登录选项，如图 14-22 所示。一般应选择默认选项，让客户端提供登录信息。如果选中"始终使用以下登录信息"单选按钮，设置让所有用户以同一账户登录，这样不便于跟踪用户。

步骤 5：在"安全"选项卡中为用户或组设置远程桌面服务访问权限，如图 14-23 所示。

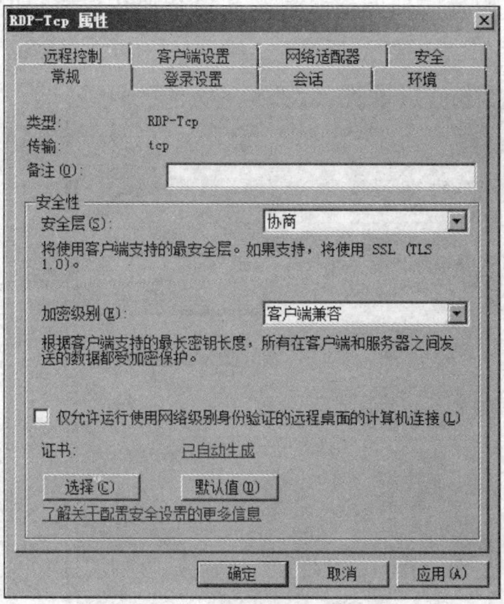

图 14-21　"常规"选项卡(1)

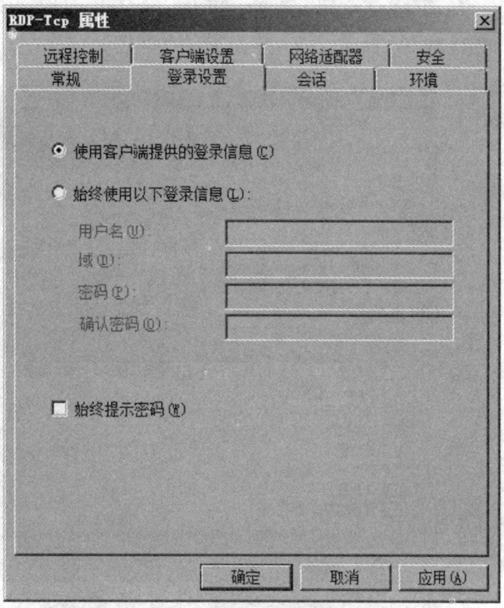

图 14-22　"登录设置"选项卡

重点是配置 Remote Desktop Users 组的权限。标准权限有 3 种：完全控制、用户访问和来宾访问。可以设置特殊权限来更为精确地控制用户访问，单击"高级"按钮打开相应的对话框，选择 Remote Desktop Users 组，再单击"编辑"按钮，在打开的对话框中可以看到"用户访问"标准权限对应的特殊权限为"查询信息""登录""连接"，如图 14-24 所示。如果用户要使用远程桌面服务管理器远程控制用户会话，必须至少拥有"远程控制"特殊权限。

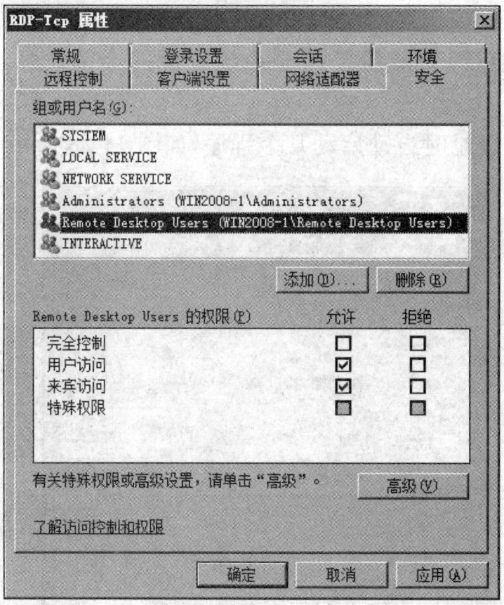

图 14-23　"安全"选项卡

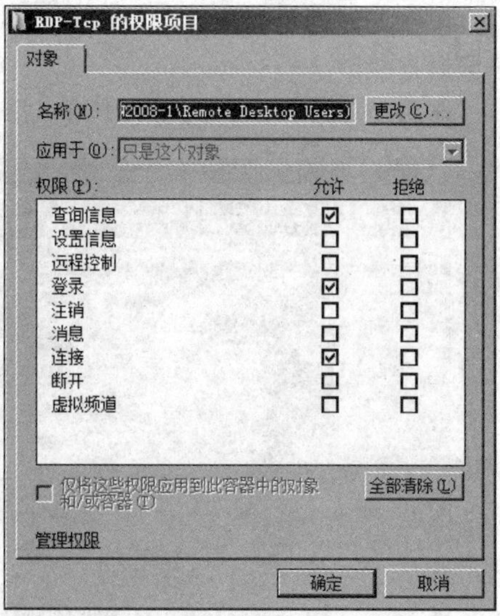

图 14-24　设置特殊权限

步骤 6：在"客户端设置"选项卡中设置客户端的基本设置，包括登录时要连接的设备、所允许的最大颜色深度以及要禁用的客户端映射资源，如图 14-25 所示。

　　步骤 7：在"会话"选项卡中可以配置远程桌面服务会话的超时设置和重新连接设置，如图 14-26 所示。

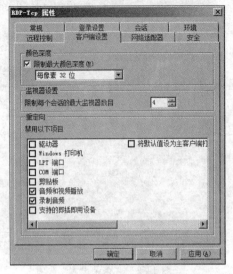

图 14-25　"客户端设置"选项卡

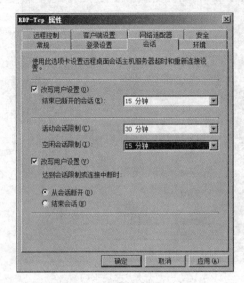

图 14-26　"会话"选项卡

　　步骤 8：在"远程控制"选项卡中可以设置是否允许远程控制，如图 14-27 所示。

　　如果要针对该连接统一设置远程控制，应选中"使用具有下列设置的远程控制"单选按钮，确定是否要求用户权限以控制会话。在"控制级别"区域有 2 个选项，"查看会话"表示用户会话只能查看，不能同步显示；"与会话互动"表示用户会话可随时使用键盘和鼠标进行控制，交互双方的会话（操作）同步显示。

　　步骤 9：在"网络适配器"选项卡中可以设置连接允许的同时远程连接数。

　　限制同时远程连接数可以提高计算机的性能，因为减少了需要系统资源的会话。默认不限制连接数。

　　步骤 10：在"环境"选项卡中可以指定在用户登录时自动启动某个程序，如图 14-28 所示。

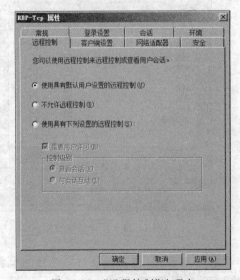

图 14-27　"远程控制"选项卡

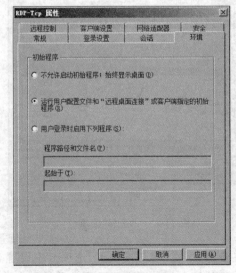

图 14-28　"环境"选项卡

　　默认情况下,远程桌面服务会话将访问完整的 Windows 桌面,除非指定在用户登录到远程会话时启动某个程序。如果指定了初始程序,该程序将是用户可以在远程桌面服务会话中使用的唯一程序,用户登录到远程会话时不会显示"开始"菜单和 Windows 桌面,用户退出程序时,会话将自动注销。

　　4) 客户端使用远程桌面连接

　　客户端使用远程桌面连接软件连接到远程桌面服务器,操作步骤如下。

　　步骤 1:在 Windows 7 计算机上选择"开始"→"所有程序"→"附件"→"远程桌面连接"命令,或运行 mstsc.exe 命令,打开"远程桌面连接"对话框,如图 14-29 所示。要正常使用,还需对远程桌面连接进一步配置。

图 14-29　"远程桌面连接"对话框

　　步骤 2:单击"显示选项"按钮,出现相应的界面,如图 14-30 所示。在"常规"选项卡中设置登录设置,包括要连接的远程计算机名(或 IP 地址)、登录远程桌面服务器的用户账户及其凭据(密码)。

　　单击"另存为"按钮,可以把当前的设置进行保存,以后直接双击保存的文件即可进行远程连接。

　　步骤 3:在"显示"选项卡中可以设置远程桌面的大小(分辨率)、颜色深度以及全屏显示时是否显示连接栏等,如图 14-31 所示。

图 14-30　"常规"选项卡(2)

图 14-31　"显示"选项卡

步骤 4：在"本地资源"选项卡中可以设置在远程桌面中如何使用本地计算机的资源，如图 14-32 所示。

图 14-32　"本地资源"选项卡

在"远程音频"区域中，单击"设置"按钮，在打开的对话框中，选中"在此计算机上播放"单选按钮，则如果在远程桌面中播放声音时，声音会送到本地计算机；选中"不要播放"单选按钮，则声音不能在远程服务器上播放，也不在本地计算机上播放；选中"在远程计算机上播放"单选按钮，则声音在远程服务器上播放。

在"键盘"区域的下拉列表中，可以控制用户按 Windows 组合键（如 Alt＋Tab）是用来操作本地计算机还是远程服务器，或者只有在全屏显示时才用来操作远程服务器。

在"本地设备和资源"区域中，可以设置本地打印机、剪贴板等是否可以在远程桌面中使用。单击"详细信息"按钮，在打开的对话框中可以进行更详细的设置。

步骤 5：在"程序"选项卡中可以设置在远程桌面连接成功后会自动启动的程序，如图 14-33 所示。该程序是在远程服务器上执行的，程序执行完毕后，会自动断开远程桌面连接。

步骤 6：在"体验"选项卡中，根据自己的网络状况可以选择连接速度以优化性能，如图 14-34 所示。

步骤 7：在"高级"选项卡中可以设置服务器身份验证的使用方式，如图 14-35 所示。

步骤 8：设置完成后，单击"连接"按钮，出现如图 14-36 所示的"Windows 安全"对话框，输入具有访问远程服务器权限的用户

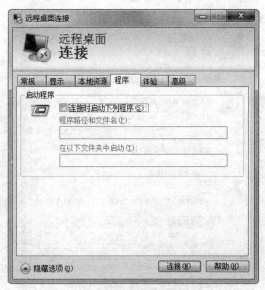

图 14-33　"程序"选项卡

名(如 user1)和密码。

图 14-34　"体验"选项卡

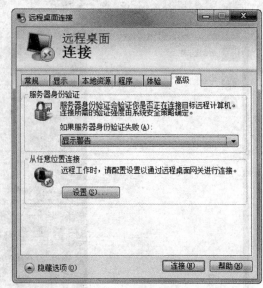

图 14-35　"高级"选项卡

步骤 9：单击"确定"按钮，弹出如图 14-37 所示的无法验证远程服务器身份的提示信息，单击"是"按钮，即可远程连接到服务器的桌面，如图 14-38 所示。此时就可以像使用本地计算机一样，根据用户所具有的权限，利用键盘和鼠标对远程服务器进行操作。

图 14-36　"Windows 安全"对话框

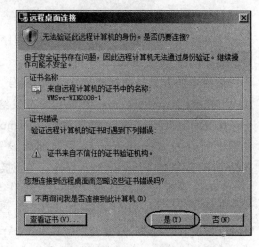

图 14-37　无法验证远程服务器身份

如果用户要退出远程连接，可通过远程桌面顶部的会话控制条来"关闭连接"即可。

除了使用远程桌面连接工具之外，客户端还可通过 Web 浏览器来访问由远程桌面 Web 访问提供的远程桌面。

5）部署并分发 RemoteApp 程序

部署 RemoteApp 程序是远程桌面服务的重点，主要步骤如下。

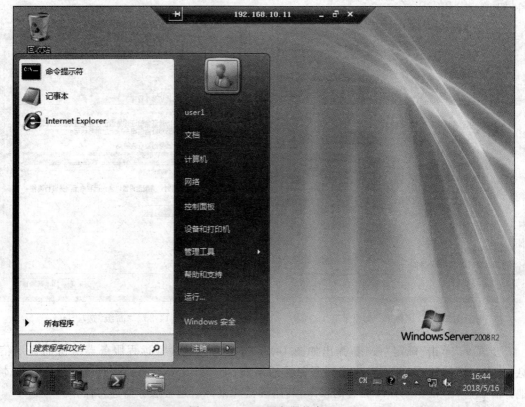

图 14-38 远程服务器的桌面

① 配置 RemoteApp 部署设置。

② 将应用程序设置为 RemoteApp 程序。

③ 向用户分发 RemoteApp 程序。

最简单的方式是通过桌面 Web 访问分发，稍后会有专门介绍。管理员可创建.rdp 文件或 Windows Installer(.msi)程序包再分发给客户端。

（1）配置 RemoteApp 部署设置。RemoteApp 部署设置是一种全局设置，适用于该服务器上所有的 RemoteApp 程序的部署设置。这些设置将应用于任何可通过远程桌面 Web 访问分发的 RemoteApp 程序。在创建.rdp 文件或 Windows Installer(.msi)程序包时，这些设置将作为默认设置使用。操作步骤如下。

步骤 1：在 Win2008-1 计算机上，选择"开始"→"管理工具"→"远程桌面服务"→"RemoteApp 管理器"命令，打开"RemoteApp 管理器"窗口，如图 14-39 所示。

步骤 2：在窗口右侧的"操作"窗格中，单击"RD 会话主机服务器设置"超链接（或者在窗口左侧的"概述"窗格中单击"RD 会话主机服务器设置"旁边的"更改"超链接），打开"RemoteApp 部署设置"对话框，如图 14-40 所示。

步骤 3：在"RD 会话主机服务器"选项卡中，可以设置服务器名称（Win2008-1）和远程桌面协议端口号（默认为 3389），选中"在 RD Web 访问中显示到此 RD 会话主机服务器的远程桌面连接"复选框，选中"不允许用户在初始连接时启动未列出的程序（推荐）"单选按钮。

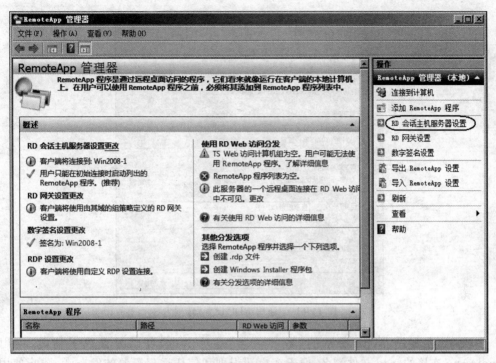

图 14-39 "RemoteApp 管理器"窗口

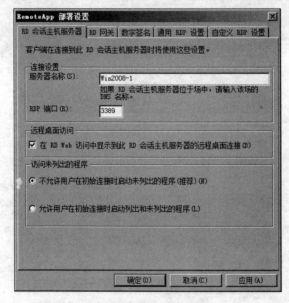

图 14-40 "RemoteApp 部署设置"对话框

步骤 4：在如图 14-41 所示的"通用 RDP 设置"选项卡中，可以配置 RDP 会话的设备重定向，一般需要对打印机和剪贴板进行重定向。还可以设置用户体验，如果选中"连接到远程桌面时使用所有客户端监视器"复选框，则服务器上的远程桌面可以在客户端的多个显示器上实现跨越显示。

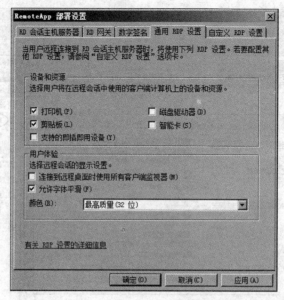

图 14-41 "通用 RDP 设置"选项卡

步骤 5：在如图 14-42 所示的"数字签名"选项卡中，可以配置数字签名，为用于 RemoteApp 连接的.rdp 文件签名，便于客户端识别和信任远程资源的发布者，防止使用恶意用户已篡改的.rdp 文件。

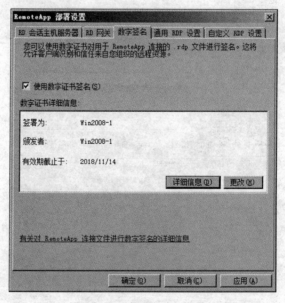

图 14-42 "数字签名"选项卡

（2）添加 RemoteApp 程序。对于要发布的应用程序，应当在安装了"远程桌面会话主机"角色服务之后再进行安装。对于之前已经安装的，如果发现兼容性问题，可卸载之后重新安装。为方便起见，本例使用远程服务器自带的"画图"程序（mspaint. exe）和"计算器"程序（calc. exe），作为要发布的 RemoteApp 程序。操作步骤如下。

步骤 1：在如图 14-39 所示的"RemoteApp 管理器"窗口中，单击"操作"窗格中的"添加 RemoteApp 程序"超链接，打开"RemoteApp 向导"对话框。

步骤 2：单击"下一步"按钮，出现"选择要添加到 RemoteApp 程序列表的程序"界面，选中"画图"和"计算器"复选框，如图 14-43 所示。

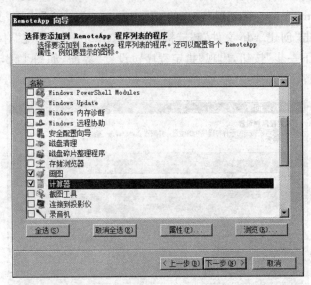

图 14-43 "选择要添加到 RemoteApp 程序列表的程序"界面

步骤 3：单击"下一步"按钮，出现"复查设置"界面，单击"完成"按钮，所选的程序会出现在"RemoteApp 程序"列表中，如图 14-44 所示，选中"画图"程序，窗口右侧的"操作"窗格中将出现相应的操作命令。

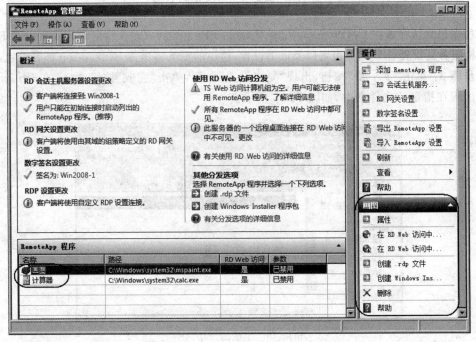

图 14-44 已添加的 RemoteApp 程序

在分发 RemoteApp 程序之前，还可以根据需要更改 RemoteApp 部署设置。

（3）创建.rdp 文件并进行分发。可以创建一个远程桌面协议（.rdp）文件，将 RemoteApp 程序分发给用户。一般可通过文件共享、文件下载、文件复制等方式将该文件分发到客户端计算机。操作步骤如下。

步骤 1：在"RemoteApp 管理器"窗口的"RemoteApp 程序"列表中，选中"计算器"程序，在"操作"窗格中单击"创建.rdp 文件"超链接，打开"RemoteApp 向导"对话框。

步骤 2：单击"下一步"按钮，出现"指定程序包设置"界面，如图 14-45 所示，可指定待生成程序包的存放位置。

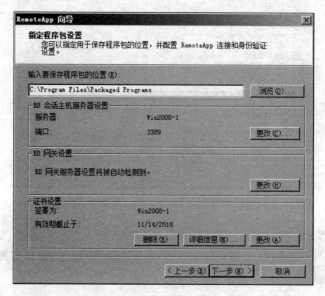

图 14-45　"指定程序包设置"界面

程序包默认存放在 C:\Program Files\Packaged Programs 文件夹中。根据需要设置 RD 会话主机服务器设置、RD 网关设置以及证书设置，这里的更改将覆盖 RemoteApp 部署设置。

步骤 3：单击"下一步"按钮，出现"复查设置"界面，单击"完成"按钮，生成的 calc.rdp 文件将出现在指定的文件夹中，如图 14-46 所示。

图 14-46　生成的.rdp 文件

步骤 4：将 calc.rdp 文件分发给用户。

（4）客户端通过.rdp 文件访问 RemoteApp 程序。客户端计算机获得该.rdp 文件后即可启动 RemoteApp 程序。操作步骤如下。

步骤 1：在客户端 Windows 7 计算机上，双击 calc.rdp 文件，可能会弹出如图 14-47 所示的对话框，提示目前还无法识别此 RemoteApp 程序的发布者。

图 14-47　无法识别 RemoteApp 程序的发布者(1)

步骤 2：单击"连接"按钮，打开"Windows 安全"对话框，如图 14-48 所示，要求进行身份验证，请输入用户名和密码。验证成功后可能会弹出"无法验证此远程计算机的身份"提示信息，单击"是"按钮后可进入应用程序界面，如图 14-49 所示。

图 14-48　"Windows 安全"对话框

图 14-49　运行 RemoteApp 程序(1)

（5）创建.msi 程序包并进行分发。可以创建一个 Windows Installer(.msi)程序包，将 RemoteApp 程序分发给用户。.msi 程序包在客户端计算机上安装后，可以与特定扩展名进行关联，还可以生成图标和快捷方式，与客户端的本地程序非常相似，这有利于增强用户体验。操作步骤如下。

步骤 1：在"RemoteApp 管理器"窗口的"RemoteApp 程序"列表中，选中"画图"程序，在"操作"窗格中单击"创建 Windows Installer 程序包"链接，打开"RemoteApp 向导"对话框。

步骤 2：单击"下一步"按钮，出现"指定程序包设置"界面，可指定待生成程序包的存放位置。

步骤 3：单击"下一步"按钮，出现"配置分发程序包"界面，如图 14-50 所示，在"快捷方式图标"区域中选中"桌面"和"'开始'菜单文件夹"复选框。

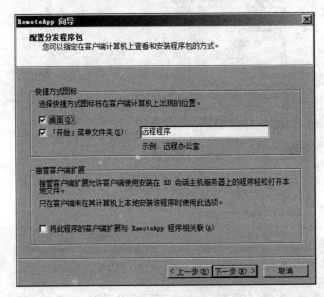

图 14-50　"配置分发程序包"界面

如果在"接管客户端扩展"区域中选中"将此程序的客户端扩展与 RemoteApp 程序相关联"复选框，表示允许客户端使用安装在 RD 会话主机服务器上的 RemoteApp 程序打开本地文件，只在客户端未在其计算机上本地安装该程序时使用此选项。

步骤 4：单击"下一步"按钮，出现"复查设置"界面，单击"完成"按钮，生成的 mspaint.msi 程序包将出现在指定的文件夹中。

步骤 5：将 mspaint.msi 程序包分发给用户。

（6）客户端通过"开始"菜单访问 RemoteApp 程序，具体步骤如下。

步骤 1：在客户端 Windows 7 计算机上双击安装 mspaint.msi 程序包后，选择"开始"→"所有程序"→"远程程序"→"画图"命令，或者双击桌面上的"画图"快捷方式图标，此时可能会弹出如图 14-51 所示的对话框，提示目前还无法识别此 RemoteApp 程序的发布者。

步骤 2：单击"连接"按钮，打开"Windows 安全"对话框，要求进行身份验证，请输入用户名和密码。验证成功后可能会弹出"无法验证此远程计算机的身份"提示信息，单击"是"按钮后可进入应用程序界面，如图 14-52 所示。

6）客户端通过 Web 浏览器连接到远程桌面服务

在图 14-16 中安装了"远程桌面 Web 访问"角色服务之后，客户端就可以通过 Web 浏览器连接到远程桌面服务。操作步骤如下。

图 14-51　无法识别 RemoteApp 程序的发布者(2)

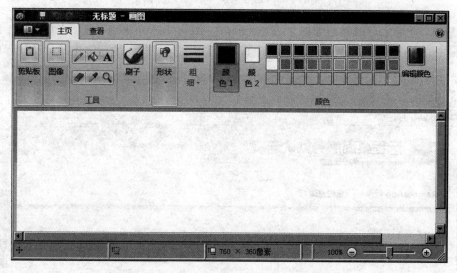

图 14-52　运行 RemoteApp 程序(2)

步骤 1：在客户端 Windows 7 计算机的 IE 浏览器地址栏中，输入 https://Win2008-1/rdweb 或 https://192.168.10.11/rdweb 后，可能会提示网站的安全证书有问题，单击"继续浏览此网站(不推荐)"链接，继续访问。

步骤 2：在如图 14-53 所示的界面中，输入用户名(user1)和密码，选中"这是一台公共或共享计算机"单选按钮，单击"登录"按钮。

客户端网页加载远程桌面服务 ActiveX 控件才能运行。如果浏览器给出警告信息，应该运行该 ActiveX 控件。

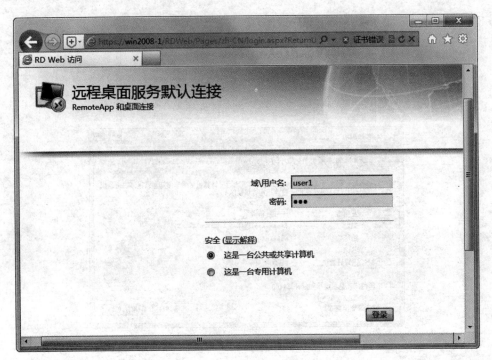

图 14-53 远程桌面 Web 访问界面

步骤 3：登录之后的界面如图 14-54 所示，在"RemoteApp 程序"选项卡中，列出了已发布的 RemoteApp 程序："画图"程序和"计算器"程序。单击相应的超链接即可访问程序。

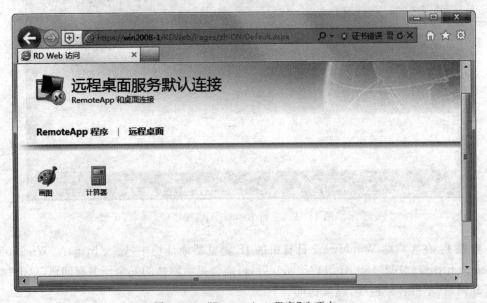

图 14-54 "RemoteApp 程序"选项卡

步骤 4：在如图 14-55 所示的"远程桌面"选项卡中，在"连接到"文本框中输入 Win2008-1 或 192.168.10.11，单击"连接"按钮，即可开始连接远程桌面。

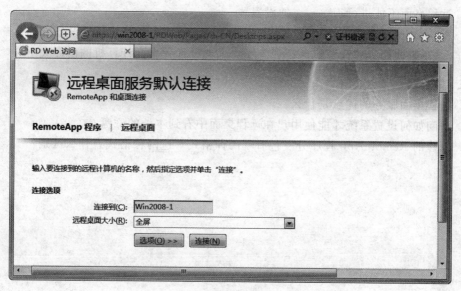

图 14-55　"远程桌面"选项卡

14.5　习题

一、填空题

1. _____协议是客户端和远程服务器进行通信的协议,该协议基于 TCP/IP 进行工作,允许用户访问运行在服务器上的应用程序和服务,无须本地执行这些程序。

2. 远程桌面是用来远程管理服务器的,最多只能连接_____个会话,如果想让更多的用户连接到服务器,使用安装在服务器上的程序,必须在服务器上安装_____服务。

3. 创建 RemoteApp 程序分发包时,可以创建_____格式文件,也可以创建_____格式文件。

4. 在 Windows Server 2008 R2 中,已重命名所有远程桌面服务的角色服务,这些角色服务包括_____、_____、_____、_____、_____和_____。

5. _____是 Windows Server 2008 开始提供的一种新型远程应用呈现技术,它与客户端的桌面集成在一起,而不是在远程服务器的桌面中向用户显示,这样用户可以在本地计算机上一样远程使用应用程序。

二、选择题

1. 远程桌面协议 RDP 默认使用的 TCP 端口号是_____。

A. 8000　　　　　B. 3389　　　　　C. 8080　　　　　D. 1024

2. 下面_____是远程协助邀请文件的格式。

A. msrcIncident　　B. msi　　　　　C. rdp　　　　　D. hlp

3. 某用户需要访问远程桌面,应该把该用户加入_____组中。

A. IIS_IUSRS　　　　　　　　　　　B. Guests

C. Administrators　　　　　　　　　D. Remote Desktop Users

4. 远程桌面不能进行_____的设置。

    A. 远程桌面的分辨率   B. 远程会话时使用的设备资源

    C. 是否使用远程计算机的声音   D. 远程桌面计算机的内存大小

三、简答题

1. 远程桌面服务的优点是什么？

2. 请问如何设置系统才能使用户在远程桌面中看到本地的磁盘？

3. 创建的 RemoteApp 程序分发包有哪两种格式？这两种格式有什么区别？

参 考 文 献

[1] 谢树新. Windows Server 2008 服务器配置与管理项目教程[M]. 北京：科学出版社,2017.

[2] 郭德仁. Windows Server 2008 服务器管理与配置[M]. 北京：电子工业出版社,2016.

[3] 宋西军. Windows 网络操作系统管理[M]. 2 版. 北京：北京邮电大学出版社,2013.

[4] 张沪生. 操作系统与网络服务器管理 Windows Server 2008[M]. 上海：华东师范大学出版社,2015.

[5] 唐华. Windows Server 2008 系统管理与网络管理[M]. 2 版. 北京：电子工业出版社,2014.

[6] 刘本军. 网络操作系统——Windows Server 2008 篇[M]. 北京：人民邮电出版社,2010.

[7] 杨云. Windows Server 2008 网络操作系统项目教程[M]. 3 版. 北京：人民邮电出版社,2015.

[8] 张金石. 网络服务器配置与管理——Windows Server 2008 R2 篇[M]. 2 版. 北京：人民邮电出版社,2015.

[9] 张庆力. Windows Server 2008 教程[M]. 北京：电子工业出版社,2012.

[10] 闵军. Windows Server 2008 R2 配置、管理与应用[M]. 北京：清华大学出版社,2014.